应用型本科理工类基础课程规划教材

概率论、随机过程与数理统计

（第 2 版）

北京邮电大学世纪学院基础教学部　组编

王玉孝　柳金甫　姜炳麟　汪彩云　编

U0282503

北京邮电大学出版社
·北京·

内 容 简 介

本书共分 3 篇.第 1 篇为概率论,共 4 章,内容有概率论的基本概念、随机变量及其分布、随机变量的数字特征等;第 2 篇为随机过程,共 3 章,内容有随机过程的概念及其统计特性、马尔可夫链及平稳过程;第 3 篇为数理统计,共 3 章,内容有数理统计的基本概念与采样分布、参数估计及假设检验.每一章附有简单小结.每一节都附有习题,每一章最后还附有综合练习题.综合练习题有选择题、填空题、计算题和证明题三类题型,书末附有习题答案.

本书适合一些需要一种比较简明的概率论、随机过程与数理统计方面的教材的学校或专业选用,也可供准备考研究生的学生作参考.

图书在版编目(CIP)数据

概率论、随机过程与数理统计/王玉孝,姜炳麟,汪彩云编 .--2 版.--北京:北京邮电大学出版社,2010.9
(2023.8 重印)

ISBN 978-7-5635-2423-5

Ⅰ.①概⋯ Ⅱ.①王⋯ ②姜⋯ ③汪⋯ Ⅲ.①概率论—高等学校—教材②随机过程—高等学校—教材③数理统计—高等学校—教材 Ⅳ.O21

中国版本图书馆 CIP 数据核字(2010)第 175651 号

书　　　名:概率论、随机过程与数理统计(第 2 版)
作　　　者:王玉孝　柳金甫　姜炳麟　汪彩云
责任编辑:张　灏
出版发行:北京邮电大学出版社
社　　　址:北京市海淀区西土城路 10 号(邮编:100876)
发 行 部:电话:010-62282185　传真:010-62283578
E-mail:publish@bupt.edu.cn
经　　　销:各地新华书店
印　　　刷:北京虎彩文化传播有限公司
开　　　本:787 mm×960 mm　1/16
印　　　张:20.5
字　　　数:459 千字
版　　　次:2010 年 9 月第 2 版　2023 年 8 月第 8 次印刷

ISBN 978-7-5635-2423-5　　　　　　　　　　　　　　　　定　价:38.00 元

前　言

当前有些学校或专业需要一种比较简明的概率论、随机过程与数理统计方面的教材，本书就是在这样的背景下编写成的.

本书在四个部分加强了讲述，以便使学生能够学到概率论、随机过程与数理统计的最基本的知识. 这四个部分是：事件及其概率的概念和性质、随机变量的引进、随机过程的定义以及数理统计的基本思想. 而对其他内容做了"删繁就简"的处理，具体做了下面几件事情. 一是淡化了某些内容，如条件分布、大数定律、平稳过程的各态历经性等；部分内容加＊号，根据实际情况，可讲可不讲；由二维随机变量推广到多维随机变量的有关内容，可由讲课老师在适当的时候补充讲解. 二是删去了部分理论证明，有些容易的证明可由讲课老师在讲课时灵活掌握. 三是例题和习题主要选那些基本类型的题目. 在每一章附有的综合练习题按常规考试的要求，分为选择题、填空题、计算题和证明题三种题型. 在每一节的习题和综合练习题之间、在综合练习题的三类习题之间，部分题目有重复，以使学生经过反复练习掌握这些基本类型习题的求解方法. 为了能够对部分准备考研或准备进一步提高的学生提供一些帮助，我们从历年的考研题中精选了部分题目，在综合练习题中也加了一些稍难的题目.

本书在第一版的基础上，作了下面的修改：充实了各章的小结. 原来各章的小结过于提纲挈领，没有适当内容支持，用起来不大方便. 这次修改对小结的内容作了适当补充，使得学生复习时，避免了过多的前后翻阅，用起来可能方便一些. 对例题和习题作了部分调整和补充. 增加或调整了一些基本例题，以便于学生对相应内容的理解. 补充了一些基本类型的习题，使得老师和学生在教学过程中有较多选择的余地.

在编写过程中，我们感到"删繁就简"的尺度很难把握，希望从事这门课程教学的老师多提宝贵意见和建议.

本书的编写得到了北京邮电大学世纪学院领导的关心、北京邮电大学出版社领导和编辑的支持以及北京邮电大学世纪学院基础部老师的帮助，我们表示诚挚的谢意.

虽然在编写过程中，想尽量做到把错误减到最少，但很难做到没有错误，望读者指正.

编　者

目　　录

第 1 篇　　概率论

第 2 篇　随机过程

第 3 篇　数理统计

第1篇

概 率 论

第1章　概率论的基本概念

本章是概率论最基础的部分. 这一章的重点内容是事件及其运算、事件的概率及其运算法则、条件概率及与条件概率有关的 3 个重要公式、事件的独立性.

1.1　随机试验、随机事件和样本空间

在自然界和社会中有两类不同的现象:确定性现象和随机现象.

确定性现象:在一定的条件下,完全可以预言什么结果一定出现,什么结果一定不出现,称此类现象为确定性现象.

例如,同性的电互相排斥;在标准大气压下,纯水加热到 100 ℃一定沸腾;2035 年 9 月 2 日北京将出现日全食等.

随机现象:在一定的条件下,可能出现这样的结果,也可能出现那样的结果,预先无法断言,但经过大量的重复观察,可发现其结果的出现具有统计规律性,称此类现象为随机现象.

例如,抛一枚硬币,观察出现正面还是反面;记录某地 1 月份的最高温度和最低温度等.

概率论(包括随机过程和数理统计)是研究随机现象的统计(数量)规律性的一门数学学科.

1.1.1　随机试验

人们是通过随机试验来研究随机现象的统计规律性的. 随机试验有如下特点:

(1) 可重复性——在相同的条件下可重复进行;

(2) 一次试验结果的随机性——在一次试验中可能出现这一结果,也可能出现那一结果,预先无法断定;

(3) 所有结果的确定性——所有可能的试验结果是预先可知的.

以后把随机试验记作 E(可以有下标),并简称为试验 E.

下列都是随机试验:

E_1:抛一枚硬币,观察正面(H)或反面(T)出现的情况;

E_2:将一枚硬币抛 3 次,观察正面(H)或反面(T)出现的情况;

E_3:将一枚硬币抛 3 次,观察出现正面的次数;

E_4:掷一颗骰子,观察出现的点数;

E_5:记录某无线通信公司在午间 1:00～2:00 间接到的寻呼次数;

E_6:从一批计算机中任取一台,观察无故障运行的时间;

E_7:向一平面区域 $D=\{(x,y)\,|\,x^2+y^2\leqslant10\}$ 随机投掷一点,观察落点的坐标;

E_8:在区间$[0,3]$上任取一点,记录它的坐标.

要点 对一随机试验,重要的是弄清什么是它的一次试验(比较 E_1,E_2),观察的对象是什么(比较 E_2 和 E_3).

1.1.2 样本点和样本空间

一试验 E 的每一个可能的结果,称为 E 的样本点,记作 e(可以有下标).

一试验 E 的所有样本点的集合,称为 E 的样本空间,记作 S(可以有下标).

上面 $E_1\sim E_8$ 的样本空间如下:

E_1:$S_1=\{H,T\}$;

E_2:$S_2=\{HHH,HHT,HTH,HTT,THH,THT,TTH,TTT\}$;

E_3:$S_3=\{0,1,2,3\}$;

E_4:$S_4=\{1,2,3,4,5,6\}$;

E_5:$S_5=\{0,1,2,\cdots\}$;

E_6:$S_6=\{t\,|\,t\geqslant0\}$;

E_7:$S_7=\{(x,y)\,|\,x^2+y^2\leqslant10\}$;

E_8:$S_8=\{x\,|\,0\leqslant x\leqslant3\}=[0,3]$.

1.1.3 随机事件、基本事件、必然事件和不可能事件

对一试验 E,在一次试验中可能出现也可能不出现的事情,称为 E 的随机事件,记作 $A,B,C,\cdots$.

例如,在 E_4 中,若令 A 表示"掷出奇数点",这就意味着掷一次骰子,无论掷得 1 点,掷得 3 点,还是掷得 5 点,都称 A 在这一次试验中发生(出现)了,因此也可将 A 记作$\{1,3,5\}$或 $A=\{1,3,5\}$. 在 E_5 中,若令 B 表示"记录的呼唤次数大于 10",这就是说无论记录的次数是 11,还是 12,$\cdots$,还是 100,$\cdots$,都称 B 在这一次试验中发生了,因此也将 B 记作$\{11,12,\cdots\}$或 $B=\{11,12,\cdots\}$. E_7 中,若令 C 表示"任意投掷一点,落点到原点的距离小于 1/2",这就表示无论该点的坐标是$(0,0)$,还是$(0.25,0.01)$,$\cdots$,只要它的两个坐标 x,y 满足 $x^2+y^2<\dfrac{1}{4}$,都称 C 在这一次试验中发生了,因此也将 C 表示为$\{(x,y)\,|\,x^2+y^2<$ $\dfrac{1}{4}\}$或 $C=\{(x,y)\,|\,x^2+y^2<\dfrac{1}{4}\}$.

要点 由上面的例子可见,随机试验 E 的随机事件可以用 E 的一些样本点组成的集合表示,在一次试验中当且仅当它所包含的任一样本点出现,都称该事件在这一次试验中发生了.

只含一个样本点的事件,称为该试验的基本事件.例如,在 E_4 中 $\{3\}$ 表示"掷出 3 点"这一基本事件.

在任何一次试验中都不可能出现的事件,称为该试验的不可能事件.例如,在 E_4 中,"掷出的点数大于 6"就是它的不可能事件,若用样本点的集合表示,就应是 $\varnothing$.一试验的不可能事件记作 $\varnothing$.

在任何一次试验中都必然发生的事件,称为该试验的必然事件.例如,在 E_4 中,"掷出的点数不超过 8"就是它的必然事件,若用样本点的集合表示,就应是它的样本空间 S.一试验的必然事件记作 S.

1.1.4 事件的关系和运算

以下在讨论事件的关系和运算时,假定所涉及的事件是同一随机试验的事件.

1. 包含关系

设 A,B 为二事件.若 A 发生必有 B 发生,称 A 包含在 B 中或 B 包含 A,记作 $A \subset B$.

$$A \subset B \Leftrightarrow \text{任意 } e \in A, \text{则 } e \in B$$

包含关系的几何表示如图 1.1 所示.

例 1.1.1 在 E_4 中,令 A 表示"掷得的点数不超过 2",则 $A=\{1,2\}$;B 表示"掷得的点数不超过 4",则 $B=\{1,2,3,4\}$.显然,有 $A \subset B$.

例 1.1.2 一批产品中有合格品 100 件,次品 5 件,又在合格品中有 10% 是一级品.今从这批产品中任取一件产品,令 A 表示"取得一级品",B 表示"取得合格品",则 $A \subset B$.

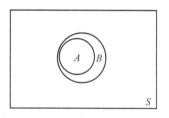

图 1.1

例 1.1.2 可以先写出试验的样本空间,然后把 A,B 分别表示成样本点的集合,最后判定 $A \subset B$.例如,可把 105 件产品编为 1～105 号,其中 5 件次品为 1～5 号,10 件一级品为 6～15 号,其余的合格品为 16～105 号,样本点为任取一件产品的编号,那么 $S=\{1,2,\cdots,105\}$,$A=\{6,7,\cdots,15\}$,$B=\{6,7,\cdots,15,16,\cdots,105\}$,则 $A \subset B$.

以后,如无特别需要,可以不必写出样本空间,也可以不必把事件表示成样本点的集合,而是根据事件的关系、运算的定义以及具体事件的含义来判定它们之间的关系.

2. 相等关系

设 A,B 为二事件.若 $A \subset B$ 且 $B \subset A$,则称 A,B 相等或 A,B 等价,记作 $A=B$.

$$A=B \Leftrightarrow A \subset B \text{ 且 } B \subset A$$

相等关系的几何表示如图 1.2 所示.

例 1.1.3 在 E_4 中,令 A 表示"掷得偶数点",则 $A=\{2,4,6\}$;B 表示"掷出的点数可

被 2 整除",则 $B=\{2,4,6\}$. 显然,有 $A=B$.

例 1.1.4 在一副扑克牌(52 张,不包括王牌)中,任取 3 张牌,令 A 表示"取出的 3 张牌中至少有两张是红桃",B 表示"取出的 3 张牌中最多有一张不是红桃",则 $A=B$.

3. 事件的并

设 A,B 为二事件,称事件"A,B 中至少有一个发生"("A 发生或者 B 发生")为 A,B 的并(或和),记作 $A\cup B$.

$$A\cup B=\{e\mid e\in A \text{ 或 } e\in B\}$$

事件的并的几何表示如图 1.3 所示.

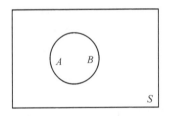

图 1.2

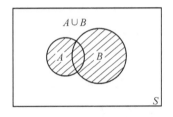

图 1.3

推广

$A\cup B\cup C$——A,B,C 中至少有一个发生;

$\bigcup\limits_{i=1}^{n} A_i$——$A_1,A_2,\cdots,A_n$ 中至少有一个发生;

$\bigcup\limits_{i=1}^{\infty} A_i$——$A_1,A_2,\cdots$ 中至少有一个发生.

例 1.1.5 在 E_8 中,A 表示"任取一点的坐标在 $(0,1/2]$ 内",则 $A=(0,1/2]$;B 表示"任取一点的坐标在 $(1/3,3/4)$ 内",则 $B=(1/3,3/4)$;C 表示"任取一点的坐标在 $(0,3/4)$ 内",则 $C=(0,3/4)$. 显然,有 $C=A\cup B$.

例 1.1.6 袋中有 5 个白球和 3 个黑球,从其中任取 3 个球. 令 A 表示"取出的全是白球",B 表示"取出的全是黑球",C 表示"取出的球颜色相同",则 $C=A\cup B$.

若令 $A_i(i=1,2,3)$ 表示"取出的 3 个球中恰有 i 个白球",D 表示"取出的 3 个球中至少有一个白球",则 $D=A_1\cup A_2\cup A_3$.

若令 $B_i(i=0,1,2)$ 表示"取出的 3 个球中恰有 i 个黑球",则 $D=B_0\cup B_1\cup B_2$,且 $B_0=A_3,B_1=A_2,B_2=A_1$.

4. 事件的交

设 A,B 为二事件,称事件"A,B 同时发生"("A 发生而且 B 发生")为 A,B 的交(或积),记作 $A\cap B$ 或 AB.

$$AB=\{e\mid e\in A \text{ 且 } e\in B\}$$

事件的交的几何表示如图 1.4 所示.

推广

ABC——A,B,C 同时发生；

$\bigcap\limits_{i=1}^{n}A_i$——$A_1,A_2,\cdots,A_n$ 同时发生；

$\bigcap\limits_{i=1}^{\infty}A_i$——$A_1,A_2,\cdots$ 同时发生.

例 1.1.7 在 E_5 中，令 A 表示"呼唤次数不超过 20"，则 $A=\{0,1,2,\cdots,20\}$；B 表示"呼唤次数超过 10"，则 $B=\{11,12,\cdots\}$；C 表示"呼唤次数大于 10 小于 21"，则 $C=\{11,12,\cdots,20\}$. 显然，有 $C=AB$.

例 1.1.8 一批产品中包含正品和次品各若干件，从其中有放回地抽取产品 5 次（每次取后，对取出的产品进行检验，然后放回，再作下一次抽取），每次任取一件. 令 $A_i(i=1,2,3,4,5)$ 表示"第 i 次取出的是正品"，B 表示"5 次都取得正品"，则 $B=A_1A_2A_3A_4A_5$.

5. 事件的差

设 A,B 为二事件，称事件"A 发生而 B 不发生"为 A 减去 B 的差，记作 $A-B$.

$$A-B=\{e\,|\,e\in A \text{ 而 } e\notin B\}$$

事件的差的几何表示如图 1.5 所示.

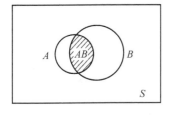 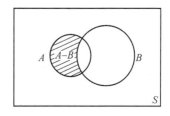

图 1.4   图 1.5

例 1.1.9 在 E_5 中，令 A 表示"呼唤次数不超过 20"，则 $A=\{0,1,2,\cdots,20\}$；B 表示"呼唤次数超过 10"，则 $B=\{11,12,\cdots\}$；C 表示"呼唤次数不大于 10"，则 $C=\{0,1,2,\cdots,10\}$. 显然，有 $C=A-B$.

例 1.1.10 从 $1,2,3,\cdots,N$ 这 N 个数字中任取一数，取后放回，先后取 k 个数字（$1\leqslant k\leqslant N$）. 令 A 表示"取出的 k 个数中的最大数不超过 M"（$1\leqslant M\leqslant N$），B 表示"取出的 k 个数中的最大数不超过 $M-1$"，C 表示"取出的 k 个数中的最大数为 M"，则 $C=A-B$，且 $B\subset A$.

6. 互不相容

设 A,B 为二事件，若 A,B 不能同时发生，称 A,B 互不相容或互斥，记为 $AB=\varnothing$.

$$A,B \text{ 互不相容} \Leftrightarrow AB=\varnothing$$

两事件互不相容的几何表示如图 1.6 所示.

推广 对有限多个事件 $A_1,A_2,\cdots,A_n$ 或可列多个事件 $A_1,A_2,\cdots$，如果对任意的 i，

j,只要 $i\neq j$,就有 $A_iA_j=\varnothing$,则称 $A_1,A_2,\cdots,A_n$ 或 $A_1,A_2,\cdots$ 两两互不相容,简称互不相容.

这里要注意的是,对于 3 个或 3 个以上的事件,它们(两两)互不相容与它们不能同时发生是不同的.

例如,在 E_4 中,令 $A=\{1,2\},B=\{2,3\},C=\{3,1\}$,则 $ABC=\varnothing$,但它们中的任意二事件都不是互不相容的.

在例 1.1.6 中,A,B 互不相容,A_1,A_2,A_3 互不相容,B_0,B_1,B_2 互不相容.

7. 事件的余和对立关系

设 A 为一事件,称事件"A 不发生"为 A 的余事件或对立事件,记作 $\overline{A}$.

$$\overline{A}=\{e\mid e\notin A\}$$

对立事件的几何表示如图 1.7 所示.

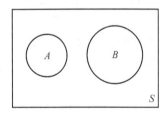

图 1.6

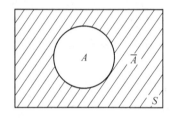

图 1.7

显然有 $\overline{\overline{A}}=A$,因而 A 与 $\overline{A}$ 互为对立事件或者相互对立,或者互逆.实际上,如果两个事件 A,B 满足

$$AB=\varnothing \quad 且 \quad A\cup B=S$$

则 $A=\overline{B},B=\overline{A},A,B$ 互为对立事件.也就是说,在一次试验中 A,B 中必有一个发生而且只有一个发生,则 A,B 互为对立事件.

例 1.1.11 在 E_6 中,A 表示"任意抽取一台计算机的无故障运行时间不超过 1 000 小时",B 表示"任意抽取一台计算机的无故障运行时间大于 1 000 小时",则 $B=\overline{A}$.

例 1.1.12 将 n 个人任意地分配到 $N(n\leqslant N)$ 间房中,令 A 表示"恰有 n 间房其中各有一人",则 $\overline{A}$ 表示"至少有两个人被分配到同一间房中".

需要指出的是,若 A,B 互逆,则 A,B 互不相容,但反过来是不成立的,即 A,B 互不相容,未必有 A,B 相互对立.这只需注意到若 $AB=\varnothing$,但未必有 $A\cup B=S$,因而 A,B 不一定是相互对立的.

比如,在 E_4 中 $A=\{1,2\},B=\{3,4\}$,则 $AB=\varnothing$,但 $B\neq\overline{A}$.

1.1.5 事件的运算法则

(1) 交换律:$A\cup B=B\cup A,\quad AB=BA$;

(2) 结合律:$A\cup(B\cup C)=(A\cup B)\cup C,\quad A(BC)=(AB)C$;

(3) 分配律:$A \cup (B \cap C) = (A \cup B) \cap (A \cup C)$, $\quad A \cap (B \cup C) = (A \cap B) \cup (A \cap C)$;

(4) 对偶(德·摩根)律:$\overline{A \cup B} = \overline{A} \cap \overline{B}$, $\quad \overline{A \cap B} = \overline{A} \cup \overline{B}$.

推广

$$\overline{\bigcup_k A_k} = \bigcap_k \overline{A_k}, \quad \overline{\bigcap_k A_k} = \bigcup_k \overline{A_k}$$

例 1.1.13 用 A, B, C 的运算表示下列事件:

(1) A 发生,B, C 都不发生;

(2) A, B, C 都发生;

(3) A, B, C 都不发生;

(4) A, B, C 不都发生;

(5) A, B, C 中不多于两个发生.

解 (1) $A \overline{B} \overline{C}$;(2) ABC;(3) $\overline{A} \overline{B} \overline{C}$;(4)$\overline{ABC}$;

(5) 方法 1(直译):$\overline{A} \cup \overline{B} \cup \overline{C}$;

方法 2(反译取余):$\overline{ABC}$;

方法 3(分解作并):$\overline{A} \overline{B} \overline{C} \cup A \overline{B} \overline{C} \cup \overline{A} B \overline{C} \cup \overline{A} \overline{B} C \cup AB \overline{C} \cup A \overline{B} C \cup \overline{A} BC \cup ABC$.

可以证明这 3 个表达式相等.

习题 1.1

1. 写出下列随机试验的样本空间:

(1) 记录一个小班一次数学考试的平均分数(设以百分制记分);

(2) 同时掷 3 颗骰子,记录 3 颗骰子的点数之和;

(3) 10 件产品中有 3 件是次品,每次从其中任取一件,取出后不放回,直至将 3 件次品都取出,记录抽取的次数;

(4) 生产产品直到得到 10 件正品,记录生产产品的总件数;

(5) 一个小组有 A, B, C, D, E 共 5 个人,要选正、副小组长各一人(一人不得兼两个职务),记录选举的结果;

(6) 甲、乙两人下棋一局,观察下棋的结果;

(7) 一口袋中装有红色、白色、黄色 3 种颜色的乒乓球,每种颜色的乒乓球至少 4 个,在其中任取 4 个,观察它们有哪几种颜色;

(8) 有 A, B, C 3 个盒子,a, b, c 3 个球,将 3 个球放入 3 个盒子中去,使每个盒子放一个球,观察放球的结果.

(9) 将长为 l 的线段分成两段,记录两段的长度;

(10) 在 $(0,1)$ 上任取 3 点,记录 3 点的坐标.

2. 设 A, B, C 为 3 个随机事件,试用 A, B, C 表示下列事件:

(1) 仅 A 发生;

(2) A,B 都发生而 C 不发生；

(3) A,B 至少一个发生而 C 不发生；

(4) A,B,C 中不多于一个发生；

(5) A,B,C 中至少有两个发生；

(6) A,B,C 中恰有两个发生；

(7) A,B,C 中至少有一个发生．

3. 指出下列关系中哪些成立，哪些不成立？

(1) $A \cup B = (A \cap \overline{B})) \cup B$；

(2) $\overline{A} \cap B = \overline{A \cup B}$；

(3) $\overline{A \cup B \cap C} = \overline{A} \cap \overline{B} \cap \overline{C}$；

(4) $(A \cap B) \cap (A \cap \overline{B}) = \varnothing$．

4. 下列命题哪些成立，哪些不成立？

(1) 若 $A \subset B$，则 $A = A \cap B$；

(2) 若 $A \subset B$，则 $\overline{B} \subset \overline{A}$；

(3) 若 $A \cap B = \varnothing$ 且 $C \subset A$，则 $C \cap B = \varnothing$；

(4) 若 $B \subset A$，则 $A \cup B = A$．

5. 设一名工人生产了 4 个零件，令 $A_i (i = 1,2,3,4)$ 表示"他生产的第 i 个零件是正品"，试用 $A_i (i = 1,2,3,4)$ 表示下列事件：

(1) 没有一个产品是次品；

(2) 至少有一个产品是次品；

(3) 只有一个产品是次品；

(4) 至少有 3 个产品不是次品．

6. 用画图的方法说明下列各题中诸事件之间的关系：

(1) $A - B = A\overline{B} = A - AB, AB \subset A$；

(2) $A \cup B = A \cup \overline{A}B, A$ 与 $\overline{A}B$ 互不相容；

(3) $A \cup B \cup C = A \cup \overline{A}B \cup \overline{A}\,\overline{B}C, A, \overline{A}B, \overline{A}\,\overline{B}$ 互不相容．

1.2 事件的频率和概率

在实际中，人们把用来表示一个事件 A 在多次重复试验中出现的可能性大小的数，称为事件 A 在一次试验中出现的概率，记作 $P(A)$．自然应当有

$$0 \leqslant P(A) \leqslant 1$$

上面所说的只是概率的含义，还不能算作概率的定义．一个完整的定义还应当包括概率满足的基本性质．为此，这里分 3 种不同类型的随机试验，分别叙述概率定义的实际背景．

1.2.1 古典概型

满足下列条件的试验，称为古典概型（等可能概型）：

(1) 有限性——基本事件(样本点)的总数是有限的;

(2) 等可能性——所有基本事件是等可能的.

定义 1.2.1 设 E 为古典概型,样本空间为 $S=\{e_1,e_2,\cdots,e_n\}$,A 是 E 的一事件,且 $A=\{e_{i_1},e_{i_2},\cdots,e_{i_k}\}$,由于各个基本事件等可能,定义事件 A 的概率为

$$P(A)=\frac{k}{n}=\frac{A\text{ 所包含的样本点数}}{\text{样本点总数}} \qquad (1.2.1)$$

定理 1.2.1 对于古典概型,概率具有下列性质:

(1) $0\leqslant P(A)\leqslant 1$;

(2) $P(S)=1$;

(3) 若 $A_1,A_2,\cdots,A_m$ 互不相容,则

$$P\left(\bigcup_{k=1}^{m}A_k\right)=\sum_{k=1}^{m}P(A_k)$$

证 在(1.2.1)式中,显然有 $0\leqslant k\leqslant n$,故(1)成立;当 $A=S$ 时,显然有 $k=n$,故(2)成立;对于性质(3),这里只对 $m=2$ 给出证明,一般情况可用归纳法证明.

设

$$A_1=\{e_{i_1},e_{i_2},\cdots,e_{i_r}\},\ A_2=\{e_{j_1},e_{j_2},\cdots,e_{j_s}\}$$

由于 $A_1A_2=\varnothing$,故

$$A_1\bigcup A_2=\{e_{i_1},e_{i_2},\cdots,e_{i_r},e_{j_1},e_{j_2},\cdots,e_{j_s}\}$$

于是由(1.2.1)式,得

$$P(A_1\bigcup A_2)=\frac{r+s}{n}=\frac{r}{n}+\frac{s}{n}=P(A_1)+P(A_2)$$

即知(3)对 $m=2$ 成立.

例 1.2.1 将一枚硬币抛 3 次,求:(1)恰有一次出现正面的概率;(2)3 次出现同一面的概率.

解 $S=\{HHH,HHT,HTH,HTT,THH,THT,TTH,TTT\}$ 共 8 个样本点. 设 A 表示"恰有一次出现正面",则 $A=\{HTT,THT,TTH\}$ 共包含 3 个样本点. 因此

$$P(A)=\frac{3}{8}$$

设 B 表示"3 次出现同一面",则 $B=\{HHH,TTT\}$. 因此

$$P(B)=\frac{2}{8}=\frac{1}{4}$$

这个简单的例子有两个意义,其一是它给出解这类问题的一般格式;其二说明在古典概型中求一事件 A 的概率的步骤是:首先求该试验的样本点的总数 n,为此要弄清它的样本空间是由什么样的样本点构成的,其次要求出所研究的事件 A 包含的样本点数 k,于是 $P(A)=k/n$.

例 1.2.2 一口袋中有 10 个球,其中 4 个红球、6 个白球. 考虑两种取球方式:①有放回地取 3 次球,②不放回地取 3 次球. 求:

(1) 取出的 3 个球全是白球的概率；

(2) 取出的 3 个球中有 2 个红球、1 个白球的概率.

解 设 A，B 分别表示事件"取出的 3 个球全是白球"，"取出的 3 个球中有 2 个红球、1 个白球".

① 样本点总数 $n = 10^3$，A 所包含的样本点数 $k_1 = 6^3$，则

$$P(A) = \frac{6^3}{10^3} = \frac{27}{125}$$

B 所包含的样本点数 $k_2 = 6C_3^2 4^2$，则

$$P(B) = \frac{6C_3^2 4^2}{10^3} = \frac{36}{125}$$

② 样本点总数 $n = 10 \times 9 \times 8$，A 所包含的样本点数 $k_1 = 6 \times 5 \times 4$，则

$$P(A) = \frac{6 \times 5 \times 4}{10 \times 9 \times 8} = \frac{1}{6}$$

B 所包含的样本点数 $k_2 = C_4^2 C_6^1 3!$，则

$$P(B) = \frac{C_4^2 C_6^1 3!}{10 \times 9 \times 8} = \frac{3}{10}$$

例 1.2.3 设有 N 件产品，其中有 M 件次品，从中任取 n 件，求其中恰有 $k(k \leqslant M)$ 件次品的概率.

解 设 A 表示"取出的 n 件产品中恰有 k 件次品". 样本点总数为 C_N^n，A 所包含的样本点数为 $C_M^k C_{N-M}^{n-k}$，则

$$P(A) = \frac{C_M^k C_{N-M}^{n-k}}{C_N^n}$$

例 1.2.4 将 n 个人任意地分到 $N(n \leqslant N)$ 间房中，每个人都以相同的概率 $1/N$ 被分配到各间房中，求下列事件的概率：

A：某指定的 n 间房中各有一人；

B：恰有 n 间房中各有一人；

C：某指定的一间房中恰有 $m(m \leqslant n)$ 个人.

解 样本点总数为 N^n.

A 所包含的样本点数为 $n!$，则

$$P(A) = \frac{n!}{N^n}$$

B 所包含的样本点数为 $C_N^n n!$，则

$$P(B) = \frac{C_N^n n!}{N^n}$$

C 所包含的样本点数为 $C_n^m (N-1)^{n-m}$，则

$$P(C) = \frac{C_n^m (N-1)^{n-m}}{N^n}$$

例 1.2.5 从 $0, 1, 2, \cdots, 9$ 这 10 个数字中有放回地接连取 4 个数字，并按其出现的

先后顺序排成一行,求下列事件的概率:

A_1:4 个数排成一个偶数;

A_2:4 个数排成一个 4 位数;

A_3:4 个数字中 0 恰好出现两次.

解 样本点总数为 10^4.

A_1 所包含的样本点数为 $5 \cdot 10^3$,则

$$P(A_1) = \frac{5 \cdot 10^3}{10^4} = \frac{1}{2}$$

A_2 所包含的样本点数为 $C_9^1 \cdot 10^3$,则

$$P(A_2) = \frac{C_9^1 \cdot 10^3}{10^4} = \frac{9}{10}$$

A_3 所包含的样本点数为 $C_4^2 \cdot 9^2$,则

$$P(A_3) = \frac{C_4^2 \cdot 9^2}{10^4} = 0.048\ 6$$

要点 在计算 k, n 时,要用到排列、组合的一些基本计算公式.在学习上面几个例题时,要注意研究何时用排列公式计算,何时用组合公式计算.在用排列公式计算时,要区分何时用可重复排列的计算公式,何时用不可重复排列的计算公式.容易出现的错误是重复计算.

1.2.2 几何概型

满足下列条件的试验,称为几何概型:

(1) 样本空间是直线上的区间或二维、三维空间中的区域,它的测度(区间的长度、区域的面积或体积)有限;

(2) 样本点在其上是均匀分布的(通俗地说,即所有基本事件是等可能的).

定义 1.2.2 设 E 为几何概型,样本空间 S 的测度为 $L(S)$,A 是 E 的一事件,且其测度为 $L(A)$.定义事件 A 的概率为

$$P(A) = \frac{L(A)}{L(S)} \tag{1.2.2}$$

定理 1.2.2 对于几何概型,概率具有下列性质:

(1) $0 \leqslant P(A) \leqslant 1$;

(2) $P(S) = 1$;

(3) 若 $A_1, A_2, \cdots$ 互不相容,则

$$P\left(\bigcup_{m=1}^{\infty} A_m\right) = \sum_{m=1}^{\infty} P(A_m)$$

证 在(1.2.2)式中,显然有 $0 \leqslant L(A) \leqslant L(S)$,故(1)成立.

在(1.2.2)式中,当 $A = S$ 时,显然有 $L(A) = L(S)$,故(2)成立.

因 $A_1, A_2, \cdots$ 互不相容,即对任意的 $i, j = 1, 2, \cdots$,只要 $i \neq j$,就有 $A_i A_j = \varnothing$,由测度

的可加性知

$$L\Big(\bigcup_{m=1}^{\infty} A_m\Big) = \sum_{m=1}^{\infty} L(A_m)$$

于是由(1.2.2)式,有

$$P\Big(\bigcup_{m=1}^{\infty} A_m\Big) = \frac{L\Big(\bigcup_{m=1}^{\infty} A_m\Big)}{L(S)} = \frac{\sum_{m=1}^{\infty} L(A_m)}{L(S)} = \sum_{m=1}^{\infty} \frac{L(A_m)}{L(S)} = \sum_{m=1}^{\infty} P(A_m)$$

即知(3)成立.

例 1.2.6 在区间[0,3]上任取一点,求该点的坐标落在(0,1/3)内的概率.

解 样本空间 $S=[0,3]$,$L(S)=3$.设 A 表示"任取一点的坐标落在(0,1/3)内",则 $A=(0,1/3)$,$L(A)=1/3$.由式(1.2.2),有

$$P(A) = \frac{L(A)}{L(S)} = \frac{1}{9}$$

这个简单的例子在第 2 章引入连续型随机变量时要用到.

例 1.2.7(会面问题) 甲、乙两人约定于时刻 $0 \sim T$ 时内在某地会面,先到者等 $t(0 \leqslant t \leqslant T)$ 小时即离去,求两人能见着面的概率.

解 样本空间 $S = \{(x,y) \mid 0 \leqslant x, y \leqslant T\}$.设 A 表示"两人能够见着面",则 $A = \{(x,y) \mid (x,y) \in S, |x-y| < t\}$.由(1.2.2)式,有

$$P(A) = \frac{L(A)}{L(S)} = \frac{T^2 - (T-t)^2}{T^2} = 1 - \Big(1 - \frac{t}{T}\Big)^2$$

1.2.3 事件的频率及性质

在上面两种概率模型中,其共同的特点是各个基本事件是等可能的.在一般情况下,人们常常用事件的频率来作为事件概率的近似值.

定义 1.2.3 将试验 E 重复进行 n 次,若其中事件 A 发生了 n_A 次,则称 n_A 为 A 在这 n 次试验中出现的频数,称比值 n_A/n 为 A 在这 n 次试验中出现的频率,记作 $f_n(A)$,即

$$f_n(A) = \frac{n_A}{n} \tag{1.2.3}$$

定理 1.2.3 事件的频率具有下列性质:

(1) $0 \leqslant f_n(A) \leqslant 1$;

(2) $f_n(S) = 1$;

(3) 若 $A_1, A_2, \cdots, A_m$ 互不相容,则

$$f_n\Big(\bigcup_{k=1}^{m} A_k\Big) = \sum_{k=1}^{m} f_n(A_k)$$

证略.

当 n 较小时,一般来说,频率 $f_n(A)$ 是不稳定的,即在不同的 n 次重复试验中,所算得的 $f_n(A)$ 可能差别较大.但当 n 充分大时,$f_n(A)$ 具有明显的稳定性.表 1.1 记录的是将

一枚硬币抛掷 n 次,出现正面的频数 n_H 和频率 $f_n(H)$.

频率所呈现的这种稳定性,有两个意义:

(1) 当 n 充分大时,频率 $f_n(A)$ 稳定在某个数 p 的附近,那么把这个数 p 作为 $P(A)$ 的值是合适的.即定义

$$P(A)=p$$

而且由于频率具有上面定理 1.2.3 中的 3 条性质,这样确定的概率也应具有相应的性质.

表 1.1

实验系号	$n=5$		$n=50$		$n=500$	
	n_H	$f_n(H)$	n_H	$f_n(H)$	n_H	$f_n(H)$
1	2	0.4	22	0.44	251	0.502
2	3	0.6	25	0.50	249	0.498
3	1	0.2	21	0.42	256	0.512
4	5	1.0	25	0.50	253	0.506
5	1	0.2	24	0.48	251	0.502
6	2	0.4	21	0.42	246	0.492
7	4	0.8	18	0.36	244	0.488
8	2	0.4	24	0.48	258	0.516
9	3	0.6	27	0.54	262	0.524
10	3	0.6	31	0.62	247	0.494

(2) 在实际问题中,有时概率不易求出.当 n 充分大时,可用频率作为概率的近似值,即

$$P(A)\approx\frac{n_A}{n}=f_n(A)\quad(n\ \text{充分大})$$

1.2.4　概率的公理化定义和性质

有了以上的实际背景,就可以给出事件概率的定义,并进一步讨论它的性质.

定义 1.2.4　设随机试验 E 的样本空间为 S,对于 E 的每一个事件 A,都有一个实数与之对应,记作 $P(A)$,如果满足下列条件:

(1) 非负性:$0\leqslant P(A)\leqslant 1$;

(2) 规范性:$P(S)=1$;

(3) 可列可加性:若 $A_1,A_2,\cdots$ 互不相容,则

$$P\Big(\bigcup_{n=1}^{\infty}A_n\Big)=\sum_{n=1}^{\infty}P(A_n)\tag{1.2.4}$$

则称 $P(A)$ 为事件 A 的概率.

定理 1.2.4　设 $P(\cdot)$ 为概率,则

(1) $P(\varnothing)=0$.

(2) 若 $A_1, A_2, \cdots, A_n$ 互不相容,则

$$P\Big(\bigcup_{k=1}^{n} A_k\Big) = \sum_{k=1}^{n} P(A_k) \tag{1.2.5}$$

(3) (一般加法公式)对任意二事件 A, B,有

$$P(A \cup B) = P(A) + P(B) - P(AB) \tag{1.2.6}$$

证 (1) 在定义 1.2.4 的(3)中,取 $A_n = \varnothing, n = 1, 2, \cdots$,则有

$$P(\varnothing) = P(\varnothing) + P(\varnothing) + \cdots$$

从而得 $P(\varnothing) = 0$.

(2) 在定义 1.2.4 的(3)中,取 $A_m = \varnothing, m = n+1, n+2, \cdots$,则由 $P(\varnothing) = 0$ 得

$$P\Big(\bigcup_{k=1}^{n} A_k\Big) = P\Big(\bigcup_{k=1}^{\infty} A_k\Big) = \sum_{k=1}^{\infty} P(A_k) = \sum_{k=1}^{n} P(A_k)$$

(3) 由于 $A \cup B = A \cup (B - A)$,而 A 与 $B - A$ 互不相容;$B = (B - A) \cup AB$,而 $B - A$ 与 AB 互不相容,由(1.2.5)式得

$$P(A \cup B) = P(A) + P(B - A), \quad P(B) = P(B - A) + P(AB)$$

因此

$$P(A \cup B) = P(A) + P(B) - P(AB)$$

推论 1 若 $A \subset B$,则 $P(B - A) = P(B) - P(A)$; $P(A) \leqslant P(B)$

证 由 $B = A \cup (B - A)$ 及(1.2.5)式可得.

推论 2(逆事件的概率) $P(A) = 1 - P(\overline{A})$.

证 由 $S = A \cup \overline{A}$,(1.2.6)式和定义 1.2.4 中的(2)可得.

推论 3(一般加法公式的推广) 对于 n 个事件 $A_1, A_2, \cdots, A_n$,有

$$P\Big(\bigcup_{k=1}^{n} A_k\Big) = \sum_{k=1}^{n} P(A_k) - \sum_{1 \leqslant i < j \leqslant n} P(A_i A_j) +$$
$$\sum_{1 \leqslant i < j < k \leqslant n} P(A_i A_j A_k) - \cdots + (-1)^{n-1} P(A_1 A_2 \cdots A_n)$$

证 由(1.2.6)式及归纳法可得.

下面简单介绍概率的连续性.

定理 1.2.5(概率的连续性) 设事件 $A_1, A_2, \cdots$ 满足 $A_1 \subset A_2 \subset \cdots$,则有

$$P\Big(\bigcup_{n=1}^{\infty} A_n\Big) = \lim_{n \to \infty} P(A_n)$$

证略.

推论 设事件 $A_1, A_2, \cdots$ 满足 $A_1 \supset A_2 \supset \cdots$,则有

$$P\Big(\bigcap_{n=1}^{\infty} A_n\Big) = \lim_{n \to \infty} P(A_n)$$

证略.

例 1.2.8 一副扑克 52 张(不计王牌),从中任取 13 张,求其中至少有一张 Q 的概率.

解 令 A 表示"任取 13 张,其中至少有一张 Q",A_i 表示"任取 13 张,其中恰有 i 张

Q",$i=1,2,3,4$,则

$$P(A) = P\left(\bigcup_{i=1}^{4} A_i\right) = \sum_{i=1}^{4} P(A_i) = \sum_{i=1}^{4} \frac{C_4^i C_{48}^{13-i}}{C_{52}^{13}} \approx 0.696$$

另一解法:

$$P(A) = 1 - P(\overline{A}) = 1 - \frac{C_{48}^{13}}{C_{52}^{13}} \approx 0.696$$

例 1.2.9 设 A,B 为二事件，$P(A)=0.7$，$P(A-B)=0.3$，求 $P(\overline{AB})$.

解 因

$$P(A-B) = P(A) - P(AB)$$
$$P(AB) = P(A) - P(A-B) = 0.4$$

故

$$P(\overline{AB}) = 1 - P(AB) = 0.6$$

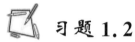 **习题 1.2**

1. 一部为 4 分册的文集按任意的次序放到书架上去，求各分册自左向右或自右向左恰成 1、2、3、4 的顺序的概率.

2. 把 $1,2,3,4,5$ 诸数各写在一张纸片上，任取其中的 3 张，按自左向右的顺序排成一个 3 位数，求所得的 3 位数为偶数的概率.

3. 一盒装有 5 个零件，其中有 2 个次品，3 个正品，随机地抽取一个(即从盒中任取一个)测试，不放回再从盒中任取一个测试，直到两个次品都被找到，求第 2 个次品在下列情况被找到的概率:

(1) 在第 3 次测试找到;

(2) 在第 5 次测试找到;

4. 袋中装有 a 个白球和 b 个黑球，从其中任意地接连取出 $k+1(k+1 \leqslant a+b)$ 个球，如果每个球被取出不放回，求最后取出的球是白球的概率.

5. 袋中有红、黄、白色球各一个，每次任取一个，有放回地取 3 次，求下列事件的概率:

(1) A——3 次取出的都是红色球;

(2) B——3 次取出的球中无黄色球;

(3) C——3 次取出的球中无黄色球且无红色球;

(4) D——3 次取出的球颜色全不同;

(5) E——3 次取出的球颜色不全同.

6. 从一副扑克的 13 张黑桃中，一张接一张地有放回地抽取 3 次，求下列事件的概率;

(1) 3 次取出的牌中没有同号;

（2）3 次取出的牌中有同号；

（3）3 次取出的牌中最多只有两张同号.

7. 同时掷两颗骰子，观察它们出现的点数，求两颗骰子掷得点数不同的概率.

8. 在房间里有 500 个人，设一年以 365 天计，求下列事件的概率：

（1）至少有一个人的生日是 10 月 1 日；

（2）至少有一个人的生日是 1 月 1 日或者 10 月 1 日；

（3）至少有 2 人的生日是在同一天.

9. 某地的电话号码由 7 个数字组成，并规定第 1 个数字不能是 0，其余 6 个数字可以从 $0,1,2,\cdots,9$ 中任选，假定该地的电话用户已经饱和，求从该地的电话号码簿中任选一个号码的最后两个数字不超过 2 的概率.

10. 从一副扑克（52 张，不包括王牌）中任取 4 张，求 4 张牌的花色各不相同的概率.

11. 设有某种产品 10 件，其中有 3 件次品. 现从其中任取 3 件，求下列事件的概率：

（1）A_1——3 件中恰有 1 件次品；

（2）A_2——3 件中恰有 2 件次品

（3）A_3——3 件全是次品；

（4）A_4——3 件全是正品；

（5）A_5——3 件中至少 1 件是次品.

12. 为了减少比赛场次，把 20 个球队分成两组（每组 10 个队）进行比赛，求其中最强的两个球队被分在同一组内的概率.

13. 在房间里有 10 个人，分别佩戴 1～10 号的纪念章，任意选 3 人，记录其纪念章的号码. 分别求"最小的号码为 5"和"最大的号码为 5"的概率.

14. 将长度为 L 的棒任意折成 3 段，求它们能构成三角形的概率.

15. 设事件 A,B 互不相容，且 $P(A)=p,P(B)=q$. 求 $P(A\cup B)$，$P(\overline{A}\cup B)$，$P(A\cup\overline{B})$，$P(\overline{A}B)$，$P(A\overline{B})$，$P(\overline{A}\,\overline{B})$ 及 $P(AB)$.

16. 设事件 A,B 及 $A\cup B$ 的概率分别为 p,q,r. 求 $P(AB)$，$P(\overline{A}B)$，$P(A\overline{B})$ 及 $P(\overline{A}\,\overline{B})$.

1.3　条件概率

1.3.1　条件概率

用来表示在事件 A 发生的条件下，事件 B 发生的可能性大小的数，称为在事件 A 发生的条件下事件 B 的条件概率，记作 $P(B|A)$.

例 1.3.1　有人说"在我遇到的男同志中 10 个有 6 个至少参加了一项体育运动".

这里运用了条件概率的概念. 分析如下：

遇到一个人相当于作一次试验，不妨假定遇到 1 000 个人，即 $n=1\,000$. "遇到的是男同志"记为 A，不妨假定遇到的 1 000 人中有 500 人为男同志，即 $n_A=500$. "遇到的人至少参加了一项体育运动"记为 B. 那么说话人的意思是在遇到的 500 个男同志中,大约有 300 人至少参加了一项体育运动,即 $n_{AB}=300$,于是:

$$\frac{6}{10}=\frac{300}{500}=\frac{n_{AB}}{n_A}=\frac{n_{AB}/n}{n_A/n}=\frac{f_n(AB)}{f_n(A)}$$

当 n 充分大时,

$$\frac{f_n(AB)}{f_n(A)}=\frac{n_{AB}/n}{n_A/n}\stackrel{\text{稳定}}{\approx}\frac{P(AB)}{P(A)}$$

可见,用数 $P(AB)/P(A)$ 可以描述在事件 A 发生的条件下事件 B 发生的可能性的大小.

1. 条件概率的定义及性质

定义 1.3.1 设 A,B 为二事件,且 $P(A)>0$,则称

$$P(B|A)=\frac{P(AB)}{P(A)} \tag{1.3.1}$$

为在事件 A 发生的条件下事件 B 发生的条件概率.

定理 1.3.1 条件概率满足:

(1) $0\leqslant P(B|A)\leqslant 1$;

(2) $P(S|A)=1$;

(3) 若 $B_1,B_2,\cdots$ 互不相容,则

$$P\left(\bigcup_{m=1}^{\infty}B_m\Big|A\right)=\sum_{m=1}^{\infty}P(B_m|A)$$

证略.

由上面的性质可以推出条件概率满足无条件概率的其他相应性质. 例如:

$$P(B_1\bigcup B_2|A)=P(B_1|A)+P(B_2|A)-P(B_1B_2|A)$$

其他不再一一列举.

2. 条件概率的计算

计算条件概率有两个基本的方法.

方法 1 按定义计算:$P(B|A)=\dfrac{P(AB)}{P(A)}$.

例 1.3.2 如果在全部产品中有 4% 是废品,有 72% 是一级品. 现从其中任取一件合格品,求它是一级品的概率.

解 令 A 表示"任取一件为合格品",B 表示"任取一件为一级品",则 $B\subset A$,且 $P(A)=0.96,P(B)=0.72.$ 有

$$P(B|A)=\frac{P(AB)}{P(A)}=\frac{P(B)}{P(A)}=\frac{0.72}{0.96}=0.75$$

注意题目中要求求条件概率的提法,因为求条件概率很容易与求交事件的概率混淆.

方法 2 在等可能试验中,当一事件 A 发生,在变化了的样本空间中利用等可能性直接计算另一事件 B 的条件概率.

例 1.3.3 盒中有黑球 5 个、白球 3 个,连续不放回地在其中任取两个球. 若已知第

一次取出的是白球,求第二次取出的仍是白球的概率.

解 令 A 表示"第一次取到白球",B 表示"第二次取到白球",则 $P(B|A)=\dfrac{2}{7}$.

例 1.3.4 设盒子中有黄、白两种颜色的乒乓球.黄色球 7 个,其中 3 个是新球;白色球 5 个,其中 4 个是新球.现从中任取一球是新球,求它是白球的概率.

解 令 A 表示"任取一球是新球",B 表示"任取一球是白球",则 $P(B|A)=\dfrac{4}{7}$.

1.3.2 关于条件概率的 3 个重要公式

1. 乘法公式

定理 1.3.2 设 $P(A)>0$,则有

$$P(AB)=P(A)P(B|A) \tag{1.3.2}$$

推论 设 $P(A_1A_2\cdots A_{n-1})>0$,则

$$P(A_1A_2\cdots A_n)=P(A_1)P(A_2|A_1)P(A_3|A_1A_2)\cdots P(A_n|A_1A_2\cdots A_{n-1}) \tag{1.3.3}$$

例 1.3.5 设袋中有 a 个白球、b 个黑球,从中接连不放回地取两个球.求第一、第二次都取得白球的概率.

解 令 A_i 表示"第 i 次取得白球",$i=1,2$,则

$$P(A_1A_2)=P(A_1)P(A_2|A_1)=\frac{a}{a+b}\cdot\frac{a-1}{a+b-1}=\frac{a(a-1)}{(a+b)(a+b-1)}$$

例 1.3.6 设甲袋中有 m 个白球,n 个黑球;乙袋中有 M 个白球,N 个黑球.今从甲袋中任取一球放入乙袋,再从乙袋中任取一球.求从甲袋放入乙袋再从乙袋取出的球都是白球的概率.

解 令 A,B 分别表示"从甲袋放入乙袋的球是白球"和"从乙袋取出的球是白球",则

$$P(AB)=P(A)P(B|A)=\frac{m}{m+n}\cdot\frac{M+1}{M+N+1}=\frac{m(M+1)}{(m+n)(M+N+1)}$$

2. 全概率公式和贝叶斯公式

定义 1.3.2 若 S 是随机试验 E 的样本空间,$A_1,A_2,\cdots,A_n$ 是 E 的一组事件,满足

(1) $A_iA_j=\varnothing$,$i\neq j$,$i,j=1,2,\cdots,n$;

(2) $\bigcup\limits_{i=1}^{n}A_i=S$.

则称 $A_1,A_2,\cdots,A_n$ 为样本空间 S 的一个划分.

$A_1,A_2,\cdots,A_n$ 是 S 的一个划分的意义是:在一次试验中,$A_1,A_2,\cdots,A_n$ 诸事件中必有一个而且只有一个发生.

定理 1.3.3(全概率公式) 设随机试验 E 的样本空间为 S,B 是 E 的事件,$A_1,A_2,\cdots,A_n$ 是 S 的一个划分,且 $P(A_i)>0(i=1,2,\cdots,n)$,则 $P(B)=\sum\limits_{i=1}^{n}P(A_i)P(B|A_i)$.

证 由 $B=BS=B\bigcup\limits_{i=1}^{n}A_i=\bigcup\limits_{i=1}^{n}BA_i$,$(BA_i)(BA_j)=\varnothing(i\neq j)$ 及乘法公式(1.3.2)得

$$P(B) = \sum_{i=1}^{n} P(BA_i) = \sum_{i=1}^{n} P(A_i)P(B|A_i)$$

定理 1.3.4(贝叶斯公式) 设随机试验 E 的样本空间为 S,B 是 E 的事件,$A_1,A_2,\cdots,$ A_n 是 S 的一个划分,且 $P(B)>0,P(A_i)>0(i=1,2,\cdots,n)$,则

$$P(A_i|B) = \frac{P(A_i)P(B|A_i)}{\sum_{j=1}^{n} P(A_j)P(B|A_j)}, \quad i=1,2,\cdots,n \qquad (1.3.4)$$

证 由条件概率的定义及全概率公式,有

$$P(A_i|B) = \frac{P(A_iB)}{P(B)} = \frac{P(A_i)P(B|A_i)}{\sum_{j=1}^{n} P(A_j)P(B|A_j)}, \quad i=1,2,\cdots,n$$

要点 这里有如下两类问题.

(1) 总体中的个体有两种属性,若要求与其中一种属性有关的事件的概率,则用全概率公式,那些 $A_1,A_2,\cdots,A_n$ 与另一属性有关;若已知与其中一种属性有关的事件已经出现,要求与另一属性有关的事件的概率,则用贝叶斯公式;

(2) 一试验分两步,若要求与第二步试验结果有关的事件的概率,则用全概率公式,那些 $A_1,A_2,\cdots,A_n$ 与第一步试验结果有关;若已知与第二步试验结果有关的事件已经出现,要求与第一步试验结果有关的事件的概率,则用贝叶斯公式.由于这个原因,也称贝叶斯公式为逆概公式.

例 1.3.7 在某工厂中有甲、乙、丙 3 台机器生产同一型号的产品,它们的产量各占 30%、35%、35%,并且在各自的产品中废品率分别为 5%、4%、3%.

(1) 求从该厂的这种产品中任取一件是废品的概率;

(2) 若任取一件是废品,分别求它是由甲、乙、丙生产的概率.

解 设 A_1,A_2,A_3 分别表示从该厂的这种产品中任取一件是由甲、乙、丙机器生产的产品,B 表示"从该厂的这种产品中任取一件为废品",则 A_1,A_2,A_3 构成 S 的一个划分,且由题设知

$$P(A_1)=30\%, \quad P(A_2)=35\%, \quad P(A_3)=35\%$$
$$P(B|A_1)=5\%, \quad P(B|A_2)=4\%, \quad P(B|A_3)=3\%$$

(1) 由全概率公式,有

$$P(B) = \sum_{k=1}^{3} P(A_k)P(B|A_k) = 3.95\%$$

(2) 由贝叶斯公式,知

$$P(A_1|B) = \frac{P(A_1)P(B|A_1)}{\sum_{k=1}^{3} P(A_k)P(B|A_k)} = \frac{30\% \times 5\%}{3.95\%} = \frac{30}{79}$$

$$P(A_2|B) = \frac{P(A_2)P(B|A_2)}{\sum_{k=1}^{3} P(A_k)P(B|A_k)} = \frac{35\% \times 4\%}{3.95\%} = \frac{28}{79}$$

$$P(A_3|B) = \frac{P(A_3)P(B|A_3)}{\sum\limits_{k=1}^{3} P(A_k)P(B|A_k)} = \frac{35\% \times 3\%}{3.95\%} = \frac{21}{79}$$

例 1.3.8 设甲袋中有 2 个红球、3 个白球、4 个蓝球；乙袋中有 3 个红球、4 个白球、5 个蓝球. 今从甲袋中任取一球放入乙袋, 再从乙袋中任取一球. 求：

(1) 从乙袋中取出的球是红球的概率；

(2) 若从乙袋中取出的是红球, 分别求从甲袋中取出放入乙袋的球是红球、白球和蓝球的概率.

解 令 A_1, A_2, A_3 分别表示从甲袋取出放入乙袋的球是红球、白球、蓝球；B 表示从乙袋中取出的球是红球, 则 A_1, A_2, A_3 构成 S 的一个划分, 且由题设知

$$P(A_1) = \frac{2}{9}, \quad P(A_2) = \frac{3}{9}, \quad P(A_3) = \frac{4}{9}$$

$$P(B|A_1) = \frac{4}{13}, \quad P(B|A_2) = \frac{3}{13}, \quad P(B|A_3) = \frac{3}{13}$$

(1) 由全概率公式, 知

$$P(B) = \sum_{k=1}^{3} P(A_k)P(B|A_k) = \frac{29}{117}$$

(2) 由贝叶斯公式, 知

$$P(A_1|B) = \frac{P(A_1)P(B|A_1)}{\sum\limits_{k=1}^{3} P(A_k)P(B|A_k)} = \frac{2/9 \times 4/13}{29/117} = \frac{8}{29}$$

$$P(A_2|B) = \frac{P(A_2)P(B|A_2)}{\sum\limits_{k=1}^{3} P(A_k)P(B|A_k)} = \frac{3/9 \times 3/13}{29/117} = \frac{9}{29}$$

$$P(A_3|B) = \frac{P(A_3)P(B|A_3)}{\sum\limits_{k=1}^{3} P(A_k)P(B|A_k)} = \frac{4/9 \times 3/13}{29/117} = \frac{12}{29}$$

 习题 **1.3**

1. 掷两颗骰子, 其结果用 (x_1, x_2) 表示, 其中 x_1 和 x_2 分别表示第一颗和第二颗骰子出现的点数. 令
$$A = \{(x_1, x_2) | x_1 \geqslant x_2\}, \quad B = \{(x_1, x_2) | x_1 > x_2\}$$
求 $P(B|A)$ 和 $P(A|B)$.

2. 甲、乙两人依次不放回从 $1, 2, \cdots, 10$ 中任取一数, 已知甲取到的数是 5 的倍数, 求甲数大于乙数的概率.

3. 设一个家庭有 3 个小孩, 若已知其中一个是女孩, 求至少有一个男孩的概率 (设一个小孩是男是女是等可能的).

4. 设一批产品的合格率为 80%，一级品率为 30%，今从这批产品中任取一件合格品，求它是一级品的概率.

5. 某种动物从出生活到 20 岁的概率为 0.8，活到 25 岁的概率为 0.4. 若已知这种动物现年为 20 岁，求能活到 25 岁的概率.

6. 已知 10 件产品中有 2 件是次品，在其中取两次，每次随机地取 1 件，作不放回抽取.

(1) 若第一件是合格品，求第二件是次品的概率；

(2) 若第二件是合格品，求第一件是次品的概率.

7. 设 M 件产品中有 $m(m \geqslant 2, M-m \geqslant 2)$ 件废品，从其中任取两件.

(1) 已知所取出的产品中有一件是废品，求另一件也是废品的概率；

(2) 已知所取出的产品中有一件是正品，求另一件是废品的概率.

8. 已知 10 件产品中有 2 件是次品，在其中取两次，每次随机地取 1 件，作不放回抽取.

(1) 求第一件是合格品，第二件是次品的概率；

(2) 求第一件是次品，第二件是合格品的概率；

(3) 求一件是次品，一件是合格品的概率.

9. 有甲、乙、丙 3 个口袋，甲袋中装有 2 个白球和 1 个黑球，乙袋中装有 1 个白球和 2 个黑球，丙袋中装有 2 个白球和 2 个黑球. 现从甲袋中任取一球放入乙袋，再从乙袋中任取一球放入丙袋，最后从丙袋中任取一球. 求：

(1) 3 次都取到白球的概率；

(2) 第三次才取到白球的概率.

10. 对产品作抽样检查时，每 100 件为一批，逐批进行. 对每批检验时，从其中任取 1 件作检查，如果是次品，就认为这批产品不合格而拒绝接受；如果是合格品，则再抽验 1 件，抽查过的产品不放回. 如此连续检查 5 件，如果 5 件产品都是合格品，则认为这批产品合格而被接受. 设一批产品中有 5% 是次品，求一批产品被接受的概率. 如果 200 件为一批，求被接受的概率.

11. 加工某种零件需要经过两道工序. 第一道工序出现合格的概率为 0.9，出现次品的概率为 0.1；第一道工序加工出来的合格品，在第二道工序出现合格品的概率为 0.8，出现次品的概率为 0.2；第一道工序加工出来的次品，在第二道工序出现次品的概率或出现废品的概率都是 0.5. 分别求经过两道工序加工出来的零件是合格、次品、废品的概率.

12. 猎人在距离 100 m 处对一动物进行射击，命中率为 2/3；如果第一次没有击中，则进行第二次射击，但距离为 150 m；如果还没有击中，则进行第三次射击，但距离为 200 m，若第三次射击仍没有击中，则猎物逃到射程之外. 如果命中率与距离成反比，求猎人击中动物的概率.

13. 某工厂的车床、钻床、磨床、刨床台数之比为 9：3：2：1，它们在一段时间内需要修理的概率之比为 1：2：3：1，当有一台机床需要修理时，求这台机床是车床的概率.

14. 播种小麦时所用一等种子中混有 2% 的二等种子和 1% 的三等种子. 用一等、二等、三等种子长出的穗含 50 粒以上麦粒的概率分别为 0.5,0.3,0.2, 求种子所结的穗含有 50 粒以上麦粒的概率.

15. 某射击小组共有 20 名射手, 其中一级射手 4 人, 二级射手和三级射手各 8 人. 一级、二级、三级射手通过资格赛的概率分别为 0.9,0.7,0.5. 求任选一名射手能通过资格赛的概率.

16. 两台车床加工同样的零件, 第一台出现废品的概率为 0.03, 第二台出现废品的概率为 0.02, 加工出来的零件放在一起, 并且已知第一台加工的零件比第二台加工的零件多一倍. 求任意取出的零件是一合格品的概率.

17. 袋中装有 n 个白球, m 个红球, 从其中接连取球两次, 做不放回抽取, 求第二次取到的球是白球的概率. 又如果第二次取出的球是白球, 求第一次取得白球的概率.

18. 设有甲、乙两袋, 甲袋装有 n 白球、m 个红球; 乙袋装有 N 个白球、M 个红球. 今从甲袋任意取一球放入乙袋, 再从乙袋任取一球. 求取得白球的概率. 又如果从乙袋取出的是红球, 求从甲袋取出放入乙袋的球是白球的概率.

19. 有 a,b,c 3 个盒子, a 盒中有 1 个白球和 2 个红球, b 盒中有 2 个白球和 1 个红球, c 盒中有 3 个白球和 3 个红球. 今掷一颗骰子以决定选盒. 若出现 1,2,3 点则选 a 盒; 若出现 4 点则选 b 盒; 若出现 5,6 点则选 c 盒. 在选出的盒子中任取一球.

(1) 求取出白球的概率;

(2) 若取出的是白球, 分别求此球来自 a 盒、b 盒和 c 盒的概率.

20. 轰炸机轰炸某目标. 它能飞到距目标 400,200,100(m) 的概率分别为 0.5,0.3,0.2, 又它在距离目标 400,200,100(m) 时的命中率分别为 0.01,0.02,0.1. 若目标被命中, 分别求飞机是在 400,200,100(m) 处轰炸的概率.

1.4 事件的独立性

1.4.1 两事件的独立性

一般来说, 当 $P(A)>0$ 时, $P(B|A)$ 未必等于 $P(B)$.

例 1.4.1 袋中有 3 个白球、2 个红球, 从其中不放回地取两次球. 若令 A,B 分别表示第一、二次取得白球, 求 $P(B|A)$ 和 $P(B)$.

解 容易算得

$$P(B|A)=\frac{2}{4}=\frac{1}{2}$$

$$P(B)=P(A)P(B|A)+P(\overline{A})P(B|\overline{A})=\frac{3}{5}\cdot\frac{1}{2}+\frac{2}{5}\cdot\frac{3}{4}=\frac{3}{5}$$

可见 $P(B|A)\neq P(B)$.

现在考虑相等的情况,即 $P(B|A)=P(B)$.

例 1.4.2 考虑试验 E——抛甲、乙两枚硬币,观察正面和反面出现的情况,令 A 表示"甲币出现正面",B 表示"乙币出现正面",E 的样本空间 $S=\{HH,HT,TH,TT\}$,容易算得

$$P(A)=\frac{1}{2},P(B)=\frac{1}{2},P(AB)=\frac{1}{4},P(B|A)=\frac{1}{2}=P(B)$$

式子

$$P(B|A)=P(B)$$

说明事件 A 的发生不影响事件 B 发生的概率.不妨把这种情况称为 B 关于 A 独立.下面的等价关系说明独立性是相互的:若 $P(A)>0,P(B)>0$,则

$$P(B|A)=P(B)$$
$$\Updownarrow$$
$$P(AB)=P(A)P(B)$$
$$\Updownarrow$$
$$P(A|B)=P(A)$$

于是有下面的定义.

定义 1.4.1 若 A,B 满足

$$P(AB)=P(A)P(B) \tag{1.4.1}$$

则称 A 与 B 相互独立,简称 A 与 B 独立.

下面的定理显然成立.

定理 1.4.1 当 $P(A)>0(P(B)>0)$ 时,A 与 B 独立的充要条件是 $P(B|A)=P(B)$ $(P(A|B)=P(A))$.

定理 1.4.2 A 与 B,A 与 $\overline{B},\overline{A}$ 与 $B,\overline{A}$ 与 $\overline{B}$ 独立是等价的.

证 先证明由 A 与 B 独立 $\Rightarrow A$ 与 $\overline{B}$ 独立.事实上,由事件和概率的运算法则,有

$$P(A\overline{B})=P(A-AB)=P(A)-P(AB)=P(A)-P(A)P(B)$$
$$=P(A)[1-P(B)]=P(A)P(\overline{B})$$

即知 A 与 $\overline{B}$ 独立.将这一证明的结果抽象化:若二事件独立,则将其中的一个事件换成它的对立事件后的二事件仍独立.于是可有下面的推证过程:

$$A \text{ 与 } B \text{ 独立} \Rightarrow A \text{ 与 } \overline{B} \text{ 独立}$$
$$\Uparrow \qquad\qquad \Downarrow$$
$$\overline{A} \text{ 与 } B \text{ 独立} \Leftarrow \overline{A} \text{ 与 } \overline{B} \text{ 独立}$$

可见定理的结论成立.

定理 1.4.3 若 $P(A)=0$ 或 $P(A)=1$,则 A 与任何 B 均独立.

定理 1.4.3 说明,定义 1.4.1 所定义的独立性概念已超出由条件概率等于无条件概率引进的独立性概念.

1.4.2 两个以上事件的独立性

对于 3 个事件 A,B,C,可有两种独立性:A,B,C 两两独立;A,B,C 相互独立.

$$A,B,C \text{ 两两独立} \left. \begin{cases} P(AB)=P(A)P(B) \\ P(AC)=P(A)P(C) \\ P(BC)=P(B)P(C) \\ P(ABC)=P(A)P(B)P(C) \end{cases} \right\} A,B,C \text{ 相互独立}$$

容易举例说明,A,B,C 两两独立不能推出 A,B,C 相互独立.

例 1.4.3 一四面体,一面涂红色,另一面涂白色,第三面涂蓝色,第四面分别涂红、白、蓝色.在一平面上抛此四面体,令 A,B,C 分别表示"抛得底面涂有红色","抛得底面涂有白色","抛得底面涂有蓝色".验证:

$$P(AB)=P(A)P(B), \quad P(AC)=P(A)P(C), \quad P(BC)=P(B)P(C)$$

但

$$P(ABC) \neq P(A)P(B)P(C)$$

解 容易算得

$$P(A)=P(B)=P(C)=\frac{1}{2}$$

$$P(AB)=P(AC)=P(BC)=P(ABC)=\frac{1}{4}$$

可见

$$P(AB)=P(A)P(B), \quad P(AC)=P(A)P(C), \quad P(BC)=P(B)P(C)$$

但

$$P(ABC) \neq P(A)P(B)P(C)$$

一般有下列的定义.

定义 1.4.2 若 n 个事件 $A_1,A_2,\cdots,A_n$ 同时满足下列的 2^n-n-1 个等式:

$$P(A_{i_1}A_{i_2})=P(A_{i_1})P(A_{i_2}), \quad 1 \leqslant i_1 < i_2 \leqslant n$$

$$P(A_{i_1}A_{i_2}A_{i_3})=P(A_{i_1})P(A_{i_2})P(A_{i_3}), \quad 1 \leqslant i_1 < i_2 < i_3 \leqslant n$$

$$\vdots$$

$$P(A_{i_1}A_{i_2}\cdots A_{i_{n-1}})=P(A_{i_1})P(A_{i_2})\cdots P(A_{i_{n-1}}), 1 \leqslant i_1 < i_2 < \cdots < i_{n-1} \leqslant n$$

$$P(A_1A_2\cdots A_n)=P(A_1)P(A_2)\cdots P(A_n)$$

则称 $A_1,A_2,\cdots,A_n$ 相互独立.

由上述定义易知下列定理成立.

定理 1.4.4 如果 $A_1,A_2,\cdots,A_n(n \geqslant 2)$ 相互独立,则其中任何 $k(2 \leqslant k \leqslant n)$ 个事件也相互独立.

还可以证明下面的定理,它是两事件独立相应结论的推广.

定理 1.4.5 如果 $A_1,A_2,\cdots,A_n$ 相互独立,则把其中的任何 $m(1 \leqslant m \leqslant n)$ 个事件换

成各自的对立事件后所构成的 n 个事件也相互独立.

证略.

1.4.3 事件的独立性与试验的独立性

在实际应用中,常常不是由定义来判定而是由试验的独立性来判定事件的独立性的,然后再由事件的独立性来计算交事件的概率.

例 1.4.4 一口袋中有 2 个白球、3 个红球,有放回地从袋中取两次球.求第一次和第二次都取到白球的概率.

解 由于是有放回地取两次球,因此两次取球是相互独立的.若令 A,B 分别表示第一次、第二次取得白球,则 A 与 B 独立,因此所求概率为

$$P(AB)=P(A)P(B)=\frac{2}{5}\cdot\frac{2}{5}=\frac{4}{25}$$

例 1.4.5 一个元件(或系统)正常工作的概率称为元件(或系统)的可靠性.设有 4 个独立工作的元件 1,2,3,4,按先串联后并联的方式连接(称为串并联电路),如图 1.8 所示.设第 i 个元件的可靠性为 $p_i(i=1,2,3,4)$,且设各个元件正常工作与否相互独立,试求系统的可靠性.

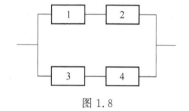

图 1.8

解 设 A 表示系统正常工作,$A_i(i=1,2,3,4)$ 表示第 i 个元件正常工作,则

$$P(A)=P(A_1A_2\bigcup A_3A_4)=P(A_1A_2)+P(A_3A_4)-P(A_1A_2A_3A_4)$$
$$=P(A_1)P(A_2)+P(A_3)P(A_4)-P(A_1)P(A_2)P(A_3)P(A_4)$$
$$=p_1p_2+p_3p_4-p_1p_2p_3p_4$$

1.4.4 二项概率公式

下面,讨论由重复独立进行的所谓贝努利试验构成的复合试验以及它们的某些事件概率的计算.

贝努利试验:对试验 E 只考虑两个结果 A 和 $\overline{A}$,而且已知 $P(A)=p,0<p<1$,则称 E 为贝努利试验.

将贝努利试验重复独立地进行 n 次,求:

(1) 前 $k(k=0,1,\cdots,n)$ 次出现 A,后 $n-k$ 次出现 $\overline{A}$ 的概率;

(2) 恰有 k 次出现 A 的概率.

对 $n=4,k=2$ 求上述概率,再推广.

设 $A_i(i=1,2,\cdots,n)$ 表示"第 i 次试验出现 A".则当 $n=4,k=2$ 时,有

(1) $P(A_1A_2\overline{A_3}\overline{A_4})=p^2(1-p)^2$;

(2) 设 D_n^k 表示"在 n 次试验中恰有 k 次出现 A",则

$$D_4^2=A_1A_2\overline{A_3}\overline{A_4}\bigcup A_1\overline{A_2}A_3\overline{A_4}\bigcup \overline{A_1}A_2A_3\overline{A_4}\bigcup \overline{A_1}A_2\overline{A_3}A_4\bigcup$$

$$\overline{A_1}\,\overline{A_2}A_3A_4 \bigcup A_1\overline{A_2}\,\overline{A_3}A_4$$

于是

$$P(D_4^2)=P(A_1A_2\overline{A_3}\,\overline{A_4})+P(A_1\overline{A_2}A_3\overline{A_4})+P(\overline{A_1}A_2A_3\overline{A_4})+P(\overline{A_1}A_2\overline{A_3}A_4)+$$
$$P(\overline{A_1}\,\overline{A_2}A_3A_4)+P(A_1\overline{A_2}\,\overline{A_3}A_4)=6p^2q^2=C_4^2p^2q^2 \quad (q=1-p)$$

推广 对一般的正整数 n 及 $k(k=0,1,\cdots,n)$，有

$$P(A_1A_2\cdots A_k\overline{A_{k+1}}\cdots\overline{A_n})=p^kq^{n-k} \tag{1.4.2}$$

$$P(D_n^k)=C_n^kp^kq^{n-k}, \quad k=0,1,2,\cdots,n \tag{1.4.3}$$

上面的试验通常称为 n 重贝努利试验，称(1.4.3)式为二项概率公式.

例 1.4.6 转炉炼高级矽钢，炼一炉的合格率为 0.7. 现有 5 个转炉同时冶炼，求：

(1) 恰有两炉炼出合格钢的概率；

(2) 至少有两炉炼出合格钢的概率；

(3) 至多有两炉炼出合格钢的概率；

(4) 至少有一炉炼出合格钢的概率.

若要求至少能够炼出一炉合格钢的概率不低于 99%，问同时至少要有多少个转炉炼钢？

解 同时观察 5 个独立工作的转炉炼钢，相当于观察 5 次重复独立试验，即 $n=5$. 令 A 表示"一炉炼出合格钢"，则 $P(A)=0.7$，因此

(1) $P(D_5^2)=C_5^2\cdot0.7^2\cdot0.3^3=0.132\,3$.

(2) $P\left(\bigcup_{k=2}^5 D_5^k\right)=1-P(D_5^0)-P(D_5^1)=1-0.3^5-C_5^1\cdot0.7\cdot0.3^4\approx0.969\,2$.

(3) $P\left(\bigcup_{k=0}^2 D_5^k\right)=P(D_5^0)+P(D_5^1)+P(D_5^2)$
$$=0.3^5+C_5^1\cdot0.7\cdot0.3^4+C_5^2\cdot0.7^2\cdot0.3^3$$
$$\approx0.163\,1.$$

(4) $P\left(\bigcup_{k=1}^5 D_5^k\right)=1-P(D_5^0)=1-0.3^5\approx0.997\,6$.

最后设有 n 个转炉同时冶炼，则要求

$$P\left(\bigcup_{k=1}^n D_n^k\right)=1-P(D_n^0)=1-0.3^n\geqslant0.99$$

解得

$$n\geqslant\frac{\ln0.01}{\ln0.3}\approx3.8$$

即至少有 4 个炉同时冶炼，才能使得至少能够炼出一炉合格钢的概率不低于 99%.

习题 1.4

1. 3 人独立地去破译一个密码，他们能译出的概率分别为 $1/5,1/3,1/4$. 求能将此密码译出的概率.

2. 袋中有 5 个乒乓球,其中 3 个旧球、2 个新球. 每次取一个,有放回地取两次. 求下列事件的概率:

(1) 两次都取到新球;

(2) 第一次取到新球,第二次取到旧球;

(3) 至少有一次取到新球.

3. 一工人看管 3 台独立工作的机床,在一小时内机床不需要工人照管的概率是:第一台为 0.9,第二台为 0.8,第三台为 0.7. 求下列事件的概率:

(1) 3 台机床都不需要工人照管;

(2) 至少有一台机床需要工人照管;

(3) 至多有一台机床需要工人照管.

4. 加工某一零件共经过 4 道工序,第一、二、三、四道工序的次品率分别为 2%,3%,5%,3%. 假定各道工序是互不影响的,求加工出来的零件的次品率.

5. 设有一系统由 6 个元件 $A_1, A_2, A_3, B_1, B_2,$ B_3 构成串并联电路,如图 1-9 所示,设 A_1, A_2, A_3 的可靠性均为 p_1, B_1, B_2, B_3 的可靠性均为 p_2,求该系统的可靠性.

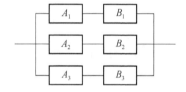

6. 设事件 A, B, C 相互独立,且 $P(A) = 0.2, P$ $(A \cup B \cup C) = 0.712, P(B) = P(C),$ 求 $P(B)$.

图 1-9

7. 设某种型号的零件的次品率为 0.1,现从这种零件中有放回地抽取 4 次. 分别求出没有抽到次品,有一次抽到次品,有两次抽到次品,有 3 次抽到次品,4 次都抽到次品的概率.

8. 一大楼装有 5 个同类型的供水设备. 调查表明在任一时刻 t 每个设备被使用的概率为 0.2,求在同一时刻:

(1) 恰有 2 个设备被使用的概率;

(2) 至少有 3 个设备被使用的概率;

(3) 至多有 3 个设备被使用的概率;

(4) 至少有 1 个设备被使用的概率.

9. 把 n 个不同的球随机地放入 N 个盒子中,求某指定的一盒中恰有 $r(0 \leqslant r \leqslant n)$ 个球的概率. 若 $n = 5$,为使 5 个球全部放入该指定盒子中的概率不超过 0.001,则盒子数 N 至少是多少?

10. 假设每个人的生日在任何月份内是等可能的. 已知某单位中至少有一个人的生日在一月份的概率不小于 0.96,问该单位至少有多少人?

本 章 小 结

本章是全书的基础,掌握并理解本章的内容,对学习以后各章的内容是十分重要的.

1. 随机事件及其运算

(1) 随机试验的基本概念：样本点、样本空间、随机事件、基本事件、必然事件、不可能事件.

(2) 事件的 4 种运算：并、交、差、余.

(3) 事件的 4 种关系：包含关系、相等关系、互不相容关系、互余(对立)关系.

(4) 事件运算的 4 种运算法则：交换律、结合律、分配律、对偶律.

(5) 注意区分下列概念：

若事件 $A_1, A_2, \cdots, A_n (n \geqslant 3)$ 互不相容,则 $A_1 A_2 \cdots A_n = \varnothing$,但反之不然；

若 A, B 互余,则 A, B 互不相容,但反之不然.

(6) 熟练掌握下列关系和运算：

① $\varnothing \subset A \subset S, \varnothing A = \varnothing$;

② $A \subset A \cup B, B \subset A \cup B$;

③ 若 $A \subset B$,则 $A \cup B = B$;

④ $A - B \subset A$;

⑤ 若 $A \subset B$,则 $A - B = \varnothing$;

⑥ $\overline{\overline{A}} = A, \overline{A} = S - A, \overline{S} = \varnothing, \overline{\varnothing} = S$;

⑦ 若 $A \subset B$,则 $\overline{B} \subset \overline{A}$;

⑧ $A - B = A\overline{B} = A - AB$;

⑨ $A \cup B = A \cup \overline{A}B, A \cup B \cup C = A \cup \overline{A}B \cup \overline{A}\,\overline{B}C$.

2. 事件的概率及性质

(1) 在古典概型中概率的计算公式：设 E 为古典概型,$S = \{e_1, e_2, \cdots, e_n\}, A = \{e_{i_1}, e_{i_2}, \cdots, e_{i_k}\}$,则

$$P(A) = \frac{k}{n}$$

(2) 在几何概型中概率的计算公式：设 E 为几何概型,样本空间 S 的测度为 $L(S)$,事件 A 的测度为 $L(A)$,则

$$P(A) = \frac{L(A)}{L(S)}$$

(3) 概率的定义和性质：设随机试验 E 的样本空间为 S,对于 E 的每一个事件 A 有一个实数与之对应,记作 $P(A)$,如果满足下列条件：

① $0 \leqslant P(A) \leqslant 1$;

② $P(S) = 1$;

③ 可列可加性：若 $A_1, A_2, \cdots$ 互不相容,则

$$P\left(\bigcup_{n=1}^{\infty} A_n\right) = \sum_{n=1}^{\infty} P(A_n)$$

则称 $P(A)$ 为事件 A 的概率.

概率 $P(\cdot)$ 有下列性质：

① $P(\varnothing)=0$；

② 若 $A_1,A_2,\cdots,A_n$ 互不相容，则

$$P(\bigcup_{k=1}^{n} A_k)=\sum_{k=1}^{n} P(A_k)$$

③（一般加法公式）. 对任二事件 A,B，有

$$P(A\bigcup B)=P(A)+P(B)-P(AB)$$

推论 I   若 $A\subset B$，则

$$P(B-A)=P(B)-P(A),P(A)\leqslant P(B)$$

推论 II（逆事件的概率） $P(A)=1-P(\overline{A})$.

推论 III（一般加法公式的推广）   对于 n 个事件 $A_1,A_2,\cdots,A_n$，有

$$P(\bigcup_{k=1}^{n} A_k)=\sum_{k=1}^{n} P(A_k)-\sum_{1\leqslant i<j\leqslant n} P(A_iA_j)$$
$$+\sum_{1\leqslant i<j<k\leqslant n} P(A_iA_jA_k)-\cdots+(-1)^{n-1}P(A_1A_2\cdots A_n)$$

3. 条件概率

(1) 条件概率的定义、性质及两种计算方法：

若 $P(A)>0$，则 $P(B|A)=\dfrac{P(AB)}{P(A)}$.

条件概率满足无条件概率的所有性质，只要将 $P(\cdot)$ 换成 $P(\cdot|A)$.

计算方法：

方法 1   按定义计算：$P(B|A)=\dfrac{P(AB)}{P(A)}$.

方法 2   在等可能试验中，当一事件 A 发生，在变化了的样本空间中利用等可能性直接计算另一事件 B 的条件概率.

(2) 与条件概率有关的 3 个重要公式：乘法公式、全概率公式和贝叶斯公式；

乘法公式   设 $P(A_1A_2\cdots A_{n-1})>0$，则

$$P(A_1A_2\cdots A_n)=P(A_1)P(A_2|A_1)P(A_3|A_1A_2)\cdots P(A_n|A_1A_2\cdots A_{n-1})$$

全概率公式和贝叶斯公式   设随机试验 E 的样本空间为 S，B 是 E 的事件，$A_1,A_2,\cdots,A_n$ 是 S 的一个划分，且 $P(A_i)>0(i=1,2,\cdots,n)$，则有

全概率公式 $$P(B)=\sum_{i=1}^{n} P(A_i)P(B|A_i)$$

贝叶斯公式 $$P(A_i|B)=\frac{P(A_i)P(B|A_i)}{\sum\limits_{j=1}^{n} P(A_j)P(B|A_j)},i=1,2,\cdots,n$$

4. 事件的独立性

(1) 二事件的独立性及性质：

若 A,B 满足 $P(AB)=P(A)P(B)$，则称 A 与 B 独立.

当 $P(A)>0(P(B)>0)$ 时,A 与 B 独立的充要条件是 $P(B|A)=P(B)(P(A|B)=P(A))$.

A 与 B,A 与 $\overline{B}$,$\overline{A}$ 与 B,$\overline{A}$ 与 $\overline{B}$ 独立是等价的.

(2) 两个以上事件的独立性及性质:

若 n 个事件 $A_1,A_2,\cdots,A_n$ 同时满足下列 2^n-n-1 个等式:

$$P(A_{i_1}A_{i_2})=P(A_{i_1})P(A_{i_2}),1\leqslant i_1<i_2\leqslant n$$

$$P(A_{i_1}A_{i_2}A_{i_3})=P(A_{i_1})P(A_{i_2})P(A_{i_3}),1\leqslant i_1<i_2<i_3\leqslant n$$

$$\vdots$$

$$P(A_{i_1}A_{i_2}\cdots A_{i_{n-1}})=P(A_{i_1})P(A_{i_2})\cdots P(A_{i_{n-1}}),1\leqslant i_1<i_2<\cdots<i_{n-1}\leqslant n$$

$$P(A_1A_2\cdots A_n)=P(A_1)P(A_2)\cdots P(A_n)$$

则称 $A_1,A_2,\cdots,A_n$ 相互独立.

如果 $A_1,A_2,\cdots,A_n(n\geqslant 2)$ 相互独立,则其中任何 $k(2\leqslant k\leqslant n)$ 个事件也相互独立.

如果 $A_1,A_2,\cdots,A_n$ 相互独立,则把其中的任何 $m(1\leqslant m\leqslant n)$ 个事件换成各自的对立事件后所构成的 n 个事件也相互独立.

(3) 二项概率公式:

在 n 重贝努利试验中,A 恰好出现 k 次的概率 $P(D_n^k)=C_n^k p^k q^{n-k},k=0,1,2,\cdots,n$,其中 p 为在一次试验中事件 A 出现的概率,且 $0<p<1,q=1-p$.

综合练习题 1

一、单项选择题

1. 记录一个小班一次数学考试的平均分数(设以百分制记分)的样本空间为(   ).

(A) $S=\{x|0\leqslant x\leqslant 100\}$ (B) $S=\left\{\dfrac{k}{n}|k=0,1,\cdots,100n,\text{且 }n\text{ 为小班人数}\right\}$

(C) $S=\{0,1,2,\cdots,100\}$ (D) $S=\{x|0\leqslant x\leqslant 100,\text{且 }x\text{ 为有理数}\}$

2. 设 A_1,A_2,A_3 为 3 个随机事件,用 A_1,A_2,A_3 表示事件"A_1,A_2,A_3 中至多有两个发生"的表示式为(   ).

(A) $A_1\cup A_2\cup A_3$ (B) $A_1A_2\cup A_1A_3\cup A_2A_3$

(C) $A_1A_2A_3$ (D) $\overline{A_1}\cup\overline{A_2}\cup\overline{A_3}$

3. 设 A_1,A_2,A_3 为 3 个随机事件,下列等式中不正确的是(   ).

(A) $A_1(A_2-A_3)=A_1A_2-A_1A_3$

(B) $A_1\cup A_2=A_1A_2\cup(A_1-A_2)\cup(A_2-A_1)$

(C) $(A_1A_2)(A_1\overline{A_2})=\varnothing$

(D) $(\overline{A_1\cup A_2})A_3=\overline{A_1}$

4. 设 A_1,A_2,A_3 为 3 个随机事件,下列等式中不正确的是(   ).

(A) $P(A_1 \bigcup A_2 \bigcup A_3) = P(A_1 \bigcup A_2) + P((\overline{A_1 \bigcup A_2}) A_3)$

(B) $P(A_1 \bigcup A_2 \bigcup A_3) = P(A_1) + P(A_2) + P(A_3) - P(A_1 A_2) - P(A_1 A_3) - P(A_2 A_3)$

(C) $P(A_1 \bigcup A_2 \bigcup A_3) = P(A_1) + P(\overline{A}_1 A_2) + P(\overline{A}_1 \overline{A}_2 A_3)$

(D) $P(A_1 \bigcup A_2 \bigcup A_3) = P(A_1) + P(\overline{A}_1 A_2) + P(\overline{A}_1 A_3) - P(\overline{A}_1 A_2 A_3)$

5. 袋中有 3 个白球和 5 个黑球,从袋中不放回地取 4 个球,则取到 2 个白球及 2 个黑球的概率为( ).

(A) $\dfrac{5}{8}$ (B) $\dfrac{3}{7}$ (C) $\dfrac{9}{25}$ (D) $\dfrac{3}{8}$

6. 将 4 个球任意地放入 3 个盒子中去,则没有盒子空着的概率为( ).

(A) $\dfrac{5}{9}$ (B) $\dfrac{1}{3}$ (C) $\dfrac{4}{9}$ (D) $\dfrac{26}{27}$

7. 从 $0,1,2,\cdots,9$ 这 10 个数字中任取 1 个.假定每个数字都以 $1/10$ 的概率被取到,取后放回,先后取了 6 个数字,则 6 个数字全不相同的概率为( ).

(A) 0.151 2   (B) 0.252 0   (C) 0.848 8   (D) 0.134 5

8. 设 $P(\overline{A}) = 0.3, P(B) = 0.4, P(A\overline{B}) = 0.5$,则 $P(B|A \bigcup \overline{B}) = ($ $)$.

(A) 0.24   (B) 0.45   (C) 0.35   (D) 0.25

9. 设甲袋中有 2 个白球和 2 个黑球;乙袋中有 1 个白球和 2 个黑球.现从甲袋中任取 2 个球放入乙袋,再从乙袋中任取一球,则从甲袋放入乙袋和从乙袋取出的球都是白球的概率为( ).

(A) $\dfrac{1}{10}$ (B) $\dfrac{1}{6}$ (C) $\dfrac{1}{3}$ (D) $\dfrac{3}{5}$

10. 设一口袋中有 6 个球.令 A_1, A_2, A_3 分别表示这 6 个球为 4 红 2 白、3 红 3 白、2 红 4 白,且已知 $P(A_1) = \dfrac{1}{2}, P(A_2) = \dfrac{1}{6}, P(A_3) = \dfrac{1}{3}$.从这口袋中任取一球,则取出的球是白球的概率为( ).

(A) $\dfrac{1}{12}$ (B) $\dfrac{17}{36}$ (C) $\dfrac{1}{9}$ (D) $\dfrac{1}{2}$

11. 设每次射击的命中率为 0.2,则至少必须进行( )次独立射击才能使至少击中一次的概率不小于 0.9.

(A) 11   (B) 9   (C) 15   (D) 2

12. 设 $P(A|B) = 1$,则必有( ).

(A) $P(A \bigcup B) > P(A)$ (B) $P(A \bigcup B) > P(B)$

(C) $P(A \bigcup B) = P(A)$ (D) $P(A \bigcup B) = P(B)$

13. 某人向同一目标独立重复射击,每次射击命中目标的概率为 $p(0 < p < 1)$,则此人第 4 次射击命中目标恰好为第 2 次命中目标的概率为( ).

(A) $3p(1-p)^2$ (B) $6p(1-p)^2$

(C) $3p^2(1-p)^2$　　　　　　　　　　　　(D) $6p^2(1-p)^2$

二、填空题

1. 将一尺之棰折成 3 段,记录 3 段的长度,则该试验的样本空间 $S=$ _____.

2. 设 A,B,C 为 3 个随机事件,则事件"A,B,C 中至多有一个发生"的表示式为_____.

3. 从 5 双不同的鞋子中任取 4 只,则取出的 4 只鞋子至少有 2 只鞋配成一双的概率为_____.

4. 随机地向半圆 $D=\{(x,y)|0<y<\sqrt{2ax-x^2},a>0\}$ 内掷一点,点落在半圆内任何区域的概率与区域的面积成正比,则原点和该点的连线与 x 轴的夹角小于 $\pi/4$ 的概率为_____.

5. 在区间 $(0,1)$ 中任取两个数,则这两个数的差的绝对值小于 $1/2$ 的概率为_____.

6. 设 A,B,C 为 3 个随机事件.已知 $P(A)=P(B)=P(C)=1/4,P(AB)=P(AC)=0$,$P(BC)=1/8$,则 $P(A\cup B\cup C)=$ _____.

7. 设 $A,B,A\cup B$ 的概率分别为 $0.4,0.3,0.6$,则 $P(A\overline{B})=$ _____.

8. 已知 $P(A)=P(B)=P(C)=1/4,P(AB)=0,P(AC)=P(BC)=1/6$,则 $P(\overline{A}\,\overline{B}\,\overline{C})=$ _____.

9. 已知 $P(AB)=P(\overline{A}\,\overline{B})$,且 $P(A)=p$,则 $P(B)=$ _____.

10. 已知 $P(A)=1/4,P(A|B)=1/2,P(B|A)=1/3$,则 $P(A\cup B)=$ _____.

11. 已知 $P(A)=0.5,P(B)=0.6,P(B|A)=0.8$,则 $P(A\cup B)=$ _____.

12. 设 $0<P(A)<1,P(B)>0,P(B|A)=P(B|\overline{A})$,则 $P(AB)=$ _____.

13. 甲、乙两人独立地对同一目标各射击一次,其命中率分别为 $0.6,0.5$.现已知目标被击中,则它是甲射中的概率为_____.

14. 袋中有 50 个乒乓球,其中 20 个黄球、30 个白球.今有两人依次随机地从袋中各取一球,取后不放回,则第二个人取到黄球的概率为_____.

15. 有朋友自远方来访,他乘火车、轮船、汽车、飞机来的概率分别为 $0.3,0.2,0.1$,0.4.如果他乘火车、轮船、汽车来的话,迟到的概率分别为 $1/4,1/3,1/12$;而乘飞机则不会迟到.结果他迟到了,则他是乘火车来的概率为_____.

16. 设 4 次独立试验中,事件 A 出现的概率相等.若已知事件 A 至少出现一次的概率等于 $65/81$,则事件 A 在一次试验中出现的概率为_____.

17. 设事件 A 与 B 独立,且 $P(\overline{A}B)=P(A\overline{B})=1/4$,则 $P(A)=$ _____.

18. 设两两独立的 3 个事件 A,B,C 满足:$ABC=\varnothing,P(A)=P(B)=P(C)<1/2$,且 $P(A\cup B\cup C)=9/16$,则 $P(A)=$ _____.

19. 设 A,B 相互独立,且 $P(\overline{A}\,\overline{B})=1/9,P(\overline{A}B)=P(A\overline{B})$,则 $P(A)=$ _____.

三、计算题和证明题

1. 箱中有 α 个白球、β 个红球,现在采用取后"放回"和"不放回"两种方式,从箱中任

取 $a+b(a\leqslant\alpha,b\leqslant\beta)$ 次球.求恰有 a 次取到白球,b 次取到红球的概率.

2. 将 3 个球随机地放入 4 个杯子中去,求杯子中球的最大个数分别是 $1,2,3$ 的概率.

3. 从 $1,2,\cdots,N$ 这 N 个数中任取一数,取后放回.设每个数以 $1/N$ 的概率被取到,先后取了 $k(1\leqslant k\leqslant N)$ 个数.试求下列事件的概率:

(1) k 个数全不相同;

(2) 不含 $1,2,\cdots,N$ 中指定的 r 个数;

(3) k 个数中的最大数恰好是 $M(1\leqslant M\leqslant N)$.

4. 盒中有 12 个乒乓球,其中 9 个是新球.第一次比赛时,从其中任取 3 个来用,练习后仍放回盒中;第二次比赛时,再从盒中任取 3 个.求第二次取出的球都是新球的概率.

5. 甲、乙、丙三名射击运动员在一次射击中击中靶子的概率分别为 $4/5,3/4,2/3$,他们同时各打一发子弹,结果有两发击中靶子.求运动员丙脱靶的概率.

6. 设一虫产 r 个卵的概率为 $\dfrac{\lambda^r}{r!}\mathrm{e}^{-\lambda}$,$\lambda>0$,$r=0,1,2,\cdots$,一个卵成活的概率为 p,证明:恰有 k 个卵成活的概率为 $\dfrac{(\lambda p)^k}{k!}\mathrm{e}^{-\lambda p}$,$k=0,1,2,\cdots$.

7. 设事件 A,B 发生的概率都是 $1/2$,证明 $P(AB)=P(\overline{A}\ \overline{B})$.

8. 证明:如果 $P(A|B)=P(A|\overline{B})$,则事件 A 与 B 独立.

9. 设 $P(A|B)=P(A|\overline{B})$,证明 $P(B|A)=P(B|\overline{A})$.

10. 证明有条件概率的乘法公式:$P(AB|C)=P(A|C)P(B|AC)$.

11. 证明条件概率的全概率公式:设随机试验 E 的样本空间为 S,而 $A_1,A_2,\cdots,A_n$ 是样本空间 S 的一个划分,B,C 为 E 的二事件.若 $P(C)>0$,$P(A_iC)>0$,$i=1,2,\cdots,n$,则有条件概率的全概率公式:

$$P(B|C)=\sum_{i=1}^{n}P(A_i|C)P(B|A_iC)$$

第 2 章　随机变量及其分布

随机变量这一重要概念的引进在概率论的发展史上有着非常重大的意义. 这一方面是由于研究实际问题的需要,另一方面是由于它的引进使得可以用数学分析中的许多方法来研究概率论,为概率论的理论研究和实际应用开拓了道路. 本章介绍随机变量的概念及与其有关的基本内容. 本章的重点内容是:随机变量及其分布、二项分布、泊松分布、正态分布、指数分布和均匀分布、随机变量的函数的分布.

2.1　随机变量及其分布函数

2.1.1　随机变量的引进和定义

有的随机试验的试验结果本身就是数字.

例 2.1.1　考虑下面的试验 E:在区间 $[0,3]$ 上任取一点,记录该点的坐标.

E 的样本空间为 $S=\{e\,|\,0\leqslant e\leqslant 3\}=[0,3]$,每一个样本点 e 是 $[0,3]$ 上的一个数字. 若令 X 表示"在 $[0,3]$ 上任取一点的坐标",那么容易看到它具有下列特征.

(1) 它是在 $[0,3]$ 上取值的一个变量,而且它的取值依赖于试验结果 e,这种依赖关系可以用一个样本点 e 的函数来表示,即

$$X=X(e)=e, e\in S$$

例如,当 $e=1/2$ 时,$X=X(1/2)=1/2$.

(2) 对任意给定的实数 x,

$$\{X\leqslant x\}=\{e\,|\,X(e)\leqslant x\}$$

是一个事件,因而可求出其概率.

例如,当 $x=-1$ 时,有

$$P\{X\leqslant -1\}=P\{e\,|\,X(e)\leqslant -1\}=P(\varnothing)=0$$

当 $x=1$ 时,有

$$P\{X\leqslant 1\}=P\{e\,|\,X(e)\leqslant 1\}=P\{e\,|\,0\leqslant e\leqslant 1\}=\frac{1}{3}$$

当 $x=3.05$ 时,有

$$P\{X \leqslant 3.05\} = P\{e \mid X(e) \leqslant 3.05\} = P(S) = 1$$

这就是说,变量 X 的取值是有一定概率规律的,所以把 X 称为随机变量.

在有些实际问题中,需要把试验结果数量化.

例 2.1.2 某足球队外出比赛,赛一场看做一次随机试验,结果有 3 个:胜、负、平,分别用 e_1, e_2, e_3 表示,则样本空间为 $S = \{e_1, e_2, e_3\}$. 为了评定最后的比赛名次,需要将试验结果数量化,通常按胜一场记 2 分,负一场记 0 分,平一场记 1 分的规则记分. 若令 X 表示该足球队赛一场的得分数,那么容易看到它具有下列特征.

(1) 它是取值 0,1,2 的一个变量,而且它的取值依赖于试验结果 e,这种依赖关系可以用一个样本点 e 的函数来表示,即

$$X = X(e) = \begin{cases} 2, & e = e_1 \\ 0, & e = e_2 \\ 1, & e = e_3 \end{cases}$$

(2) 若由过去的比赛记录统计,该足球队外出比赛获胜的概率为 1/2,打平或输球的概率均为 1/4. 于是 X 的取值有概率规律:

$$P\{X = 2\} = \frac{1}{2}, \quad P\{X = 0\} = \frac{1}{4}, \quad P\{X = 1\} = \frac{1}{4}$$

同样,对任意给定的实数 x,

$$\{X \leqslant x\} = \{e \mid X(e) \leqslant x\}$$

是一个事件,因而可求出其概率.

例如,当 $x = -0.1$ 时,有

$$P\{X \leqslant -0.1\} = P\{e \mid X(e) \leqslant -0.1\} = P(\varnothing) = 0$$

当 $x = 0.3$ 时,有

$$P\{X \leqslant 0.3\} = P\{e \mid X(e) \leqslant 0.3\} = P\{e_2\} = \frac{1}{4}$$

当 $x = 1$ 时,有

$$P\{X \leqslant 1\} = P\{e \mid X(e) \leqslant 1\} = P\{e_2, e_3\} = \frac{1}{2}$$

当 $x = 2.001$ 时,有

$$P\{X \leqslant 2.001\} = P\{e \mid X(e) \leqslant 2.001\} = P(S) = 1$$

这就是说,变量 X 的取值是有一定概率规律的,所以把 X 称为随机变量.

由以上实际例子的分析,给出随机变量的定义如下.

定义 2.1.1 设随机试验 E 的样本空间为 S. 如果对于每一个 $e \in S$,都有一个实数 $X(e)$ 与之对应,而且对任意实数 x, $\{e \mid X(e) \leqslant x\}$ 为随机事件,则称单值实值函数 $X = X(e)$ 为定义在 S 上的随机变量.

以后用大写字母 $X, Y, Z, U, V, W, \cdots$ 表示随机变量.

对于一个随机变量,重要的是要弄清:

(1) 它的取值范围;

(2) 它取值的概率规律.

2.1.2 随机变量的分布

一随机变量 X 取值的概率规律,称为 X 的分布.

下面通过继续分析上面的例 2.1.1 和例 2.1.2,来介绍描述随机变量分布的方法.

例 2.1.3(续例 2.1.2) 已经得到 X 取值为 $0,1,2$,而且

$$P\{X=2\}=\frac{1}{2},P\{X=0\}=\frac{1}{4},P\{X=1\}=\frac{1}{4}$$

此取值的概率规律也可用表格的形式表示为

X	0	1	2
P	$\frac{1}{4}$	$\frac{1}{4}$	$\frac{1}{2}$

称其为 X 的分布律.

为了考查一系列如 $P\{X\leqslant 1.2\}$ 的概率,引入下面的实变量 x 的函数:对任意的实数 x,称 x 的函数

$$F(x)=P\{X\leqslant x\}$$

为 X 的分布函数.

稍加分析,就会发现,不论 x 取什么实数,只要 $x<0$,就有

$$F(x)=P\{X\leqslant x\}=P(\varnothing)=0$$

同样,当 $0\leqslant x<1$ 时,有

$$F(x)=P\{X\leqslant x\}=P\{e_2\}=\frac{1}{4}$$

当 $1\leqslant x<2$ 时,有

$$F(x)=P\{X\leqslant x\}=P\{e_2,e_3\}=\frac{1}{2}$$

当 $x\geqslant 2$ 时,有

$$F(x)=P\{X\leqslant x\}=P(S)=1$$

于是 $F(x)$ 可分段表示为

$$F(x)=\begin{cases}0, & x<0\\1/4, & 0\leqslant x<1\\1/2, & 1\leqslant x<2\\1, & x\geqslant 2\end{cases}$$

有了这个函数 $F(x)$(见图 2.1),就可以得到上面举出的一系列事件的概率.例如:

$$P\{X\leqslant 1.25\}=F(1.25)=\frac{1}{2}$$

$$P\{X>1.25\}=1-P\{X\leqslant 1.25\}=1-F(1.25)=\frac{1}{2}$$

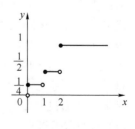

图 2.1

$$P\{X=1\}=F(1)-F(1-0)=\frac{1}{4}$$

其中 $F(1-0)$ 表示 $F(x)$ 在 $x=1$ 处的左极限.

注意 $F(x)=P\{X\leqslant x\}$ 为积累概率,一般来说

$$F(x)\neq P\{X=x\}$$

例如

$$F(1)=\frac{1}{2}\neq P\{X=1\}=F(1)-F(1-0)=\frac{1}{4}$$

例 2.1.4 口袋中有 3 个白球、2 个红球,从其中任取 3 个球,求 3 个球中的白球数 X 的分布律和分布函数.

解 X 取值 $1,2,3$,而且

$$P\{X=1\}=\frac{C_3^1}{C_5^3}=\frac{3}{10}$$

$$P\{X=2\}=\frac{C_2^1 C_3^2}{C_5^3}=\frac{6}{10}$$

$$P\{X=3\}=\frac{1}{C_5^3}=\frac{1}{10}$$

于是得 X 的分布律为

X	1	2	3
P	$\frac{3}{10}$	$\frac{6}{10}$	$\frac{1}{10}$

依照例 2.1.3 的计算方法,容易算得 X 的分布函数为

$$F(x)=\begin{cases}0, & x<1\\ 3/10, & 1\leqslant x<2\\ 9/10, & 2\leqslant x<3\\ 1, & x\geqslant 3\end{cases}$$

例 2.1.5(续例 2.1.1) 在例 2.1.1 的已知条件下,由几何概型概率的计算公式知,对任意实数 x,有

$$P\{X=x\}=0$$

因此用例 2.1.3 中分布律的方法来描述本例中 X 的取值的概率规律已不适用,但仍可以用几何概型概率的计算方法来计算它的分布函数.

稍加分析,就会发现,不论 x 取什么实数,只要 $x<0$,就有

$$F(x)=P\{X\leqslant x\}=P(\varnothing)=0$$

同样,当 $0\leqslant x<3$ 时,有

$$F(x)=P\{X\leqslant x\}=P\{0\leqslant e\leqslant x\}=\frac{x}{3}$$

当 $x\geqslant 3$ 时,有

$$F(x)=P\{X\leqslant x\}=P(S)=1$$

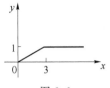

图 2.2

于是得

$$F(x)=\begin{cases}0, & x<0 \\ x/3, & 0\leqslant x<3 \\ 1, & x\geqslant 3\end{cases}$$

$F(x)$ 的图形见图 2.2.

2.1.3 随机变量的分布函数及性质

定义 2.1.2 设 X 是定义在 S 上的随机变量,x 为任意实数,称

$$F(x)=P\{X\leqslant x\}=P\{e|X(e)\leqslant x\}$$

为 X 的分布函数.

注意 (1) 事件

$$\{X\leqslant x\}=\{e|X(e)\leqslant x\}$$

(2) $F(x)$ 的几何意义是 X 的取值落在区间 $(-\infty,x]$ 内的概率;

(3) $F(x)$ 为积累概率,一般不成立 $F(x)=P\{X=x\}$,而 $P\{X=x\}$ 等于 $F(x)$ 在 x 处跳跃的高度,即 $P\{X=x\}=F(x)-F(x-0)$.

定理 2.1.1 分布函数 $F(x)$ 有下列性质:

(1) $F(x)$ 为不减函数,即当 $x_1<x_2$ 时,有 $F(x_1)\leqslant F(x_2)$;

(2) $0\leqslant F(x)\leqslant 1$,且

$$F(-\infty)=\lim_{x\to-\infty}F(x)=0, \quad F(+\infty)=\lim_{x\to+\infty}F(x)=1$$

(3) $F(x)$ 右连续,即对任意 x,有 $F(x)=F(x+0)$.

性质(1)的证明只须注意到:当 $x_1<x_2$ 时,有 $\{X\leqslant x_1\}\subset\{X\leqslant x_2\}$;(2)中的第一式是显然的;(2)中其他两式以及(3)的证明用到概率的连续性,故略去.

定理 2.1.2 设随机变量 X 的分布函数为 $F(x)$,则

(1) $P\{X\leqslant b\}=F(b)$;

(2) $P\{a<X\leqslant b\}=F(b)-F(a)$;

(3) $P\{X=b\}=F(b)-F(b-0)$;

(4) $P\{X<b\}=F(b-0)$;

(5) $P\{X>b\}=1-F(b)$;

(6) $P\{X\geqslant b\}=1-F(b-0)$.

证 结论(1)由分布函数的定义可得.其他 5 个结论除第 3 个的证明用到概率的连续性(证明略去)外,其余 4 个结论均可用事件及概率的运算法则予以证明.例如结论(4)的证明,由于 $\{X<b\}=\{X\leqslant b\}-\{X=b\}$,且 $\{X=b\}\subset\{X\leqslant b\}$,于是

$$P\{X<b\}=P\{X\leqslant b\}-P\{X=b\}=F(b)-[F(b)-F(b-0)]=F(b-0)$$

其他 3 个结论的证明类似,留给读者去完成.

1. 在下列随机试验中,分别用适当的随机变量表示所列事件.

(1) 掷一颗骰子,观察出现的点数.用随机变量表示事件"出现 4 点","出现的点数大于 4".

(2) 从一批灯泡中任意抽取一只,测试它的寿命.用随机变量表示事件"任取一只灯泡的寿命不超过 1 000 小时","任取一只灯泡的寿命在 500 小时到 800 小时之间".

2. 一口袋中装有 4 个球,在这 4 球上分别标有 $-2,1,1,3$ 这样的数字,从这口袋中任取一球.求取出的球上所标数字 X 的分布律和分布函数,并求

$$P\{X\leqslant 1/2\}, P\{0<X<2/3\}, P\{X>0\}$$

3. 袋中有 5 个乒乓球,其中有 3 个旧球、2 个新球.今从袋中有放回地取 2 次球,求 2 次取到新球的次数 X 的分布律和分布函数.

4. 设随机变量 X 的分布函数

$$F(x)=\begin{cases} 0, & x<-1 \\ 0.3, & -1\leqslant x<2 \\ 0.4, & 2\leqslant x<5 \\ 0.8, & 5\leqslant x<8 \\ 1, & x\geqslant 8 \end{cases}$$

求:(1) $P\{X<3\}, P\{1\leqslant X<4\}, P\{X\geqslant 2\}, P\{0<X\leqslant 5\}$;

(2) X 的分布律.

5. 在区间 $[0,a]$ 上任取一点,求该点的坐标 X 的分布函数.

6. 一同学算得一随机变量 X 的分布函数为

$$F(x)=\begin{cases} 0, & x<0 \\ 1/2, & 0\leqslant x\leqslant 1 \\ 3/4, & 1<x<2 \\ 1, & x\geqslant 2 \end{cases}$$

试说明他的计算结果是否正确.

7. 设有函数

$$F(x)=\begin{cases} \sin x, & 0\leqslant x\leqslant\pi \\ 0, & 其他 \end{cases}$$

试说明 $F(x)$ 能否是某随机变量的分布函数.

2.2 离散型随机变量及其分布

2.2.1 离散型随机变量及其分布

定义 2.2.1 如果一个随机变量 X 的所有可能的取值只有有限多个或可列多个,则称 X 为离散型随机变量.

描述离散型随机变量分布的方法通常有下列两种.

1. 分布律

若 X 所有可能的取值为 $x_1, x_2, \cdots$,而且

$$P\{X = x_k\} = p_k, k = 1, 2, \cdots \qquad (2.2.1)$$

则称(2.2.1)式为 X 的分布律. 显然有

(1) $p_k \geqslant 0$;

(2) $\sum_k p_k = 1$.

分布律也可以表示为下面的形式:

X	x_1	x_2	$\cdots$	x_k	$\cdots$
P	p_1	p_2	$\cdots$	p_k	$\cdots$

$(2.2.2)$

2. 分布函数

若 X 的分布律如(2.2.2)式所示,则 X 的分布函数可表示为

$$F(x) = \sum_{x_k \leqslant x} p_k$$

例 2.2.1 袋中有 5 个同样大小的球,编号为 1,2,3,4,5. 从中同时取出 3 个球,以 X 表示取出的球的最小编号,求 X 的分布律和分布函数.

解 X 取值 1,2,3,且有

$$P\{X=1\} = \frac{C_4^2}{C_5^3} = \frac{6}{10}, \quad P\{X=2\} = \frac{C_3^2}{C_5^3} = \frac{3}{10}, \quad P\{X=3\} = \frac{1}{C_5^3} = \frac{1}{10}$$

于是得 X 的分布律为

X	1	2	3
P	$\frac{6}{10}$	$\frac{3}{10}$	$\frac{1}{10}$

容易算得 X 的分布函数为

$$F(x) = \begin{cases} 0, & x < 1 \\ \dfrac{6}{10}, & 1 \leqslant x < 2 \\ \dfrac{9}{10}, & 2 \leqslant x < 3 \\ 1, & x \geqslant 3 \end{cases}$$

例 2.2.2　一射手进行射击,每次击中目标的概率为 $p(0<p<1)$. 令 X 表示该射手直到击中目标为止的射击次数. 设各次射击击中与否相互独立,求 X 的分布律.

解　显然 X 取值 $1,2,\cdots$. 令 $A_k(k=1,2,\cdots)$ 表示该射手第 k 次射击击中目标,由各次射击击中与否相互独立,有

$$P\{X=k\}=P(\overline{A_1}\cdots\overline{A_{k-1}}A_k)=P(\overline{A_1})\cdots P(\overline{A_{k-1}})P(A_k)=(1-p)^{k-1}p$$

即得 X 的分布律为

$$P\{X=k\}=q^{k-1}p,\quad k=1,2,\cdots,$$

其中 $q=1-p$.

2.2.2　3 个重要的离散型随机变量

1.（0-1）分布

定义 2.2.2　若随机变量 X 只取 0 和 1 两个值,且它的分布律为

$$P\{X=k\}=p^k(1-p)^{1-k},\quad k=0,1\quad(0<p<1)$$

则称 X 服从参数为 p 的（0-1）分布.

（0-1）分布的分布律也可表示为

X	0	1
P	$1-p$	p

下面的例子可作为产生（0-1）分布的实际背景.

例 2.2.3　设一袋中有红球 5 个、白球 3 个,从袋中任取一球,令 X 表示取得红球的个数,求 X 的分布律.

解　显然 X 取值 $0,1$. 令 A 表示"从袋中任取一球为红球",则

$$P\{X=1\}=P(A)=\frac{5}{8},\quad P\{X=0\}=P(\overline{A})=\frac{3}{8}$$

即得 X 的分布律为

X	0	1
P	$\frac{3}{8}$	$\frac{5}{8}$

因此 X 服从参数为 $p=\dfrac{5}{8}$ 的（0-1）分布.

上例中的"红球"、"白球"可以换成"正品"、"次品"或者"男人"、"女人"等.

2. 二项分布

定义 2.2.3　若随机变量 X 取值 $0,1,2,\cdots,n$,且它的分布律为

$$P\{X=k\}=C_n^k p^k q^{n-k},\quad k=0,1,2,\cdots,n\quad(0<p<1,q=1-p)$$

则称 X 服从参数为 n,p 的二项分布,记作 $X\sim b(n,p)$.

当 $n=1$ 时,参数为 n,p 的二项分布即为参数为 p 的(0-1)分布.

下面的例子可作为产生二项分布的实际背景.

例 2.2.4 在 n 重贝努利试验中,令 X 表示 n 次试验中 A 发生的次数,求 X 的分布律.

解 显然 X 取值 $0,1,2,\cdots,n$,则由二项概率公式即(1.4.3)式,有

$$P\{X=k\}=P(D_n^k)=C_n^k p^k q^{n-k}, \quad k=0,1,2,\cdots,n$$

可见 $X\sim b(n,p)$.

例 2.2.5 设一汽车在开往目的地的道路上要经过 4 个红绿灯,每个红绿灯以 1/2 的概率允许或禁止汽车通过.以 X 表示汽车到达目的地前的停车次数.设各个红绿灯的工作是相互独立的,求 X 的分布律.

解 观察 4 个独立工作的红绿灯相当于作 4 次独立试验.令 A 表示"信号灯允许汽车通过",则由二项概率公式有

$$P\{X=k\}=C_4^k(0.5)^k(0.5)^{4-k}=C_4^k(0.5)^4, \quad k=0,1,2,3,4$$

即 $X\sim b(4,0.5)$.

例 2.2.6 设有一大批产品,按规定该产品的一级品率为 0.2.现从其中随机地抽查 20 件.求 20 件中恰有 k 件为一级品的概率.

解 因这里是一大批产品,抽查 20 件对该产品的一级品率影响微乎其微,故可以认为是有放回地抽查了 20 件,相当于作 20 次独立试验,每次抽到一级品的概率为 0.2.若令 X 表示 20 件中一级品的件数,则 $X\sim b(20,0.2)$,所求概率为

$$P\{X=k\}=C_{20}^k(0.2)^k(0.8)^{20-k}, \quad k=0,1,2,\cdots,20$$

例 2.2.7 某人进行射击,设每次射击的命中率为 0.02,独立射击 200 次.求至少击中两次的概率以及至少击中 10 次的概率.

解 令 X 表示在 200 次射击中命中目标的次数,则 $X\sim b(200,0.02)$,即

$$P\{X=k\}=C_{200}^k(0.02)^k(0.98)^{200-k}, \quad k=0,1,\cdots,200$$

于是可以算得

$$\begin{aligned}
P\{X\geqslant 2\} &= 1-P\{X=0\}-P\{X=1\} \\
&= 1-(0.98)^{200}-C_{200}^1(0.02)(0.98)^{199} \\
&= 0.9106
\end{aligned}$$

$$\begin{aligned}
P\{X\geqslant 10\} &= \sum_{k=10}^{200} C_{200}^k(0.02)^k(0.98)^{200-k} \\
&= 1-\sum_{k=0}^{9} C_{200}^k(0.02)^k(0.98)^{200-k}
\end{aligned}$$

容易看到第二个概率值很难计算,为此给出下面的定理.

定理 2.2.1(泊松定理) 设 $\lambda>0$ 为一常数,n 是任意正整数,$np_n=\lambda$,则对任一取定的非负整数 k,有

$$\lim_{n\to\infty} C_n^k p_n^k(1-p_n)^{n-k}=\frac{\lambda^k}{k!}e^{-\lambda}$$

证略.

由极限的性质,当 n 充分大时(此时 p_n 足够小),有

$$C_n^k p_n^k (1-p_n)^{n-k} \approx \frac{\lambda^k}{k!} e^{-\lambda}$$

在实际应用中,当 $X \sim b(n,p)$ 且 n 充分大,p 足够小时,有近似公式

$$C_n^k p^k (1-p)^{n-k} \approx \frac{\lambda^k}{k!} e^{-\lambda}$$

其中 $\lambda = np$. 一般当 $n \geqslant 20, p \leqslant 0.05$ 时,近似很好.

在例 2.2.7 中,$n=200, p=0.02$. 取 $\lambda = np = 4$,由于当 $\lambda > 0$ 时,$\sum\limits_{k=0}^{\infty} \frac{\lambda^k}{k!} e^{-\lambda} = 1$,因此由附录中的泊松分布表(附表 3),有

$$P\{X \geqslant 10\} \approx 1 - \sum_{k=0}^{9} \frac{4^k}{k!} e^{-4} = \sum_{k=10}^{\infty} \frac{4^k}{k!} e^{-4} = 0.0081$$

3. 泊松分布

定义 2.2.4 若随机变量 X 的取值为 $0,1,2,\cdots$,且它的分布律为

$$P\{X=k\} = \frac{\lambda^k}{k!} e^{-\lambda}, k=0,1,2,\cdots$$

则称 X 服从参数为 λ 的泊松分布,记作 $X \sim \pi(\lambda)$.

下面的例子可作为产生泊松分布的实际背景.

例 2.2.8(泊松流) 在实际问题中,常常遇到这样一类随机现象. 例如,某商店会不断地有顾客进入,放射性物质会不断地放出粒子等. 如果把"进入商店的顾客"、"放出的粒子"统称为"随机出现的质点",那么这一类随机现象可以统称为"随机质点流".

从时刻 0 开始计数,用 $X(t)$ 表示在时间区间 $(0,t]$ 内出现的质点的个数,在一定的条件下可以求出 $X(t)$ 的分布律.

如果随机质点流满足下列条件,则称它为泊松流.

(1) 在任意 n 个不相重叠的区间 $(a_i,b_i)(i=1,2,\cdots,n)$ 内,质点出现的个数(记作 $X(a_i,b_i)$)相互独立,即 $\{X(a_i,b_i)=k_i\}(i=1,2,\cdots,n)$ 相互独立;

(2) 对充分小的 Δt,有

$$P\{X(t,t+\Delta t)=1\} = \lambda \Delta t + o(\Delta t)$$

(3) 对充分小的 Δt,有

$$\sum_{k=2}^{\infty} P\{X(t,t+\Delta t)=k\} = o(\Delta t)$$

其中,$\frac{o(\Delta t)}{\Delta t} \to 0 (\Delta t \to 0)$,$\lambda > 0$ 为常数,称为泊松流的强度.

定理 2.2.2 在泊松流中,若记 $X=X(1)$,则 X 的分布律为

$$P\{X=k\} = \frac{\lambda^k}{k!} e^{-\lambda}, k=0,1,2,\cdots$$

证略.

在第 4 章可以看到,参数 $\lambda > 0$ 表示单位时间内出现质点的平均个数.

推论 在泊松流中,$X(t)$ 的分布律为

$$P\{X(t)=k\} = \frac{(\lambda t)^k}{k!} e^{-\lambda t}, \quad k=0,1,2,\cdots$$

例 2.2.9 一电话交换台每分钟的呼唤次数 X 服从泊松分布 $\pi(5)$,求:

(1) 每分钟的呼唤次数超过 10 次的概率;

(2) 每分钟恰有 10 次呼唤的概率.

解 X 的分布律为

$$P\{X=k\} = \frac{5^k}{k!} e^{-5}, k=0,1,2,\cdots$$

则由附录中的泊松分布表(附表 3)可得

$$P\{X > 10\} = \sum_{k=11}^{\infty} \frac{5^k}{k!} e^{-5} = 0.013\,695$$

$$P\{X = 10\} = P\{X \geqslant 10\} - P\{X \geqslant 11\} = 0.018\,133$$

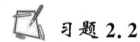 **习题 2.2**

1. 设离散型随机变量 X 的分布律为

X	0	1/2	1	2
P	0.25	0.35	0.2	0.2

求 X 的分布函数 $F(x)$,并画出它的图形.

2. 从一副扑克牌中(52 张,王牌除外)任取 5 张,求其中黑桃张数 X 的分布律.

3. 有甲、乙两个口袋,两袋各装有 3 个白球和 2 个黑球.现从甲袋中任取一球放入乙袋,再从乙袋中任取 4 个球,求从乙袋中取出的 4 个球中包含的黑球数 X 的分布律.

4. 一工人看管 2 台独立工作的机床,在一小时内机床不需要工人照管的概率:第一台为 0.9,第二台为 0.8,求在一小时内需要工人照管的机床数 X 的分布律和分布函数.

5. 一批零件中有 9 个正品和 3 个次品.安装机器时,从这批产品中任取一个零件,如果每次取出的次品不再放回,而是再取一个零件,直到取出正品为止.求取得正品之前已取出的次品数 X 的分布律.

6. 设离散型随机变量 X 的分布律为

$$P\{X=k\} = \alpha(0.6)^k, k=1,2,\cdots,10$$

求常数 α,并求 $P\{X \leqslant 3.1\}$,$P\{4.2 < X < 7\}$,$P\{X > 6\}$.

7. 设随机变量 $X \sim b(5,p)$,且 $P\{X=2\}=P\{X=3\}$,则 $P\{X=k\}=$ _____,$k=0,1,2,3,4,5$.

8. 保卫小组共有 10 人,每晚从 10 人中任意选派一人值夜班,求某指定的一人在一周内(7 天)派去值夜班的次数 X 的分布律.

9. 设在一次试验中事件 A 发生的概率为 0.3. 当 A 发生不少于 3 次时, 事件 B 发生.

(1) 进行了 5 次独立试验, 事件 B 发生的概率;

(2) 进行了 7 次独立试验, 事件 B 发生的概率.

10. 在一繁忙的交通路口, 有大量的汽车通过. 设每辆汽车在一天的某段时间内出事故的概率为 0.000 1. 在某天的该段时间内有 1 000 辆汽车通过, 问出事故的次数不小于 2 的概率是多少(用泊松定理计算)?

11. 在可靠性试验中, 产品损坏的概率 $p=0.04$, 检验 100 件产品, 用泊松定理近似计算:

(1) 损坏 5 件的概率;

(2) 损坏不超过 5 件的概率;

(3) 损坏超过 8 件的概率.

12. 某个单位设置一电话总机, 共有 100 架电话分机. 设每个电话分机有 5% 的时间要使用外线通话, 假定各个分机是否使用外线通话是相互独立的, 问总机至少要有多少条外线才能以不低于 90% 的概率保证每个分机要使用外线时可供使用(用泊松定理计算)?

13. 用步枪射击飞机时命中率为 0.005, 用泊松定理计算:

(1) 100 支步枪同时射击击中飞机的概率;

(2) 为使击中飞机的概率不小于 0.9, 应至少用多少支步枪同时射击?

14. 设 $X \sim \pi(\lambda)$, 且 $P\{X=1\}=P\{X=2\}$, 求 $P\{X=k\}$ $(k=0,1,2,\cdots)$.

15. 设某商店中每月销售某种商品的数量(单位:件) $X \sim \pi(5)$, 求:

(1) 求该种商品的月销售量超过 8 件的概率;

(2) 求在月初进货时要库存多少件该种商品, 才能保证当月不脱销的概率至少为 0.999 9?

2.3 连续型随机变量及其分布

2.3.1 例子和定义

例 2.3.1 在 $[0,3]$ 上任取一点, 它的坐标 X 的分布函数为

$$F(x)=\begin{cases}0, & x<0 \\ x/3, & 0 \leqslant x<3 \\ 1, & x \geqslant 3\end{cases}$$

验证 $F(x)$ 可表示为下列形式:

$$F(x)=\int_{-\infty}^{x} f(t) \mathrm{d}t$$

其中

$$f(t)=\begin{cases}1/3, & 0<t<3 \\ 0, & 其他\end{cases}$$

解 由于 $f(t)$ 是分段定义的，故需分段计算 $\int_{-\infty}^{x} f(t)\mathrm{d}t$.

当 $x < 0$ 时，有

$$\int_{-\infty}^{x} f(t)\mathrm{d}t = \int_{-\infty}^{x} 0\mathrm{d}t = 0$$

当 $0 \leqslant x < 3$ 时，有

$$\int_{-\infty}^{x} f(t)\mathrm{d}t = \int_{0}^{x} \frac{1}{3}\mathrm{d}t = \frac{x}{3}$$

当 $x \geqslant 3$ 时，有

$$\int_{-\infty}^{x} f(t)\mathrm{d}t = \int_{0}^{3} \frac{1}{3}\mathrm{d}t = 1$$

综上得

$$\int_{-\infty}^{x} f(t)\mathrm{d}t = \begin{cases} 0, & x < 0 \\ x/3, & 0 \leqslant x < 3 \\ 1, & x \geqslant 3 \end{cases}$$

即有

$$F(x) = \int_{-\infty}^{x} f(t)\mathrm{d}t$$

具有例 2.3.1 的特征的随机变量是常见的一类随机变量，于是有下面的定义.

定义 2.3.1 设随机变量 X 的分布函数为 $F(x)$. 若存在非负函数 $f(x)$，使得对任意实数 x，有

$$F(x) = \int_{-\infty}^{x} f(t)\mathrm{d}t \tag{2.3.1}$$

则称 X 为连续型随机变量，其中 $f(x)$ 称为 X 的概率密度.

2.3.2 概率密度的性质

概率密度 $f(x)$ 有下列性质：

(1) $f(x) \geqslant 0$；

(2) $\int_{-\infty}^{+\infty} f(x)\mathrm{d}x = 1$；

(3) $P\{a < X \leqslant b\} = \int_{a}^{b} f(x)\mathrm{d}x$；

(4) 当 x 为 $f(x)$ 的连续点时，有 $F'(x) = f(x)$.

证 性质(1)由概率密度的定义可得. 由分布函数的性质和定义 2.3.1，有

$$1 = \lim_{x \to +\infty} F(x) = \lim_{x \to +\infty} \int_{-\infty}^{x} f(x)\mathrm{d}x = \int_{-\infty}^{+\infty} f(x)\mathrm{d}x$$

同样

$$P\{a < X \leqslant b\} = F(b) - F(a) = \int_{-\infty}^{b} f(x)\mathrm{d}x - \int_{-\infty}^{a} f(x)\mathrm{d}x = \int_{a}^{b} f(x)\mathrm{d}x$$

由高等数学积分上限函数的性质,当 x 是 $f(x)$ 的连续点时,有

$$F'(x) = \frac{\mathrm{d}}{\mathrm{d}x}\int_{-\infty}^{x} f(x)\mathrm{d}x = f(x)$$

性质(1)的几何意义是 $y=f(x)$ 的图形在 x 轴的上方;性质(2)的几何意义是 $y=f(x)$ 与 x 轴之间所夹图形的面积为1(见图2.3);性质(3)的几何意义是由 $y=f(x)$,$x=a$,$x=b$ 及 x 轴所围图形的面积等于概率值 $P\{a<X\leqslant b\}$(见图2.4).

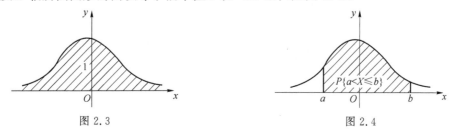

图 2.3　　　　　　　　　　　　　图 2.4

性质(4)的极限形式的表达式

$$f(x) = \lim_{\Delta x \to 0^+} \frac{F(x+\Delta x) - F(x)}{\Delta x} = \lim_{\Delta x \to 0^+} \frac{P\{x<X\leqslant x+\Delta x\}}{\Delta x} \qquad (2.3.2)$$

可以说明概率密度的含义.

由(2.3.2)式可见,对于充分小的 $\Delta x > 0$,有

$$P\{x<X\leqslant x+\Delta x\} \approx f(x)\Delta x$$

对于连续型随机变量 X,值得注意的有下面几点.

(1) 它的分布函数 $F(x)$ 是 x 的连续函数,因此有

$$P\{X=x\}=0, \quad x\in(-\infty,+\infty)$$

$$P\{x_1<X\leqslant x_2\}=P\{x_1\leqslant X\leqslant x_2\}=P\{x_1<X<x_2\}=P\{x_1\leqslant X<x_2\}$$

(2) 已知概率密度 $f(x)$,求分布函数 $F(x)$ 用定义;已知分布函数 $F(x)$,求概率密度 $f(x)$ 用性质(4)(至于 $f(x)$ 在间断点处的函数值可以任意给出).

(3) 用性质(2)可以求 $f(x)$ 中的未知常数.

例 2.3.2 设随机变量 X 的概率密度为

$$f(x) = \begin{cases} a\cos x, & |x| < \dfrac{\pi}{2} \\ 0, & \text{其他} \end{cases}$$

求:(1) 常数 a;(2) $P\{0<X<\pi/4\}$;(3) X 的分布函数 $F(x)$.

解 (1) 由

$$1 = \int_{-\infty}^{+\infty} f(x)\mathrm{d}x = a\int_{-\frac{\pi}{2}}^{\frac{\pi}{2}} \cos x\,\mathrm{d}x = 2a$$

得 $a=1/2$,于是

$$f(x) = \begin{cases} \dfrac{1}{2}\cos x, & |x| < \dfrac{\pi}{2} \\ 0, & \text{其他} \end{cases}$$

（2）$P\{0<X<\dfrac{\pi}{4}\}=\dfrac{1}{2}\displaystyle\int_0^{\frac{\pi}{4}}\cos x\mathrm{d}x=\dfrac{\sqrt{2}}{4}.$

（3）X 的分布函数为

$$F(x)=\begin{cases}0, & x<-\dfrac{\pi}{2}\\[2mm]\dfrac{1}{2}\displaystyle\int_{-\frac{\pi}{2}}^{x}\cos x\mathrm{d}x, & -\dfrac{\pi}{2}\leqslant x<\dfrac{\pi}{2}\\[2mm]\dfrac{1}{2}\displaystyle\int_{-\frac{\pi}{2}}^{\frac{\pi}{2}}\cos x\mathrm{d}x, & x\geqslant\dfrac{\pi}{2}\end{cases}$$

即

$$F(x)=\begin{cases}0, & x<-\dfrac{\pi}{2}\\[2mm]\dfrac{1}{2}(\sin x+1), & -\dfrac{\pi}{2}\leqslant x<\dfrac{\pi}{2}\\[2mm]1, & x\geqslant\dfrac{\pi}{2}\end{cases}$$

例 2.3.3 设连续型随机变量 X 的分布函数为

$$F(x)=\begin{cases}0, & x<0\\ a+b\mathrm{e}^{-\frac{x^2}{2}}, & x\geqslant0\end{cases}$$

求：（1）常数 a,b；（2）$P\{-1<X<1\}$；（3）X 的概率密度.

解 （1）由 $\lim\limits_{x\to+\infty}F(x)=1$ 得 $a=1$，由 $F(x)$ 在 $x=0$ 处连续可得 $a+b=0$，于是 $b=-1$，且有

$$F(x)=\begin{cases}0, & x<0\\ 1-\mathrm{e}^{-\frac{x^2}{2}}, & x\geqslant0\end{cases}$$

（2）$P\{-1<X<1\}=F(1)-F(-1)=1-\mathrm{e}^{-\frac{1}{2}}.$

（3）X 的概率密度为

$$f(x)=\begin{cases}x\mathrm{e}^{-\frac{x^2}{2}}, & x>0\\ 0, & x\leqslant0\end{cases}$$

2.3.3　3 个重要的连续型随机变量

1. 均匀分布

定义 2.3.2 若随机变量 X 的概率密度为

$$f(x)=\begin{cases}\dfrac{1}{b-a}, & a<x<b,\\[2mm]0 & 其他\end{cases}$$

则称 X 在(a,b)上服从均匀分布,记作 $X\sim U(a,b)$.

均匀分布的含义:若$(c,d)\subset(a,b)$,则

$$P\{c<X<d\}=\int_c^d\frac{1}{b-a}\mathrm{d}x=\frac{d-c}{b-a}$$

即 X 落在(a,b)子区间内的概率只与子区间长度成正比.

X 的分布函数为

$$F(x)=\begin{cases}0, & x<a\\\dfrac{x-a}{b-a}, & a\leqslant x<b\\1, & x\geqslant b\end{cases}$$

$f(x),F(x)$的图形分别见图 2.5 和图 2.6.

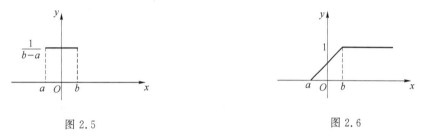

图 2.5　　　　　　　　　　　图 2.6

例 2.3.4　设电阻值 R 是一随机变量,均匀分布在$900\sim1\,100\ \Omega$,求 R 的概率密度及 R 落在$950\sim1\,050\ \Omega$ 的概率.

解　R 的概率密度为

$$f(r)=\begin{cases}\dfrac{1}{200}, & 900<r<1\,100\\0, & \text{其他}\end{cases}$$

则

$$P\{950<R<1\,050\}=\int_{950}^{1\,050}\frac{1}{200}\mathrm{d}r=\frac{1}{2}$$

2. 指数分布

定义 2.3.3　设连续型随机变量 X 的概率密度为

$$f(x)=\begin{cases}\lambda\mathrm{e}^{-\lambda x}, & x>0\\0, & \text{其他}\end{cases}$$

其中$\lambda>0$ 为常数,则称 X 服从参数为λ 的指数分布.

X 的分布函数为

$$F(x)=\begin{cases}0, & x<0\\1-\mathrm{e}^{-\lambda x}, & x\geqslant0\end{cases}$$

$f(x),F(x)$的图形分别见图 2.7 和图 2.8.

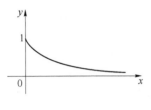
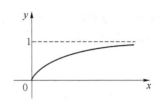

图 2.7　　　　　　　　　　　　　　　　图 2.8

例 2.3.5　设某种型号灯泡的使用寿命 X（单位：小时）服从参数为 $\lambda=0.001$ 的指数分布，求一个灯泡的使用寿命超过 600 小时的概率．若同时独立地使用 3 个该种型号的灯泡，求其中有两个灯泡的寿命超过 600 小时的概率 p．

解　X 的概率密度为

$$f(x)=\begin{cases}0.001\mathrm{e}^{-0.001x}, & x>0 \\ 0, & x\leqslant 0\end{cases}$$

则一个灯泡的使用寿命超过 600 小时的概率为

$$P\{X>600\}=\int_{600}^{+\infty}0.001\mathrm{e}^{-0.001x}\mathrm{d}x=-\left.\mathrm{e}^{-0.001x}\right|_{600}^{+\infty}=\mathrm{e}^{-0.6}\approx 0.548\,8$$

观察 3 个独立使用的灯泡是否正常工作相当于作 3 次独立试验，则由二项概率公式，3 个灯泡中有两个灯泡的使用寿命超过 600 小时的概率为

$$p=\mathrm{C}_3^2(\mathrm{e}^{-0.6})^2(1-\mathrm{e}^{-0.6})=3\mathrm{e}^{-1.2}\times(1-\mathrm{e}^{-0.6})\approx 0.407\,7$$

3. 正态分布

（1）参数为 μ,σ^2 的正态分布

定义 2.3.4　若随机变量 X 的概率密度为

$$f(x)=\frac{1}{\sqrt{2\pi}\,\sigma}\mathrm{e}^{-\frac{(x-\mu)^2}{2\sigma^2}}, \quad -\infty<x<+\infty$$

其中 $\mu,\sigma(\sigma>0)$ 为常数，则称 X 服从参数为 μ,σ^2 的正态分布，记作 $X\sim N(\mu,\sigma^2)$．

首先容易看到 $f(x)>0$，下面验证 $\int_{-\infty}^{+\infty}f(x)\mathrm{d}x=1$．令 $t=(x-\mu)/\sigma$，则有

$$\int_{-\infty}^{+\infty}f(x)\mathrm{d}x=\frac{1}{\sqrt{2\pi}\,\sigma}\int_{-\infty}^{+\infty}\mathrm{e}^{-\frac{(x-\mu)^2}{2\sigma^2}}\mathrm{d}x=\frac{1}{\sqrt{2\pi}}\int_{-\infty}^{+\infty}\mathrm{e}^{-\frac{t^2}{2}}\mathrm{d}t$$

$$=\frac{2}{\sqrt{2\pi}}\int_{0}^{+\infty}\mathrm{e}^{-\frac{t^2}{2}}\mathrm{d}t$$

再令 $u=t/\sqrt{2}$，并由高等数学中的概率积分 $\int_{0}^{+\infty}\mathrm{e}^{-u^2}\mathrm{d}u=\frac{\sqrt{\pi}}{2}$，则得到

$$\int_{-\infty}^{+\infty}f(x)\mathrm{d}x=\frac{1}{\sqrt{2\pi}}\int_{-\infty}^{+\infty}\mathrm{e}^{-\frac{t^2}{2}}\mathrm{d}t=\frac{2}{\sqrt{2\pi}}\int_{0}^{+\infty}\mathrm{e}^{-\frac{t^2}{2}}\mathrm{d}t=\frac{2}{\sqrt{\pi}}\int_{0}^{+\infty}\mathrm{e}^{-u^2}\mathrm{d}u=1$$

记住

$$\int_{-\infty}^{+\infty}\mathrm{e}^{-\frac{t^2}{2}}\mathrm{d}t=\sqrt{2\pi}$$

在以后进行某些计算时是很方便的.

$y=f(x)$ 的图形有如下特点(见图 2.9).

① 对称于直线 $x=\mu$. 它的概率意义是:对任意 $h>0$,有

$$P\{\mu-h<X<\mu\}=P\{\mu<X<\mu+h\}$$

② 当 $x=\mu$ 时,$f(x)$ 取得最大值

$$f(\mu)=\frac{1}{\sqrt{2\pi}\sigma}$$

它的概率意义是:X 的取值以很大的概率集中在 μ 的附近,见下面的例 2.3.8.

③ 在 $x=\mu\pm\sigma$ 处图形有拐点,并以 Ox 轴为渐近线.

④ 当 σ 取定,而 $\mu_1<\mu_2$ 时,$y=f_1(x)$,$y=f_2(x)$ 的图形的区别如图 2.10 所示,其中

$$f_1(x)=\frac{1}{\sqrt{2\pi}\sigma}e^{-\frac{(x-\mu_1)^2}{2\sigma^2}},\quad f_2(x)=\frac{1}{\sqrt{2\pi}\sigma}e^{-\frac{(x-\mu_2)^2}{2\sigma^2}}$$

当 μ 取定,而 $\sigma_1<\sigma_2$ 时,$y=f_1(x)$,$y=f_2(x)$ 的图形的区别如图 2.11 所示,其中

$$f_1(x)=\frac{1}{\sqrt{2\pi}\sigma_1}e^{-\frac{(x-\mu)^2}{2\sigma_1^2}},\quad f_2(x)=\frac{1}{\sqrt{2\pi}\sigma_2}e^{-\frac{(x-\mu)^2}{2\sigma_2^2}}$$

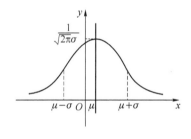

图 2.9

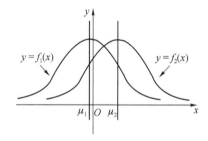

图 2.10

若 $X\sim N(\mu,\sigma^2)$,则 X 的分布函数为

$$F(x)=\frac{1}{\sqrt{2\pi}\sigma}\int_{-\infty}^{x}e^{-\frac{(x-\mu)^2}{2\sigma^2}}\mathrm{d}x$$

$y=F(x)$ 的图形如图 2.12 所示.

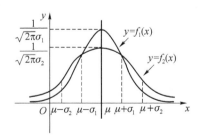

图 2.11

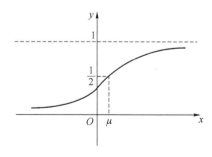

图 2.12

记住

$$F(\mu) = \frac{1}{\sqrt{2\pi}\,\sigma}\int_{-\infty}^{\mu} e^{-\frac{(x-\mu)^2}{2\sigma^2}}\,\mathrm{d}x = \frac{1}{2}$$

（2）标准正态分布

定义 2.3.5 若随机变量 Z 的概率密度为

$$\varphi(x) = \frac{1}{\sqrt{2\pi}} e^{-\frac{x^2}{2}}$$

则称 Z 服从标准正态分布，记作 $Z \sim N(0,1)$.

Z 的分布函数为

$$\Phi(x) = \frac{1}{\sqrt{2\pi}}\int_{-\infty}^{x} e^{-\frac{t^2}{2}}\,\mathrm{d}t$$

$\Phi(x)$ 的函数值有表可查，见附录中的标准正态分布表（见附表 2）. $\varphi(x)$，$\Phi(x)$ 的图形见图 2.13 和图 2.14.

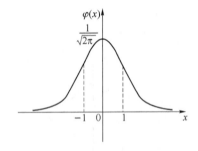

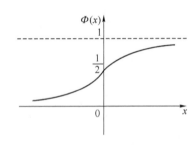

图 2.13   图 2.14

由于 Z 的概率密度 $\varphi(x)$ 对称于 $x=0$，容易得到

$$\Phi(-x) = 1 - \Phi(x)$$

$$P\{|Z| < h\} = 2\Phi(h) - 1\,(h > 0)$$

$$\Phi(0) = \frac{1}{2}$$

（3）$N(\mu, \sigma^2)$ 的分布函数 $F(x)$ 与 $N(0,1)$ 的分布函数 $\Phi(x)$ 之间的关系

定理 2.3.1 若 $X \sim N(\mu, \sigma^2)$，则 $Z = \dfrac{X-\mu}{\sigma} \sim N(0,1)$.

证

$$F_Z(x) = P\{Z \leqslant x\} = P\left\{\frac{X-\mu}{\sigma} \leqslant x\right\} = P\{X \leqslant \sigma x + \mu\}$$

$$= \frac{1}{\sqrt{2\pi}\,\sigma}\int_{-\infty}^{\sigma x+\mu} e^{-\frac{(t-\mu)^2}{2\sigma^2}}\,\mathrm{d}t\,\left(u = \frac{t-\mu}{\sigma}\right)$$

$$= \frac{1}{\sqrt{2\pi}}\int_{-\infty}^{x} e^{-\frac{u^2}{2}}\,\mathrm{d}u = \Phi(z)$$

可见 $Z \sim N(0,1)$.

$F(x)$ 为 X 的分布函数,则

$$F(x) = P\{X \leqslant x\} = P\left\{\frac{X-\mu}{\sigma} \leqslant \frac{x-\mu}{\sigma}\right\} = \Phi\left(\frac{x-\mu}{\sigma}\right)$$

即

$$F(x) = \Phi\left(\frac{x-\mu}{\sigma}\right)$$

例 2.3.6 设 $X \sim N(0,1)$,求 $P\{X < -1.1\}$,$P\{|X| < 2.66\}$.

解 查表可得

$$P\{X < -1.1\} = \Phi(-1.1) = 1 - \Phi(1.1) = 1 - 0.864\ 3 = 0.135\ 7$$
$$P\{|X| < 2.66\} = 2\Phi(2.66) - 1 = 0.992\ 2$$

例 2.3.7 设 $X \sim N(1,4)$,求 $P\{0.5 \leqslant X \leqslant 7.2\}$.

解 查表得

$$P\{0.5 \leqslant X \leqslant 7.2\} = \Phi\left(\frac{7.2-1}{2}\right) - \Phi\left(\frac{0.5-1}{2}\right) = \Phi(3.1) - \Phi(-0.25)$$
$$= \Phi(3.1) - [1 - \Phi(0.25)] = 0.999\ 0 - (1 - 0.598\ 7)$$
$$= 0.597\ 7$$

例 2.3.8 若 $X \sim N(\mu, \sigma^2)$,求 $P\{\mu - k\sigma < X < \mu + k\sigma\}$,其中 $k = 1, 2, 3$

解 由已知可得

$$P\{\mu - \sigma < X < \mu + \sigma\} = 2\Phi(1) - 1 = 68.26\%$$
$$P\{\mu - 2\sigma < X < \mu + 2\sigma\} = 2\Phi(2) - 1 = 95.44\%$$
$$P\{\mu - 3\sigma < X < \mu + 3\sigma\} = 2\Phi(3) - 1 = 99.74\%$$

产生正态分布的实际背景是:自然界的许多随机变量服从或近似服从正态分布,如电子元件的寿命、特定人群的身高或体重、测量某个量所产生的误差等.实际上,如果影响某个随机变量的因素有多个,各个因素对该量的影响都很小而且没有太大的差别,则该量近似服从正态分布,这就是第 4 章中心极限定理证明的结论.

例 2.3.9 某仪器需要安装一个电子元件,要求电子元件的寿命不低于 1 000 小时即可. 现有甲、乙两厂的电子元件可供选择,甲厂生产的电子元件的寿命服从正态分布 $N(1\ 120, 50^2)$,乙厂生产的电子元件的寿命服从正态分布 $N(1\ 150, 60^2)$. 问应选哪个厂的产品?若要求元件的寿命不低于 950 小时,又如何呢?

解 设甲、乙两厂生产的该电子元件的寿命分别为 X, Y. 若要求电子元件的寿命不低于 1 000 小时,则由

$$P\{X \geqslant 1\ 000\} = 1 - P\{X < 1\ 000\} = 1 - \Phi(-2.4) = \Phi(2.4)$$
$$P\{Y \geqslant 1\ 000\} = 1 - P\{Y < 1\ 000\} = 1 - \Phi(-2.5) = \Phi(2.5)$$

且 $\Phi(2.5) > \Phi(2.4)$,易知应选乙厂的产品.

若要求电子元件的寿命不低于 950 小时,则由

$$P\{X \geqslant 950\} = 1 - P\{X < 950\} = 1 - \Phi(-3.4) = \Phi(3.4)$$

$$P\{Y \geqslant 950\} = 1 - P\{Y < 950\} = 1 - \Phi(-3.33) = \Phi(3.33)$$

且 $\Phi(3.4) > \Phi(3.33)$，易知应选甲厂的产品.

例 2.3.10 假设电源电压 X(伏)$\sim N(220, \sigma^2)$. 若电压超过 240 V, 则某种电器就会损坏. 若要求这种电器损坏的概率不超过 0.025, 则要求对电压的波动作何限制, 即要求 σ 不得超过多少?

解 这里的问题是求最小的 σ, 使得
$$P\{X > 240\} \leqslant 0.025$$

由
$$P\{X > 240\} = 1 - P\{X \leqslant 240\} = 1 - \Phi\left(\frac{20}{\sigma}\right) \leqslant 0.025$$

有
$$\Phi\left(\frac{20}{\sigma}\right) \geqslant 0.975$$

查表得
$$\frac{20}{\sigma} \geqslant 1.96, \quad \sigma \leqslant \frac{20}{1.96} = 10.2$$

即 σ 不得超过 10.2.

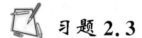 # 习题 2.3

1. 设连续型随机变量 X 的分布函数为
$$F(x) = \begin{cases} 0, & x < 0 \\ Ax^2, & 0 \leqslant x < 1 \\ 1, & x \geqslant 1 \end{cases}$$

试求:(1)常数 A;(2)X 的取值落在 $(0.3, 0.7)$ 内的概率;(3)X 的概率密度.

2. 设连续型随机变量 X 的分布函数为
$$F(x) = A + B\arctan x, \quad -\infty < x < +\infty$$
试求:(1)常数 A 和 B;(2)X 的取值落在 $(-1, 1)$ 内的概率;(3)X 的概率密度.

3. 设随机变量 X 的概率密度为
$$f(x) = \begin{cases} Ax^2, & 0 < x < 2 \\ 0, & 其他 \end{cases}$$

求:(1)常数 A;(2)X 的取值落在 $(-1/2, 3/2)$ 内的概率;(3)X 的分布函数.

4. 设随机变量 X 的概率密度为
$$f(x) = \begin{cases} \dfrac{A}{\sqrt{1-x^2}}, & |x| < 1 \\ 0, & |x| \geqslant 1 \end{cases}$$

求:(1)常数 A;(2)X 的取值落在 $(-1/2, 1/2)$ 内的概率;(3)X 的分布函数.

5. 设随机变量 X 的概率密度为
$$f(x) = Ae^{-|x|}, \quad -\infty < x < +\infty$$
求:(1)常数 A;(2)概率 $P\{0 < X < 1\}$;(3)X 的分布函数.

6. 设某城市每天的用电量不超过百万度,以 X 表示每天的耗电率(即用电量除以百万度),它的概率密度为

$$f(x)=\begin{cases} Ax(1-x)^2, & 0<x<1 \\ 0, & \text{其他} \end{cases}$$

求(1)常数 A;(2)X 的分布函数 $F(x)$;(3)若该城市每天的供电量仅 80 万度,求供电量不足的概率.

7. 某种电子元件的寿命 X(小时)的概率密度为

$$f(x)=\begin{cases} \dfrac{100}{x^2}, & x\geqslant 100 \\ 0, & x<100 \end{cases}$$

设某种仪器内装有 3 个独立工件的这种电子元件,试求:(1)使用的最初 150 小时内没有一个元件损坏的概率;(2)这段时间内只有一个元件损坏的概率;(3)X 的分布函数.

8. 一轰炸机共带了 4 颗炸弹去轰炸敌方的铁路.如果有一颗炸弹落在铁路两旁 40 m 之内,就可以使铁路交通瘫痪.已知在一定的准确度下炸弹落点与铁路距离 X 的服从参数 $\lambda=\dfrac{1}{30}$ 的指数分布,如果 4 颗炸弹全部使用,求敌方铁路交通被破坏的概率.

9. 设随机变量 $X\sim U(0,5)$,求方程 $4x^2+4Xx+X+2=0$ 有实根的概率.

10. 两路汽车经过同一中间站后,经相同的路线,驶向同一终点站.已知第一路车每隔 4 分钟有一辆车经过该中间站(即乘客上第一辆车的候车时间在 $[0,4]$ 上均匀分布),第二路车每隔 5 分钟有一辆车经过该中间站(即乘客上第二辆车的候车时间在 $[0,5]$ 上均匀分布),求乘客在该站候车时间不超过 2 分钟的概率.

11. 设随机变量 $X\sim N(0.5,4)$,查表求:(1)$P\{X<0\}$,$P\{X>5.9\}$,$P\{-0.5<X<1.5\}$;(2)b,使得 $P\{X>b\}=0.894\,4$.

12. 设随机变量 $X\sim N(0,\sigma^2)$,而且 $P\{|X|\leqslant 20\}=0.95$,求常数 σ.

13. 测量距离时所产生的随机误差 X(m)服从正态分布 $N(20,40^2)$,做 3 次独立测量,求:(1)至少有一次误差的绝对值不超过 30 m 的概率;(2)只有一次误差的绝对值不超过 30 m 的概率.

14. 设随机变量 $X\sim N(10,2^2)$,求:(1)$P\{7<X<15\}$;(2)求 d,使 $P\{|X-10|<d\}=0.9$.

15. 高等学校入学考试的数学成绩 X 近似服从正态分布 $N(\mu,\sigma^2)$,且规定 85 分以上为"优秀".

(1) 若 $\mu=65,\sigma=10$,求学生成绩为"优秀"的概率;

(2) 若 σ 仍为 10,为使成绩为"优秀"的学生的比例不低于 0.05,应当如何调整 μ 的值.

2.4 随机变量函数的分布

2.4.1 问题

若已知圆轴直径的测量值 X 是一个随机变量,而且分布已知,那么由测量值 X 计算出的该圆轴横截面积 $Y=\frac{1}{4}\pi X^2$ 也是一个随机变量,如何由 X 的分布求出 Y 的分布呢?

问题的一般提法是:已知随机变量 X 的分布,又 $Y=g(X)$,求随机变量 Y 的分布.

一般假定 $g(x)$ 是已知的连续函数,如 $Y=\mathrm{e}^X(g(x)=\mathrm{e}^x)$,$Y=\sin X(g(x)=\sin x)$ 等.

2.4.2 离散型随机变量函数的分布

只举一个例子.

例 2.4.1 设离散型随机变量 X 的分布律为

X	-1	0	1	2	3
P	$\frac{2}{10}$	$\frac{1}{10}$	$\frac{1}{10}$	$\frac{3}{10}$	$\frac{3}{10}$

求:(1) $Y=X+1$ 的分布律;(2) $Y=-X^2$ 的分布律.

解 由 X 的分布律可列下表:

P	$\frac{2}{10}$	$\frac{1}{10}$	$\frac{1}{10}$	$\frac{3}{10}$	$\frac{3}{10}$
X	-1	0	1	2	3
$X+1$	0	1	2	3	4
$-X^2$	-1	0	-1	-4	-9

由上表可列出 $X+1$ 和 $-X^2$ 的分布律分别为

$X+1$	0	1	2	3	4
P	$\frac{2}{10}$	$\frac{1}{10}$	$\frac{1}{10}$	$\frac{3}{10}$	$\frac{3}{10}$

$-X^2$	-9	-4	-1	0
P	$\frac{3}{10}$	$\frac{3}{10}$	$\frac{3}{10}$	$\frac{1}{10}$

解例 2.4.1 的关键是解等式并正确运用事件及概率的运算法则. 例如

$$P\{X+1=1\}=P\{X=0\}=\frac{1}{10}$$

$$P\{-X^2=-1\}=P\{X^2=1\}=P\{(X=1)\bigcup(X=-1)\}$$

$$=P\{X=1\}+P\{X=-1\}=\frac{3}{10}$$

2.4.3 连续型随机变量函数的分布

问题:已知 X 的概率密度为 $f_X(x)$,$Y=g(X)$,大多数场合 Y 也是连续型随机变量,

求 Y 的概率密度 $f_Y(y)$.

1. 一般方法

求 $f_Y(y)$ 的一般方法是先求 Y 的分布函数 $F_Y(y)$, 再求 Y 的概率密度 $f_Y(y)$. 而求 $F_Y(y)$ 的关键步骤是解不等式 $g(X) \leqslant y$, 求出 X 的解区间 l_y. 具体地有

$$F_Y(y) = P\{Y \leqslant y\} = P\{g(X) \leqslant y\}$$
$$= P\{X \in l_y\} = \int_{l_y} f_X(x)\,\mathrm{d}x = \int_{g(x) \leqslant y} f_X(x)\,\mathrm{d}x$$

略去中间步骤, 即有

$$F_Y(y) = P\{g(X) \leqslant y\} = \int_{g(x) \leqslant y} f_X(x)\,\mathrm{d}x$$

例 2.4.2 设随机变量 X 的概率密度为

$$f_X(x) = \begin{cases} \dfrac{x}{8}, & 0 < x < 4 \\ 0, & \text{其他} \end{cases}$$

求随机变量 $Y = 2X + 1$ 的概率密度.

解 先求 Y 的分布函数 $F_Y(y)$.

$$F_Y(y) = P\{Y \leqslant y\} = P\{2X + 1 \leqslant y\} = P\left\{X \leqslant \dfrac{y-1}{2}\right\}$$

$$= \int_{-\infty}^{\frac{y-1}{2}} f_X(x)\,\mathrm{d}x = \begin{cases} 0, & \dfrac{y-1}{2} < 0, \text{即 } y < 1 \\ \int_0^{\frac{y-1}{2}} \dfrac{x}{8}\,\mathrm{d}x, & 0 \leqslant \dfrac{y-1}{2} < 4, \text{即 } 1 \leqslant y < 9 \\ \int_0^4 \dfrac{x}{8}\,\mathrm{d}x, & \dfrac{y-1}{2} \geqslant 4, \text{即 } y \geqslant 9 \end{cases}$$

$$= \begin{cases} 0, & y < 1 \\ \dfrac{(y-1)^2}{64}, & 1 \leqslant y < 9 \\ 1, & y \geqslant 9 \end{cases}$$

求导得 Y 的概率密度为

$$f_Y(y) = \begin{cases} \dfrac{y-1}{32}, & 1 < y < 9 \\ 0, & \text{其他} \end{cases}$$

例 2.4.3 设随机变量 $X \sim N(0,1)$, 求 $Y = X^2$ 的概率密度.

解 X 的概率密度为

$$f_X(x) = \dfrac{1}{\sqrt{2\pi}} \mathrm{e}^{-\frac{x^2}{2}}$$

下面求 Y 的分布函数 $F_Y(y)$:

$$F_Y(y) = P\{Y \leqslant y\} = P\{X^2 \leqslant y\} = \begin{cases} P(\varnothing), & y < 0 \\ P\{-\sqrt{y} \leqslant X \leqslant \sqrt{y}\}, & y \geqslant 0 \end{cases}$$

$$= \begin{cases} 0, & y < 0 \\ \dfrac{1}{\sqrt{2\pi}} \displaystyle\int_{-\sqrt{y}}^{\sqrt{y}} e^{-\frac{x^2}{2}} \mathrm{d}x, & y \geqslant 0 \end{cases}$$

$$= \begin{cases} 0, & y < 0 \\ \dfrac{2}{\sqrt{2\pi}} \displaystyle\int_{0}^{\sqrt{y}} e^{-\frac{x^2}{2}} \mathrm{d}x, & y \geqslant 0 \end{cases}$$

求导得 Y 的概率密度为

$$f_Y(y) = \begin{cases} \dfrac{1}{\sqrt{2\pi y}} e^{-\frac{y}{2}}, & y > 0 \\ 0, & y \leqslant 0 \end{cases}$$

通常称 $Y = X^2 \sim \chi^2(1)$.

2. 特殊方法

当 $y = g(x)$ 为单调函数时,有下面的定理.

定理 2.4.1 设随机变量 X 的概率密度为 $f_X(x)$, $-\infty < x < +\infty$,又设 $g(x)$ 处处可导且恒有 $g'(x) > 0$(或恒有 $g'(x) < 0$),则 $Y = g(X)$ 是连续型随机变量,且概率密度为

$$f_Y(y) = \begin{cases} f_X[h(y)] |h'(y)|, & \alpha < y < \beta \\ 0, & \text{其他} \end{cases}$$

其中 $x = h(y)$ 是 $y = g(x)$ 的反函数,

$$\alpha = \min\{g(-\infty), g(+\infty)\}, \quad \beta = \max\{g(-\infty), g(+\infty)\}$$

证略.

推论 设随机变量 X 的概率密度 $f_X(x)$ 在 $[a, b]$ 以外等于零,又设 $g(x)$ 在 $[a, b]$ 上处处可导且恒有 $g'(x) > 0$(或恒有 $g'(x) < 0$),则 $Y = g(X)$ 是连续型随机变量,且概率密度为

$$f_Y(y) = \begin{cases} f_X[h(y)] |h'(y)|, & \alpha < y < \beta \\ 0, & \text{其他} \end{cases}$$

其中 $x = h(y)$ 是 $y = g(x)$ 在 $[a, b]$ 上的反函数,

$$\alpha = \min\{g(a), g(b)\}, \quad \beta = \max\{g(a), g(b)\}$$

例 2.4.4 设随机变量 $X \sim N(\mu, \sigma^2)$,求 $Y = aX + b (a \neq 0)$ 的概率密度.

解 X 的概率密度为

$$f_X(x) = \frac{1}{\sqrt{2\pi}\sigma} e^{-\frac{(x-\mu)^2}{2\sigma^2}}$$

这里 $g(x) = ax + b$, $g'(x) = a < 0$(或 $a > 0$), $h(y) = \dfrac{y-b}{a}$, $h'(y) = \dfrac{1}{a}$, $g(-\infty) = +\infty$(或 $-\infty$), $g(+\infty) = -\infty$(或 $+\infty$), $\alpha = -\infty$, $\beta = +\infty$,于是由定理 2.4.1 得 $Y = aX + b$ 的概率密度为

$$f_Y(y) = \frac{1}{\sqrt{2\pi}\,|a|\,\sigma} e^{-\frac{\left(\frac{y-b}{a}-\mu\right)^2}{2\sigma^2}} = \frac{1}{\sqrt{2\pi}\,|a|\,\sigma} e^{-\frac{[y-(a\mu+b)]^2}{2(|a|\sigma)^2}}$$

可见 $Y \sim N(a\mu+b, (|a|\sigma)^2)$.

记住 若 $X \sim N(\mu, \sigma^2)$, 则

$$Y = aX + b \sim N(a\mu + b, (|a|\sigma)^2)\ (a \neq 0)$$

例 2.4.5 设随机变量 $X \sim U(0,1)$, 求 $Y = X^2$ 的概率密度 $f_Y(y)$.

解 X 的概率密度为

$$f_X(x) = \begin{cases} 1, & 0 < x < 1 \\ 0, & \text{其他} \end{cases}$$

$f_X(x)$ 在 $(0,1)$ 之外等于零. 在 $(0,1)$ 内, $g'(x) = 2x > 0$, 且 $y = x^2$ 在 $(0,1)$ 上的反函数为 $x = \sqrt{y}$,
$h'(y) = \dfrac{1}{2\sqrt{y}}$, $g(0) = 0$, $g(1) = 1$, $\alpha = 0$, $\beta = 1$, 由定理 2.4.1 的推论得 $Y = X^2$ 的概率密度为

$$f_Y(y) = \begin{cases} \dfrac{1}{2\sqrt{y}}, & 0 < y < 1 \\ 0, & \text{其他} \end{cases}$$

 **习题 2.4**

1. 设随机变量 X 的分布律为

X	$-\dfrac{\pi}{2}$	$-\dfrac{\pi}{4}$	0	$\dfrac{\pi}{4}$	$\dfrac{\pi}{2}$
P	$\dfrac{1}{2}$	$\dfrac{1}{4}$	$\dfrac{1}{8}$	$\dfrac{1}{16}$	$\dfrac{1}{16}$

求: (1) $Y = \sin X$ 的分布律; (2) $Y = \dfrac{X}{\pi} + 1$ 的分布律; (3) $Y = \cos X$ 的分布律.

2. 设随机变量 X 服从参数为 λ 的指数分布, 求 $Y = X^3$ 的概率密度.

3. 设随机变量 $X \sim N(0,1)$, 求 $Y = e^X$ 的概率密度.

4. 设随机变量 $X \sim U(0,1)$, 求 $Y = \ln X$ 的概率密度.

5. 设随机变量 $X \sim N(0,1)$, 证明 $Y = \mu + \sigma X \sim N(\mu, \sigma^2)$, 其中 μ, σ 为常数, 且 $\sigma > 0$.

6. 设电压 $V = A \sin \Theta$, 其中 A 是一已知的正常数, 相角 Θ 是一随机变量, 且有 $\Theta \sim U(-\dfrac{\pi}{2}, \dfrac{\pi}{2})$, 求电压 V 的概率密度.

7. 分子运动速度的绝对值 X 是服从麦克斯韦分布的随机变量, 其概率密度为

$$f(x) = \begin{cases} \dfrac{4x^2}{\alpha^3 \sqrt{\pi}} e^{-\frac{x^2}{2}}, & x > 0 \\ 0, & x \leqslant 0 \end{cases}$$

求分子动能 $Y = \dfrac{1}{2} m X^2$ (m 为分子的质量) 的概率密度.

8. 设正方体的棱 X 在 $(a,b)(0<a<b)$ 上服从均匀分布,求正方体的体积 $Y=X^3$ 的概率密度.

9. 设随机变量 $X\sim N(0,1)$,求 $Y=2X^2+1$ 的概率密度.

10. 设随机变量 $X\sim U(-1,1)$,求 $Y=|X|$ 的概率密度.

11. 设随机变量 X 的概率密度为

$$f_X(x)=\begin{cases} \dfrac{2x}{\pi^2}, & 0<x<\pi \\ 0, & \text{其他} \end{cases}$$

求 $Y=\sin X$ 的概率密度.

本 章 小 结

在学习了第 1 章中事件及其概率的概念之后,随机变量的概念就是最重要的概念,它是以后各章的基础.

1. 随机变量及其分布函数.分布函数 $F(x)$ 的性质:

(1) $F(x)$ 为不减函数,即当 $x_1<x_2$ 时,有 $F(x_1)\leqslant F(x_2)$;

(2) $0\leqslant F(x)\leqslant 1,F(-\infty)=\lim\limits_{x\to-\infty}F(x)=0,F(+\infty)=\lim\limits_{x\to+\infty}F(x)=1$;

(3) $F(x)$ 右连续,即对任意 x,有 $F(x)=F(x+0)$.

2. 离散型随机变量的分布律及其性质.

3. 连续型随机变量的概率密度.概率密度 $f(x)$ 的性质:

(1) $f(x)\geqslant 0$;

(2) $\int_{-\infty}^{+\infty}f(x)\mathrm{d}x=1$;

(3) $P\{a<X\leqslant b\}=\int_a^b f(x)\mathrm{d}x$;

(4) 当 x 为 $f(x)$ 的连续点时,有 $F'(x)=f(x)$.

由概率密度求分布函数用 $F(x)=\int_{-\infty}^{x}f(x)\mathrm{d}x$.

4. 常用分布.

(1) 二项分布: $X\sim b(n,p),P\{X=k\}=C_n^k p^k q^{n-k},k=0,1,2,\cdots,n,q=1-p$;

(2) 泊松分布: $X\sim\pi(\lambda),P\{X=k\}=\dfrac{\lambda^k}{k!}\mathrm{e}^{-\lambda},k=0,1,2,\cdots$;

(3) 正态分布: $X\sim N(\mu,\sigma^2),f(x)=\dfrac{1}{\sqrt{2\pi}\sigma}\mathrm{e}^{-\frac{(x-\mu)^2}{2\sigma^2}}$

特别地,当 $\mu=0,\sigma=1$ 时,称 $X\sim N(0,1)$;

(4) 均匀分布: $X\sim U(a,b),f(x)=\begin{cases} \dfrac{1}{b-a}, & a<x<b \\ 0, & \text{其他} \end{cases}$

(5) 参数为 λ 的指数分布：$f(x)=\begin{cases}\lambda e^{-\lambda x}, & x>0 \\ 0, & x\leqslant 0\end{cases}$

5. 随机变量函数的分布.

(1) 离散型随机变量函数的分布

设 X 的分布律为 $P\{X=x_k\}=p_k,k=1,2,\cdots$，且当 $g(x)$ 的定义域为 $\{x_1,x_2,\cdots\}$ 时，$g(x)$ 的值域为 $\{y_1,y_2,\cdots\}$，则 $Y=g(X)$ 的分布律为

$$P\{y=y_i\}=\sum_{g(x_k)=y_i} p_k,i=1,2,\cdots$$

其中 $\sum\limits_{g(x_k)=y_i} p_k$ 表示对使得 $g(x_k)=y_i$ 的一切 x_k 对应的 p_k 求和.

(2) 连续型随机变量函数的分布

① 一般方法

先求 $Y=g(X)$ 的分布函数，有

$$F_Y(y)=\int_{g(x)\leqslant y} f_X(x)\mathrm{d}x$$

Y 的概率密度为 $f_Y(y)=F'(y)$.

② 特殊方法

设随机变量 X 的概率密度为 $f_X(x)$，$-\infty<x<+\infty$，又设 $g(x)$ 处处可导且恒有 $g'(x)>0$(或恒有 $g'(x)<0$)，则 $Y=g(X)$ 是连续型随机变量，且概率密度为

$$f_Y(y)=\begin{cases}f_X[h(y)]|h'(y)|,\alpha<y<\beta \\ 0, & \text{其他}\end{cases}$$

其中 $x=h(y)$ 是 $y=g(x)$ 的反函数，

$$\alpha=\min\{g(-\infty),g(+\infty)\},\quad \beta=\max\{g(-\infty),g(+\infty)\}$$

设随机变量 X 的概率密度 $f_X(x)$ 在 $[a,b]$ 以外等于零，又设 $g(x)$ 在 $[a,b]$ 上处处可导且恒有 $g'(x)>0$(或恒有 $g'(x)<0$)，则 $Y=g(X)$ 是连续型随机变量，且概率密度为

$$f_Y(y)=\begin{cases}f_X[h(y)]|h'(y)|,\alpha<y<\beta \\ 0, & \text{其他}\end{cases}$$

其中 $x=h(y)$ 是 $y=g(x)$ 在 $[a,b]$ 上的反函数，

$$\alpha=\min\{g(a),g(b)\},\quad \beta=\max\{g(a),g(b)\}$$

若 $X\sim N(\mu,\sigma^2)$，a,b 为常数且 $a\neq 0$，则 $aX+b\sim N(a\mu+b,a^2\sigma^2)$.

 综合练习题 2

一、单项选择题

1. 下列 4 个函数中，可以是某随机变量的分布函数的是(　　).

(A) $F(x)=\begin{cases}0, & x<-1 \\ \dfrac{1}{3}, & -1\leqslant x<1 \\ \dfrac{3}{2}, & x\geqslant 1\end{cases}$ (B) $F(x)=\begin{cases}0, & x<0 \\ \cos x, & 0\leqslant x<\dfrac{\pi}{2} \\ 1, & x\geqslant\dfrac{\pi}{2}\end{cases}$

(C) $F(x)=\begin{cases}0, & x<0 \\ 1-\cos x, & 0\leqslant x<\dfrac{\pi}{2} \\ 1, & x\geqslant\dfrac{\pi}{2}\end{cases}$ (D) $F(x)=\begin{cases}0, & x<0 \\ x+\dfrac{3}{4}, & 0\leqslant x<\dfrac{1}{2} \\ 1, & x\geqslant\dfrac{1}{2}\end{cases}$

2. 下列 4 个表中,可以是某离散型随机变量的分布律的是(　　).

(A)

X	1	2	3
P	$\dfrac{1}{3}$	$\dfrac{1}{6}$	$\dfrac{1}{2}$

(B)

X	-2	-1	0
P	$\dfrac{1}{3}$	$-\dfrac{1}{6}$	$\dfrac{5}{6}$

(C)

X	-1	0	2
P	$\dfrac{1}{2}$	$\dfrac{1}{2}$	$\dfrac{1}{2}$

(D)

X	0	0	1
P	$\dfrac{1}{2}$	$\dfrac{1}{4}$	$\dfrac{1}{4}$

3. 设离散型随机变量 X 的分布律为 $P\{X=k\}=ab^{k}, k=0,1,2,\cdots$,其中 $a>0$,则 a,b 有关系式(　　).

(A) $a+2b=1$ (B) $a+b=1$

(C) $a-b=2$ (D) $2a+b=1$

4. 下列 4 组数据中,可以是某离散型随机变量的分布律的是(　　).

(A) $P\{X=k\}=\dfrac{1}{a^{k}}, k=0,1,2,\cdots$

(B) $P\{X=k\}=a^{2}(2+a)^{2k}, k=0,1,2,\cdots$

(C) $P\{X=k\}=\dfrac{\mathrm{e}^{-1}}{k!}, k=0,1,2,\cdots$

(D) $P\{X=k\}=a^{k}, k=0,1,2,\cdots,99$

5. 如果随机变量 X 的所有可能取值充满区间(　　),而在此区间之外为 0,那么 $\cos x$ 可以是 X 的概率密度.

(A) $\left[0,\dfrac{\pi}{2}\right]$ (B) $\left[\dfrac{\pi}{2},\pi\right]$

(C) $[0,\pi]$ (D) $\left[\pi,\dfrac{3}{2}\pi\right]$

6. 设连续型随机变量 X 的概率密度和分布函数分别为 $f(x),F(x)$,则下列各项必定成立的是(　　).

(A) $0 \leqslant f(x) \leqslant 1$ (B) $P\{X=x\} \leqslant F(x)$

(C) $P\{X=x\}=F(x)$ (D) $P\{X=x\}=f(x)$

7. 设连续型随机变量 X 的概率密度为 $f(x)=|x| \mathrm{e}^{-x^2}$ $(-\infty<x<+\infty)$,则 X 的分布函数为（   ）.

(A) $F(x)=\begin{cases} \dfrac{1}{2}\mathrm{e}^{-x^2}, & x<0 \\ 1, & x \geqslant 0 \end{cases}$ (B) $F(x)=\begin{cases} \dfrac{1}{2}\mathrm{e}^{-x^2}, & x<0 \\ 1-\dfrac{1}{2}\mathrm{e}^{-x^2}, & x \geqslant 0 \end{cases}$

(C) $F(x)=\begin{cases} 0, & x<0 \\ 1-\dfrac{1}{2}\mathrm{e}^{-x^2}, & x \geqslant 0 \end{cases}$ (D) $F(x)=\begin{cases} 0, & x<0 \\ 1-\mathrm{e}^{-x^2}, & x \geqslant 0 \end{cases}$

8. 设随机变量 $X \sim N(\mu, \sigma^2)$,且 $P\{X \leqslant c\}=P\{X>c\}$,则 $c=$（   ）.

(A) 0 (B) μ

(C) $-\mu$ (D) $\mu+\sigma$

9. 设 $X \sim N(\mu_1, \sigma_1^2)$, $Y \sim N(\mu_2, \sigma_2^2)$,且 $P\{|X-\mu_1|<1\}>P\{|Y-\mu_2|<1\}$,则必有（   ）.

(A) $\sigma_1<\sigma_2$ (B) $\sigma_1>\sigma_2$

(C) $\mu_1<\mu_2$ (D) $\mu_1>\mu_2$

10. 设随机变量 $X \sim U(1,b)$,且方程 $x^2+Xx+1=0$ 有实根的概率为 $\dfrac{1}{3}$,则 $b=$（   ）.

(A) $\dfrac{1}{5}$ (B) $\dfrac{1}{2}$

(C) $\dfrac{5}{2}$ (D) $\dfrac{2}{5}$

11. 设随机变量 $X \sim b\left(n, \dfrac{2}{3}\right)$,若 $P\{X \geqslant 1\}=\dfrac{80}{81}$,则 $P\{X=2\}=$（   ）.

(A) $\dfrac{19}{27}$ (B) $\dfrac{4}{27}$

(C) $\dfrac{16}{81}$ (D) $\dfrac{8}{27}$

12. 设随机变量 $X \sim \pi(\lambda)$,且 $P\{X=2\}=P\{X=3\}$,则 $P\{X=4\}=$（   ）.

(A) $\dfrac{2}{3}\mathrm{e}^2$ (B) $\dfrac{27}{8}\mathrm{e}^{-3}$

(C) $\dfrac{27}{8}\mathrm{e}^3$ (D) $\dfrac{2}{3}\mathrm{e}^{-2}$

13. 设随机变量 $X \sim N(b,b)$,且 $Y=aX+b \sim N(0,1)$,则（   ）.

(A) $a=1, b=1$ (B) $a=-1, b=1$

(C) $a=1, b=-1$ (D) $a=-1, b=-1$

二、填空题

1. 设随机变量 X 在 $(1,6)$ 上服从均匀分布,则方程 $x^2+Xx+1=0$ 有实根的概率为

_____.

2. 已知 X 的概率密度为 $f(x)=\dfrac{1}{2}\mathrm{e}^{-|x|}$，则 X 的分布函数 $F(x)=$ _____.

3. 设 $X\sim N(2,\sigma^2)$，且 $P\{2<X<4\}=0.3$，则 $P\{X<0\}=$ _____.

4. 设 $X\sim U(0,2)$，则 $Y=X^2$ 的概率密度 $f_Y(y)=$ _____.

5. 设 X 服从参数为 1 的指数分布，$Y=\mathrm{e}^X$，则 $f_Y(y)=$ _____.

6. 设随机变量 $X\sim N(\mu,\sigma^2)(\sigma>0)$，且二次方程 $y^2+4y+X=0$ 无实根的概率为 $\dfrac{1}{2}$，则 $\mu=$ _____.

7. 从 $1,2,3,4$ 中任取一个数，记为 X，再从 $1,\cdots,X$ 中任取一个数，记为 Y，则 $P\{Y=2\}=$ _____.

8. 设 X 的概率密度为

$$f(x)=\begin{cases}ax^b, & 0<x<1\\ 0, & \text{其他}\end{cases}$$

且 $P\{X>\dfrac{1}{2}\}=0.75$，则 $a=$ _____，$b=$ _____.

9. 设离散型随机变量 X 的分布函数为

$$F(x)=\begin{cases}0, & x<-1\\ a, & -1\leqslant x<1\\ \dfrac{2}{3}-a, & 1\leqslant x<2\\ a+b, & x\geqslant 2\end{cases}$$

且 $P\{X=2\}=\dfrac{1}{2}$，则 $a=$ _____，$b=$ _____.

10. 将一均匀的骰子重复掷 5 次，设 X 表示掷出的点数大于 3 的次数，则 $P\{X=k\}=$ _____，$k=0,1,2,3,4,5$.

11. 设随机变量 X 的概率密度为

$$f(x)=\begin{cases}3x^2, & 0<x<1\\ 0, & \text{其他}\end{cases}$$

若 $P\{X<a\}=P\{X>a\}$，则 $a=$ _____.

12. 设随机变量 $X\sim N(\mu,\sigma^2)$，若 $P\{\mu<X<\mu+\sigma^2\}=0.3413$，则方程 $x^2+2\sigma x+X-\mu=0$ 有实根的概率为 _____.

三、计算题和证明题

1. 设袋中有 5 个乒乓球，其中 3 个是新球，从其中任取 3 个球，求取出的 3 个球中新球数 X 的分布律和分布函数.

2. 设袋中装有 4 个球，分别标有数字 $1,2,2,3$，从其中任取一球，求取出的球上的标号 X 的分布律和分布函数.

3. 设离散型随机变量 X 的分布律为

X	-1	0	1	2	3
P	$\frac{1}{6}$	$\frac{1}{3}$	$\frac{1}{6}$	$\frac{1}{6}$	$\frac{1}{6}$

求:(1) $Y=2X+3$ 的分布律;(2) $Y=-(X-1)^2$ 的分布律.

4. 设离散型随机变量 X 的分布律为

X	1	2	3	$\cdots$	n	$\cdots$
P	$\frac{1}{2}$	$\left(\frac{1}{2}\right)^2$	$\left(\frac{1}{2}\right)^3$	$\cdots$	$\left(\frac{1}{2}\right)^n$	$\cdots$

求 $Y=\sin\dfrac{\pi X}{2}$ 的分布律.

5. 设随机变量 X 的分布函数为

$$F(x)=\begin{cases} 0, & x<0 \\ Ax^3, & 0\leqslant x<1 \\ 1, & x\geqslant 1 \end{cases}$$

求:(1) 常数 A;(2) X 的概率密度 $f(x)$;(3) $P\{-1<X<\frac{1}{2}\}$.

6. 设随机变量 X 的概率密度为

$$f(x)=\begin{cases} \dfrac{A}{x^3}, & x>1 \\ 0, & x\leqslant 1 \end{cases}$$

求:(1) 常数 A;(2) X 的分布函数 $F(x)$;(3) $P\{-1<X<4\}$.

7. 设随机变量 X 的概率密度为 $f(x)=\dfrac{1}{\pi(1+x^2)}$,求 $Y=2X$ 的概率密度 $f_Y(y)$.

8. 设车间中有 20 台同型号的机床,每台机床开动的概率为 0.8,各台机床开动与否相互独立,每台机床开动时所消耗的电能为 10 个单位.求该车间消耗的电能不少于 180 个单位的概率.

9. 设随机变量 $X\sim b(4,0.5)$,求方程 $x^2+2Xx+1=0$ 无实根的概率.

10. 设在时间 t 分钟内通过某交通路口的汽车数服从参数与 t 成正比的泊松分布,已知在 1 分钟内没有汽车通过的概率为 0.2,求在两分钟内有多于一辆汽车通过的概率.

11. 设 $X\sim U(0,1)$,求 $Y=aX+b(a\neq 0)$ 的概率密度.

12. 已知某种元件的寿命 X(小时)服从指数分布,其概率密度为

$$f(x)=\begin{cases} \dfrac{1}{1\,000}\mathrm{e}^{-\frac{x}{1\,000}}, & x>0 \\ 0, & x\leqslant 0 \end{cases}$$

某仪器上装有 3 个这种元件,且其中有一个损坏仪器就停止工作,求该仪器无故障运行的

时间超过 1 000 小时的概率.

13. 设随机变量 $X \sim N(\mu, \sigma^2)$. 若已知 $P\{X<9\}=0.975$, $P\{X<2\}=0.0062$, 求 $P\{X>6\}$.

14. 设随机变量 X 的分布律为

$$P\{X=k\}=pq^{k-1}, \quad k=1,2,\cdots, \quad (0<p<1, \quad q=1-p)$$

求 $Y=\cos \dfrac{\pi X}{2}$ 的分布律.

15. 设随机变量 $X \sim U(0, \dfrac{\pi}{2})$, 求 $Y=\sin X$ 的概率密度.

16. 设随机变量 $X \sim N(0,1)$, 求 $Y=\arctan X$ 的概率密度.

17. 设随机变量 X 的分布律 $P\{X=k\}=p_k, \quad k=0,1,2,\cdots,n$

满足
$$\frac{p_k}{p_{k-1}}=\frac{(n-k+1)p}{k(1-p)}, \quad k \geqslant 1, 0<p<1,$$

证明 $X \sim b(n,p)$.

18. 设随机变量 X 的分布律 $P\{X=k\}=p_k, \quad k=0,1,2,\cdots$

满足 $\dfrac{p_k}{p_{k-1}}=\dfrac{\lambda}{k}, \quad k \geqslant 1, \lambda>0$, 证明 $X \sim \pi(\lambda)$.

19. 设随机变量 X 的分布函数 $F(x)$ 是一严格单调的连续函数, 证明 $Y=F(X) \sim U(0,1)$.

20. 设随机变量 X 服从参数为 1 的指数分布, $\Phi(x)$ 是 $N(0,1)$ 的分布函数, 证明 $Y=\Phi^{-1}(1-\mathrm{e}^{-X}) \sim N(0,1)$.

第3章 多维随机变量及其分布

有时需要同时考虑定义在同一样本空间上的两个或两个以上的随机变量,这就需要研究二维随机变量或三维随机变量等.

如检查某地区学龄前儿童的身高和体重:

取 $S=\{e\}$——该地区学龄前儿童的全体;

$H(e)=H$——任选一名儿童 e 的身高;

$W(e)=W$——任选一名儿童 e 的体重.

为了揭示 H 和 W 之间的相互关系,常常把它们放在一起来研究,则 (H,W) 就是一个二维随机变量.

又如发射炮弹时观察着弹点的位置和它与目标的距离:

取 $S=\{e\}$——着弹点的全体;

$X(e)=X$——着弹点的横坐标;

$Y(e)=Y$——着弹点的纵坐标;

$Z(e)=Z$——着弹点与目标的距离.

把它们放在一起来研究,则 (X,Y,Z) 就是一个三维随机变量.

本章主要讨论二维随机变量及其分布.

3.1 二维随机变量及其分布

3.1.1 二维随机变量及其分布函数

定义 3.1.1 设随机试验 E 的样本空间为 $S=\{e\}$,$X=X(e)$ 和 $Y=Y(e)$ 是定义在 S 上的两个随机变量,称它们构成的向量 (X,Y) 为定义在 S 上的二维随机向量或二维随机变量.

二维随机变量 (X,Y) 的一个取值是数对 (x,y),可看成是平面上的点 (x,y). 对于二维随机变量 (X,Y),人们关心的是:

(1) (X,Y) 所有可能的取值;

(2) (X,Y) 取值的概率规律.

描述二维随机变量取值的概率规律的重要方法之一是分布函数.

定义 3.1.2 设 (X, Y) 是定义在 $S = \{e\}$ 上的二维随机变量,x, y 为任意实数,称二元函数
$$F(x, y) = P\{X \leqslant x, Y \leqslant y\}$$
为 (X, Y) 的分布函数或 X 和 Y 的联合分布函数.

注意

(1) 事件 $\qquad \{X \leqslant x, Y \leqslant y\} = \{e \mid X(e) \leqslant x, Y(e) \leqslant y\} = \{X \leqslant x\} \bigcap \{Y \leqslant y\}$

(2) $F(x, y)$ 的几何意义是 (X, Y) 的取值落在以 (x, y) 为右上顶点的无限正方形(包含边界)内的概率,见图 3.1.

分布函数 $F(x, y)$ 具有下列性质.

(1) $F(x, y)$ 是 x, y 的不减函数,即当 y 取定,$x_1 < x_2$ 时,
$$F(x_1, y) \leqslant F(x_2, y)$$
当 x 取定,$y_1 < y_2$ 时,
$$F(x, y_1) \leqslant F(x, y_2)$$

(2) $0 \leqslant F(x, y) \leqslant 1$,且
$$F(x, -\infty) = \lim_{y \to -\infty} F(x, y) = 0; \quad F(-\infty, y) = \lim_{x \to -\infty} F(x, y) = 0$$
$$F(-\infty, -\infty) = \lim_{\substack{x \to -\infty \\ y \to -\infty}} F(x, y) = 0; \quad F(+\infty, +\infty) = \lim_{\substack{x \to +\infty \\ y \to +\infty}} F(x, y) = 1$$

(3) $F(x, y)$ 关于 x 右连续,关于 y 也右连续. 即当 y 取定时,有
$$F(x, y) = F(x + 0, y)$$
当 x 取定时,有
$$F(x, y) = F(x, y + 0)$$

(4) 当 $x_1 < x_2, y_1 < y_2$ 时,有
$$F(x_2, y_2) - F(x_1, y_2) - F(x_2, y_1) + F(x_1, y_1) \geqslant 0$$

证略. 这里要说明的是性质(4)的左边(见图 3.2)表示概率 $P\{x_1 < X \leqslant x_2, y_1 < Y \leqslant y_2\}$,即

$$P\{x_1 < X \leqslant x_2, y_1 < Y \leqslant y_2\} = F(x_2, y_2) - F(x_1, y_2) - F(x_2, y_1) + F(x_1, y_1)$$

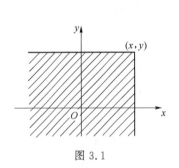

图 3.1

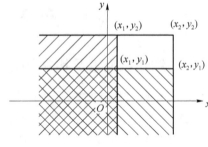

图 3.2

3.1.2 二维离散型随机变量及其分布律

定义 3.1.3 若二维随机变量(X,Y)所有可能的取值只有有限多对或可列多对,则称(X,Y)为二维离散型随机变量.

设(X,Y)是二维离散型随机变量,它所有可能的取值为(x_i,y_j),$i,j=1,2,\cdots$,则称
$$P\{X=x_i,Y=y_j\}=p_{ij}, i,j=1,2,\cdots$$
为(X,Y)的分布律或X与Y的联合分布律.它也可用表格表示为

X＼Y	y_1	y_2	$\cdots$	y_j	$\cdots$
x_1	p_{11}	p_{12}	$\cdots$	p_{1j}	$\cdots$
x_2	p_{21}	p_{22}	$\cdots$	p_{2j}	$\cdots$
$\vdots$	$\vdots$	$\vdots$		$\vdots$	
x_i	p_{i1}	p_{i2}	$\cdots$	p_{ij}	$\cdots$
$\vdots$	$\vdots$	$\vdots$		$\vdots$	$\vdots$

分布律 p_{ij} 满足:

(1) $p_{ij}\geqslant 0$;

(2) $\displaystyle\sum_i\sum_j p_{ij}=1$.

例 3.1.1 从$1,2,3,4,5$这5个数字中任取3个数字,X,Y分别表示取出的3个数字中的最小数字和最大数字,求(X,Y)的分布律,并求$P\{X\leqslant 2,Y<4\}$,$P\{X+Y=6\}$和$P\{X=1\}$.

解 X所有可能的取值为$1,2,3$,Y所有可能的取值为$3,4,5$.显然,当$i+1\geqslant j$时,有
$$P\{X=i,Y=j\}=0$$
当$i+1<j$时,有
$$P\{X=i,Y=j\}=\frac{C_{j-i-1}^1}{C_5^3}$$
所以(X,Y)的分布律为

X＼Y	3	4	5
1	$\frac{1}{10}$	$\frac{2}{10}$	$\frac{3}{10}$
2	0	$\frac{1}{10}$	$\frac{2}{10}$
3	0	0	$\frac{1}{10}$

容易算得
$$P\{X\leqslant 2,Y<4\}=P\{X=1,Y=3\}+P\{X=2,Y=3\}=\frac{1}{10}$$

$$P\{X+Y=6\}=P\{X=1,Y=5\}+P\{X=2,Y=4\}+P\{X=3,Y=3\}=\frac{3}{10}+\frac{1}{10}=\frac{2}{5}$$

$$P\{X=1\}=P\{X=1,Y=3\}+P\{X=1,Y=4\}+P\{X=1,Y=5\}=\frac{1}{10}+\frac{2}{10}+\frac{3}{10}=\frac{3}{5}$$

对二维离散型随机变量(X,Y),它的分布函数可表为

$$F(x,y)=\sum_{\substack{x_i\leqslant x\\ y_j\leqslant y}}p_{ij}$$

3.1.3 二维连续型随机变量

定义 3.1.4 设二维随机变量(X,Y)的分布函数为$F(x,y)$,若存在非负函数$f(x,y)$,使对任意实数x,y,有

$$F(x,y)=\int_{-\infty}^{x}\int_{-\infty}^{y}f(u,v)\mathrm{d}u\mathrm{d}v \tag{3.1.1}$$

则称(X,Y)为二维连续型随机变量,$f(x,y)$为(X,Y)的概率密度或X与Y的联合概率密度.

$f(x,y)$有如下性质:

(1) $f(x,y)\geqslant 0$;

(2) $\displaystyle\int_{-\infty}^{+\infty}\int_{-\infty}^{+\infty}f(x,y)\mathrm{d}x\mathrm{d}y=F(+\infty,+\infty)=1$ \tag{3.1.2}

(3) 若G是xOy平面上的区域,则(X,Y)的取值落在G内的概率为

$$P\{(X,Y)\in G\}=\iint_{G}f(x,y)\mathrm{d}x\mathrm{d}y$$

(4) 若(x,y)是$f(x,y)$的连续点,则

$$\frac{\partial^2 F(x,y)}{\partial x\partial y}=f(x,y) \tag{3.1.3}$$

性质(1)的几何意义是曲面$z=f(x,y)$在xOy面的上方;性质(2)的几何意义是曲面$z=f(x,y)$与xOy面之间所夹的空间区域的体积为1;性质(3)的几何意义是以G为底、以$z=f(x,y)$为顶的曲顶柱体的体积等于(X,Y)的取值落在G内的概率;由

$$\lim_{\substack{\Delta x\to 0+\\ \Delta y\to 0+}}\frac{P\{x<X\leqslant x+\Delta x,y<Y\leqslant y+\Delta y\}}{\Delta x\Delta y}$$

$$=\lim_{\substack{\Delta x\to 0+\\ \Delta y\to 0+}}\frac{F(x+\Delta x,y+\Delta y)-F(x,y+\Delta y)-F(x+\Delta x,y)+F(x,y)}{\Delta x\Delta y}$$

$$=\frac{\partial^2 F(x,y)}{\partial x\partial y}=f(x,y)$$

可见性质(4)的概率意义为:$f(x,y)$表示(X,Y)的取值落在(x,y)附近单位面积上的概率——概率密度,因此

$$P\{x<X\leqslant x+\Delta x,y<Y\leqslant y+\Delta y\}\approx f(x,y)\Delta x\Delta y$$

要点 已知f求F用(3.1.1)式;求f中的未知常数用(3.1.2)式;已知F求f用(3.1.3)式.

例 3.1.2 设 (X,Y) 的概率密度为

$$f(x,y) = \begin{cases} 2e^{-(2x+y)}, & x>0, y>0 \\ 0, & \text{其他} \end{cases}$$

求:(1) (X,Y) 的分布函数 $F(x,y)$;(2) $P\{Y \leqslant X\}$.

解 (1) (X,Y) 的分布函数为

$$F(x,y) = \int_{-\infty}^{x} \int_{-\infty}^{y} f(x,y) \mathrm{d}x\mathrm{d}y$$

$$= \begin{cases} 2\int_{0}^{x} \int_{0}^{y} e^{-(2x+y)} \mathrm{d}x\mathrm{d}y, & x>0, y>0 \\ 0, & \text{其他} \end{cases}$$

即有

$$F(x,y) = \begin{cases} (1-e^{-2x})(1-e^{-y}), & x>0, y>0 \\ 0, & \text{其他} \end{cases}$$

(2) $P\{Y \leqslant X\} = \iint\limits_{y \leqslant x} f(x,y)\mathrm{d}x\mathrm{d}y = 2\int_{0}^{+\infty} \mathrm{d}x \int_{0}^{x} e^{-(2x+y)}\mathrm{d}y$

$$= 2\int_{0}^{+\infty} e^{-2x}(1-e^{-x})\mathrm{d}x = 2\left(\frac{1}{2} - \frac{1}{3}\right) = \frac{1}{3}$$

例 3.1.3 设 (X,Y) 的概率密度为

$$f(x,y) = \begin{cases} Ax, & 0<x<1, 0<y<x \\ 0, & \text{其他} \end{cases}$$

求:(1) 系数 A;(2) $P\left\{X>\frac{1}{4}\right\}$;(3) $P\left\{Y<\frac{3}{4}\right\}$;(4) $P\left\{X<\frac{1}{2}, Y<\frac{1}{4}\right\}$.

解 由

$$1 = \int_{-\infty}^{+\infty} \int_{-\infty}^{+\infty} f(x,y)\mathrm{d}x\mathrm{d}y = A\int_{0}^{1} \mathrm{d}x \int_{0}^{x} x\mathrm{d}y = \frac{A}{3}$$

得 $A=3$,于是

$$f(x,y) = \begin{cases} 3x, & 0<x<1, 0<y<x \\ 0, & \text{其他} \end{cases}$$

并且可以算得

$$P\left\{X>\frac{1}{4}\right\} = \iint\limits_{x>\frac{1}{4}} f(x,y)\mathrm{d}x\mathrm{d}y = 3\int_{\frac{1}{4}}^{1} \mathrm{d}x \int_{0}^{x} x\mathrm{d}y = \frac{63}{64}$$

$$P\left\{Y<\frac{3}{4}\right\} = \iint\limits_{y<\frac{3}{4}} f(x,y)\mathrm{d}x\mathrm{d}y = 3\int_{0}^{\frac{3}{4}} \mathrm{d}y \int_{y}^{1} x\,\mathrm{d}x = \frac{117}{128}$$

$$P\left\{X<\frac{1}{2}, Y<\frac{1}{4}\right\} = \iint\limits_{x<\frac{1}{2}, y<\frac{1}{4}} f(x,y)\mathrm{d}x\mathrm{d}y = 3\int_{0}^{\frac{1}{4}} \mathrm{d}y \int_{y}^{\frac{1}{2}} x\,\mathrm{d}x = \frac{11}{128}$$

3.1.4 n 维随机变量

上述关于二维随机变量的概念可以推广到 n 维随机变量的情况,现简要叙述如下.

定义 3.1.5 设随机试验 E 的样本空间为 $S=\{e\}$,$X_1=X_1(e)$,$X_2=X_2(e)$,$\cdots$,$X_n=$

$X_n(e)$是定义在 S 上的 n 个随机变量,称它们构成的向量$(X_1,X_2,\cdots,X_n)$为定义在 S 上的 n 维随机向量或 n 维随机变量.

定义 3.1.6 设$(X_1,X_2,\cdots,X_n)$是定义在 $S=\{e\}$ 上的 n 维随机变量,$x_1,x_2,\cdots,x_n$为任意实数,称 n 元函数

$$F(x_1,x_2,\cdots,x_n)=P\{X_1\leqslant x_1,X_2\leqslant x_2,\cdots,X_n\leqslant x_n\}$$

为$(X_1,X_2,\cdots,X_n)$的分布函数或 $X_1,X_2,\cdots,X_n$ 的联合分布函数.

n 维随机变量的分布函数与二维随机变量的分布函数有类似的性质,这里从略.

定义 3.1.7 若 n 维随机变量$(X_1,X_2,\cdots,X_n)$所有可能的取值为$(x_{i_1},x_{i_2},\cdots,x_{i_n})$,$i_1,i_2,\cdots,i_n=1,2,\cdots$,则称$(X_1,X_2,\cdots,X_n)$为 n 维离散型随机变量,并称

$$P\{X_1=x_{i_1},X_2=x_{i_2},\cdots,X_n=x_{i_n}\}=p_{i_1 i_2,\cdots,i_n},i_1,i_2,\cdots,i_n=1,2,\cdots$$

为$(X_1,X_2,\cdots,X_n)$的分布律或 $X_1,X_2,\cdots,X_n$ 的联合分布律.

定义 3.1.8 设 n 维随机变量$(X_1,X_2,\cdots,X_n)$的分布函数为 $F(x_1,x_2,\cdots,x_n)$若存在非负函数 $f(x_1,x_2,\cdots,x_n)$,使对任意实数 $x_1,x_2,\cdots,x_n$,有

$$F(x_1,x_2,\cdots,x_n)=\int_{-\infty}^{x_1}\int_{-\infty}^{x_2}\cdots\int_{-\infty}^{x_n}f(u_1,u_2,\cdots,u_n)\mathrm{d}u_1\mathrm{d}u_2\cdots\mathrm{d}u_n$$

则称$(X_1,X_2,\cdots,X_n)$为 n 维连续型随机变量,$f(x_1,x_2,\cdots,x_n)$为$(X_1,X_2,\cdots,X_n)$的概率密度或 $X_1,X_2,\cdots,X_n$ 的联合概率密度.

二维随机变量的分布函数、二维离散型随机变量的分布律、二维连续型随机变量的概率密度的性质不难推广到 n 维随机变量的情况,这里不再赘述.

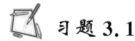

习题 3.1

1. 说明二元函数

$$F(x,y)=\begin{cases}1, & x\geqslant 0,y\geqslant 0,x+y\geqslant 1\\0, & 其他\end{cases}$$

不可能是一个二维随机变量的分布函数.

2. 某同学求得一个二维离散型随机变量(X,Y)的分布律为

X \\ Y	$-\dfrac{1}{2}$	0	1
-1	0	$\dfrac{2}{12}$	$\dfrac{1}{12}$
1	$\dfrac{2}{12}$	$\dfrac{2}{12}$	$\dfrac{2}{12}$
3	$\dfrac{1}{12}$	$\dfrac{2}{12}$	$\dfrac{1}{12}$

试说明他的计算结果是否正确.

3. 设有二元函数

$$f(x,y)=\begin{cases}x^2+y^2, & x^2+y^2<2 \\ 0, & \text{其他}\end{cases}$$

试说明 $f(x,y)$ 能否是某二维随机变量的概率密度.

4. 设一个二维随机变量 (X,Y) 所有可能的取值为 $(0,0),(-1,1),(-1,\frac{1}{3}),(2,0)$,且取这些值的概率依次为 $\frac{1}{6},\frac{1}{3},\frac{1}{12},\frac{5}{12}$,写出 (X,Y) 的分布律.

5. 一口袋中有 4 个球,它们依次标有数字 1,2,2,3. 从这袋中任取一球,不放回袋中,再从袋中任取一球. 设每次取球时,袋中每个球被取到的可能性相同,以 X,Y 分别表示第一、第二次取得的球上标有的数字,求 (X,Y) 的分布律.

6. 将一枚硬币连掷 3 次,以 X 表示在 3 次中出现正面的次数,以 Y 表示 3 次中出现正面次数与出现反面次数之差的绝对值,试求 X 与 Y 的联合分布律.

7. 将 3 个球随机地放入 3 个盒子中去,X,Y 分别表示放入第一个、第二个盒子中的球的个数,求二维随机变量 (X,Y) 的分布律.

8. 设二维随机变量 (X,Y) 的概率密度为

$$f(x,y)=\frac{A}{\pi^2(16+x^2)(25+y^2)}$$

求:(1) 常数 A;(2) (X,Y) 的分布函数 $F(x,y)$.

9. 设二维随机变量 (X,Y) 的分布函数为

$$F(x,y)=\begin{cases}2A(1-e^{-\alpha x})(1-e^{-\beta y}), & x>0,y>0 \\ 0, & \text{其他}\end{cases}$$

其中 $\alpha>0,\beta>0$ 为常数. 求:(1) 常数 A;(2) $P\{0<X<1,0<Y<2\}$;(3) (X,Y) 的概率密度.

10. 设二维随机变量 (X,Y) 的概率密度为

$$f(x,y)=\begin{cases}A\sin(x+y), & 0\leqslant x\leqslant\frac{\pi}{2},0\leqslant y\leqslant\frac{\pi}{2} \\ 0, & \text{其他}\end{cases}$$

求:(1) 常数 A;(2) $P\left\{X+Y<\frac{\pi}{2}\right\}$.

11. 设二维随机变量 (X,Y) 的概率密度为

$$f(x,y)=\begin{cases}x^2+\frac{xy}{3}, & 0<x<1,0<y<2 \\ 0, & \text{其他}\end{cases}$$

求:(1) $P\left\{0<X<\frac{1}{2},\frac{1}{4}<Y<1\right\}$;(2) $P\left\{\left(X<\frac{1}{2}\right)\bigcup\left(Y<\frac{1}{2}\right)\right\}$;(3) $P\{X=Y\}$;(4) $P\{X\leqslant Y\}$;(5) $P\{X<Y\}$.

12. 一台机器制造直径为 X(单位为米)的轴,另一台机器制造内径为 Y(单位为米)

的轴套.设二维随机变量(X,Y)的概率密度为

$$f(x,y)=\begin{cases} 2\,500, & 0.49<x<0.51,0.51<y<0.53 \\ 0, & \text{其他} \end{cases}$$

如果轴套的内径比轴的直径大 0.004 但不大于 0.036,则二者就可以很好地配合成套.现随机地选择轴和轴套,求二者能很好配合成套的概率.

3.2　边缘分布和随机变量的独立性

这部分内容讨论两个方面的问题:

(1) 若已知(X,Y)的分布,如何求出(关于)X 和(关于)Y 的(边缘)分布;

(2) 随机变量的独立性.

随机变量的独立性是事件独立性的推广.在第 1 章讲过,若

$$P(AB)=P(A)P(B)$$

称 A 与 B 独立.将此概念推广到两个随机变量的情况,自然应当是:若任一个只和 X 有关的事件 A 与任一个只和 Y 有关的事件 B 相互独立,称随机变量 X 与 Y 独立.用 X 与 Y 的联合分布和它们的边缘分布可以给出这一概念的数学定义.

3.2.1　边缘分布函数及两随机变量独立性的定义

1. 边缘分布函数

若已知二维随机变量(X,Y)的分布函数为 $F(x,y)$,则关于 X 和关于 Y 的边缘分布函数分别为

$$F_X(x)=F(x,+\infty)=\lim_{y\to+\infty}F(x,y),\quad -\infty<x<+\infty \tag{3.2.1}$$

$$F_Y(y)=F(+\infty,y)=\lim_{x\to+\infty}F(x,y),\quad -\infty<y<+\infty \tag{3.2.2}$$

(3.2.1)式和(3.2.2)式的证明是类似的.例如,由于$\{Y<+\infty\}=S$,于是

$$F_X(x)=P\{X\leqslant x\}=P\{X\leqslant x,Y<+\infty\}$$

$$=\lim_{y\to+\infty}P\{X\leqslant x,Y\leqslant y\}=\lim_{y\to+\infty}F(x,y)$$

2. 两随机变量的独立性

定义 3.2.1　设(X,Y)的分布函数为 $F(x,y)$,关于 X 和关于 Y 的边缘分布函数分别为 $F_X(x)$ 和 $F_Y(y)$.若对任意实数 x 和 y,都有

$$F(x,y)=F_X(x)F_Y(y)$$

则称随机变量 X 与 Y 相互独立.

由定义 3.2.1 可以推得:若随机变量 X 与 Y 相互独立,则任一个只和 X 有关的事件 A 与任一个只和 Y 有关的事件 B 都相互独立.例如,若 X 与 Y 相互独立,当 $x_1<x_2$,$y_1<y_2$ 时,有

$$P\{x_1 < X \leqslant x_2, y_1 < Y \leqslant y_2\}$$
$$= F(x_2, y_2) - F(x_1, y_2) - F(x_2, y_1) + F(x_1, y_1)$$
$$= F_X(x_2)F_Y(y_2) - F_X(x_1)F_Y(y_2) - F_X(x_2)F_Y(y_1) + F_X(x_1)F_Y(y_1)$$
$$= [F_X(x_2) - F_X(x_1)][F_Y(y_2) - F_Y(y_1)]$$
$$= P\{x_1 < X \leqslant x_2\}P\{y_1 < Y \leqslant y_2\}$$

即知 $\{x_1 < X \leqslant x_2\}$ 与 $\{y_1 < Y \leqslant y_2\}$ 相互独立.

例 3.2.1 设二维随机变量 (X,Y) 的分布函数为
$$F(x,y) = A\left(B + \arctan \frac{x}{2}\right)\left(C + \arctan \frac{y}{3}\right)$$

(1) 确定常数 A, B, C;

(2) 求 X 和 Y 的边缘分布函数,并判断 X 与 Y 是否独立;

(3) 求 $P\{0 < X \leqslant 2, 0 < Y \leqslant 3\}$.

解 (1) 由
$$\lim_{x \to -\infty} F(x,y) = A\left(B - \frac{\pi}{2}\right)\left(C + \arctan \frac{y}{3}\right) = 0$$

对任意的 y 成立,可见 $B = \frac{\pi}{2}$,类似可得 $C = \frac{\pi}{2}$. 由
$$\lim_{\substack{x \to +\infty \\ y \to +\infty}} F(x,y) = A\pi^2 = 1$$

得 $A = \frac{1}{\pi^2}$,因此 $\quad F(x,y) = \frac{1}{\pi^2}\left(\frac{\pi}{2} + \arctan \frac{x}{2}\right)\left(\frac{\pi}{2} + \arctan \frac{y}{3}\right)$

(2) 可以算得 $\quad F_X(x) = \lim_{y \to +\infty} F(x,y) = \frac{1}{\pi}\left(\frac{\pi}{2} + \arctan \frac{x}{2}\right)$

$$F_Y(y) = \lim_{x \to +\infty} F(x,y) = \frac{1}{\pi}\left(\frac{\pi}{2} + \arctan \frac{y}{3}\right)$$

可见对任意的 x, y,有 $F(x,y) = F_X(x)F_Y(y)$ 成立,因此 X 与 Y 独立.

(3) 由 X 与 Y 独立,有
$$P\{0 < X \leqslant 2, 0 < Y \leqslant 3\} = P\{0 < X \leqslant 2\}P\{0 < Y \leqslant 3\} = [F_X(2) - F_X(0)][F_Y(3) - F_Y(0)] = \frac{1}{16}$$

3.2.2 边缘分布律及两随机变量独立的等价条件

1. 边缘分布律

已知二维离散型随机变量 (X,Y) 的分布律为
$$P\{X = x_i, Y = y_j\} = p_{ij}, \quad i, j = 1, 2, \cdots$$
则关于 X 和关于 Y 的边缘分布律分别为
$$P\{X = x_i\} = \sum_j p_{ij} \triangleq p_{i\cdot}, \quad i = 1, 2, \cdots \tag{3.2.3}$$

$$P\{X = y_j\} = \sum_i p_{ij} \triangleq p_{\cdot j}, \quad j = 1, 2, \cdots \tag{3.2.4}$$

(3.2.3)式和(3.2.4)式的证明是类似的.例如,由于 $\bigcup_j \{Y=y_j\}=S$,于是

$$P\{X=x_i\}=P\left\{(X=x_i)\bigcup_j(Y=y_j)\right\}=P\left\{\bigcup_j(X=x_i,Y=y_j)\right\}$$
$$=\sum_j P\{X=x_i,Y=y_j\}=\sum_j p_{ij}=p_i.$$

关于 X 和关于 Y 的边缘分布律也可用表 3.1 表示.

表 3.1

Y \ X	y_1	y_2	$\cdots$	y_j	$\cdots$	$p_i.$
x_1	p_{11}	p_{12}	$\cdots$	p_{1j}	$\cdots$	$p_{1.}$
x_2	p_{21}	p_{22}	$\cdots$	p_{2j}	$\cdots$	$p_{2.}$
$\vdots$	$\vdots$	$\vdots$		$\vdots$		$\vdots$
x_i	p_{i1}	p_{i2}	$\cdots$	p_{ij}	$\cdots$	$p_{i.}$
$\vdots$	$\vdots$	$\vdots$		$\vdots$		$\vdots$
$p._j$	$p_{.1}$	$p_{.2}$	$\cdots$	$p_{.j}$	$\cdots$	1

2. 两随机变量独立的等价条件

定理 3.2.1 若二维离散型随机变量 (X,Y) 的分布律,以及关于 X 和关于 Y 的边缘分布律如表 3.1 所示,则 X 与 Y 相互独立的充要条件是对一切 $i,j=1,2,\cdots$,有

$$p_{ij}=p_i. \cdot p._j$$

证略.

例 3.2.2 从 $1,2,3,4,5$ 这 5 个数字中任意取 3 个数字,X,Y 分别表示取出的 3 个数字中的最小数字和最大数字.求 (X,Y) 的分布律及关于 X 和关于 Y 的边缘分布律,并问 X 与 Y 是否独立?

解 在例 3.1.1 中已算得 (X,Y) 的分布律为

Y \ X	3	4	5
1	$\frac{1}{10}$	$\frac{2}{10}$	$\frac{3}{10}$
2	0	$\frac{1}{10}$	$\frac{2}{10}$
3	0	0	$\frac{1}{10}$

容易算得 X,Y 的边缘分布律分别为

X	1	2	3
P	$\frac{6}{10}$	$\frac{3}{10}$	$\frac{1}{10}$

Y	3	4	5
P	$\frac{1}{10}$	$\frac{3}{10}$	$\frac{6}{10}$

可以看到

$$P\{X=1,Y=3\}=\frac{1}{10}\neq\frac{6}{10}\cdot\frac{1}{10}=P\{X=1\}P\{Y=3\}$$

因此 X 与 Y 不独立.

例 3.2.3 设二维离散型随机变量 (X,Y) 的分布律为

表 3.2

X \ Y	0	1	$p_i.$
0	$\frac{1}{12}$	$\frac{1}{6}$	$\frac{1}{4}$
1	$\frac{1}{4}$	$\frac{1}{2}$	$\frac{3}{4}$
$p_{.j}$	$\frac{1}{3}$	$\frac{2}{3}$	1

求关于 X 和 Y 的边缘分布律,并问 X 与 Y 是否独立?

解 由表 3.2 可见,X,Y 的边缘分布律分别为

X	0	1
P	$\frac{1}{4}$	$\frac{3}{4}$

Y	0	1
P	$\frac{1}{3}$	$\frac{2}{3}$

容易看到,对 $i,j=0,1$,有 $p_{ij}=p_i.\,p_{.j}$,因此 X 与 Y 独立.

3.2.3 边缘概率密度和两随机变量独立的等价条件

1. 边缘概率密度

已知二维连续型随机变量 (X,Y) 的概率密度为 $f(x,y)$,则关于 X 和关于 Y 的边缘概率密度分别为

$$f_X(x)=\int_{-\infty}^{+\infty}f(x,y)\mathrm{d}y,\quad -\infty<x<+\infty \tag{3.2.5}$$

$$f_Y(y)=\int_{-\infty}^{+\infty}f(x,y)\mathrm{d}x,\quad -\infty<y<+\infty \tag{3.2.6}$$

(3.2.5)式和(3.2.6)式的证明是类似的.例如,由于 $F_Y(y)=\lim\limits_{x\to+\infty}F(x,y)$,于是

$$F_Y(y)=\lim_{x\to+\infty}\int_{-\infty}^{x}\mathrm{d}x\int_{-\infty}^{y}f(x,y)\mathrm{d}y=\int_{-\infty}^{+\infty}\mathrm{d}x\int_{-\infty}^{y}f(x,y)\mathrm{d}y$$

$$=\int_{-\infty}^{y}\mathrm{d}y\int_{-\infty}^{+\infty}f(x,y)\mathrm{d}x$$

两边对 y 求导即得(3.2.6)式.

2. 两随机变量独立的等价条件

定理 3.2.2 若二维连续型随机变量 (X,Y) 的概率密度为 $f(x,y)$,关于 X 和关于 Y 的边缘概率密度分别为 $f_X(x)$ 和 $f_Y(y)$,则 X 与 Y 相互独立的充要条件是对 $f(x,y)$,

$f_X(x), f_Y(y)$ 的一切连续点 (x,y),有

$$f(x,y) = f_X(x)f_Y(y)$$

证略.

例 3.2.4(二维均匀分布) 设 G 是某二维平面上的有界区域,面积为 A,若二维随机变量 (X,Y) 的概率密度为

$$f(x,y) = \begin{cases} \dfrac{1}{A}, & (x,y) \in G \\ 0 & \text{其他} \end{cases}$$

则称 (X,Y) 在 G 上服从均匀分布.

设 (X,Y) 在区域 $G = \{(x,y) \mid 0 < y < x < 1\}$ 上服从均匀分布,求 (X,Y) 的概率密度及关于 X 和关于 Y 的边缘概率密度,并问 X 与 Y 是否独立?

解 区域 G 的面积为 $\dfrac{1}{2}$,则 (X,Y) 的概率密度为

$$f(x,y) = \begin{cases} 2, & 0 < y < x < 1 \\ 0, & \text{其他} \end{cases}$$

这里 $f(x,y)$ 是分区域定义的,因此要分段计算 $f_X(x), f_Y(y)$.

$$f_X(x) = \begin{cases} \displaystyle\int_0^x 2\mathrm{d}y, & 0 < x < 1 \\ 0, & \text{其他} \end{cases}$$

即

$$f_X(x) = \begin{cases} 2x, & 0 < x < 1 \\ 0, & \text{其他} \end{cases}$$

$$f_Y(y) = \begin{cases} \displaystyle\int_y^1 2\mathrm{d}x, & 0 < y < 1 \\ 0, & \text{其他} \end{cases}$$

即

$$f_Y(y) = \begin{cases} 2(1-y), & 0 < y < 1 \\ 0, & \text{其他} \end{cases}$$

$\left(\dfrac{1}{2}, \dfrac{1}{4}\right)$ 是 $f(x,y), f_X(x), f_Y(y)$ 的连续点,而

$$f\left(\frac{1}{2}, \frac{1}{4}\right) = 2 \neq 1 \cdot \frac{3}{2} = f_X\left(\frac{1}{2}\right)f_Y\left(\frac{1}{4}\right)$$

因此 X 与 Y 不独立.

例 3.2.5(二维正态分布) 若二维随机变量 (X_1, X_2) 的概率密度为

$$f(x_1, x_2) = \frac{1}{2\pi\sigma_1\sigma_2\sqrt{1-\rho^2}} \mathrm{e}^{-\frac{1}{2(1-\rho^2)}\left[\frac{(x_1-\mu_1)^2}{\sigma_1^2} - \frac{2\rho(x_1-\mu_1)(x_2-\mu_2)}{\sigma_1\sigma_2} + \frac{(x_2-\mu_2)^2}{\sigma_2^2}\right]}$$

其中 $\mu_1, \mu_2, \sigma_1, \sigma_2, \rho$ 为常数,且 $\sigma_1 > 0, \sigma_2 > 0, -1 < \rho < 1$,则称 (X_1, X_2) 服从参数为 $\mu_1, \mu_2,$

$\sigma_1^2, \sigma_2^2, \rho$ 的正态分布,记作 $(X_1, X_2) \sim N(\mu_1, \mu_2, \sigma_1^2, \sigma_2^2, \rho)$.

设 $(X_1, X_2) \sim N(\mu_1, \mu_2, \sigma_1^2, \sigma_2^2, \rho)$,求关于 X_1 和关于 X_2 的边缘概率密度,并证明 X_1 与 X_2 相互独立的充要条件是 $\rho = 0$.

解 求 X_1 的概率密度. 对指数部分配方,有

$$f_{X_1}(x_1) = \frac{1}{2\pi\sigma_1\sigma_2\sqrt{1-\rho^2}} \int_{-\infty}^{+\infty} e^{-\frac{1}{2(1-\rho^2)}\left[\frac{(x_1-\mu_1)^2}{\sigma_1^2} - \frac{2\rho(x_1-\mu_1)(x_2-\mu_2)}{\sigma_1\sigma_2} + \frac{(x_2-\mu_2)^2}{\sigma_2^2}\right]} \, dx_2$$

$$= \frac{1}{2\pi\sigma_1\sigma_2\sqrt{1-\rho^2}} e^{-\frac{(x_1-\mu_1)^2}{2\sigma_1^2}} \int_{-\infty}^{+\infty} e^{-\frac{1}{2(1-\rho^2)}\left[\frac{x_2-\mu_2}{\sigma_2} - \frac{\rho(x_1-\mu_1)}{\sigma_1}\right]^2} \, dx_2$$

$$= \frac{1}{\sqrt{2\pi}\sigma_1} e^{-\frac{(x_1-\mu_1)^2}{2\sigma_1^2}}$$

即得 $X_1 \sim N(\mu_1, \sigma_1^2)$. 类似可得

$$f_{X_2}(x_2) = \frac{1}{\sqrt{2\pi}\sigma_2} e^{-\frac{(x_2-\mu_2)^2}{2\sigma_2^2}}$$

即 $X_2 \sim N(\mu_2, \sigma_2^2)$.

当 $\rho = 0$ 时,有

$$f(x_1, x_2) = \frac{1}{2\pi\sigma_1\sigma_2} e^{-\frac{1}{2}\left[\frac{(x_1-\mu_1)^2}{\sigma_1^2} + \frac{(x_2-\mu_2)^2}{\sigma_2^2}\right]}$$

$$= \frac{1}{\sqrt{2\pi}\sigma_1} e^{-\frac{(x_1-\mu_1)^2}{2\sigma_1^2}} \cdot \frac{1}{\sqrt{2\pi}\sigma_2} e^{-\frac{(x_2-\mu_2)^2}{2\sigma_2^2}}$$

$$= f_{X_1}(x_1) f_{X_2}(x_2)$$

可见 X_1 与 X_2 独立. 反之,若 X_1 与 X_2 独立,则对任意的 x_1, x_2,有

$$f(x_1, x_2) = f_{X_1}(x_1) f_{X_2}(x_2)$$

特别地 $$f(\mu_1, \mu_2) = f_{X_1}(\mu_1) f_{X_2}(\mu_2)$$

即 $$\frac{1}{2\pi\sigma_1\sigma_2\sqrt{1-\rho^2}} = \frac{1}{\sqrt{2\pi}\sigma_1} \cdot \frac{1}{\sqrt{2\pi}\sigma_2}$$

可见 $\rho = 0$.

例 3.2.6 设 X 和 Y 相互独立,且都服从参数为 1 的指数分布,求 $P\{X+Y<1\}$.

解 X 和 Y 的概率密度分别为

$$f_X(x) = \begin{cases} e^{-x}, & x>0 \\ 0, & x\leqslant 0 \end{cases} \quad f_Y(y) = \begin{cases} e^{-y}, & y>0 \\ 0, & y\leqslant 0 \end{cases}$$

由 X 与 Y 独立,得 (X, Y) 的概率密度为

$$f(x, y) = \begin{cases} e^{-(x+y)}, & x>0, y>0 \\ 0, & \text{其他} \end{cases}$$

得 $$P\{X+Y<1\} = \iint_{x+y<1} f(x, y) \, dx \, dy = \int_0^1 dx \int_0^{1-x} e^{-(x+y)} \, dy$$

$$= \int_0^1 (\mathrm{e}^{-x} - \mathrm{e}^{-1}) \mathrm{d}x = 1 - 2\mathrm{e}^{-1}$$

3.2.4　n 维随机变量的边缘分布及独立性

上述关于二维随机变量及独立性的讨论可以推广到 n 维随机变量的情况.

1. n 维随机变量的分布函数、边缘分布函数及独立性

设 n 维随机变量 $(X_1, X_2, \cdots, X_n)$ 的分布函数为 $F(x_1, x_2, \cdots, x_n)$,则关于 $(X_{j_1}, X_{j_2}, \cdots, X_{j_k})(1 \leqslant j_1 < j_2 < \cdots < j_k \leqslant n)$ 的边缘分布函数为

$$F_{j_1 j_2 \cdots j_k}(x_{j_1}, x_{j_2}, \cdots, x_{j_k})$$
$$= F(+\infty, \cdots, +\infty, x_{j_1}, +\infty, \cdots, +\infty, x_{j_2}, +\infty, \cdots, +\infty, x_{j_k}, +\infty, \cdots, +\infty)$$
$$= \lim_{\substack{x_{s_1}, x_{s_2}, \cdots, x_{s_{n-k}} \to +\infty \\ 1 \leqslant s_1 < s_2 < \cdots < s_{n-k} \leqslant n \\ s_h \neq j_r, r=1,2,\cdots,k; h=1,2,\cdots,n-k}} F(x_1, x_2, \cdots, x_n)$$

特别地,$X_k(k=1,2,\cdots,n)$ 的分布函数为

$$F_k(x_k) = \lim_{x_1, \cdots, x_{k-1}, x_{k+1}, \cdots, x_n \to +\infty} F(x_1, x_2, \cdots, x_n), i = 1, 2, \cdots, n$$

将两个随机变量独立性的概念推广到 n 个随机变量有下面的定义.

定义 3.2.2　设 $(X_1, X_2, \cdots, X_n)$ 的分布函数为 $F(x_1, x_2, \cdots, x_n)$,关于 $X_i(i=1,2,\cdots,n)$ 的边缘分布函数分别为 $F_k(x_k)$,若对任意实数 $x_1, x_2, \cdots, x_n$,都有

$$F(x_1, x_2, \cdots, x_n) = \prod_{k=1}^n F_k(x_k)$$

则称随机变量 $X_1, X_2, \cdots, X_n$ 相互独立.

2. n 维离散型随机变量的分布律、边缘分布律及独立性的等价条件

设 n 维离散型随机变量 $(X_1, X_2, \cdots, X_n)$ 的分布律为

$$P\{X_1 = x_{i_1}, X_2 = x_{i_2}, \cdots, X_n = x_{i_n}\} = p_{i_1 i_2 \cdots i_n}, i_1, i_2, \cdots, i_n = 1, 2, \cdots \qquad (3.2.7)$$

则关于 $(X_{j_1}, X_{j_2}, \cdots, X_{j_k})(1 \leqslant j_1 < j_2 < \cdots < j_k \leqslant n)$ 的边缘分布律为

$$P\{X_{j_1} = x_{i_{j_1}}, X_{j_2} = x_{i_{j_2}}, \cdots, X_{j_k} = x_{i_{j_k}}\}$$
$$= \sum_{\substack{i_{s_1}, i_{s_2}, \cdots, i_{s_{n-k}} \\ 1 \leqslant s_1 < s_2 < \cdots < s_{n-k} \leqslant n \\ s_h \neq j_r, r=1,2,\cdots,k; h=1,2,\cdots,n-k}} P\{X_1 = x_{i_1}, X_2 = x_{i_2}, \cdots, X_n = x_{i_n}\}$$

特别地,$X_k(k=1,2,\cdots,n)$ 的分布律为

$$P\{X_k = x_{i_k}\} = \sum_{i_1, \cdots, i_{k-1}, i_{k+1}, \cdots, x_n} P\{X_1 = x_{i_1}, X_2 = i_2, \cdots, X_n = x_{i_n}\}, i_k = 1, 2, \cdots$$

$$(3.2.8)$$

将两个离散型随机变量独立性等价条件推广到 n 个离散型随机变量有下面的定理.

定理 3.2.3　设 n 维离散型随机变量 $(X_1, X_2, \cdots, X_n)$ 的分布律由 (3.2.7) 式给出,关于 $X_k(k=1,2,\cdots,n)$ 的边缘分布律由 (3.2.8) 式给出,则 $X_1, X_2, \cdots, X_n$ 相互独立的充要条件是对一切 $i_1, i_2, \cdots, i_n$,有

$$P\{X_1 = x_{i_1}, X_2 = x_{i_2}, \cdots, X_n = x_{i_n}\} = \prod_{k=1}^{n} P\{X_k = x_{i_k}\}$$

3. n 维连续型随机变量的概率密度、边缘概率密度及独立性的等价条件

设 n 维连续型随机变量 $(X_1, X_2, \cdots, X_n)$ 的概率密度为 $f(x_1, x_2, \cdots, x_n)$，则关于 $(X_{j_1}, X_{j_2}, \cdots, X_{j_k})(1 \leqslant j_1 < j_2 < \cdots < j_k \leqslant n)$ 的边缘概率密度为

$$f_{j_1 j_2 \cdots j_k}(x_{j_1}, x_{j_2}, \cdots, x_{j_k}) = \int_{-\infty}^{+\infty} \int_{-\infty}^{+\infty} \cdots \int_{-\infty}^{+\infty} f(x_1, x_2, \cdots, x_n) \mathrm{d}x_{s_1} \mathrm{d}x_{s_2} \cdots \mathrm{d}x_{s_{n-k}}$$

$$1 \leqslant s_1 < s_2 < \cdots < s_{n-k} \leqslant n, s_h \neq j_r, r = 1, 2, \cdots, k, h = 1, 2, \cdots, n-k$$

特别地 $X_k(k=1, 2, \cdots, n)$ 的概率密度为

$$f_k(x_k) = \int_{-\infty}^{+\infty} \cdots \int_{-\infty}^{+\infty} \int_{-\infty}^{+\infty} \cdots \int_{-\infty}^{+\infty} f(x_1, \cdots, x_{k-1}, x_k, x_{k+1}, \cdots, x_n) \mathrm{d}x_1 \cdots \mathrm{d}x_{k-1} \mathrm{d}x_{k+1} \cdots \mathrm{d}x_n$$

将两个连续型随机变量独立性的等价条件推广到 n 个连续型随机变量有下面的定理.

定理 3.2.4 设 n 维连续型随机变量 $(X_1, X_2, \cdots, X_n)$ 的概率密度为 $f(x_1, x_2, \cdots, x_n)$，关于 $X_k(k=1, 2, \cdots, n)$ 的边缘概率密度为 $f_k(x_k)$，则 $X_1, X_2, \cdots, X_n$ 相互独立的充要条件是对 $f(x_1, x_2, \cdots, x_n), f_i(x_i), i=1, 2, \cdots, n$ 的一切连续点 $(x_1, x_2, \cdots, x_n)$，有

$$f(x_1, x_2, \cdots, x_n) = \prod_{k=1}^{n} f_k(x_k)$$

 **习题 3.2**

1. 设随机变量 (X, Y) 的分布函数为

$$F(x, y) = \frac{4}{\pi^2}(\arctan \mathrm{e}^x)(\arctan \mathrm{e}^y)$$

求关于 X 和关于 Y 的边缘分布函数，并问 X 与 Y 是否独立？

2. 设随机变量 (X, Y) 的分布函数为

$$F(x, y) = \begin{cases} (1 - \mathrm{e}^{-x})(1 - \mathrm{e}^{-2y}), & x > 0, y > 0 \\ 0, & 其他 \end{cases}$$

求关于 X 和关于 Y 的边缘分布函数，并问 X 与 Y 是否独立？

3. 设随机变量 X 与 Y 独立，且它们的分布函数分别为

$$F_X(x) = \begin{cases} 0, & x < 0 \\ 1 - (1+x)\mathrm{e}^{-x}, & x \geqslant 0 \end{cases} \qquad F_Y(y) = \begin{cases} 0, & y < 0 \\ y^2, & 0 \leqslant y < 1 \\ 1, & y \geqslant 1 \end{cases}$$

求 (X, Y) 的分布函数 $F(x, y)$ 及 $P\left\{1 < X \leqslant 2, Y > \frac{1}{2}\right\}$.

4. 设袋中有 12 个开关，其中有 2 个次品，从中任取 2 次，每次取 1 个，现定义随机变量如下：

$$X=\begin{cases}0, & \text{第一次取出正品} \\ 1, & \text{第一次取出次品}\end{cases} \qquad Y=\begin{cases}0, & \text{第二次取出正品} \\ 1, & \text{第二次取出次品}\end{cases}$$

试分别就放回抽样和不放回抽样两种情况,求出 X 与 Y 的联合分布律,及关于 X 和关于 Y 的边缘分布律,并问 X 与 Y 是否独立?

5. 设随机变量 (X,Y) 的分布律为

X \ Y	1	2	3
1	$\frac{1}{6}$	$\frac{1}{9}$	$\frac{1}{18}$
2	$\frac{1}{3}$	α	β

若 X 与 Y 独立,求 α, β.

6. 设甲、乙两个篮球运动员投篮的命中率分别为 0.6 和 0.8,每人各投 3 次,令 X,Y 分别表示甲、乙的进球数,

(1) 求 X,Y 的分布律;

(2) 求二维随机变量 (X,Y) 的分布律;

(3) 求 $P\{X-Y>1\}$,$P\{X=Y\}$.

7. 设随机变量 (X,Y) 的概率密度为

$$f(x,y)=\begin{cases}4xy, & 0<x<1,0<y<1 \\ 0, & \text{其他}\end{cases}$$

求关于 X 和关于 Y 的边缘概率密度,并问 X 与 Y 是否独立?

8. 设随机变量 (X,Y) 的概率密度为

$$f(x,y)=\begin{cases}\dfrac{4(y-1)}{x^3}\mathrm{e}^{-(y-1)^2}, & x>1,y>1 \\ 0, & \text{其他}\end{cases}$$

求关于 X 和关于 Y 的边缘概率密度,并问 X 与 Y 是否独立?

9. 设随机变量 X 与 Y 独立,且 X 服从参数为 1 的指数分布,$Y\sim U(0,1)$,求 (X,Y) 的概率密度及 $P\{X+Y<1\}$.

10. 设随机变量 (X,Y) 的概率密度为

$$f(x,y)=\begin{cases}3x, & 0<y<x<1 \\ 0, & \text{其他}\end{cases}$$

求关于 X 和关于 Y 的边缘概率密度,并问 X 与 Y 是否独立?

11. 设随机变量 (X,Y) 的概率密度为

$$f(x,y)=\begin{cases}\mathrm{e}^{-y}, & 0<x<y \\ 0, & \text{其他}\end{cases}$$

求关于 X 和关于 Y 的边缘概率密度,并问 X 与 Y 是否独立?

12. 设随机变量 X 与 Y 独立,且概率密度分别为

$$f_X(x) = \begin{cases} x\mathrm{e}^{-x}, & x>0 \\ 0, & x \leqslant 0 \end{cases} \qquad f_Y(y) = \begin{cases} \mathrm{e}^{-y}, & y>0 \\ 0, & y \leqslant 0 \end{cases}$$

求:(1) (X,Y) 的概率密度;(2) $P\{X>Y\}$;$P\{X+Y \leqslant 1\}$.

13. 甲、乙两艘船要停靠在同一码头,它们都可能在一昼夜的任意时刻到达,令 X,Y 分别表示甲船、乙船在一天内到达码头的时间.

(1) 求 X,Y 的概率密度;

(2) 求二维随机变量 (X,Y) 的概率密度;

(3) 设甲、乙两船停靠码头的时间分别为 1 小时和 2 小时,求有一艘船要靠位必须等待一段时间的概率.

3.3 条件分布简介

条件分布的实际意义是:在实际问题中,有时需要知道在一个随机变量 X 取定值时,另一随机变量 Y 的分布.例如,当降雨量一定时,某地区小麦亩产量的分布;某地区学龄前儿童在身高一定时,体重的分布等.这就是本节要讨论的条件分布的概念.

3.3.1 离散型随机变量的条件分布律

设 (X,Y) 的分布律为

$$P\{X=x_i, Y=y_j\} = p_{ij}, \quad i,j = 1,2,\cdots$$

关于 X 和关于 Y 的边缘分布律分别为

$$P\{X=x_i\} = p_i., i=1,2,\cdots, \quad P\{Y=y_j\} = p._j, j=1,2,\cdots$$

定义 3.3.1 若对取定的 $j, p._j > 0$,则称

$$P\{X=x_i \mid Y=y_j\} = \frac{P\{X=x_i, Y=y_j\}}{P\{Y=y_j\}} = \frac{p_{ij}}{p._j}, i=1,2,\cdots$$

为在 $Y=y_j$ 条件下 X 的条件分布律.类似地,若对取定的 $i, p_i. > 0$,则称

$$P\{Y=y_j \mid X=x_i\} = \frac{P\{X=x_i, Y=y_j\}}{P\{X=x_i\}} = \frac{p_{ij}}{p_i.}, j=1,2,\cdots$$

为在 $X=x_i$ 条件下 Y 的条件分布律.

注意 要弄清在一个条件分布律中,谁变谁不变.

例 3.3.1 设 (X,Y) 的分布律及关于 X 和关于 Y 的边缘分布律如表 3.3 所示.求:

(1) 条件分布律 $P\{Y=j \mid X=1\}, j=1,2,3$ 和条件分布函数 $F_{Y|X}(y \mid X=1)$;

(2) 条件分布律 $P\{X=i \mid Y=2\}, i=1,2,3$ 和条件分布函数 $F_{X|Y}(x \mid Y=2)$.

表 3.3

X \ Y	1	2	3	$p_i.$
1	0	$\frac{2}{12}$	$\frac{1}{12}$	$\frac{1}{4}$
2	$\frac{2}{12}$	$\frac{2}{12}$	$\frac{2}{12}$	$\frac{1}{2}$
3	$\frac{1}{12}$	$\frac{2}{12}$	0	$\frac{1}{4}$
$p._j$	$\frac{1}{4}$	$\frac{1}{2}$	$\frac{1}{4}$	1

解 由表 3.3 容易得到在 $X=1$ 条件下 Y 的条件分布律和条件分布函数分别为

Y	2	3
$P\{Y=j\mid X=1\}$	$\frac{2}{3}$	$\frac{1}{3}$

$$F_{Y\mid X}(y\mid X=1)=\begin{cases}0, & y<2 \\ \frac{2}{3}, & 2\leqslant y<3 \\ 1, & y\geqslant 3\end{cases}$$

上面求条件分布函数的方法与已知一离散型随机变量的分布律求其分布函数的方法是一样的. 类似可以算得在 $Y=2$ 条件下 X 的条件分布律和条件分布函数分别为

X	1	2	3
$P\{X=i\mid Y=2\}$	$\frac{1}{3}$	$\frac{1}{3}$	$\frac{1}{3}$

$$F_{X\mid Y}(x\mid Y=2)=\begin{cases}0, & x<1 \\ \frac{1}{3}, & 1\leqslant x<2 \\ \frac{2}{3}, & 2\leqslant x<3 \\ 1, & x\geqslant 3\end{cases}$$

3.3.2 连续型随机变量的条件概率密度

定义 3.3.2 设二维随机变量 (X,Y) 的概率密度为 $f(x,y)$，关于 X 和关于 Y 的边缘概率密度分别为 $f_X(x),f_Y(y)$. 若对于取定的 $x,f_X(x)>0$，则称

$$f_{Y\mid X}(y\mid x)=\frac{f(x,y)}{f_X(x)},\quad -\infty<y<+\infty$$

为在 $X=x$ 条件下 Y 的条件概率密度；若对于取定的 $y,f_Y(y)>0$，则称

$$f_{X\mid Y}(x\mid y)=\frac{f(x,y)}{f_Y(y)},\quad -\infty<x<+\infty$$

为在 $Y=y$ 条件下 X 的条件概率密度.

注意 要弄清在一个条件分布中，谁变谁不变.

例 3.3.2 设 (X,Y) 的概率密度为

$$f(x,y)=\begin{cases}8xy, & 0<y<x<1 \\ 0, & 其他\end{cases}$$

求条件概率密度 $f_{X|Y}(x|y)$，$f_{Y|X}(y|x)$ 和条件分布函数 $F_{X|Y}\left(x\left|\dfrac{1}{2}\right.\right)$，$F_{Y|X}\left(y\left|\dfrac{1}{4}\right.\right)$．

解　可以求得关于 X 和关于 Y 的边缘概率密度分别为

$$f_X(x)=\begin{cases}4x^3, & 0<x<1 \\ 0, & \text{其他}\end{cases}\qquad f_Y(y)=\begin{cases}4y(1-y^2), & 0<y<1 \\ 0, & \text{其他}\end{cases}$$

当 $0<y<1$ 时，$f_Y(y)>0$，因此

$$f_{X|Y}(x|y)=\frac{f(x,y)}{f_Y(y)}=\begin{cases}\dfrac{2x}{1-y^2}, & y<x<1 \\[2mm] 0, & \text{其他}\end{cases}$$

于是得

$$f_{X|Y}\left(x\left|\dfrac{1}{2}\right.\right)=\begin{cases}\dfrac{8}{3}x, & \dfrac{1}{2}<x<1 \\[2mm] 0, & \text{其他}\end{cases}$$

$$F_{X|Y}\left(x\left|\dfrac{1}{2}\right.\right)=\int_{-\infty}^{x}f_{X|Y}\left(x\left|\dfrac{1}{2}\right.\right)\mathrm{d}x=\begin{cases}0, & x<\dfrac{1}{2} \\[2mm] \dfrac{4}{3}\left(x^2-\dfrac{1}{4}\right), & \dfrac{1}{2}\leqslant x<1 \\[2mm] 1, & x\geqslant 1\end{cases}$$

其中 $F_{X|Y}\left(x\left|\dfrac{1}{2}\right.\right)$ 的计算方法与已知一连续型随机变量的概率密度求其分布函数的方法是一样的．

当 $0<x<1$ 时，$f_X(x)>0$，因此

$$f_{Y|X}(y|x)=\frac{f(x,y)}{f_X(x)}=\begin{cases}\dfrac{2y}{x^2}, & 0<y<x \\[2mm] 0, & \text{其他}\end{cases}$$

于是得

$$f_{Y|X}\left(y\left|\dfrac{1}{4}\right.\right)=\begin{cases}32y, & 0<y<\dfrac{1}{4} \\[2mm] 0, & \text{其他}\end{cases}$$

$$F_{Y|X}\left(y\left|\dfrac{1}{4}\right.\right)=\begin{cases}0, & y<0 \\[2mm] 16y^2, & 0\leqslant y<\dfrac{1}{4} \\[2mm] 1, & y\geqslant\dfrac{1}{4}\end{cases}$$

 习题 3.3

1. 设随机变量 (X,Y) 的分布律为

Y\X	1	2	3	4	5
0	$\frac{1}{81}$	$\frac{4}{81}$	$\frac{6}{81}$	$\frac{4}{81}$	$\frac{1}{81}$
1	$\frac{4}{81}$	$\frac{12}{81}$	$\frac{12}{81}$	$\frac{4}{81}$	0
2	$\frac{6}{81}$	$\frac{12}{81}$	$\frac{6}{81}$	0	0
3	$\frac{4}{81}$	$\frac{4}{81}$	0	0	0
4	$\frac{1}{81}$	0	0	0	0

求:(1) 在 $Y=2$ 条件下 X 的条件分布律和条件分布函数;(2) 在 $X=0$ 条件下 Y 的条件分布律和条件分布函数.

2. 设随机变量 X 与 Y 独立,且分布律分别为

X	-1	0	1
P	$\frac{1}{3}$	$\frac{1}{3}$	$\frac{1}{3}$

Y	1	2	3	4
P	$\frac{1}{8}$	$\frac{1}{2}$	$\frac{1}{8}$	$\frac{1}{4}$

求 (X,Y) 的分布律和条件分布律.

3. 设随机变量 (X,Y) 的概率密度为

$$f(x,y)=\begin{cases}3y, & 0<x<y<1 \\ 0, & 其他\end{cases}$$

求条件概率密度 $f_{X|Y}(x|y)$，$f_{Y|X}(y|x)$ 及条件分布函数 $F_{X|Y}\left(x\left|\frac{1}{2}\right.\right)$.

4. 设随机变量 (X,Y) 的概率密度为

$$f(x,y)=\begin{cases}\dfrac{1}{2x^2y}, & 1\leqslant x<+\infty,\dfrac{1}{x}<y<x \\ 0, & 其他\end{cases}$$

求条件概率密度 $f_{X|Y}(x|y)$，$F_{Y|X}(y|x)$ 及条件分布函数 $F_{Y|X}(y|2)$.

5. 设随机变量 Y 的概率密度为

$$f_Y(y)=\begin{cases}5y^4, & 0<y<1 \\ 0, & 其他\end{cases}$$

当 $0<y<1$ 时,有

$$f_{X|Y}(x|y)=\begin{cases}\dfrac{3x^2}{y^3}, & 0<x<y \\ 0, & 其他\end{cases}$$

求 (X,Y) 的概率密度及 $P\left\{X>\dfrac{1}{2}\right\}$.

3.4 两个随机变量函数的分布

问题:已知(X,Y)的分布,又$Z=g(X,Y)$(一般假定$g(x,y)$是(x,y)的连续函数),求Z的分布.

3.4.1 离散型随机变量函数的分布

只举两个例子.

例 3.4.1 设(X,Y)的分布律为

X \ Y	-1	1	2
-1	$\frac{5}{20}$	$\frac{2}{20}$	$\frac{6}{20}$
2	$\frac{3}{20}$	$\frac{3}{20}$	$\frac{1}{20}$

求 $Z_1=X-Y$ 和 $Z_2=\max(X,Y)$ 的分布律.

解 由已知可得

P	$\frac{5}{20}$	$\frac{2}{20}$	$\frac{6}{20}$	$\frac{3}{20}$	$\frac{3}{20}$	$\frac{1}{20}$
(X,Y)	$(-1,-1)$	$(-1,1)$	$(-1,2)$	$(2,-1)$	$(2,1)$	$(2,2)$
$X-Y$	0	-2	-3	3	1	0
$\max(X,Y)$	-1	1	2	2	2	2

于是得 Z_1 和 Z_2 的分布律分别为

Z_1	-3	-2	0	1	3
P	$\frac{6}{20}$	$\frac{2}{20}$	$\frac{6}{20}$	$\frac{3}{20}$	$\frac{3}{20}$

Z_2	-1	1	2
P	$\frac{5}{20}$	$\frac{2}{20}$	$\frac{13}{20}$

例 3.4.2 设 X 与 Y 独立同 $b(n,p)$ 分布,证明 $Z=X+Y\sim b(2n,p)$.

证 由题设知

$$P\{X=i\}=C_n^i p^i q^{n-i},i=0,1,2,\cdots,n$$
$$P\{Y=j\}=C_n^j p^j q^{n-j},j=0,1,2,\cdots,n$$

显然 $Z=X+Y$ 取值 $0,1,2,\cdots,2n$,而且

$$P\{Z=k\}=P\{X+Y=k\}=\sum_{\substack{i,j=0\\i+j=k}}^{n}P\{X=i,Y=j\}$$

$$=\sum_{\substack{i,j=0\\i+j=k}}^{n}P\{X=i\}P\{Y=j\}=\sum_{\substack{i,j=0\\i+j=k}}^{n}C_n^i p^i q^{n-i}C_n^j p^j q^{n-j}$$

$$= p^k q^{2n-k} \sum_{\substack{i,j=0 \\ i+j=k}}^{n} C_n^i C_n^j = C_{2n}^k p^k q^{2n-k}, k = 0,1,2,\cdots,2n$$

即知 $Z = X + Y \sim b(2n, p)$.

推广 设 X 与 Y 独立,且分别服从 $b(n_1, p)$,$b(n_2, p)$ 分布,则 $X + Y \sim b(n_1 + n_2, p)$.

进一步,若 $X_1, X_2, \cdots, X_n$ 相互独立,且都服从 $(0\text{-}1)$ 分布,则 $\sum_{k=1}^{n} X_k \sim b(n, p)$.

3.4.2 连续型随机变量函数的分布

问题:已知 (X, Y) 的概率密度 $f(x, y)$,又 $Z = g(X, Y)$,求 Z 的概率密度 $f_Z(z)$.

求 $f_Z(z)$ 的一般方法是先求 Z 的分布函数 $F_Z(z)$,再求导得概率密度 $f_Z(z)$.

1. $Z = \sqrt{X^2 + Y^2}$ 的分布

设 (X, Y) 的概率密度为 $f(x, y)$,则 $Z = \sqrt{X^2 + Y^2}$ 的分布函数为

$$F_Z(z) = P\{\sqrt{X^2 + Y^2} \leqslant z\} = \begin{cases} 0, & z < 0 \\ \iint\limits_{\sqrt{x^2+y^2} \leqslant z} f(x, y) \mathrm{d}x \mathrm{d}y, & z \geqslant 0 \end{cases}$$

例 3.4.3 设 X 与 Y 独立,且都服从 $N(0, \sigma^2)$ 分布,求 $Z = \sqrt{X^2 + Y^2}$ 的概率密度 $f_Z(z)$.

解 (X, Y) 的概率密度为

$$f(x, y) = \frac{1}{2\pi\sigma^2} \mathrm{e}^{-\frac{x^2+y^2}{2\sigma^2}}$$

当 $z \geqslant 0$ 时,

$$F_Z(z) = \frac{1}{2\pi\sigma^2} \iint\limits_{\sqrt{x^2+y^2} \leqslant z} \mathrm{e}^{-\frac{x^2+y^2}{2\sigma^2}} \mathrm{d}x \mathrm{d}y$$

$$= \frac{1}{2\pi\sigma^2} \int_0^{2\pi} \mathrm{d}\theta \int_0^z r \mathrm{e}^{-\frac{r^2}{2\sigma^2}} \mathrm{d}r = 1 - \mathrm{e}^{-\frac{z^2}{2\sigma^2}}$$

即得 Z 的分布函数为

$$F_Z(z) = \begin{cases} 0, & z < 0 \\ 1 - \mathrm{e}^{-\frac{z^2}{2\sigma^2}}, & z \geqslant 0 \end{cases}$$

求导得

$$f_Z(z) = \begin{cases} \dfrac{z}{\sigma^2} \mathrm{e}^{-\frac{z^2}{2\sigma^2}}, & z > 0 \\ 0, & z \leqslant 0 \end{cases}$$

Z 的分布称为参数为 σ^2 的瑞利(Rayleigh)分布.

2. $M = \max(X, Y)$ 和 $N = \min(X, Y)$ 的分布

设 X 与 Y 相互独立,且分布函数分别为 $F_X(x)$ 和 $F_Y(y)$,求 $M = \max(X, Y)$ 和 $N = \min(X, Y)$ 的分布函数.

由
$$F_M(z) = P\{\max(X,Y) \leqslant z\} = P\{X \leqslant z, Y \leqslant z\}$$
$$= P\{X \leqslant z\} P\{Y \leqslant z\} = F_X(z) F_Y(z)$$

即得
$$F_M(z) = F_X(z) F_Y(z)$$

特别地,当 X 与 Y 独立同分布,且分布函数为 $F(x)$ 时,有 $F_M(z) = [F(z)]^2$.

由
$$F_N(z) = P\{\min(X,Y) \leqslant z\} = 1 - P\{\min(X,Y) > z\}$$
$$= 1 - P\{X > z, Y > z\} = 1 - P\{X > z\} P\{Y > z\}$$
$$= 1 - [1 - F_X(z)][1 - F_Y(z)]$$

即得
$$F_N(z) = 1 - [1 - F_X(z)][1 - F_Y(z)]$$

特别地,当 X 与 Y 独立同分布,且分布函数为 $F(x)$ 时,有
$$F_N(z) = 1 - [1 - F(z)]^2$$

以上结论可推广到 n 个独立随机变量的情况. 若 $X_i, i=1,2,\cdots,n$ 相互独立,且分布函数分别为 $F_i(x_i), i=1,2,\cdots,n$,则 $M = \max_{1 \leqslant i \leqslant n}(X_i)$ 和 $N = \min_{1 \leqslant i \leqslant n}(X_i)$ 的分布函数分别为

$$F_M(z) = \prod_{i=1}^{n} F_i(z), \quad F_N(z) = 1 - \prod_{i=1}^{n} [1 - F_i(z)]$$

特别地,当 $X_i, i=1,2,\cdots,n$ 独立同分布,且分布函数为 $F(x)$ 时,则有

$$F_M(z) = [F(z)]^n, \quad F_N(z) = 1 - [1 - F(z)]^n$$

3. $Z=X+Y$ 的分布

设 (X,Y) 的概率密度为 $f(x,y)$,则 $Z=X+Y$ 的分布函数为

$$F_Z(z) = P\{X+Y \leqslant z\} = \iint_{x+y \leqslant z} f(x,y) \mathrm{d}x\mathrm{d}y$$

$$= \int_{-\infty}^{+\infty} \mathrm{d}y \int_{-\infty}^{z-y} f(x,y) \mathrm{d}x \text{(在内层积分中令 } x = u-y)$$

$$= \int_{-\infty}^{+\infty} \mathrm{d}y \int_{-\infty}^{z} f(u-y,y) \mathrm{d}u \text{(交换积分顺序)}$$

$$= \int_{-\infty}^{z} \mathrm{d}u \int_{-\infty}^{+\infty} f(u-y,y) \mathrm{d}y$$

求导得

$$f_Z(z) = \int_{-\infty}^{+\infty} f(z-y,y) \mathrm{d}y$$

由对称性,也有

$$f_Z(z) = \int_{-\infty}^{+\infty} f(x,z-x) \mathrm{d}x$$

特别地,当 X 与 Y 相互独立时,则有

$$f_Z(z) = \int_{-\infty}^{+\infty} f_X(z-y) f_Y(y) \mathrm{d}y = \int_{-\infty}^{+\infty} f_X(x) f_Y(z-x) \mathrm{d}x = f_X * f_Y$$

例 3.4.4 设随机变量 X,Y 独立同 $N(0,1)$ 分布,求 $Z=X+Y$ 的概率密度.

解 X,Y 的概率密度分别为

$$f_X(x) = \frac{1}{\sqrt{2\pi}} e^{-\frac{x^2}{2}}, \quad f_Y(y) = \frac{1}{\sqrt{2\pi}} e^{-\frac{y^2}{2}}$$

则

$$f_Z(z) = \int_{-\infty}^{+\infty} f_X(x) f_Y(z-x) \, \mathrm{d}x = \frac{1}{2\pi} \int_{-\infty}^{+\infty} e^{-\frac{x^2}{2}} e^{-\frac{(z-x)^2}{2}} \, \mathrm{d}x$$

$$= \frac{1}{2\pi} e^{-\frac{z^2}{4}} \int_{-\infty}^{+\infty} e^{-(x-\frac{z}{2})^2} \, \mathrm{d}x = \frac{1}{2\sqrt{\pi}} e^{-\frac{z^2}{4}}$$

可见 $Z \sim N(0, 2)$.

推广 可以证明,若随机变量 X_1 与 X_2 独立,且 $X_1 \sim N(\mu_1, \sigma_1^2)$,$X_2 \sim N(\mu_2, \sigma_2^2)$,则

$$a_1 X_1 + a_2 X_2 + b \sim N(a_1 \mu_1 + a_2 \mu_2 + b, a_1^2 \sigma_1^2 + a_2^2 \sigma_2^2)$$

其中 a_1, a_2, b 均为常数,且 a_1, a_2 不全为 0.

例 3.4.5 设系统 L 由两个相互独立的子系统 L_1 和 L_2 连接而成,连接的方式分别为(1) 并联;(2) 串联;(3) 备用(当 L_1 损坏时,连接 L_2). 设 L_1 的寿命 X 和 L_2 的寿命 Y 的概率密度分别为

$$f_X(x) = \begin{cases} \alpha e^{-\alpha x}, & x > 0 \\ 0, & x \leqslant 0 \end{cases} \quad f_Y(y) = \begin{cases} \beta e^{-\beta y}, & y > 0 \\ 0, & y \leqslant 0 \end{cases}$$

其中 $\alpha > 0, \beta > 0$ 均为常数,且 $\alpha \neq \beta$. 分别就以上 3 种不同的连接方式求系统 L 的寿命 Z 的概率密度.

解 容易算得 X, Y 的分布函数分别为

$$F_X(x) = \begin{cases} 0, & x \leqslant 0 \\ 1 - e^{-\alpha x}, & x > 0 \end{cases}$$

$$F_Y(y) = \begin{cases} 0, & y \leqslant 0 \\ 1 - e^{-\beta y}, & y > 0 \end{cases}$$

(1) 并联时,系统 L 的寿命 $Z = \max(X, Y)$,它的分布函数为

$$F_Z(z) = F_X(z) F_Y(z) = \begin{cases} 0, & z \leqslant 0 \\ (1 - e^{-\alpha z})(1 - e^{-\beta z}), & z > 0 \end{cases}$$

求导得 Z 的概率密度为

$$f_Z(z) = \begin{cases} \alpha e^{-\alpha z} + \beta e^{-\beta z} - (\alpha + \beta) e^{-(\alpha+\beta)z}, & z > 0 \\ 0, & z \leqslant 0 \end{cases}$$

(2) 串联时,系统 L 的寿命 $Z = \min(X, Y)$,它的分布函数为

$$F_Z(z) = 1 - [1 - F_X(z)][1 - F_Y(z)] = \begin{cases} 0, & z \leqslant 0 \\ 1 - e^{-(\alpha+\beta)z}, & z > 0 \end{cases}$$

求导得 Z 的概率密度为

$$f_Z(z) = \begin{cases} (\alpha + \beta) e^{-(\alpha+\beta)z}, & z > 0 \\ 0, & z \leqslant 0 \end{cases}$$

(3) 备用时,系统 L 的寿命 $Z=X+Y$,它的概率密度为

$$f_Z(z) = \int_{-\infty}^{+\infty} f_X(x) f_Y(z-x) \mathrm{d}x = \alpha \int_0^{+\infty} \mathrm{e}^{-\alpha x} f_Y(z-x) \mathrm{d}x (\diamondsuit z-x=y)$$

$$= \alpha \int_{-\infty}^z \mathrm{e}^{-\alpha(z-y)} f_Y(y) \mathrm{d}y = \begin{cases} 0, & z < 0 \\ \alpha\beta \mathrm{e}^{-\alpha z} \int_0^z \mathrm{e}^{(\alpha-\beta)y} \mathrm{d}y, & z \geqslant 0 \end{cases}$$

整理即得

$$f_Z(z) = \begin{cases} \dfrac{\alpha\beta}{\alpha-\beta}(\mathrm{e}^{-\beta z} - \mathrm{e}^{-\alpha z}), & z \geqslant 0 \\ 0, & z < 0 \end{cases}$$

例 3.4.6 设 X 与 Y 独立,且 $X \sim U(0,1)$,$Y \sim U(0,2)$,求 $Z=X+Y$ 的概率密度 $f_Z(z)$.

解 X,Y 的概率密度分别为

$$f_X(x) = \begin{cases} 1, & 0 < x < 1 \\ 0, & \text{其他} \end{cases}$$

$$f_Y(y) = \begin{cases} \dfrac{1}{2}, & 0 < y < 2 \\ 0, & \text{其他} \end{cases}$$

则有

$$f_Z(z) = \int_{-\infty}^{+\infty} f_X(x) f_Y(z-x) \mathrm{d}x = \int_0^1 f_Y(z-x) \mathrm{d}x (\diamondsuit z-x=y)$$

$$= \int_{z-1}^z f_Y(y) \mathrm{d}y = \begin{cases} 0, & z < 0 \\ \dfrac{1}{2} \int_0^z \mathrm{d}y, & 0 \leqslant z < 1 \\ \dfrac{1}{2} \int_{z-1}^z \mathrm{d}y, & 1 \leqslant z < 2 \\ \dfrac{1}{2} \int_{z-1}^2 \mathrm{d}y, & 2 \leqslant z < 3 \\ 0, & z \geqslant 3 \end{cases} = \begin{cases} 0, & z < 0 \\ \dfrac{z}{2}, & 0 \leqslant z < 1 \\ \dfrac{1}{2}, & 1 \leqslant z < 2 \\ \dfrac{1}{2}(3-z), & 2 \leqslant z < 3 \\ 0, & z \geqslant 3 \end{cases}$$

整理即得

$$f_Z(z) = \begin{cases} \dfrac{z}{2}, & 0 \leqslant z < 1 \\ \dfrac{1}{2}, & 1 \leqslant z < 2 \\ \dfrac{1}{2}(3-z), & 2 \leqslant z < 3 \\ 0, & \text{其他} \end{cases}$$

4. 几个公式

下面不加证明地给出两个随机变量的和、差、积、商的概率密度的计算公式,以备选用.

（1）$Z=X+Y$ 的概率密度为

$$f_Z(z) = \int_{-\infty}^{+\infty} f(x, z-x)\mathrm{d}x = \int_{-\infty}^{+\infty} f(z-y, y)\mathrm{d}y$$

当 X 与 Y 独立时，

$$f_Z(z) = \int_{-\infty}^{+\infty} f_X(x) f_Y(z-x)\mathrm{d}x = \int_{-\infty}^{+\infty} f_X(z-y) f_Y(y)\mathrm{d}y$$

（2）$Z=X-Y$ 的概率密度为

$$f_Z(z) = \int_{-\infty}^{+\infty} f(x, x-z)\mathrm{d}x = \int_{-\infty}^{+\infty} f(y+z, y)\mathrm{d}y$$

当 X 与 Y 独立时，

$$f_Z(z) = \int_{-\infty}^{+\infty} f_X(x) f_Y(x-z)\mathrm{d}x = \int_{-\infty}^{+\infty} f_X(y+z) f_Y(y)\mathrm{d}y$$

（3）$Z=XY$ 的概率密度为

$$f_Z(z) = \int_{-\infty}^{+\infty} f\left(x, \frac{z}{x}\right)\frac{1}{|x|}\mathrm{d}x = \int_{-\infty}^{+\infty} f\left(\frac{z}{y}, y\right)\frac{1}{|y|}\mathrm{d}y$$

当 X 与 Y 独立时，

$$f_Z(z) = \int_{-\infty}^{+\infty} f_X(x) f_Y\left(\frac{z}{x}\right)\frac{1}{|x|}\mathrm{d}x = \int_{-\infty}^{+\infty} f_X\left(\frac{z}{y}\right) f_Y(y)\frac{1}{|y|}\mathrm{d}y$$

（4）$Z=\dfrac{X}{Y}$ 的概率密度为

$$f_Z(z) = \int_{-\infty}^{+\infty} f\left(x, \frac{x}{z}\right)\frac{|x|}{z^2}\mathrm{d}x = \int_{-\infty}^{+\infty} f(yz, y)|y|\mathrm{d}y$$

当 X 与 Y 独立时，

$$f_Z(z) = \int_{-\infty}^{+\infty} f_X(x) f_Y\left(\frac{x}{z}\right)\frac{|x|}{z^2}\mathrm{d}x = \int_{-\infty}^{+\infty} f_X(yz) f_Y(y)|y|\mathrm{d}y$$

 习题 3.4

1. 设随机变量 (X, Y) 的分布律为

X \ Y	−1	0	1	2
−1	0	$\frac{2}{16}$	0	$\frac{1}{16}$
−2	$\frac{2}{16}$	$\frac{2}{16}$	$\frac{2}{16}$	$\frac{1}{16}$
0	$\frac{1}{16}$	$\frac{2}{16}$	0	$\frac{1}{16}$
1	0	$\frac{1}{16}$	0	$\frac{1}{16}$

求：（1）$Z_1 = X+Y$；（2）$Z_2 = \max(X, Y)$；（3）$Z_3 = \min(X, Y)$；（4）$Z_4 = X^2 + Y^2$ 的分布律.

2. 设 X 与 Y 独立，且 $X \sim \pi(\lambda_1)$，$Y \sim \pi(\lambda_2)$，证明 $Z = X+Y \sim \pi(\lambda_1 + \lambda_2)$.

3. 设随机变量 X 与 Y 独立同分布，且概率密度为

$$f_X(x) = f_Y(x) = \begin{cases} \dfrac{1}{(1+x)^2}, & x > 0 \\ 0, & x \leqslant 0 \end{cases}$$

求 $Z_1 = \max(X, Y)$，$Z_2 = \min(X, Y)$ 的概率密度.

4. 设随机变量 X 与 Y 独立同 $N(0, \sigma^2)$ 分布，求 $Z = X^2 + Y^2$ 的概率密度.

5. 设随机变量 X 与 Y 独立且同 $U(0,1)$ 分布，求 $Z = X + Y$ 的概率密度.

6. 某种商品一周的需要量是一随机变量 X，它的概率密度为

$$f(x) = \begin{cases} x e^{-x}, & x > 0 \\ 0, & x \leqslant 0 \end{cases}$$

设各周的需要量是相互独立的，求两周的需要量的概率密度.

7. 设随机变量 X 与 Y 独立，且 X 服从参数为 1 的指数分布，Y 的概率密度为

$$f_Y(y) = \begin{cases} y e^{-y}, & y > 0 \\ 0, & y \leqslant 0 \end{cases}$$

求 $Z = X + Y$ 的概率密度.

8. 设随机变量 X 与 Y 独立同分布，且概率密度为

$$f_X(x) = f_Y(x) = \begin{cases} \dfrac{1}{x^2}, & x > 1 \\ 0, & x \leqslant 1 \end{cases}$$

求 $Z = \dfrac{X}{Y}$ 的概率密度.

 本 章 小 结

1. 二维随机变量及其分布函数. 分布函数的性质：

(1) $F(x, y)$ 是 x, y 的不减函数. 即当 y 取定，$x_1 < x_2$ 时，

$$F(x_1, y) \leqslant F(x_2, y)$$

当 x 取定，$y_1 < y_2$ 时，$\qquad F(x, y_1) \leqslant F(x, y_2)$

(2) $0 \leqslant F(x, y) \leqslant 1$，且

$$F(x, -\infty) = \lim_{y \to -\infty} F(x, y) = 0, \quad F(-\infty, y) = \lim_{x \to -\infty} F(x, y) = 0$$

$$F(-\infty, -\infty) = \lim_{\substack{x \to -\infty \\ y \to -\infty}} F(x, y) = 0, \quad F(+\infty, +\infty) = \lim_{\substack{x \to +\infty \\ y \to +\infty}} F(x, y) = 1$$

(3) $F(x, y)$ 关于 x 右连续，关于 y 也右连续. 即当 y 取定时，有

$$F(x, y) = F(x + 0, y)$$

当 x 取定时，有

$$F(x, y) = F(x, y + 0)$$

(4) 当 $x_1 < x_2$，$y_1 < y_2$ 时，有

$$F(x_2, y_2) - F(x_1, y_2) - F(x_2, y_1) + F(x_1, y_1) \geqslant 0$$

2. 二维离散型随机变量及其分布律、分布律的性质.

3. 二维连续型随机变量及其概率密度.概率密度 $f(x,y)$ 的性质:

(1) $f(x,y) \geqslant 0$;

(2) $\int_{-\infty}^{+\infty} \int_{-\infty}^{+\infty} f(x,y) \mathrm{d}x \mathrm{d}y = F(+\infty,+\infty) = 1$（用此式可求 f 中的未知常数）;

(3) 若 G 是 xOy 平面上的区域,则 (X,Y) 的取值落在 G 内的概率为

$$P\{(X,Y) \in G\} = \iint_G f(x,y) \mathrm{d}x \mathrm{d}y$$

(4) 若 (x,y) 是 $f(x,y)$ 的连续点,则 $\dfrac{\partial^2 F(x,y)}{\partial x \partial y} = f(x,y)$（已知 F 求 f 用此式）.

4. 常用分布:二维均匀分布、二维正态分布.

设 G 是二维平面上的有界区域,面积为 A,若二维随机变量 (X,Y) 的概率密度为

$$f(x,y) = \begin{cases} \dfrac{1}{A}, & (x,y) \in G \\ 0, & 其他 \end{cases}$$

则称 (X,Y) 在 G 上服从均匀分布.

若二维随机变量 (X_1,X_2) 的概率密度为

$$f(x_1,x_2) = \frac{1}{2\pi\sigma_1\sigma_2\sqrt{1-\rho^2}} e^{-\frac{1}{2(1-\rho^2)} \left[\frac{(x_1-\mu_1)^2}{\sigma_1^2} - \frac{2\rho(x_1-\mu_1)(x_2-\mu_2)}{\sigma_1\sigma_2} + \frac{(x_2-\mu_2)^2}{\sigma_2^2} \right]}$$

其中 $\mu_1, \mu_2, \sigma_1, \sigma_2, \rho$ 为常数,且 $\sigma_1 > 0, \sigma_2 > 0, -1 < \rho < 1$,称 (X_1, X_2) 服从参数为 $\mu_1, \mu_2, \sigma_1^2,$ σ_2^2, ρ 的正态分布,记作 $(X_1, X_2) \sim N(\mu_1, \mu_2, \sigma_1^2, \sigma_2^2, \rho)$.

5. 边缘分布和随机变量的独立性.

(1) 边缘分布函数和随机变量的独立性

设 (X,Y) 的分布函数为 $F(x,y)$,则关于 X 和关于 Y 的边缘分布函数分别为

$$F_X(x) = \lim_{y \to +\infty} F(x,y), \quad F_Y(y) = \lim_{x \to +\infty} F(x,y)$$

设 (X,Y) 的分布函数为 $F(x,y)$,关于 X,Y 的边缘分布函数分别为 $F_X(x), F_Y(y)$, 若对一切 x,y 有

$$F(x,y) = F_X(x) F_Y(y)$$

则称 X 与 Y 相互独立.

(2) 边缘分布律和随机变量独立的等价条件

设 (X,Y) 的分布律为 $P\{X=x_i, Y=y_i\} = p_{ij}, i,j = 1,2,\cdots$,则关于 X 和关于 Y 的边缘分布律分别为

$$P\{X=x_i\} = \sum_j p_{ij} = p_{i.}, i = 1,2,\cdots, P\{Y=y_j\} = \sum_i p_{ij} = p_{.j}, j = 1,2,\cdots$$

设 (X,Y) 的分布律为 $P\{X=x_i, Y=y_j\} = p_{ij}, i,j=1,2,\cdots$,关于 X,Y 的边缘分布函数分别为 $P\{X=x_i\} = p_{i.}, i=1,2,\cdots, P\{Y=y_j\} = p_{.j}, j=1,2,\cdots$,则 X 与 Y 独立的充要条件是

$$p_{ij} = p_{i.} \, p_{.j}, i,j = 1,2,\cdots$$

（3）边缘概率密度和随机变量独立的等价条件

设(X,Y)的概率密度为$f(x,y)$,则关于X和关于Y的边缘概率密度分别为

$$f_X(x) = \int_{-\infty}^{+\infty} f(x,y)\mathrm{d}y, \quad f_Y(y) = \int_{-\infty}^{+\infty} f(x,y)\mathrm{d}x$$

设(X,Y)的概率密度为$f(x,y)$,关于X,Y的边缘概率密度分别为$f_X(x)$,$f_Y(y)$,则X与Y独立的充要条件是对$f(x,y)$,$f_X(x)$,$f_Y(y)$的一切连续点(x,y)有

$$f(x,y) = f_X(x)f_Y(y)$$

若$(X_1,X_2) \sim N(\mu_1,\mu_2,\sigma_1^2,\sigma_2^2,\rho)$,则关于$X$和关于$Y$的边缘分布分别为

$$X_1 \sim N(\mu_1,\sigma_1^2), X_2 \sim N(\mu_2,\sigma_2^2)$$

且X_1与X_2相互独立的充要条件是$\rho=0$.

6. 条件分布律和条件概率密度.

7. 随机变量函数的分布.

设X,Y相互独立,且概率密度分别为$f_X(x)$,$f_Y(y)$,则$Z=X+Y$的概率密度为

$$f_Z(z) = \int_{-\infty}^{+\infty} f_X(x)f_Y(z-x)\mathrm{d}x = \int_{-\infty}^{+\infty} f_X(z-y)f_Y(y)\mathrm{d}y$$

设$X_1,X_2,\cdots,X_n$独立同分布,分布函数为$F(x)$,则$M=\max(X_1,X_2,\cdots,X_n)$,$N=\min(X_1,X_2,\cdots,X_n)$的分布函数分别为

$$F_M(z) = [F(z)]^n, \quad F_N(z) = 1-[1-F(z)]^n$$

 综合练习题 3

一、单项选择题

1. 设X_1与X_2是任意两个相互独立的连续型随机变量,它们的概率密度分别为$f_1(x)$,$f_2(x)$,分布函数分别为$F_1(x)$,$F_2(x)$,则（　　）.

(A) $f_1(x)+f_2(x)$必为某个随机变量的概率密度

(B) $f_1(x)f_2(x)$必为某个随机变量的概率密度

(C) $F_1(x)+F_2(x)$必为某个随机变量的分布函数

(D) $F_1(x)F_2(x)$必为某个随机变量的分布函数

2. 设(X,Y)的分布律为

X＼Y	0	1
1	0.4	a
0	b	0.1

已知$\{X=0\}$与$\{X+Y=1\}$相互独立,则（　　）.

(A) $a=0.2, b=0.3$ (B) $a=0.4, b=0.1$

(C) $a=0.3, b=0.2$ (D) $a=0.1, b=0.4$

3. 设(X,Y)服从二维正态分布,且X与Y独立,$f_X(x)$,$f_Y(y)$分别是X,Y的概率密

度,则在 $Y=y$ 条件下,X 的条件概率密度为( ).

(A) $f_X(x)$

(B) $f_Y(y)$

(C) $f_X(x)f_Y(y)$

(D) $\dfrac{f_X(x)}{f_Y(y)}$

4. 设随机变量 X 与 Y 独立同分布,且 $P\{X=-1\}=P\{Y=-1\}=\dfrac{1}{2}$,$P\{X=1\}=P\{Y=1\}=\dfrac{1}{2}$,则下列各式中成立的是( ).

(A) $P\{X=Y\}=\dfrac{1}{2}$

(B) $P\{X=Y\}=1$

(C) $P\{X+Y=0\}=\dfrac{1}{4}$

(D) $P\{XY=1\}=\dfrac{1}{4}$

5. 设随机变量 (X,Y) 的分布律为

X \ Y	1	2
1	$\dfrac{1}{15}$	p
2	q	$\dfrac{1}{5}$
3	$\dfrac{1}{5}$	$\dfrac{3}{10}$

则 $(p,q)=($)时,X 与 Y 独立.

(A) $\left(\dfrac{2}{10},\dfrac{1}{15}\right)$

(B) $\left(\dfrac{1}{15},\dfrac{2}{10}\right)$

(C) $\left(\dfrac{1}{10},\dfrac{2}{15}\right)$

(D) $\left(\dfrac{2}{15},\dfrac{1}{10}\right)$

6. 设随机变量 (X,Y) 的分布律为

(X,Y)	$(1,1)$	$(1,2)$	$(1,3)$	$(2,1)$	$(2,2)$	$(2,3)$
P	$\dfrac{1}{6}$	$\dfrac{1}{9}$	$\dfrac{1}{18}$	$\dfrac{1}{3}$	α	β

若 X 与 Y 独立,则 α,β 的值为( ).

(A) $\alpha=\dfrac{2}{9},\beta=\dfrac{1}{9}$

(B) $\alpha=\dfrac{1}{9},\beta=\dfrac{2}{9}$

(C) $\alpha=\dfrac{1}{6},\beta=\dfrac{1}{6}$

(D) $\alpha=\dfrac{5}{18},\beta=\dfrac{1}{18}$

7. 设 X,Y 为两随机变量,且 $P\{X\geqslant0,Y\geqslant0\}=\dfrac{3}{7}$,$P\{X\geqslant0\}=P\{Y\geqslant0\}=\dfrac{4}{7}$,则 $P\{\max(X,Y)\geqslant0\}=($).

(A) $\dfrac{16}{49}$

(B) $\dfrac{5}{7}$

(C) $\dfrac{3}{7}$ (D) $\dfrac{40}{49}$

8. 设随机变量 X 与 Y 独立,且 $X\sim N(\mu_1,\sigma_1^2),Y\sim N(\mu_2,\sigma_2^2)$,则 $Z=X+2Y+1\sim$( ).

(A) $N(\mu_1+\mu_2,\sigma_1^2+4\sigma_2^2)$ (B) $N(\mu_1+2\mu_2+1,\sigma_1^2+4\sigma_2^2)$

(C) $N(\mu_1+2\mu_2,\sigma_1^2+2\sigma_2^2+1)$ (D) $N(\mu_1+2\mu_2,\sigma_1^2+4\sigma_2^2)$

9. 下列二元函数中,( )可以作为二维连续型随机变量的概率密度.

(A) $f(x,y)=\begin{cases}\cos x & -\dfrac{\pi}{2}<x<\dfrac{\pi}{2},0\leqslant y\leqslant 1\\ 0, & \text{其他}\end{cases}$

(B) $f(x,y)=\begin{cases}\cos x & -\dfrac{\pi}{2}<x<\dfrac{\pi}{2},0\leqslant y\leqslant \dfrac{1}{2}\\ 0, & \text{其他}\end{cases}$

(C) $f(x,y)=\begin{cases}\cos x & 0<x<\pi,0\leqslant y\leqslant 1\\ 0, & \text{其他}\end{cases}$

(D) $f(x,y)=\begin{cases}\cos x & 0<x<\pi,0\leqslant y\leqslant \dfrac{1}{2}\\ 0, & \text{其他}\end{cases}$

10. 设随机变量 (X,Y) 的概率密度为

$$f(x,y)=\begin{cases}\dfrac{1}{\pi}\mathrm{e}^{-\frac{x^2+y^2}{2}}, & x>0,y\leqslant 0 \text{ 或 } x\leqslant 0,y>0\\ 0, & \text{其他}\end{cases}$$

则 X 与 Y 是( )的随机变量.

(A) 独立同分布 (B) 独立不同分布

(C) 不独立但同分布 (D) 不独立也不同分布

11. 设随机变量 (X,Y) 的概率密度为

$$f(x,y)=\begin{cases}\mathrm{e}^{-y}, & 0<x<y\\ 0, & \text{其他}\end{cases}$$

则当 $y>0$ 时,在 $Y=y$ 条件下,X 的条件概率密度为( ).

(A) $f_{X|Y}(x|y)=\begin{cases}\mathrm{e}^{-(y-x)}, & y>x\\ 0, & \text{其他}\end{cases}$

(B) $f_{X|Y}(x|y)=\begin{cases}\dfrac{2x}{y^2}, & 0<x<y\\ 0, & \text{其他}\end{cases}$

(C) $f_{X|Y}(x|y)=\begin{cases}\dfrac{1}{y}, & 0<x<y\\ 0, & \text{其他}\end{cases}$

(D) $f_{X|Y}(x|y)=\begin{cases}\mathrm{e}^{y-x}, & y<x\\ 0, & \text{其他}\end{cases}$

二、填空题

1. 用随机变量 (X,Y) 的分布函数 $F(x,y)$ 表示下列概率:

(1) $P\{a<X\leqslant b,Y\leqslant c\}=$ _____;

(2) $P\{X\leqslant a,Y>b\}=$ _____;

(3) $P\{0<X\leqslant b\}=$ _____;

(4) $P\{X>a,Y>b\}=$ _____.

2. 设 X,Y 独立,且 $X\sim N(0,1),Y\sim N(1,1)$,则 $P\{X+Y\leqslant 1\}=$ _____.

3. 设 X 与 Y 独立,下表列出了 (X,Y) 的分布律及关于 X 和关于 Y 的边缘分布律的部分数据,试将其余数据填入空白处.

X \ Y	y_1	y_2	y_3	$P\{X=x_i\}$
x_1		$\frac{1}{8}$		
x_2	$\frac{1}{8}$			
$P\{Y=y_j\}$	$\frac{1}{6}$			1

4. 设 (X,Y) 的概率密度为

$$f(x,y)=\begin{cases}6x, & 0\leqslant x\leqslant y\leqslant 1\\ 0, & \text{其他}\end{cases}$$

则 $P\{X+Y\leqslant 1\}=$ _____.

5. 设 X 与 Y 独立,且都在 $[0,3]$ 上服从均匀分布,则 $P\{\max\{X,Y\}\leqslant 1\}=$ _____.

6. 设 X 与 Y 独立,且都服从参数为 $p=\frac{1}{2}$ 的 (0-1) 分布,则 $Z=\max\{X,Y\}$ 的分布律为 _____.

7. 设 D 由 $y=\frac{1}{x},y=0,x=1,x=e^2$ 围成,(X,Y) 在 D 上均匀分布,则 (X,Y) 关于 X 的边缘概率密度在 $x=2$ 处的值为 _____.

8. 设随机变量 $X\sim N(\mu_1,\sigma_1^2),Y\sim N(\mu_2,\sigma_2^2)$,则 $\frac{X+Y}{2}\sim$ _____.

9. 设随机变量 (X,Y) 的分布函数为

$$F(x,y)=\begin{cases}0, & x<0 \text{ 或 } y<0\\ \frac{1}{3}x^3y+\frac{1}{12}x^2y^2, & 0\leqslant x<1,0\leqslant y<2\\ \frac{2}{3}x^3+\frac{1}{3}x^2, & 0\leqslant x<1,y\geqslant 2\\ \frac{1}{3}y+\frac{1}{12}y^2, & x\geqslant 1,0\leqslant y<2\\ 1, & x\geqslant 1,y\geqslant 2\end{cases}$$

则 (X,Y) 的概率密度为_____.

10. 设当 $X=x(x>1)$ 时,Y 的概率密度为

$$f_{Y|X}(y|x)=\begin{cases}\dfrac{1}{2y\ln x}, & \dfrac{1}{x}<y<x \\ 0, & 其他\end{cases}$$

X 的概率密度为

$$f_X(x)=\begin{cases}\dfrac{\ln x}{x^2}, & x>1 \\ 0, & 其他\end{cases}$$

则 (X,Y) 的概率密度为_____.

11. 设 X 与 Y 独立,且 $X\sim N(1,2)$,$Y\sim N(0,1)$,则 $Z=2X-Y+3\sim$_____.

三、计算题和证明题

1. 设二维随机变量 (X,Y) 在 $D=\{(x,y)\,|\,0<x<1,|y|<x\}$ 内服从均匀分布,求 $f_X(x)$,$f_Y(y)$.

2. 设 (X,Y) 的概率密度为

$$f(x,y)=\begin{cases}2\mathrm{e}^{-(x+2y)}, & x>0,y>0 \\ 0, & 其他\end{cases}$$

求 $Z=2X+1$ 的分布函数.

3. 设 X 与 Y 独立,且 $X\sim N(\mu,\sigma^2)$,$Y\sim U(-\pi,\pi)$,则 $Z=X+Y$ 的概率密度.

4. 设某班车起点站上客人数 $X\sim\pi(\lambda)$,每位乘客在中途下车的概率为 $p(0<p<1)$,且中途下车与否相互独立.以 Y 表示中途下车的人数,求:

(1) 在发车时有 n 个乘客的条件下,中途有 m 个人下车的概率;

(2) (X,Y) 的分布律.

5. 设 (X,Y) 的概率密度为

$$f(x,y)=\begin{cases}1, & 0<x<1,0<y<2x \\ 0, & 其他\end{cases}$$

求:(1)边缘概率密度 $f_X(x)$,$f_Y(y)$;(2)$Z=2X-Y$ 的概率密度 $f_Z(z)$.

6. 设 X 的概率密度为

$$f_X(x)=\begin{cases}\dfrac{1}{2}, & -1<x<0 \\ \dfrac{1}{4}, & 0\leqslant x<2 \\ 0, & 其他\end{cases}$$

令 $Y=X^2$,$F(x,y)$ 为 (X,Y) 的分布函数,求:(1) Y 的概率密度;(2) $F\left(-\dfrac{1}{2},4\right)$.

7. 设随机变量 (X,Y) 的概率密度为

$$f(x,y)=\begin{cases}2-x-y, & 0<x<1,0<y<1 \\ 0, & 其他\end{cases}$$

(1) 求 $P\{X>2Y\}$；(2) 求 $Z=X+Y$ 的概率密度 $f_Z(z)$.

8. 设随机变量 (X,Y) 的概率密度为

$$f(x,y)=\begin{cases}8xy, & 0<x<y<1 \\ 0, & \text{其他}\end{cases}$$

问 X 与 Y 是否独立？

9. 设随机变量 (X,Y) 的分布律为

Y \ X	1	2	3
1	0	$\frac{2}{9}$	$\frac{1}{9}$
2	$\frac{1}{9}$	$\frac{1}{9}$	$\frac{2}{9}$
3	$\frac{1}{9}$	$\frac{1}{9}$	0

求：(1) $Z=X+Y$；(2) $Z=XY$；(3) $Z=\dfrac{X}{Y}$；(4) $Z=\max(X,Y)$ 的分布律.

10. 设随机变量 (X,Y) 的概率密度为

$$f(x,y)=\begin{cases}cxe^{-y}, & 0<x<y \\ 0, & \text{其他}\end{cases}$$

求：(1) 常数 c；(2) $P\{X+Y<1\}$；(3) 关于 X 和关于 Y 的边缘概率密度；(4) 条件概率密度 $f_{X|Y}(x|y)$，$f_{Y|X}(y|x)$.并问 X 与 Y 是否独立？

11. 设随机变量 $(X,Y)\sim N(\mu_1,\mu_2,\sigma_1^2,\sigma_2^2,\rho)$，其概率密度为

$$f(x,y)=\frac{1}{2\pi\sqrt{3}}e^{-\frac{1}{6}(4x^2+2xy+y^2-8x-2y+4)}$$

求 $\mu_1,\mu_2,\sigma_1^2,\sigma_2^2,\rho$.

12. 设随机变量 $(X,Y)\sim N(\mu_1,\mu_2,\sigma_1^2,\sigma_2^2,\rho)$，证明当 $X=x$ 时，有

$$Y\sim N\left(\mu_2+\frac{\sigma_2\rho(x-\mu_1)}{\sigma_1},\sigma_2^2(1-\rho^2)\right)$$

13. 设 $\varphi(x)$ 是某取非负值的随机变量的概率密度，证明

$$f(x,y)=\begin{cases}\dfrac{\varphi(x+y)}{x+y}, & x>0,y>0 \\ 0, & \text{其他}\end{cases}$$

是二维概率密度.

14. 证明：若随机变量 X 以概率 1 取常数 c，则 X 与任一随机变量 Y 独立.

第4章 随机变量的数字特征

在许多实际问题中,人们感兴趣的不一定是随机变量的分布,而是它的某些可用数字描述的特征.例如:

某地区小麦的平均亩产量;

某试验稻种谷穗的平均稻谷粒数;

某鱼塘鱼的平均重量,以及鱼的实际重量与平均重量的偏离程度(它反映了该鱼塘中鱼的重量的均匀程度);

一批棉花的平均纤维长度,以及纤维的实际长度与平均长度的偏离程度(它反映了该批棉花纤维长度的整齐程度).

此外,还有其他一些可用数字描述的特征,如两个随机变量线性相关的密切程度等.

本章的任务就是介绍描述随机变量的这些特征的数字(称为数字特征)及其性质和计算方法.

本章的重点内容是随机变量的数学期望及其性质、方差及其性质、两随机变量的相关系数及其性质、n 维正态分布及其性质.

4.1 数学期望

4.1.1 数学期望的实际意义

例 4.1.1 某班共有学生 40 人,年龄统计如下:

年龄	18	19	20	21
人数	5	15	15	5

下面从 3 个角度计算该班学生的平均年龄.

(1) 计算在普通意义下的平均年龄,即计算学生年龄的算术平均值 a,有

$$a = \frac{1}{40}(5 \times 18 + 15 \times 19 + 15 \times 20 + 5 \times 21) = 19.5$$

(2) 设 X 表示任选一名学生的年龄,则 X 的分布律为

X	18	19	20	21
P	$\frac{5}{40}$	$\frac{15}{40}$	$\frac{15}{40}$	$\frac{5}{40}$

显然有

$$a=18\times\frac{5}{40}+19\times\frac{15}{40}+20\times\frac{15}{40}+21\times\frac{5}{40}=19.5 \tag{4.1.1}$$

它恰表示该班学生年龄的总体平均值,有时也把 19.5 称为任选一名学生的平均年龄或者任选一名学生的数学期望.它的意义可由下面的讨论看到.

(3) 若有返回地在该班选取 100 人次,可以计算他们的平均年龄.例如,在该班选取 100 人次,算得其平均年龄为

$$\bar{x}=\frac{1}{100}(12\times18+38\times19+37\times20+13\times21)=19.51$$

用同样的方式又选取 100 人次,算得年龄平均值为

$$\bar{x}=\frac{1}{100}(11\times18+36\times19+39\times20+14\times21)=19.56$$

显然,我们不能要求这样算得的平均值 $\bar{x}$ 恰好等于 19.5,但可以期望 $\bar{x}$ 在 19.5 的附近摆动,这是因为 $\bar{x}$ 可表为

$$\begin{aligned}
\bar{x}=&18\times f_{100}(X=18)+19\times f_{100}(X=19)+\\
&20\times f_{100}(X=20)+21\times f_{100}(X=21)\\
\approx&18\times P\{X=18\}+19\times P\{X=19\}+\\
&20\times P\{X=20\}+21\times P\{X=21\}
\end{aligned}$$

归纳下面两点:

(1) 概率论中把(4.1.1)式定义为随机变量 X 的数学期望或均值,称它为任选一名学生的平均年龄;

(2) 数理统计中把(3)中的采样方式称为简单随机采样,取得的数据称为简单随机样本,称 $\bar{x}$ 为样本平均值.$\bar{x}$ 是不稳定的,实际上它是随机变量,而随机变量 X 的数学期望却是一个定值,$\bar{x}$ 是它的估计值.

4.1.2 数学期望的定义和例子

定义 4.1.1 设随机变量 X 的分布律为

$$P\{X=x_k\}=p_k,k=1,2,\cdots$$

若级数 $\sum_{k=1}^{\infty}|x_k|p_k$ 收敛,则称 $\sum_{k=1}^{\infty}x_kp_k$ 为随机变量 X 的数学期望或均值,记作 $E(X)$,即

$$E(X)=\sum_{k=1}^{\infty}x_kp_k$$

如果级数 $\sum_{k=1}^{\infty}|x_k|p_k$ 发散,则称 X 的数学期望不存在.

例 4.1.2 设 X 服从 $(0-1)$ 分布,求 $E(X)$.

解 X 的分布律为

X	0	1
P	q	p

其中 $0 < p < 1, q = 1 - p$,则 $E(X) = p$.

例 4.1.3 设 $X \sim b(n, p)$,求 $E(X)$.

解 X 的分布律为

$$P\{X = k\} = C_n^k p^k q^{n-k}, k = 0, 1, 2, \cdots, n$$

则

$$E(X) = \sum_{k=0}^{n} k C_n^k p^k q^{n-k} = p \frac{\partial}{\partial p} \left(\sum_{k=0}^{n} C_n^k p^k q^{n-k} \right) \Big|_{p+q=1} = np (p+q)^{n-1} \Big|_{p+q=1} = np$$

例 4.1.4 设 $X \sim \pi(\lambda)$,求 $E(X)$.

解 X 的分布律为

$$P\{X = k\} = \frac{\lambda^k}{k!} e^{-\lambda}, k = 0, 1, 2, \cdots$$

则

$$E(X) = \sum_{k=0}^{\infty} k \cdot \frac{\lambda^k}{k!} e^{-\lambda} = \lambda e^{-\lambda} \frac{d}{d\lambda} \left(\sum_{k=0}^{\infty} \frac{\lambda^k}{k!} \right) = \lambda \cdot e^{-\lambda} e^{\lambda} = \lambda$$

例 4.1.5 某种产品即将投放市场,根据市场调查估计每件产品有 70% 的把握按定价售出,20% 的把握打折售出及 10% 的可能性低价甩出,上述 3 种情况下每件产品的利润分别为 5 元、2 元和 −4 元,问厂家对每件产品可指望获利多少?

解 设 X 表示一件产品的利润(单位:元),则 X 的分布律为

X	5	2	−4
P	0.7	0.2	0.1

则一件产品的平均利润为

$$E(X) = 5 \times 0.7 + 2 \times 0.2 + (-4) \times 0.1 = 3.5 (\text{元})$$

定义 4.1.2 设连续型随机变量 X 的概率密度为 $f(x)$,若积分 $\int_{-\infty}^{+\infty} |x| f(x) dx$ 收敛,则称 $\int_{-\infty}^{+\infty} x f(x) dx$ 为 X 的数学期望,记为 $E(X)$,即

$$E(X) = \int_{-\infty}^{+\infty} x f(x) dx$$

如果积分 $\int_{-\infty}^{+\infty} |x| f(x) dx$ 发散,则称 X 的数学期望不存在.

例 4.1.6 设 $X \sim U(a, b)$,求 $E(X)$.

解 X 的概率密度为

$$f(x) = \begin{cases} \dfrac{1}{b-a}, & a < x < b \\ 0, & \text{其他} \end{cases}$$

则

$$E(X) = \int_{-\infty}^{+\infty} x f(x) \mathrm{d}x = \int_a^b \frac{x}{b-a} \mathrm{d}x = \frac{a+b}{2}$$

例 4.1.7 设 $X \sim N(\mu, \sigma^2)$，求 $E(X)$.

解 X 的概率密度为

$$f(x) = \frac{1}{\sqrt{2\pi}\sigma} \mathrm{e}^{-\frac{(x-\mu)^2}{2\sigma^2}}$$

令 $t = \dfrac{x-\mu}{\sigma}$，则有

$$E(X) = \frac{1}{\sqrt{2\pi}\sigma} \int_{-\infty}^{+\infty} x \mathrm{e}^{-\frac{(x-\mu)^2}{2\sigma^2}} \mathrm{d}x = \frac{1}{\sqrt{2\pi}} \int_{-\infty}^{+\infty} (\sigma t + \mu) \mathrm{e}^{-\frac{t^2}{2}} \mathrm{d}t = \mu$$

这里用到 $\displaystyle\int_{-\infty}^{+\infty} \mathrm{e}^{-\frac{t^2}{2}} \mathrm{d}t = \sqrt{2\pi}$，$\displaystyle\int_{-\infty}^{+\infty} t \mathrm{e}^{-\frac{t^2}{2}} \mathrm{d}t = 0$.

例 4.1.8 设电子元件的寿命 X 服从参数为 λ 的指数分布，求平均寿命 $E(X)$.

解 X 的概率密度为

$$f(x) = \begin{cases} \lambda \mathrm{e}^{-\lambda x}, & x > 0 \\ 0, & x \leqslant 0 \end{cases}$$

则平均寿命

$$E(X) = \lambda \int_0^{+\infty} x \mathrm{e}^{-\lambda x} \mathrm{d}x = -\int_0^{+\infty} x \mathrm{d}(\mathrm{e}^{-\lambda x})$$

$$= -x \mathrm{e}^{-\lambda x} \Big|_0^{+\infty} + \int_0^{+\infty} \mathrm{e}^{-\lambda x} \mathrm{d}x = -\frac{1}{\lambda} \mathrm{e}^{-\lambda x} \Big|_0^{+\infty} = \frac{1}{\lambda}$$

4.1.3 随机变量函数的数学期望公式

(1) 设离散型随机变量 X 的分布律为

$$P\{X = x_k\} = p_k, k = 1, 2, \cdots$$

又 $Y = g(X)$. 若级数 $\displaystyle\sum_{k=1}^{\infty} |g(x_k)| p_k$ 收敛，则

$$E(Y) = E[g(X)] = \sum_{k=1}^{\infty} g(x_k) p_k$$

(2) 设连续型随机变量 X 的概率密度为 $f(x)$，又 $Y = g(X)$. 若积分 $\displaystyle\int_{-\infty}^{+\infty} |g(x)| f(x) \mathrm{d}x$ 收敛，则

$$E(Y) = E[g(X)] = \int_{-\infty}^{+\infty} g(x) f(x) \mathrm{d}x$$

(3) 设二维离散型随机变量(X,Y)的分布律为

$$P\{X=x_i,Y=y_j\}=p_{ij},i,j=1,2,\cdots$$

又 $Z=g(X,Y)$. 若级数 $\sum\limits_{i=1}^{\infty}\sum\limits_{j=1}^{\infty}|g(x_i,y_j)|p_{ij}$ 收敛, 则

$$E(Z)=E[g(X,Y)]=\sum\limits_{i=1}^{\infty}\sum\limits_{j=1}^{\infty}g(x_i,y_j)p_{ij}$$

(4) 设二维连续型随机变量(X,Y)的概率密度为 $f(x,y)$, 又 $Z=g(X,Y)$, 若积分 $\int_{-\infty}^{+\infty}\int_{-\infty}^{+\infty}|g(x,y)|f(x,y)\mathrm{d}x\mathrm{d}y$ 收敛, 则

$$E(Z)=E[g(X,Y)]=\int_{-\infty}^{+\infty}\int_{-\infty}^{+\infty}g(x,y)f(x,y)\mathrm{d}x\mathrm{d}y$$

证略.

例 4.1.9 设随机变量 X 的分布律为

X	$-\dfrac{\pi}{2}$	$-\dfrac{\pi}{4}$	0	$\dfrac{\pi}{4}$	$\dfrac{\pi}{2}$
P	$\dfrac{1}{10}$	$\dfrac{2}{10}$	$\dfrac{3}{10}$	$\dfrac{2}{10}$	$\dfrac{2}{10}$

求 $Y=\sin X$ 的数学期望.

解
$$E(Y)=E(\sin X)=\sin\left(-\frac{\pi}{2}\right)\times\frac{1}{10}+\sin\left(-\frac{\pi}{4}\right)\times\frac{2}{10}+$$
$$\sin 0\times\frac{3}{10}+\sin\frac{\pi}{4}\times\frac{2}{10}+\sin\frac{\pi}{2}\times\frac{2}{10}=\frac{1}{10}$$

例 4.1.10 设一正方形的边长 $X\sim U(a,b)$, 求正方形的面积的数学期望.

解 X 的概率密度为

$$f(x)=\begin{cases}\dfrac{1}{b-a}, & a<x<b\\ 0, & \text{其他}\end{cases}$$

正方形的面积 $A=X^2$, 则

$$E(A)=E(X^2)=\int_a^b\frac{x^2}{b-a}\mathrm{d}x=\frac{b^2+ab+a^2}{3}$$

例 4.1.11 设随机变量(X,Y)的分布律为

X \ Y	1	2
2	$\dfrac{25}{36}$	$\dfrac{5}{36}$
3	$\dfrac{5}{36}$	$\dfrac{1}{36}$

求 $Z=XY$ 的数学期望.

解 $E(Z)=E(XY)=2\times1\times\dfrac{25}{36}+2\times2\times\dfrac{5}{36}+3\times1\times\dfrac{5}{36}+3\times2\times\dfrac{1}{36}=\dfrac{91}{36}$

例 4.1.12 设 (X,Y) 的概率密度为

$$f(x,y)=\begin{cases}x+y, & 0<x<1,0<y<1 \\ 0, & \text{其他}\end{cases}$$

求 $E(Y)$ 和 $E(X-Y)$.

解
$$E(Y)=\int_0^1\mathrm{d}x\int_0^1 y(x+y)\mathrm{d}y=\int_0^1\left(\frac{x}{2}+\frac{1}{3}\right)\mathrm{d}x=\frac{7}{12}$$

$$E(X-Y)=\int_0^1\mathrm{d}x\int_0^1(x-y)(x+y)\mathrm{d}y=\int_0^1\left(x^2-\frac{1}{3}\right)\mathrm{d}x=0$$

4.1.4 数学期望的性质

以下假定所涉及的随机变量的数学期望均存在.

(1) 若 C 为常数,则 $E(C)=C$;

(2) 若 X 为随机变量,C 为常数,则 $E(CX)=CE(X)$;

(3) 若 X,Y 为随机变量,则 $E(X+Y)=E(X)+E(Y)$;

推广 $E\left(\sum\limits_{k=1}^{n}X_k\right)=\sum\limits_{k=1}^{n}E(X_k)$.

(4) 设 X 与 Y 是相互独立的随机变量,则 $E(XY)=E(X)E(Y)$.

推广 若随机变量 $X_1,X_2,\cdots,X_n$ 相互独立,则 $E\left(\prod\limits_{k=1}^{n}X_k\right)=\prod\limits_{k=1}^{n}E(X_k)$.

分离散型随机变量和连续型随机变量两种类型,并利用随机变量函数的数学期望公式,可以证明这些性质.例如,设 (X,Y) 为离散型随机变量,分布律为

$$P\{X=x_i,Y=y_j\}=p_{ij},i,j=1,2,\cdots$$

则由随机变量的数学期望公式有

$$E(X+Y)=\sum_i\sum_j(x_i+y_j)p_{ij}=\sum_i x_i p_{i\cdot}+\sum_j y_j p_{\cdot j}=E(X)+E(Y)$$

这就证明了性质(3).

设随机变量 X 与 Y 独立,且概率密度分别为 $f_X(x),f_Y(y)$,则 (X,Y) 的概率密度为 $f(x,y)=f_X(x)f_Y(y)$,于是由随机变量函数的数学期望公式有

$$E(XY)=\int_{-\infty}^{+\infty}\int_{-\infty}^{+\infty}xyf(x,y)\mathrm{d}x\mathrm{d}y$$
$$=\int_{-\infty}^{+\infty}xf_X(x)\mathrm{d}x\int_{-\infty}^{+\infty}yf_Y(y)\mathrm{d}y=E(X)E(Y)$$

这就证明了性质(4).

其他性质的证明类似,可由读者自己去完成.

例 4.1.13 设一电路中电流 I(单位:A)与电阻 R(单位:Ω)是两个相互独立的随机

变量,其概率密度分别为

$$f_I(i) = \begin{cases} 2i, & 0 \leqslant i \leqslant 1 \\ 0, & \text{其他} \end{cases} \qquad f_R(r) = \begin{cases} \dfrac{r^2}{9}, & 0 \leqslant r \leqslant 3 \\ 0, & \text{其他} \end{cases}$$

试求电压 $V = IR$ 的均值.

解 容易算得

$$E(I) = \int_0^1 2i^2 \, \mathrm{d}i = \frac{2}{3}, \quad E(R) = \int_0^3 \frac{r^3}{9} \, \mathrm{d}r = \frac{9}{4}$$

于是有 $E(V) = E(I)E(R) = \dfrac{3}{2}$.

例 4.1.14 一民航送客车载有 20 位旅客自机场开出,旅客有 10 个车站可以下车. 如到达一个车站没有旅客下车就不停车,以 X 表示停车的次数,求 $E(X)$(设每位旅客在各个车站下车是等可能的,并设各旅客是否下车相互独立).

解 令

$$X_i = \begin{cases} 1, & \text{如果第 } i \text{ 站有人下车} \\ 0, & \text{否则} \end{cases} \qquad i = 1, 2, \cdots, 10$$

则有 $X = \sum\limits_{i=1}^{10} X_i$. 可以求得 X_i 的分布律为

$$P\{X_i = 0\} = \frac{9^{20}}{10^{20}}, P\{X_i = 1\} = 1 - \frac{9^{20}}{10^{20}}$$

数学期望为 $E(X_i) = 1 - \dfrac{9^{20}}{10^{20}}, i = 1, 2, \cdots, 10$,由数学期望的性质得

$$E(X) = \sum_{i=1}^{10} E(X_i) = 10\left(1 - \frac{9^{20}}{10^{20}}\right)$$

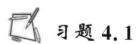 习题 4.1

1. 讨论下列随机变量 X 的数学期望是否存在.

(1) 离散型随机变量 X 的分布律为 $P\{X = x_k\} = \dfrac{1}{2^k}$,其中 $x_k = (-1)^{k-1}, k = 1, 2, \cdots$;

(2) 连续型随机变量 X 的概率密度为 $f(x) = \dfrac{1}{\pi(1 + x^2)}, -\infty < x < +\infty$.

2. 设随机变量 X 的分布律为

X	-2	0	2
P	0.4	0.3	0.3

求 $E(X), E(X^2), E(3X^2 + 5)$.

3. 将 3 个球随机地放入 3 个盒子中去. 设 X 表示空盒子的个数,求 $E(X)$.

4. 一批零件中有 9 个正品和 3 个次品. 安装机器时, 从这批零件中任取一个, 如果取出的是次品, 则不再放回, 而是再取一个零件, 直到取得正品时为止. 求取得正品以前已取出的次品数 X 的数学期望.

5. 设随机变量 X 的概率密度为

$$f(x) = \begin{cases} 1+x, & -1 \leqslant x \leqslant 0 \\ 1-x, & 0 < x \leqslant 1 \\ 0, & \text{其他} \end{cases}$$

求 $E(X), E(X^2), E(2X-1), E(X^2+X)$.

6. 设随机变量 X 的概率密度为

$$f(x) = \begin{cases} 2(1-x), & 0 < x < 1 \\ 0, & \text{其他} \end{cases}$$

求 $E(X), E(X^2), E(X^3-1)$.

7. 设随机变量 X 的分布函数为

$$F(x) = \begin{cases} 1-\dfrac{1}{x^3}, & x \geqslant 1 \\ 0, & x < 1 \end{cases}$$

求 $E(X), E(2X^2+X)$.

8. 设随机变量 X 服从参数为 1 的指数分布, 求 $E(e^{-2X}), E(\sqrt{X})$.

9. 设随机变量 X 的概率密度为

$$f(x) = \begin{cases} \dfrac{1}{2}\cos x, & -\dfrac{\pi}{2} < x < \dfrac{\pi}{2} \\ 0, & \text{其他} \end{cases}$$

求 $E(X), E(X^2-4)$.

10. 设随机变量 $X \sim N(\mu, \sigma^2), Y = e^{\frac{\mu^2 - 2\mu X}{2\sigma^2}}$, 求 $E(Y)$.

11. 设随机变量 X 与 Y 相互独立, 且概率密度分别为

$$f_X(x) = \begin{cases} 2x, & 0 < x < 1 \\ 0, & \text{其他} \end{cases} \qquad f_Y(y) = \begin{cases} e^{-(y-5)}, & y > 5 \\ 0, & y \leqslant 5 \end{cases}$$

求 $E(XY)$.

12. 设随机变量 (X, Y) 的分布律为

X \\ Y	0	1	2
0	0	$\dfrac{2}{12}$	$\dfrac{1}{12}$
1	$\dfrac{2}{12}$	$\dfrac{2}{12}$	$\dfrac{2}{12}$
2	$\dfrac{1}{12}$	$\dfrac{2}{12}$	0

求 $E(X), E(Y), E(XY), E(X^2Y)$.

13. 设随机变量 (X,Y) 的概率密度为

$$f(x,y)=\begin{cases}x+y, & 0<x<1,0<y<1 \\ 0, & \text{其他}\end{cases}$$

求 $E(X),E(Y),E(XY),E(XY^2)$.

14. 设圆规两臂各长 10 cm,张开角 θ 在 $(0,\pi)$ 内均匀分布,求两臂尖端的平均距离.

15. 两台机器分别生产轴和轴衬.设随机变量 X(单位:mm)表示轴的直径,$X\sim U$ $(49,51)$,随机变量 Y(单位:mm)表示轴衬的内径,$Y\sim U(51,53)$,求轴与轴衬之间缝隙的平均间距.

16. 某种产品表面上的疵点服从泊松分布,平均一件上有 0.8 个疵点,若规定疵点数不超过 1 个为一等品,价值 10 元;疵点数大于 1 不多于 4 个为二等品,价值 8 元;疵点数超过 4 个为废品,价值 0 元。求一件产品的平均价值.

17. 游客乘电梯从底层到电视塔顶层观光,且电梯于每个整点的第 5 分钟、25 分钟、55 分钟从底层起行.一游客是在早 8 点的第 X 分钟到达底层楼梯处,且 X 在 $[0,60]$ 上服从均匀分布。求该游客等候时间的平均值.

18. 设一部机器在一天内发生故障的概率为 0.2,机器发生故障时,全天停止工作,一周 5 个工作日,若无故障,可获利 10 万元,若发生一次故障,仍可获利 5 万元,若发生两次故障,获利为零,若至少发生 3 次故障,要亏损 2 万元。求一周的平均获利.

4.2 方　差

4.2.1　方差的实际意义和定义

在实际问题中,有时不仅需要知道一个随机变量的数学期望 $E(X)$,而且还需要知道这个随机变量的取值与其均值的偏离程度,这就需要引进一个描述这种偏离程度的量.

例 4.2.1　设有甲、乙两个班,各班中学生的年龄分布如下:

甲:

年龄	18	19	20	21
人数	5	15	15	5

乙:

年龄	15	24
人数	20	20

若令 X 和 Y 分别表示在甲、乙班中任选一名学生的年龄,则它们的分布律分别为

甲:

X	18	19	20	21
P	$\frac{5}{40}$	$\frac{15}{40}$	$\frac{15}{40}$	$\frac{5}{40}$

乙:

Y	15	24
P	$\frac{20}{40}$	$\frac{20}{40}$

容易看到

$$E(X)=E(Y)=19.5$$

虽然这两个班的平均年龄相等,但显然甲班的年龄要整齐一点(即相对于平均值的偏

离程度小一些),而乙班的年龄明显不整齐(即相对于平均值的偏离程度大一些).我们希望找一个描述这种整齐程度的量.一个简单的想法就是用 $X-19.5,Y-19.5$ 来描述这种特性.但是,很显然它们是一个随机变量,各自只能反映 X 和 Y 的个别取值与 $E(X)$ 和 $E(Y)$ 的偏差.进一步想到对它们取平均,即用 $E(X-19.5)$ 和 $E(Y-19.5)$ 来描述这种特性.但是,无论 X 的取值与 $E(X)$ 偏差有多大,Y 与 $E(Y)$ 的偏差有多大,都有 $E(X-19.5)=0,E(Y-19.5)=0$,这是由于在取平均时正、负偏差抵消所致.为了避免在取平均时正、负偏差抵消,可考虑用量

$$E(|X-19.5|),E(|Y-19.5|) \quad 或 \quad E[(X-19.5)^2],E[(Y-19.5)^2]$$

来描述这种特性.可以算得

$$E(|X-19.5|)=0.75<E(|Y-19.5|)=4.5$$

$$E[(X-19.5)^2]=0.75<E[(Y-19.50)^2]=22.25$$

可见这两个量都可以描述这种特性,但前者用到绝对值,不便运算,故采用后者作为描述这种特性的量,这就是所谓随机变量的方差.

定义 4.2.1 设随机变量 X 的数学期望 $E(X)$ 存在,若 $E\{[X-E(X)]^2\}$ 存在,则称它为 X 的方差,记作 $D(X)$ 或 $\text{Var}(X)$,即

$$D(X)=\text{Var}(X)=E\{[X-E(X)]^2\}$$

称 $\sqrt{D(X)}$ 为 X 的均方差或标准差($\sqrt{D(X)}$ 与 X 有相同的量纲).

4.2.2 方差的计算

计算方差的方法一般有两个:

方法 1 按定义计算,它是随机变量函数的数学期望;

方法 2 用下列公式计算:

$$D(X)=E(X^2)-[E(X)]^2 \tag{4.2.1}$$

大多数情况用方法 2 计算,个别场合用方法 1 计算.

利用数学期望的性质可证明方法 2 中的计算公式(4.2.1).即有

$$D(X)=E\{[X-E(X)]^2\}=E\{X^2-2E(X)X+[E(X)]^2\}=E(X^2)-[E(X)]^2$$

例 4.2.2 设 X 服从(0-1)分布,求 $D(X)$.

解 X 的分布律为

X	0	1
P	q	p

其中 $0<p<1,q=1-p$.在例 4.1.2 中已经算得 $E(X)=p$.容易算得 $E(X^2)=p$,因此,$D(X)=p-p^2=pq$.

例 4.2.3 设 $X\sim\pi(\lambda)$,求 $D(X)$.

解 X 的分布律为

$$P\{X=k\}=\frac{\lambda^k}{k!}\mathrm{e}^{-\lambda},k=0,1,2,\cdots$$

在例 4.1.4 中已经算得 $E(X) = \sum\limits_{k=0}^{\infty} k \cdot \dfrac{\lambda^k}{k!} \mathrm{e}^{-\lambda} = \lambda$，于是

$$E(X^2) = \sum_{k=0}^{\infty} k^2 \cdot \frac{\lambda^k}{k!} \mathrm{e}^{-\lambda} = \lambda \mathrm{e}^{-\lambda} \frac{\mathrm{d}}{\mathrm{d}\lambda} \left(\sum_{k=0}^{\infty} k \cdot \frac{\lambda^k}{k!} \right) = \lambda(\lambda+1)$$

因而

$$D(X) = E(X^2) - [E(X)]^2 = \lambda(\lambda+1) - \lambda^2 = \lambda$$

例 4.2.4 若 $X \sim U(a,b)$，求 $D(X)$.

解 在例 4.1.6 和例 4.1.10 中已经算得

$$E(X) = \frac{a+b}{2}, \quad E(X^2) = \frac{b^2+ab+a^2}{3}$$

因此

$$D(X) = E(X^2) - [E(X)]^2 = \frac{b^2+ab+a^2}{3} - \frac{(a+b)^2}{4} = \frac{(b-a)^2}{12}$$

例 4.2.5 若 $X \sim N(\mu, \sigma^2)$，求 $D(X)$.

解 X 的概率密度为

$$f(x) = \frac{1}{\sqrt{2\pi}\sigma} \mathrm{e}^{-\frac{(x-\mu)^2}{2\sigma^2}}$$

在例题 4.1.7 中已经算得 $E(X) = \mu$. 由方差的定义，则有

$$D(X) = E[(X-\mu)^2] = \frac{1}{\sqrt{2\pi}\sigma} \int_{-\infty}^{+\infty} (x-\mu)^2 \mathrm{e}^{-\frac{(x-\mu)^2}{2\sigma^2}} \mathrm{d}x \left(t = \frac{x-\mu}{\sigma} \right)$$

$$= \frac{\sigma^2}{\sqrt{2\pi}} \int_{-\infty}^{+\infty} t^2 \mathrm{e}^{-\frac{t^2}{2}} \mathrm{d}t = \frac{\sigma^2}{\sqrt{2\pi}} \int_{-\infty}^{+\infty} t \mathrm{d}(-\mathrm{e}^{-\frac{t^2}{2}})$$

$$= \frac{\sigma^2}{\sqrt{2\pi}} \left(-t\mathrm{e}^{-\frac{t^2}{2}} \Big|_{-\infty}^{+\infty} + \int_{-\infty}^{+\infty} \mathrm{e}^{-\frac{t^2}{2}} \mathrm{d}t \right) = \sigma^2$$

例 4.2.6 若 X 的概率密度为

$$f(x) = \begin{cases} \lambda \mathrm{e}^{-\lambda x}, & x > 0 \\ 0, & x \leqslant 0 \end{cases}$$

求 $D(X)$.

解 在例 4.1.8 中已算得 $E(X) = \dfrac{1}{\lambda}$，又可以算得

$$E(X^2) = \lambda \int_{0}^{+\infty} x^2 \mathrm{e}^{-\lambda x} \mathrm{d}x = -x^2 \mathrm{e}^{-\lambda x} \Big|_{0}^{+\infty} + 2 \int_{0}^{+\infty} x \mathrm{e}^{-\lambda x} \mathrm{d}x = \frac{2}{\lambda^2}$$

因此

$$D(X) = E(X^2) - [E(X)]^2 = \frac{1}{\lambda^2}$$

4.2.3 切比雪夫不等式

设随机变量 X 的数学期望为 $E(X) \triangleq \mu$，方差为 $D(X) \triangleq \sigma^2$，则对任意的 $\varepsilon > 0$，有

$$P\{|X-\mu| \geqslant \varepsilon\} \leqslant \frac{\sigma^2}{\varepsilon^2} \qquad (4.2.2)$$

(4.2.2)式等价于

$$P\{|X-\mu| < \varepsilon\} \geqslant 1 - \frac{\sigma^2}{\varepsilon^2} \qquad (4.2.3)$$

证明略.

切比雪夫(Chebyshev)不等式有下面两个实际意义.

(1) 它说明 $E(X)$ 表示 X 取值的集中位置或散布中心，$D(X)$ 反映了 X 的取值相对于 $E(X)$ 的集中程度. 由(4.2.3)式可见，当 $D(X)$ 很小时，X 的取值以很大的概率集中在 $E(X)$ 的附近. 特别地，当 $D(X)=0$ 时，对任意的 $\varepsilon > 0$，均有

$$P\{|X-\mu| < \varepsilon\} = 1$$

实际上，此时有 $P\{X=\mu\}=1$，这便是下面方差的性质(4).

(2) 利用切比雪夫不等式可以估计某些事件的概率(虽然并不知道 X 的分布). 例如，取 $\varepsilon = 3\sigma$，则有

$$P\{|X-\mu| < 3\sigma\} \geqslant 1 - \frac{1}{9} = \frac{8}{9}$$

4.2.4 方差的性质

(1) 若 C 为常数，则 $D(C)=0$.

(2) 若 C 为常数，则 $D(CX)=C^2 D(X)$.

(3) 若 X 与 Y 相互独立，则

$$D(X \pm Y) = D(X) + D(Y) \qquad (4.2.4)$$

推广 若 $X_1, X_2, \cdots, X_n$ 相互独立，则

$$D\left(\sum_{k=1}^{n} X_k\right) = \sum_{k=1}^{n} D(X_k) \qquad (4.2.5)$$

(4) $D(X)=0$ 的充要条件是 $P\{X=E(X)\}=1$.

用切比雪夫不等式可以证明性质(4)，从略. 由方差的定义和数学期望的性质可以证明(1)，(2)，(3)，性质(1)，(2)的证明由读者去完成，下面证明性质(3).

$$\begin{aligned}
D(X \pm Y) &= E\{[X \pm Y - E(X \pm Y)]^2\} = E\{[(X-E(X)) \pm (Y-E(Y))]^2\} \\
&= E\{[X-E(X)]^2 \pm 2[X-E(X)][Y-E(Y)] + [Y-E(Y)]^2\} \\
&= D(X) \pm 2E\{[X-E(X)][Y-E(Y)]\} + D(Y)
\end{aligned}$$

由于 X 与 Y 独立，有 $E\{[X-E(X)][Y-E(Y)]\}=0$，因此

$$D(X \pm Y) = D(X) + D(Y)$$

例 4.2.7 若 $X \sim b(n,p)$，求 $D(X)$.

解 由例 3.4.2 的推广知,如果 $X_1, X_2, \cdots, X_n$ 相互独立且同(0-1)分布,则 $X = \sum\limits_{k=1}^{n} X_k \sim b(n, p)$. 于是由(4.2.5)式和(0-1)分布的方差,得

$$D(X) = \sum_{k=1}^{n} D(X_k) = npq$$

例 4.2.8 设随机变量 X 的数学期望为 μ,方差为 σ^2,求 $Y = \dfrac{X - \mu}{\sigma}$ 的数学期望和方差.

解 由数学期望和方差的性质,可得

$$E(Y) = E\left(\frac{X - \mu}{\sigma}\right) = \frac{E(X) - E(\mu)}{\sigma} = 0$$

$$D(Y) = D\left(\frac{X - \mu}{\sigma}\right) = \frac{D(X) + D(\mu)}{\sigma^2} = 1$$

通常称 $\dfrac{X - \mu}{\sigma}$ 为 X 的标准化随机变量.

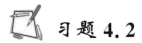 习题 4.2

1. 设随机变量 X 的分布律为

X	-1	0	1	2
P	$\dfrac{1}{6}$	$\dfrac{1}{3}$	$\dfrac{1}{3}$	$\dfrac{1}{6}$

求 $E(X), D(X)$.

2. 一口袋中有 5 个乒乓球,编号为 $1, 2, 3, 4, 5$,在其中同时任取 3 个,以 X 表示取出的 3 个球的最大编号,求 $E(X), D(X)$.

3. 掷两颗骰子,以 X 表示两颗中出现的较大的点数,求 $E(X), D(X)$.

4. 对某一目标进行射击,直到击中目标为止.若每次射击命中率为 p,求射击次数 X 的数学期望和方差.

5. 设随机变量 X 的概率密度为

$$f(x) = \begin{cases} x, & 0 < x \leqslant 1 \\ 2 - x, & 1 < x \leqslant 2 \\ 0, & \text{其他} \end{cases}$$

求 $E(X), D(X)$.

6. 设随机变量 X 的概率密度为

$$f(x) = \begin{cases} 6x(1 - x), & 0 < x < 1 \\ 0, & \text{其他} \end{cases}$$

求 $E(X),D(X).$

7. 设随机变量 X 的概率密度为

$$f(x)=\begin{cases} \dfrac{2}{\pi}\cos^2 x, & |x|\leqslant\dfrac{\pi}{2} \\ 0, & \text{其他} \end{cases}$$

求 $E(X),D(X).$

8. 设随机变量 X 的概率密度为

$$f(x)=\begin{cases} c(1-x^2)^\alpha, & -1<x<1 \\ 0, & \text{其他} \end{cases} \quad (\alpha>0,c\text{ 为常数})$$

求 $E(X),D(X).$

9. 设随机变量 X 的概率密度为 $f(x)=\dfrac{1}{2}e^{-|x-\mu|}$，求 $E(X),D(X).$

10. 设随机变量 X 的概率密度为

$$f(x)=\begin{cases} \dfrac{x}{\sigma^2}e^{-\frac{x^2}{2\sigma^2}}, & x>0 \\ 0, & x\leqslant 0 \end{cases}$$

求 $E(X),D(X).$

11. 设随机变量 (X,Y) 的分布律为

X \ Y	0	1
0	$\dfrac{1}{6}$	$\dfrac{1}{3}$
1	$\dfrac{1}{8}$	$\dfrac{1}{4}$
3	$\dfrac{1}{24}$	$\dfrac{1}{12}$

求 $E(X),D(X),E(Y),D(Y).$

12. 设随机变量 (X,Y) 的概率密度为

$$f(x,y)=\begin{cases} 3x, & 0<x<1,0<y<x \\ 0, & \text{其他} \end{cases}$$

求 $E(X),D(X),E(Y),D(Y).$

13. 雷达的圆形屏幕的半径为 R，设目标出现点 (X,Y) 在屏幕上是均匀分布的，求点 (X,Y) 到圆心的距离的数学期望和方差.

14. 某设备由 3 大部件构成，设备运转时，各部件需调整的概率为 $0.1,0.2,0.3$，设各部件的状态相互独立，求同时需要调整的部件数 X 的期望和方差.

15. 某种产品的次品率为 0.1，检验员每天检验 4 次，每次随机地取 10 件产品进行检验，如发现其中的次品数多于 1，就去调整设备，以 X 表示一天中调整设备的次数，试求

$E(X)$ 和 $D(X)$（设诸产品是否为次品是相互独立的）.

4.3 协方差和相关系数

4.3.1 协方差和相关系数的引进和定义

在实际问题中,常常考虑用一个随机变量 X 的线性函数来近似表示另外一个随机变量 Y,于是产生了两个问题:

(1) 什么时候可以用 X 的线性函数来表示 Y,什么时候不可以?

(2) 如果可以用 X 的线性函数近似地表示 Y,如何衡量和描述近似程度的优劣?

下面讨论这两个问题.为了克服因散布中心和量纲的不同引起的困难,考虑标准化随机变量

$$\frac{X-E(X)}{\sqrt{D(X)}}, \quad \frac{Y-E(Y)}{\sqrt{D(Y)}}$$

这里自然假定 X 和 Y 的数学期望和方差都存在. 考虑用 $t \cdot \dfrac{X-E(X)}{\sqrt{D(X)}}$ 近似表示 $\dfrac{Y-E(Y)}{\sqrt{D(Y)}}$,所产生的误差用均方误差表示为

$$E\left\{\left[\frac{Y-E(Y)}{\sqrt{D(Y)}}-t \cdot \frac{X-E(X)}{\sqrt{D(X)}}\right]^2\right\} \triangleq \varepsilon(t)$$

容易算得

$$\varepsilon(t)=1-2t\frac{E\{[X-E(X)][Y-E(Y)]\}}{\sqrt{D(X)}\sqrt{D(Y)}}+t^2$$

若记

$$\rho_{XY}=\frac{E\{[X-E(X)][Y-E(Y)]\}}{\sqrt{D(X)}\sqrt{D(Y)}}$$

则

$$\varepsilon(t)=(t-\rho_{XY})^2+(1-\rho_{XY}^2) \tag{4.3.1}$$

由(4.3.1)式可见,当 $t=\rho_{XY}$ 时,均方误差 $\varepsilon(t)$ 最小. 即用 $t \cdot \dfrac{X-E(X)}{\sqrt{D(X)}}$ 近似表示 $\dfrac{Y-E(Y)}{\sqrt{D(Y)}}$,用均方误差大小作标准来衡量,取 $t=\rho_{XY}$ 是最好的近似,而且此时的均方误差为

$$\varepsilon(t)=1-\rho_{XY}^2$$

于是有下面的定义.

定义 4.3.1 设对二维随机变量 (X,Y),$E(X)$,$E(Y)$ 和 $E\{[X-E(X)][Y-E(Y)]\}$ 都存在,则称 $E\{[X-E(X)][Y-E(Y)]\}$ 为 X 与 Y 的协方差,记作 $\mathrm{Cov}(X,Y)$,即

$$\text{Cov}(X,Y)=E\{[X-E(X)][Y-E(Y)]\}$$

若 $\text{Cov}(X,Y)$ 存在,并且 $D(X),D(Y)$ 存在且都不为 0,则称

$$\rho_{XY}=\frac{E\{[X-E(X)][Y-E(Y)]\}}{\sqrt{D(X)}\,\sqrt{D(Y)}}$$

为 X 与 Y 的相关系数.

由 4.2 节中方差的性质(3)的证明过程知

$$D(X\pm Y)=D(X)+D(Y)\pm 2\text{Cov}(X,Y)$$

则当 X 与 Y 相互独立时,有

$$\text{Cov}(X,Y)=0$$

4.3.2 协方差的计算

计算协方差的方法有两个.

方法 1 按定义计算,这是作为随机变量 X 与 Y 的函数的数学期望计算的.

方法 2 按下面的公式计算:

$$\text{Cov}(X,Y)=E(XY)-E(X)E(Y) \tag{4.3.2}$$

(4.3.2)式可用数学期望的性质证明,这由读者去完成. 多数情况下用方法 2 计算,但有时用方法 1 计算更简便.

例 4.3.1 设 (X,Y) 的分布律为

X \ Y	1	4	$p_i.$
-2	0	1/4	1/4
-1	1/4	0	1/4
1	1/4	0	1/4
2	0	1/4	1/4
$p._j$	1/2	1/2	1

求 ρ_{XY},并问 X 与 Y 是否独立?

解 由已知可见 X,Y 的分布律分别为

X	-2	-1	1	2
P	$\frac{1}{4}$	$\frac{1}{4}$	$\frac{1}{4}$	$\frac{1}{4}$

Y	1	4
P	$\frac{1}{2}$	$\frac{1}{2}$

因此可以算得

$$E(X)=0,\quad D(X)=\frac{5}{2},\quad E(Y)=\frac{5}{2},\quad D(Y)=\frac{9}{4}$$

又由 (X,Y) 的分布律可以算得 $E(XY)=0$，于是得 $\rho_{XY}=0$.

由 X 与 Y 的分布律和它们的联合分布律，显然有 X 与 Y 不独立.

例 4.3.2 设 $(X_1,X_2)\sim N(\mu_1,\mu_2,\sigma_1^2,\sigma_2^2,\rho)$，求 X_1 与 X_2 的相关系数.

解 (X_1,X_2) 的概率密度为

$$f(x_1,x_2)=\frac{1}{2\pi\sigma_1\sigma_2\sqrt{1-\rho^2}}e^{-\frac{1}{2(1-\rho^2)}\left[\frac{(x_1-\mu_1)^2}{\sigma_1^2}-\frac{2\rho(x_1-\mu_1)(x_2-\mu_2)}{\sigma_1\sigma_2}+\frac{(x_2-\mu_2)^2}{\sigma_2^2}\right]}$$

由于 $X_1\sim N(\mu_1,\sigma_1^2),X_2\sim N(\mu_2,\sigma_2^2)$，因此

$$E(X_1)=\mu_1,D(X_1)=\sigma_1^2,E(X_2)=\mu_2,D(X_2)=\sigma_2^2$$

由协方差的定义得：

$$\mathrm{Cov}(X_1,X_2)=E\big[(X_1-\mu_1)(X_2-\mu_2)\big]$$

$$=\frac{1}{2\pi\sigma_1\sigma_2\sqrt{1-\rho^2}}\int_{-\infty}^{+\infty}\int_{-\infty}^{+\infty}(x_1-\mu_1)(x_2-\mu_2)\cdot$$

$$e^{-\frac{1}{2(1-\rho^2)}\left[\frac{(x_1-\mu_1)^2}{\sigma_1^2}-\frac{2\rho(x_1-\mu_1)(x_2-\mu_2)}{\sigma_1\sigma_2}+\frac{(x_2-\mu_2)^2}{\sigma_2^2}\right]}\mathrm{d}x_1\mathrm{d}x_2$$

令 $u=\dfrac{x_1-\mu_1}{\sigma_1},v=\dfrac{x_2-\mu_2}{\sigma_2}$，则得

$$\mathrm{Cov}(X_1,X_2)=\frac{\sigma_1\sigma_2}{2\pi\sqrt{1-\rho^2}}\int_{-\infty}^{+\infty}\int_{-\infty}^{+\infty}uv\,e^{-\frac{1}{2(1-\rho^2)}(u^2-2\rho uv+v^2)}\mathrm{d}u\mathrm{d}v$$

$$=\frac{\sigma_1\sigma_2}{2\pi\sqrt{1-\rho^2}}\int_{-\infty}^{+\infty}v\,e^{-\frac{v^2}{2}}\mathrm{d}v\int_{-\infty}^{+\infty}u\,e^{-\frac{1}{2(1-\rho^2)}(u-\rho v)^2}\mathrm{d}u$$

$$=\frac{\rho\sigma_1\sigma_2}{\sqrt{2\pi}}\int_{-\infty}^{+\infty}v^2\,e^{-\frac{v^2}{2}}\mathrm{d}v=\rho\sigma_1\sigma_2$$

因此

$$\rho_{XY}=\frac{\rho\sigma_1\sigma_2}{\sigma_1\sigma_2}=\rho$$

注意 由此可见，对二维正态随机变量 (X,Y)，它的分布由 X 与 Y 的数学期望、方差以及它们之间的相关系数完全确定.

4.3.3 协方差和相关系数的性质

协方差具有下列性质：

(1) 若 a,b 为常数，则 $\mathrm{Cov}(aX,bY)=ab\,\mathrm{Cov}(X,Y)$.

(2) $\mathrm{Cov}(X_1+X_2,Y)=\mathrm{Cov}(X_1,Y)+\mathrm{Cov}(X_2,Y)$.

证明从略.

相关系数具有下列性质：

(1) $|\rho_{XY}|\leqslant 1$.

(2) $|\rho_{XY}|=1$ 的充分必要条件是存在常数 a,b，使得 $P\{Y=aX+b\}=1$.

证明从略.

由上面的性质可见, ρ_{XY} 是刻画 X 与 Y 之间的线性相关程度的一个数字特征. 当 $|\rho_{XY}|=1$ 时, X 与 Y 之间的线性相关程度最好; 当 $\rho_{XY}=0$ 时, 它们之间的线性相关程度最差. 于是有下面的定义.

定义 4.3.2 若 X 与 Y 的相关系数 $\rho_{XY}=0$, 则称 X 与 Y 不相关.

当 X 与 Y 独立时有 $\mathrm{Cov}(X,Y)=0$, 若它们的方差存在且不为零, 则它们是不相关的; 反之, 由 $\rho_{XY}=0$ 不能推出它们相互独立, 这由例 4.3.1 可见. 因此, 独立与不相关是两个不同的概念.

注意 由例 4.3.2 可知: 对二维正态随机变量 (X,Y), X 与 Y 相互独立的充要条件是 X 与 Y 不相关.

4.3.4 多维随机变量的数学期望和协方差矩阵

先介绍多维随机变量的数学期望.

定义 4.3.3 设 $\boldsymbol{X} \triangle (X_1, X_2, \cdots, X_n)$ 为 n 维随机变量, 若 $E(X_k) \triangle \mu_k, k=1,2,\cdots,n$ 都存在, 则称 $\boldsymbol{\mu}=(\mu_1,\mu_2,\cdots,\mu_n)$ 为 $\boldsymbol{X}$ 的数学期望.

若将随机变量构成的矩阵的数学期望定义为它们的各个元素的数学期望所构成的矩阵, 则容易看到 $E(\boldsymbol{X})=\boldsymbol{\mu}$.

同一维随机变量的数学期望的意义类似, 多维随机变量的数学期望表示该随机变量取值的集中位置或散布中心.

下面介绍多维随机变量的协方差矩阵.

定义 4.3.4 设 $\boldsymbol{X}=(X_1,X_2,\cdots,X_n)$ 为 n 维随机变量, 若
$$c_{ij}=E\{[X_i-E(X_i)][X_j-E(X_j)]\}, i,j=1,2,\cdots,n$$
都存在, 则称矩阵

$$\boldsymbol{C}=\begin{pmatrix} c_{11} & c_{12} & \cdots & c_{1n} \\ c_{21} & c_{22} & \cdots & c_{2n} \\ \vdots & \vdots & & \vdots \\ c_{n1} & c_{n2} & \cdots & c_{nn} \end{pmatrix}$$

为 $\boldsymbol{X}$ 的协方差矩阵.

若 n 维随机变量 $(X_1,X_2,\cdots,X_n)$ 的协方差矩阵为 $\boldsymbol{C}=(c_{ij})$, 则可以证明

$$D\left(\sum_{k=1}^{n} X_k\right) = \sum_{i=1}^{n} \sum_{j=1}^{n} c_{ij}$$

多维随机变量的协方差矩阵是一对称矩阵, 在一定意义上起着一维随机变量方差的作用. 另外, 若 n 维随机变量 $\boldsymbol{X}=(X_1,X_2,\cdots,X_n)$ 的数学期望为 $\boldsymbol{\mu}=(\mu_1,\mu_2,\cdots,\mu_n)$, 则 $\boldsymbol{X}$ 的协方差矩阵 $\boldsymbol{C}$ 可表示为

$$\boldsymbol{C}=E[(\boldsymbol{X}-\boldsymbol{\mu})^{\mathrm{T}}(\boldsymbol{X}-\boldsymbol{\mu})]$$

设 $\boldsymbol{A}=(a_{ij})$ 是一 $m\times n$ 的实数矩阵，$\boldsymbol{Y}=(Y_1,Y_2,\cdots,Y_m)$ 是 m 维随机变量，满足

$$\boldsymbol{Y}^{\mathrm{T}}=\boldsymbol{AX}^{\mathrm{T}}$$

若记 $\boldsymbol{Y}$ 的数学期望为 $\boldsymbol{\mu}^*$，协方差矩阵为 $\boldsymbol{C}^*$，则容易证明

$$\boldsymbol{\mu}^*=E(\boldsymbol{Y})=E(\boldsymbol{XA}^{\mathrm{T}})=E(\boldsymbol{X})\boldsymbol{A}^{\mathrm{T}}$$

$$\boldsymbol{C}^*=E\{[\boldsymbol{AX}^{\mathrm{T}}-E(\boldsymbol{AX}^{\mathrm{T}})][\boldsymbol{XA}^{\mathrm{T}}-E(\boldsymbol{XA}^{\mathrm{T}})]\}=\boldsymbol{ACA}^{\mathrm{T}}$$

例 4.3.3 设 $(X_1,X_2)\sim N(\mu_1,\mu_2,\sigma_1^2,\sigma_2^2,\rho)$，求 (X_1,X_2) 的协方差矩阵.

解 在前面已经得到

$$D(X_1)=\mathrm{Cov}(X_1,X_1)=\sigma_1^2$$
$$D(X_2)=\mathrm{Cov}(X_2,X_2)=\sigma_2^2$$
$$\mathrm{Cov}(X_1,X_2)=\rho\sigma_1\sigma_2$$

于是得 (X_1,X_2) 的协方差矩阵为

$$\boldsymbol{C}=\begin{pmatrix}\sigma_1^2 & \rho\sigma_1\sigma_2\\ \rho\sigma_1\sigma_2 & \sigma_2^2\end{pmatrix}$$

作为协方差矩阵的应用，下面介绍 n 维正态分布.

4.3.5 n 维正态分布

设 $(X_1,X_2)\sim N(\mu_1,\mu_2,\sigma_1^2,\sigma_2^2,\rho)$，其概率密度为

$$f(x_1,x_2)=\frac{1}{2\pi\sigma_1\sigma_2\sqrt{1-\rho^2}}e^{-\frac{1}{2(1-\rho^2)}\left[\frac{(x_1-\mu_1)^2}{\sigma_1^2}-\frac{2\rho(x_1-\mu_1)(x_2-\mu_2)}{\sigma_1\sigma_2}+\frac{(x_2-\mu_2)^2}{\sigma_2^2}\right]}$$

(X_1,X_2) 的数学期望为 $\boldsymbol{\mu}=(\mu_1,\mu_2)$，协方差矩阵为

$$\boldsymbol{C}=\begin{pmatrix}\sigma_1^2 & \rho\sigma_1\sigma_2\\ \rho\sigma_1\sigma_2 & \sigma_2^2\end{pmatrix}$$

则 $\boldsymbol{C}$ 的行列式为 $|\boldsymbol{C}|=\sigma_1^2\sigma_2^2(1-\rho^2)$，逆矩阵为

$$\boldsymbol{C}^{-1}=\frac{1}{\sigma_1^2\sigma_2^2(1-\rho^2)}\begin{pmatrix}\sigma_2^2 & -\rho\sigma_1\sigma_2\\ -\rho\sigma_1\sigma_2 & \sigma_1^2\end{pmatrix}$$

若记 $\boldsymbol{x}=(x_1,x_2)$，则有

$$(\boldsymbol{x}-\boldsymbol{\mu})\boldsymbol{C}^{-1}(\boldsymbol{x}-\boldsymbol{\mu})^{\mathrm{T}}$$

$$=\frac{1}{\sigma_1^2\sigma_2^2(1-\rho^2)}(x_1-\mu_1,x_2-\mu_2)\begin{pmatrix}\sigma_2^2 & -\rho\sigma_1\sigma_2\\ -\rho\sigma_1\sigma_2 & \sigma_1^2\end{pmatrix}\begin{pmatrix}x_1-\mu_1\\ x_2-\mu_2\end{pmatrix}$$

$$=\frac{1}{1-\rho^2}\left[\frac{(x_1-\mu_1)^2}{\sigma_1^2}-\frac{2\rho(x_1-\mu_1)(x_2-\mu_2)}{\sigma_1\sigma_2}+\frac{(x_2-\mu_2)^2}{\sigma_2^2}\right]$$

于是，(X_1,X_2) 的概率密度可表示为

$$f(x_1,x_2)=\frac{1}{(2\pi)^{2/2}|\boldsymbol{C}|^{1/2}}\exp\left[-\frac{1}{2}(\boldsymbol{x}-\boldsymbol{\mu})\boldsymbol{C}^{-1}(\boldsymbol{x}-\boldsymbol{\mu})^{\mathrm{T}}\right] \qquad (4.3.3)$$

将 (4.3.3) 式推广到 n 维正态随机变量 $(X_1,X_2,\cdots,X_n)$ 的情况，给出下面的定义.

定义 4.3.5 记 $\boldsymbol{x}=(x_1,x_2,\cdots,x_n)$，$\boldsymbol{\mu}=(\mu_1,\mu_2,\cdots,\mu_n)$，且已知

$$C = \begin{pmatrix} c_{11} & c_{12} & \cdots & c_{1n} \\ c_{21} & c_{22} & \cdots & c_{2n} \\ \vdots & \vdots & & \vdots \\ c_{n1} & c_{n2} & \cdots & c_{nn} \end{pmatrix}$$

是一实对称正定矩阵,若 n 维随机变量 $\boldsymbol{X} = (X_1, X_2, \cdots, X_n)$ 的概率密度为

$$f(x_1, x_2, \cdots, x_n) = \frac{1}{(2\pi)^{n/2} |\boldsymbol{C}|^{1/2}} \exp\left[-\frac{1}{2}(\boldsymbol{x} - \boldsymbol{\mu})\boldsymbol{C}^{-1}(\boldsymbol{x} - \boldsymbol{\mu})^{\mathrm{T}}\right]$$

则称 $\boldsymbol{X}$ 服从 n 维正态分布,记作 $\boldsymbol{X} \sim N(\boldsymbol{\mu}, \boldsymbol{C})$.

可以证明:若 $\boldsymbol{X} \sim N(\boldsymbol{\mu}, \boldsymbol{C})$,则 $\boldsymbol{\mu}$ 是 $\boldsymbol{X}$ 的数学期望,$\boldsymbol{C}$ 是 $\boldsymbol{X}$ 的协方差矩阵.

n 维正态随机变量有下列性质.

(1) n 维正态随机变量 $(X_1, X_2, \cdots, X_n)$ 的每一个分量 $X_i(i=1, 2, \cdots, n)$ 都是一维正态随机变量;反之,若 $X_i(i=1, 2, \cdots, n)$ 是一维正态随机变量,且它们相互独立,则 $(X_1, X_2, \cdots, X_n)$ 是 n 维正态随机变量.

(2) n 维随机变量 $(X_1, X_2, \cdots, X_n)$ 服从 n 维正态分布的充要条件是 $X_1, X_2, \cdots, X_n$ 的任意线性组合:

$$l_1 X_1 + l_2 X_2 + \cdots + l_n X_n \quad (\text{其中 } l_1, l_2, \cdots, l_n \text{ 不全为零})$$

服从一维正态分布.

(3) 若 $\boldsymbol{X} = (X_1, X_2, \cdots, X_n) \sim N(\boldsymbol{\mu}, \boldsymbol{C})$,$\boldsymbol{A}$ 是一 $m \times n$ 的矩阵,且使得 $\boldsymbol{ACA}^{\mathrm{T}}$ 为正定矩阵,$\boldsymbol{Y} = (Y_1, Y_2, \cdots, Y_m)$ 满足 $\boldsymbol{Y}^{\mathrm{T}} = \boldsymbol{AX}^{\mathrm{T}}$,则 $\boldsymbol{Y} \sim N(\boldsymbol{\mu A}^{\mathrm{T}}, \boldsymbol{ACA}^{\mathrm{T}})$.

此性质称为正态随机变量的线性不变性.

(4) 若 $(X_1, X_2, \cdots, X_n)$ 服从 n 维正态分布,则 $X_1, X_2, \cdots, X_n$ 相互独立的充要条件是 $X_1, X_2, \cdots, X_n$ 两两不相关.

4.3.6 矩

本节的最后介绍随机变量的矩的概念,它在数理统计中要用到.

定义 4.3.6 设 X 和 Y 是随机变量,若

$$E(X^k), k = 1, 2, \cdots$$

存在,称它为 X 的 k 阶原点矩,简称 k 阶矩.

若

$$E\{[X - E(X)]^k\}, k = 1, 2, \cdots$$

存在,称它为 X 的 k 阶中心矩.

若

$$E(X^k Y^l), k, l = 1, 2, \cdots$$

存在,称它为 X 和 Y 的 $k+l$ 阶混合矩.

若

$$E\{[X - E(X)]^k [Y - E(Y)]^l\}, k, l = 1, 2, \cdots$$

存在,称它为 X 和 Y 的 $k+l$ 阶混合中心矩.

4.3.7 柯西-施瓦茨不等式

在概率论和随机过程中,有一个重要的不等式经常被用到,这就是柯西-施瓦茨

（Cauchy-Schwarz）不等式.

定理 4.3.1 设随机变量 V 和 W 的二阶矩 $E(V^2)$ 和 $E(W^2)$ 都存在,则有

$$[E(VW)]^2 \leqslant E(V^2)E(W^2)$$

证明略.

习题 4.3

1. 设随机变量 (X,Y) 的分布律为

X \ Y	-1	0	1
-1	$\dfrac{1}{8}$	$\dfrac{1}{8}$	$\dfrac{1}{16}$
0	$\dfrac{1}{16}$	0	$\dfrac{1}{4}$
1	$\dfrac{1}{8}$	$\dfrac{1}{16}$	$\dfrac{3}{16}$

求:(1) X 与 Y 的相关系数;(2) (X,Y) 的协方差矩阵.

2. 设随机变量 (X,Y) 的概率密度为

$$f(x,y)=\begin{cases} 3x, & 0<x<1,0<y<x \\ 0, & \text{其他} \end{cases}$$

求:(1) X 与 Y 的相关系数;(2) (X,Y) 的协方差矩阵.

3. 设随机变量 (X,Y) 的概率密度为

$$f(x,y)=\begin{cases} x+y, & 0<x<1,0<y<1 \\ 0, & \text{其他} \end{cases}$$

求:(1) X 与 Y 的相关系数;(2) (X,Y) 的协方差矩阵.

4. 设随机变量 (X,Y) 在区域 $D=\{(x,y)\,|\,x^2+y^2\leqslant 1\}$ 上服从均匀分布,求:(1) X 与 Y 的相关系数;(2) (X,Y) 的协方差矩阵,并问 X 与 Y 是否独立? 是否不相关?

5. 设 $X\sim N(0,1)$,求:(1) X 与 $|X|$ 的相关系数;(2) $(X,|X|)$ 的协方差矩阵.

6. 对于随机变量 X,Y,Z,若已知

$$E(X)=E(Y)=1, \quad E(Z)=-1, \quad D(X)=D(Y)=D(Z)=1$$

$$\rho_{XY}=0, \quad \rho_{XZ}=\frac{1}{2}, \quad \rho_{YZ}=-\frac{1}{2}$$

求 $E(X+Y+Z),D(X+Y+Z)$.

7. 若 $Y=a+bX(a,b$ 为常数,$b\neq 0)$,证明

$$\rho_{XY}=\begin{cases} -1, & b<0 \\ 1, & b>0 \end{cases}$$

8. 设随机变量 (X,Y,Z) 的概率密度为

$$f(x,y,z)=\begin{cases}(x+y)\mathrm{e}^{-z}, & 0<x<1,0<y<1,z>0 \\ 0, & \text{其他}\end{cases}$$

求 (X,Y,Z) 的协方差矩阵.

9. 设随机变量 $(X_1,X_2)\sim N\left(1,1,2^2,2^2,\dfrac{1}{2}\right)$，$Y_1=X_1+X_2$，$Y_2=X_1+2X_2$，求 (Y_1,Y_2) 的分布.

10. 设 $X\sim N(0,\sigma^2)$，求 $E(X^n)$，$n=1,2,\cdots$.

4.4 大数定律和中心极限定理简介

4.4.1 大数定律

在第 1 章讲过，当 n 充分大时，事件的频率具有稳定性. 在实际中，人们发现对某个量的大量观察值的算术平均值具有稳定性. 数学上解释这种稳定性的理论就是大数定律.

定理 4.4.1(切比雪夫定理) 设随机变量 $X_1,X_2,\cdots,X_n,\cdots$ 相互独立[①]，且具有相同的数学期望和方差：$E(X_k)=\mu,D(X_k)=\sigma^2(k=1,2,\cdots)$. 作前 n 个随机变量的算术平均

$$\overline{X}=\frac{1}{n}\sum_{k=1}^{n}X_k$$

则对任意 $\varepsilon>0$，有

$$\lim_{n\to\infty}P\{\,|\overline{X}-\mu|<\varepsilon\}=\lim_{n\to\infty}P\left\{\left|\frac{1}{n}\sum_{k=1}^{n}X_k-\mu\right|<\varepsilon\right\}=1$$

证明从略.

推论 设 $X_1,X_2,\cdots$ 独立同分布，且数学期望 $E(X_k)=\mu(k=1,2,\cdots)$，则对任意 $\varepsilon>0$，有

$$\lim_{n\to\infty}P\{\,|\overline{X}-\mu|<\varepsilon\}=\lim_{n\to\infty}P\left\{\left|\frac{1}{n}\sum_{k=1}^{n}X_k-\mu\right|<\varepsilon\right\}=1$$

定理 4.4.1 可以解释对某个量的大量观察值的算术平均值的稳定性. 实际上，对某个量作 n 次独立的观察，设第 k 个观察值为 $X_k(k=1,2,\cdots,n)$，且 $E(X_k)=\mu,D(X_k),k=1,2,\cdots,n$ 都存在，则可以认为 μ 为该量的真值. 由极限的性质，对任意 $\delta>0$，当 n 充分大时，有

$$P\left\{\left|\frac{1}{n}\sum_{k=1}^{n}X_k-\mu\right|<\varepsilon\right\}>1-\delta \tag{4.4.1}$$

或

$$P\left\{\mu-\varepsilon<\frac{1}{n}\sum_{k=1}^{n}X_k<\mu+\varepsilon\right\}>1-\delta$$

(4.4.1)式说明 $\dfrac{1}{n}\sum\limits_{k=1}^{n}X_k$ 以接近 1 的概率在该量真值 μ 的附近摆动. 现对 $\dfrac{1}{n}\sum\limits_{k=1}^{n}X_k$ 作一次

---

① $X_1,X_2,\cdots,X_n,\cdots$ 相互独立的含义是：对任意 $n\geqslant2,X_1,X_2,\cdots,X_n$ 相互独立.

观察,其观察值 $\frac{1}{n}\sum_{k=1}^{n}x_k \approx \mu$,其中 x_k 为 X_k 的一个观察值,$k=1,2,\cdots,n$.

定理 4.4.2(贝努利定理) 设 n_A 是在 n 次重复独立试验中事件 A 出现的次数,p 是事件 A 在每次试验中出现的概率,则对任意 $\varepsilon > 0$,有

$$\lim_{n \to \infty} P\left\{ \left| \frac{n_A}{n} - p \right| < \varepsilon \right\} = 1$$

证明略.

贝努利定理可以解释事件频率的稳定性.由极限的性质,对任意 $\delta > 0$,当 n 充分大时,有

$$P\left\{ \left| \frac{n_A}{n} - p \right| < \varepsilon \right\} > 1 - \delta \tag{4.4.2}$$

或

$$P\left\{ p - \varepsilon < \frac{n_A}{n} < p + \varepsilon \right\} > 1 - \delta$$

(4.4.2)式说明事件 A 的频率 $\frac{n_A}{n}$ 以接近 1 的概率在其概率 p 的附近摆动,现作一次观察所得到的频率 $\frac{n_A}{n} \approx p$.

4.4.2　中心极限定理

中心极限定理研究一个随机变量何时服从正态分布.若一个随机变量是由大量相互独立的随机因素的综合影响所形成的,而每个个别因素在总的影响中的作用都是微小的,那么这个随机变量往往服从或近似服从正态分布,这就是中心极限定理所得的结论.

定理 4.4.3(独立同分布的中心极限定理) 设随机变量 $X_1,X_2,\cdots,X_n,\cdots$ 相互独立,服从同一分布,且具有数学期望和方差:$E(X_k)=\mu,D(X_k)=\sigma^2 > 0(k=1,2,\cdots)$,则随机变量之和 $\sum_{k=1}^{n}X_k$ 的标准化随机变量

$$Y_n = \frac{\sum_{k=1}^{n}X_k - E\left(\sum_{k=1}^{n}X_k\right)}{\sqrt{D\left(\sum_{k=1}^{n}X_k\right)}} = \frac{\sum_{k=1}^{n}X_k - n\mu}{\sqrt{n}\,\sigma}$$

的分布函数 $F_n(x)$ 对任意 x 满足

$$\lim_{n \to \infty} F_n(x) = \lim_{n \to \infty} P\left\{ \frac{\sum_{k=1}^{n}X_k - n\mu}{\sqrt{n}\,\sigma} \leqslant x \right\} = \frac{1}{\sqrt{2\pi}} \int_{-\infty}^{x} e^{-\frac{t^2}{2}} \, dt = \Phi(x)$$

定理 4.4.3 的应用:当 n 充分大时,有

$$\frac{\sum\limits_{k=1}^{n} X_k - n\mu}{\sqrt{n}\sigma} \overset{\text{近似}}{\sim} N(0,1)$$

或者

$$\sum_{k=1}^{n} X_k \overset{\text{近似}}{\sim} N(n\mu, n\sigma^2)$$

定理 4.4.4（棣莫弗-拉普拉斯定理） 设随机变量 η_n 服从参数为 $n, p(0<p<1)$ 的二项分布,则对于任意 x,有

$$\lim_{n \to \infty} P\left\{\frac{\eta_n - np}{\sqrt{np(1-p)}} \leqslant x\right\} = \frac{1}{\sqrt{2\pi}} \int_{-\infty}^{x} e^{-\frac{t^2}{2}} dt = \Phi(x)$$

定理 4.4.4 的应用:当 n 充分大时,有

$$\frac{\eta_n - np}{\sqrt{np(1-p)}} \overset{\text{近似}}{\sim} N(0,1)$$

或者

$$\eta_n \overset{\text{近似}}{\sim} N(np, npq), \quad q = 1-p$$

例 4.4.1 某地区引进小麦新品种在一万亩土地上进行推广种植. 以百亩为单位,若该小麦品种单位面积的增产量 X 在 $(200, 800)$（单位:kg）上服从均匀分布,且设各个单位面积上的增产量相互独立,试利用中心极限定理计算在一万亩土地上种植的小麦的总增产量超过 4.5 万千克的概率.

解 设 X_k 表示第 k 个单位面积上的增产量,则 $X_k(k=1,2,\cdots,100)$ 相互独立,且

$$X_k \sim U(200, 800), \quad E(X_k) = 500, \quad D(X_k) = 30\,000, \quad k = 1, 2, \cdots, 100$$

由定理 4.4.3,近似地有 $\sum\limits_{k=1}^{100} X_k \sim N(50\,000, 3\,000\,000)$,于是总增产量超过 4.5 万千克的概率为

$$P\left\{\sum_{k=1}^{100} X_k > 45\,000\right\} = P\left\{\frac{\sum\limits_{k=1}^{100} X_k - 50\,000}{\sqrt{3\,000\,000}} > \frac{45\,000 - 50\,000}{\sqrt{3\,000\,000}}\right\}$$

$$\approx 1 - \Phi(-2.89) = 0.998\,1$$

例 4.4.2 某保险公司设置一项单项保险时规定:一辆自行车投保每年交保险金 2 元,如果自行车丢失,保险公司赔偿 200 元. 设在一年内一辆自行车丢失的概率为 0.001,问至少要有多少辆自行车投保才能以 0.9 的概率保证这一单项保险不亏本?

解 设有 n 辆自行车投保,η_n 表示在一年内 n 辆自行车中丢失的自行车数,则 $\eta_n \sim b(n, 0.001)$,问题转化为求 n 至少为多少时,才能使

$$P\{2n - 200\eta_n \geqslant 0\} \geqslant 0.9$$

由定理 4.4.4,有

$$P\{\eta_n \leqslant 0.01n\} = P\left\{\frac{\eta_n - 0.001n}{\sqrt{0.000\,999n}} \leqslant \frac{0.01n - 0.001n}{\sqrt{0.000\,999n}}\right\} \approx \Phi\left(\frac{0.009n}{\sqrt{0.000\,999n}}\right) \geqslant 0.9$$

查表得

$$\frac{0.009n}{\sqrt{0.000\,999n}} \geqslant 1.29$$

解此不等式得 $n \geqslant 21$,即至少要有 21 辆自行车投保,才可能以不小于 0.9 的概率保证这一单项保险不会亏本.

习题 4.4

1. 设 $X_k(k=1,2,\cdots,50)$ 是相互独立的随机变量,且都服从参数为 $\lambda = 0.03$ 的泊松分布. 记 $Y = X_1 + X_2 + \cdots + X_{50}$,利用中心极限定理求 $P\{Y > 3\}$.

2. 设一个滚珠的重量是一个随机变量,均值为 50 g,标准差为 5 g,求一盒(100 个)滚珠的重量超过 5 100 g 的概率.

3. 某系统备有 $D_1, D_2, \cdots, D_{30}$ 共 30 个电子元件,若 D_i 损坏则立即使用 D_{i+1}. 设 D_i 的寿命(小时)服从参数为 $\lambda = 0.1$ 的指数分布,T 为 30 个元件使用的总时间,求 T 超过 350 小时的概率.

4. 计算机作加法时对加数取整(取最靠近该数的整数),设各加数的舍入误差是相互独立的,且它们都在 $(-0.5, 0.5)$ 上均匀分布. 求:

(1) 若将 1 500 个数相加,求总误差的绝对值超过 15 的概率;

(2) 问最多多少个数相加可使得总误差的绝对值小于 10 的概率不小于 0.9?

5. 设在一年内某特定人群中一个人死亡的概率为 0.005.保险公司设置一项针对该特定人群的人寿保险,现有 10 000 个人参加这项保险,试求:

(1) 在未来一年内有 40~50 人死亡的概率;

(2) 在未来一年内死亡人数不超过 70 人的概率.

6. 设一个系统由 100 个相互独立起作用的部件组成,每个部件损坏的概率为 0.1.如果必须有 85 个以上的部件工作,整个系统才能工作,求整个系统工作的概率.

7. 某车间有 200 台车床,由于各种原因每台车床有 60% 时间在开动,每台车床在开动期间所耗电能为 E,问至少供给此车间多少电能,才能以不低于 99.9% 的概率保证此车间不因供电不足而影响生产?

8. 某个单位设置一电话总机,共有 200 个电话分机.设每个电话分机有 5% 的时间要使用外线通话,并假定各个分机是否使用外线通话是相互独立的.问总机至少要有多少条外线,才能以不低于 90% 的概率保证每个分机要使用时可供使用?

9. 从装有 3 个白球、1 个黑球的口袋中有放回地取 n 次球.设 N 是白球出现的次数,问 n 至少多大时,才能使得 $P\left\{\left|\dfrac{N}{n} - p\right| < 0.001\right\} \geqslant 0.996\,4$(其中 $p = \dfrac{3}{4}$)?

本 章 小 结

1. 随机变量的数学期望和方差的定义、实际意义和性质；二维随机变量相关系数的定义、实际意义和性质；多维随机变量的数学期望和协方差矩阵的定义及意义.

数学期望有下列性质：

(1) 若 C 为常数，则 $E(C)=C$.

(2) 若 X 为随机变量，C 为常数，则 $E(CX)=CE(X)$.

(3) 若 X,Y 为随机变量，则 $E(X+Y)=E(X)+E(Y)$.

推广 $E\left(\sum_{k=1}^{n}X_k\right)=\sum_{k=1}^{n}E(X_k)$.

(4) 设 X 与 Y 是相互独立的随机变量，则 $E(XY)=E(X)E(Y)$.

推广 若随机变量 $X_1,X_2,\cdots,X_n$ 相互独立，则 $E\left(\prod_{k=1}^{n}X_k\right)=\prod_{k=1}^{n}E(X_k)$.

方差有下列性质：

(1) 若 C 为常数，则 $D(C)=0$.

(2) 若 C 为常数，则 $D(CX)=C^2D(X)$.

(3) 若 X 与 Y 相互独立，则 $D(X\pm Y)=D(X)+D(Y)$.

推广 若 $X_1,X_2,\cdots,X_n$ 相互独立，则 $D\left(\sum_{k=1}^{n}X_k\right)=\sum_{k=1}^{n}D(X_k)$.

(4) $D(X)=0$ 的充要条件是 $P\{X=E(X)\}=1$.

协方差具有下列性质：

(1) 若 a,b 为常数，则 $\mathrm{Cov}(aX,bY)=ab\mathrm{Cov}(X,Y)$.

(2) $\mathrm{Cov}(X_1+X_2,Y)=\mathrm{Cov}(X_1,Y)+\mathrm{Cov}(X_2,Y)$.

相关系数具有下列性质：

(1) $|\rho_{XY}|\leqslant 1$.

(2) $|\rho_{XY}|=1$ 的充分必要条件是存在常数 a,b，使得 $P\{Y=aX+b\}=1$.

若 $\rho_{XY}=0$，则称 X 与 Y 不相关. 设 X,Y 的方差存在且不为零，若 X 与 Y 相互独立，则 X 与 Y 不相关，但反之不然.

2. 几个常用分布的数学期望和方差：$X\sim b(n,p)$，则 $E(X)=np,D(X)=npq$；$X\sim\pi(\lambda)$，则 $E(X)=D(X)=\lambda$；$X\sim U(a,b)$，则 $E(X)=\dfrac{a+b}{2},D(X)=\dfrac{(b-a)^2}{12}$；$X\sim N(\mu,\sigma^2)$，则 $E(X)=\mu,D(X)=\sigma^2$；X 服从参数为 λ 的指数分布，则 $E(X)=\dfrac{1}{\lambda},D(X)=\dfrac{1}{\lambda^2}$.

3. 二维正态随机变量的数字特征，多维正态随机变量的定义和性质.

$(X,Y)\sim N(\mu_1,\mu_2,\sigma_1^2,\sigma_2^2,\rho)$，则 $\rho_{XY}=\rho$，X 与 Y 相互独立的充要条件是它们不相关.

4. 切比雪夫不等式和柯西-施瓦茨不等式.

5. 大数定律:切比雪夫定理、贝努利定理;中心极限定理:独立同分布的中心极限定理、棣莫弗 - 拉普拉斯定理.

设随机变量 $X_1, X_2, \cdots, X_n, \cdots$ 相互独立,服从同一分布,且具有数学期望和方差,$E(X_k) = \mu, D(X_k) = \sigma^2 > 0 (k = 1, 2, \cdots)$,则当 n 充分大,

$$\frac{\sum\limits_{k=1}^{n} X_k - n\mu}{\sqrt{n}\sigma} \overset{\text{近似}}{\sim} N(0, 1)$$

随机变量 η_n 服从参数为 $n, p (0 < p < 1)$ 的二项分布,则当 n 充分大

$$\frac{\eta_n - np}{\sqrt{np(1-p)}} \overset{\text{近似}}{\sim} N(0, 1)$$

 综合练习题 4

一、单项选择题

1. 设离散型随机变量 X 的分布律为 $P\{X = n\} = \dfrac{1}{n(n+1)}, n = 1, 2, \cdots$,则 $E(X) = ($ $)$.

(A) 0   (B) 1   (C) 2   (D) 不存在

2. 设离散型随机变量 X 只取两个值:x_1, x_2,且 $x_1 < x_2$. 已知 $E(X) = 1.4, D(X) = 0.24$,则 X 的分布律为 $($ $)$.

(A)

X	0	1
P	0.6	0.4

(B)

X	1	2
P	0.6	0.4

(C)

X	n	$n+2$
P	0.6	0.4

(n 为某正整数)

(D)

X	a	b
P	0.6	0.4

(a, b 为实数,$a < b$)

3. 设随机变量 $X \sim b(n, p)$,且 $E(X) = 2.4, D(X) = 1.44$,则参数 n, p 的值分别为 $($ $)$.

(A) 4, 0.6   (B) 6, 0.4   (C) 8, 0.3   (D) 24, 0.1

4. 设随机变量 X 的分布函数为 $F(x) = \begin{cases} 0, & x < 0 \\ x^4, & 0 \leqslant x < 1 \\ 1, & x \geqslant 1 \end{cases}$,则 $E(X) = ($ $)$.

(A) $\displaystyle\int_0^{+\infty} x^5 \mathrm{d}x$ (B) $\displaystyle\int_0^1 4x^4 \mathrm{d}x$

(C) $\displaystyle\int_0^1 x^5 \mathrm{d}x + \int_1^{+\infty} x \mathrm{d}x$ (D) $\displaystyle\int_0^{+\infty} 4x^4 \mathrm{d}x$

5. 设 X 为随机变量,若 X 的分布律或概率密度为(   ),则有 $E(X)=1$.

(A) $P\{X=k\}=\dfrac{24}{19\cdot 2^k(3-k)!},k=0,1,2,3$

(B) $P\{X=k\}=\dfrac{4^{k-1}}{k!\,\mathrm{e}^4},k=0,1,2,\cdots$

(C) $f(x)=\begin{cases}2\mathrm{e}^{-2x}, & x>0 \\ 0, & x\leqslant 0\end{cases}$

(D) $f(x)=\dfrac{1}{2\sqrt{\pi}}\mathrm{e}^{-\frac{x^2}{4}}$

6. 设随机变量 X 的方差 $D(X)$ 存在,a,b 为常数,则 $D(aX+b)=(\quad)$.
   (A) $aD(X)+b$ (B) $a^2D(X)+b^2$
   (C) $aD(X)$ (D) $a^2D(X)$

7. 设 X_1,X_2,X_3 在 $(1,2)$ 上服从均匀分布,则 $E(2X_1-4X_2+X_3^2)=(\quad)$.
   (A) $-\dfrac{2}{3}$ (B) $\dfrac{2}{3}$ (C) $\dfrac{3}{2}$ (D) $-\dfrac{3}{2}$

8. 设随机变量 X 的方差 $D(X)$ 存在,且 $D(5X)=50$,则 $D(X)=(\quad)$.
   (A) 10   (B) 25   (C) 2   (D) 5

9. 设随机变量 X 的数学期望 $E(X)\geqslant 0$,且 $E\left(\dfrac{X^2}{2}-1\right)=2,D\left(\dfrac{X}{2}-1\right)=\dfrac{1}{2}$,则 $E(X)=(\quad)$.
   (A) 0   (B) 1   (C) 2   (D) 3

10. 设 $X_1,X_2,\cdots,X_n$ 独立同分布,且其方差 $\sigma^2>0$. 令 $Y=\dfrac{1}{n}\sum\limits_{i=1}^{n}X_i$,则(   ).

(A) $\mathrm{Cov}(X_1,Y)=\dfrac{\sigma^2}{n}$ (B) $\mathrm{Cov}(X_1,Y)=\sigma^2$

(C) $D(X_1+Y)=\dfrac{n+2}{n}\sigma^2$ (D) $D(X_1-Y)=\dfrac{n+1}{n}\sigma^2$

二、填空题

1. 设 X 表示 10 次独立重复射击命中目标的次数,每次命中目标的概率为 0.4,则 $E(X^2)=$ _____.

2. 设随机变量 $X\sim\pi(2)$,则 $E(3X-2)=$ _____.

3. 设 X 服从参数为 1 的指数分布,则 $E(X+\mathrm{e}^{-2X})=$ _____.

4. 设 X 与 Y 独立,且都服从 $N(0,\dfrac{1}{2})$ 分布,则 $E(|X-Y|)=$ _____.

5. 设 X 与 Y 相互独立,它们的方差分别为 4 和 2,则 $D(3X-2Y)=$ _____.

6. 设 (X,Y) 服从二维正态分布,$\xi=X+Y,\eta=X-Y$,则 ξ,η 不相关的充要条件是 _____.

7. 设 $D(X)=2$,用切比雪夫不等式估计 $P\{|X-E(X)|\geqslant 2\}\leqslant$ _____.

8. 将一枚硬币重复掷 n 次,以 X 和 Y 分别表示正面向上和反面向上的次数,则 X 与

Y 的相关系数等于_____.

9. 设 X 服从参数为 λ 的指数分布,则 $P\{X>\sqrt{D(X)}\}=$_____.

10. 设随机变量 X,Y 满足 $Y=-2X+1$,且 $E(X^2),E(Y^2)$ 均存在,则 $\rho_{XY}=$
_____.

三、计算题和证明题

1. 设工厂生产的某种设备的寿命 X(以年计)服从参数为 $\frac{1}{4}$ 的指数分布,工厂规定出售的设备在售出一年内损坏可以调换,若工厂售出一台设备盈利 100 元,调换一台设备厂方花费 300 元,试求厂方出售一台设备盈利的数学期望.

2. 设随机变量 (X,Y) 在 $D=\{(x,y)|0<x<1,|y|<x\}$ 上服从均匀分布,求相关系数 ρ_{XY}.

3. 设随机变量 X 的分布律为 $P\{X=k\}=\dfrac{1}{2^k},k=1,2,\cdots$,求 $E(X),D(X)$.

4. 设三维随机变量 (X,Y,Z) 的协方差矩阵为
$$\begin{pmatrix} 9 & 1 & -2 \\ 1 & 20 & 3 \\ -2 & 3 & 12 \end{pmatrix}$$
若 $U=2X+3Y+Z,V=X-2Y+5Z,W=Y-Z$,求 (U,V,W) 的协方差矩阵.

5. 设随机变量 X 的方差存在,证明对任意的常数 c,有
$$D(X)\leqslant E[(X-c)^2]$$

6. 设 X 是取值于 (a,b) 的连续型随机变量,证明不等式:
$$a\leqslant E(X)\leqslant b, \quad D(X)\leqslant\left(\frac{b-a}{2}\right)^2$$

7. 设 X 与 Y 相互独立,且都服从 $N(0,\sigma^2)$ 分布,证明
$$E[\min(X,Y)]=-\frac{\sigma}{\sqrt{\pi}}, \quad E[\max(X,Y)]=\frac{\sigma}{\sqrt{\pi}}$$
(提示:$\min(X,Y)=\dfrac{X+Y-|X-Y|}{2},\max(X,Y)=\dfrac{X+Y+|X-Y|}{2}$)

8. 设随机变量 X 与 Y 独立,且方差有限,证明:
$$D(XY)=D(X)D(Y)+[E(X)]^2D(Y)+D(X)[E(Y)]^2$$

9. 设随机变量 X 的概率密度 $f(x)$ 关于 $x=c$(c 为常数)对称,即对任意的 x,有
$$f(c-x)=f(c+x)$$
且 $E(X)$ 存在,证明 $E(X)=c$.

10. 设 A,B 是某随机试验的两个事件,且 $P(A)>0,P(B)>0$. 定义随机变量 X,Y 如下:
$$X=\begin{cases}1, & 若 A 发生 \\ 0, & 否则\end{cases} \qquad Y=\begin{cases}1, & 若 B 发生 \\ 0, & 否则\end{cases}$$
证明:如果 $\rho_{XY}=0$,则 X 与 Y 必定相互独立.

第2篇
随机过程

第5章 随机过程的概念及其统计特性

在概率论中,为了研究一个随机现象,有时考虑一个随机变量就够了,但有时需要同时考虑两个或两个以上随机变量.实际上,对于一个更复杂的随机现象,需要同时研究无穷多个随机变量,这就产生了随机过程的概念.

本章的主要内容是:随机过程的概念、有限维分布和数字特征;正态过程、独立增量过程、泊松过程和维纳过程的基本概率特性.

5.1 随机过程的概念及统计描述

5.1.1 随机过程的概念

在概率论中研究的对象是随机变量.随机变量的特点是:在每次试验的结果中,以一定的概率取某些事先未知但又是确定的数值.在实际问题中,常常需要研究在试验过程中随时间而变化的随机变量,即随时间的改变而随机变化的过程.有时,在试验过程中随机变量也可能随其他某个参数变化,这就要研究随某个参数的改变而随机变化的过程.我们把这类随某个参数(可以是时间)的改变而随机变化的过程称为随机过程,把这个参数统称为时间.问题在于如何描述和研究这样一个随机变化的过程.

例 5.1.1 设想从 $t=1$ 开始,每隔单位时间掷一次骰子,共掷 n 次,观察各次掷得的点数,这就是一随机过程.若记第 k 次掷得的点数为 $X_k(k=1,2,\cdots,n)$,容易想到这一随机过程可用 n 维随机变量 $(X_1,X_2,\cdots,X_n)$ 来描述.可以抽象化地说,一个 n 维随机变量就是一个简单的随机过程.若记 $T=\{1,2,\cdots,n\}$,则 $(X_1,X_2,\cdots,X_n)$ 也可用随机变量族 $\{X_k,k\in T\}$ 来表示.记 $X_k(k=1,2,\cdots,n)$ 所有可能的取值的全体为 I.通常称 T 为该过程的参数集,I 为它的状态空间.对该过程一次观察的结果 $(x_1,x_2,\cdots,x_n)$ 是一随机出现的 n 维向量,可称为是它的一个样本向量,其中 x_k 是 X_k 的观察值,$k=1,2,\cdots,n$.在一次试验中,随机过程取一个样本向量,但究竟取哪一个则带有随机性.这就是说,在试验前不能确知取哪一个样本向量,但在大量的观察中样本向量的出现是有统计规律性的.如果已知 $X_1,X_2,\cdots,X_n$ 的联合分布,则这一随机过程的统计特性就完全确定.

例 5.1.2 进一步设想,从 $t=1$ 开始,每隔单位时间掷一次骰子,无限次地掷下去,观察各次掷得的点数,这也是一随机过程.若记第 k 次掷得的点数为 $X_k(k=1,2,\cdots)$,那么这一随机过程可用随机变量序列 $X_1,X_2,\cdots$ 来描述.抽象化,可以说一个随机变量序列就是一个随机过程.若记 $T=\{1,2,\cdots\}$,则 $X_1,X_2,\cdots$ 也可用随机变量族 $\{X_k,k\in T\}$ 来表示.记 $X_k(k=1,2,\cdots)$ 所有可能的取值的全体为 I.通常称 T 为该过程的参数集,I 为它的状态空间.对该过程一次观察的结果 $(x_1,x_2,\cdots)$ 是一随机出现的数列,可称此数列是它的一个样本数列,其中 x_k 是 X_k 的观察值,$k=1,2,\cdots$.在一次试验中,随机过程取一个样本数列,但究竟取哪一个则带有随机性.这就是说,在试验前不能确知取哪一个样本数列,但在大量的观察中样本序列的出现是有统计规律性的.如果对任意的正整数 n,已知 X_1,$X_2,\cdots,X_n$ 的联合分布,则这一随机过程的统计特性就完全确定.

例 5.1.3 电子技术中,接收机从 $t=0$ 开始观察到的热噪声电压是一随机过程.若记 $T=[0,+\infty)$,$X(t)$ 为 $t(t\geqslant 0)$ 时的噪声电压,这一随机过程可用随机变量族 $\{X(t),t\geqslant 0\}$ 来描述.抽象化,随机变量族 $\{X(t),t\geqslant 0\}$ 就是一随机过程.记 $X(t)(t\geqslant 0)$ 的所有可能的取值的全体为 I.通常称 T 为该过程的参数集,I 为它的状态空间.对该过程一次观察的结果 $x(t)(t\geqslant 0)$ 是一随机出现的、普通的时间函数,可称此函数是它的一个样本函数,其中 $x(t)(t\geqslant 0)$ 是 $X(t)$ 的观察值.在一次试验中,随机过程取一个样本函数,但究竟取哪一个则带有随机性(如图 5.1 中画出了 3 个样本函数).这就是说,在试验前不能确知取哪一个样本函数,但在大量的观察中样本函数的出现是有统计规律性的.若对任意的正整数 n,任意的 $t_1,t_2,\cdots,t_n\in T$,已知 $X(t_1),X(t_2),\cdots,X(t_n)$ 的联合分布,则这一随机过程的统计特性就完全确定.

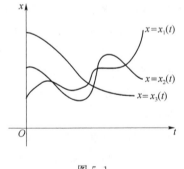

图 5.1

综上所述,可以给出随机过程的定义.

定义 5.1.1 设 E 是一随机试验,样本空间为 S,参数集 $T\subset(-\infty,+\infty)$,如果对于任意的 $t\in T$,有一定义在 S 上的随机变量 $X(e,t)$ 与之对应,则称随机变量族 $\{X(e,t),t\in T\}$ 是参数集为 T 的随机过程,简记为 $\{X(t),t\in T\}$ 或 $\{X(t)\}$.在不发生混淆的情况下,也可记为 $X(t)$.

如果将 $X(e,t)(e\in S,t\in T)$ 看成二元函数,则当 $t\in T$ 取定时,$X(e,t)$ 为一随机变量;当 $e\in S$ 取定时,$X(e,t)$ 是一定义域为 T 的时间 t 的普通函数,即为该过程的一个样本函数.通常将随机过程 $\{X(t)\}$ 的一个样本函数记为 $x(t)(t\in T)$.

把 $X(t)(t\in T)$ 所有可能的取值的全体记为 I,称它为随机过程 $\{X(t)\}$ 的状态空间.当 $t=t_0\in T$ 时,若 $X(t_0)=x\in I$,则称随机过程 $\{X(t)\}$ 在时刻 t_0 处于状态 x.

下面举几个随机过程的实例.

例 5.1.4 设从时刻 $t=0$ 开始,测量观察点到运动目标的距离.在测量时存在随机误差,若以 $\varepsilon(t)$ 表示在时刻 t 的测量误差,则它是一个随机变量.当目标随时间 t 按一定规律运动时,测量误差 $\varepsilon(t)$ 也随时间 t 而变化,换句话说,$\varepsilon(t)$ 是依赖于时间 t 的一族随机变量,即$\{\varepsilon(t),t\geqslant 0\}$是一随机过程.

例 5.1.5 设一个电话交换台迟早会接到用户的呼叫,以 $X(t)$ 表示在时间间隔$[0,t]$内交换台接到的呼叫次数,当 t 取定时,它是一随机变量,当 $t\geqslant 0$ 变动时,$X(t)$ 是一族随机变量,于是$\{X(t),t\geqslant 0\}$是一随机过程.

例 5.1.6 考虑从林场的一批长为 l 的圆木中任取一根,用 $A(x)$ 表示从左端算起它在 x 处的截面积,那么当 x 取定时,$A(x)$ 是一随机变量,当 x 在$[0,l]$中变动时,$A(x)$ 是一族随机变量,于是$\{A(x),0\leqslant x\leqslant l\}$是一随机过程,它的参数集为 $T=[0,l]$,参数 x 不是时间.

例 5.1.7 考虑

$$X(t)=a\cos(\omega t+\Theta),\quad t\in(-\infty,+\infty)$$

其中 a,ω 是正常数,Θ 是在$(0,2\pi)$上均匀分布的随机变量.

显然,对于每个取定的 $t=t_1$,$X(t_1)=a\cos(\omega t_1+\Theta)$ 是一随机变量,而当 t 在$(-\infty,+\infty)$中变动时,$X(t)=a\cos(\omega t+\Theta)$ 是一族随机变量,因而$\{X(t)\}$是一随机过程,通常称它为随机相位正弦波过程.当 Θ 在$(0,2\pi)$内随机地取一个数 θ_0,相应地得到这个随机过程的一个样本函数

$$x(t)=a\cos(\omega t+\theta_0),\quad t\in(-\infty,+\infty)$$

5.1.2 随机过程的分类

随机过程的种类很多,根据不同的标准便得到不同的分类.按照随机过程 $X(t)$ 的时间和状态是连续还是离散,可分成以下 4 类.

(1) 连续型随机过程

如果一随机过程$\{X(t),t\in T\}$的参数集 T 是连续集,且对于任意的 $t\in T$,$X(t)$ 是连续型随机变量,则称$\{X(t),t\in T\}$为连续型随机过程.如上面的例 5.1.3、例 5.1.4 和例 5.1.7 都是连续型随机过程.

(2) 离散型随机过程

如果一随机过程$\{X(t),t\in T\}$的参数集 T 是连续集,且对于任意的 $t\in T$,$X(t)$ 是离散型随机变量,则称$\{X(t),t\in T\}$为离散型随机过程.如上面的例 5.1.5 和例 5.1.6 都是离散型随机过程.

(3) 连续型随机序列

如果一随机过程$\{X(t),t\in T\}$的参数集 T 是离散集,且对于任意的 $t\in T$,$X(t)$ 是连续型随机变量,则称$\{X(t),t\in T\}$为连续型随机序列.

(4) 离散型随机序列

如果一随机过程$\{X(t),t\in T\}$的参数集 T 是离散集,且对于任意的 $t\in T$,$X(t)$ 是离散型随机变量,则称$\{X(t),t\in T\}$为离散型随机序列.如上面的例 5.1.1 和例 5.1.2 都是离散型随机序列.

5.1.3 随机过程的有限维分布函数族

随机过程在任一时刻的状态是随机变量,由此可以利用随机变量的统计描述方法来描述随机过程的统计特性.

给定随机过程$\{X(t),t\in T\}$,对于每个取定的$t\in T$,随机变量$X(t)$的分布函数一般与t有关,记为

$$F(x;t)=P\{X(t)\leqslant x\},\quad -\infty<x<+\infty$$

称它为随机过程$\{X(t)\}$的一维分布函数,而称

$$F_1=\{F(x;t),t\in T\}$$

为$\{X(t)\}$的一维分布函数族.

一维分布函数刻画了随机过程各个个别时刻的统计特性.为了刻画随机过程在不同时刻状态之间的统计联系,一般可对任意$n(n=2,3,\cdots)$个不同时刻$t_1,t_2,\cdots,t_n\in T$,引入n维随机变量$(X(t_1),X(t_2),\cdots,X(t_n))$,它的分布函数记为

$$F(x_1,x_2,\cdots,x_n;t_1,t_2,\cdots,t_n)=P\{X(t_1)\leqslant x_1,\quad X(t_2)\leqslant x_2,\cdots,X(t_n)\leqslant x_n\}$$

对于取定的n,称

$$F_n=\{F(x_1,x_2,\cdots,x_n;t_1,t_2,\cdots,t_n),\quad t_i\in T,i=1,2,\cdots,n\}$$

为$\{X(t)\}$的n维分布函数族.当n充分大时,n维分布函数族能够近似地刻画随机过程的统计特性.显然,n取得越大,则n维分布函数族描述随机过程的特性也越趋完善.一般地,可以证明:由随机过程的有限维分布函数族,即

$$F=\bigcup_{n=1}^{\infty}F_n=\{F(x_1,x_2,\cdots,x_n;t_1,t_2,\cdots,t_n),\quad t_i\in T,i=1,2,\cdots,n,n=1,2,\cdots\}$$

完整地确定了该过程的全部统计特性.

在前面介绍了随机过程的一种分类方法.实际上,随机过程的本质的分类方法乃是按其分布特性进行分类.具体地说,就是依照过程在不同时刻的状态之间的特殊统计依赖方式抽象出一些不同的类型,如马尔可夫过程、平稳过程、独立增量过程等.

5.1.4 随机过程的数字特征

从理论上讲,随机过程的有限维分布函数族能完整地刻画随机过程的统计特性,但是人们在实际中,根据观察往往只能得到随机过程的部分资料,用它来确定有限维分布函数族是困难的,甚至是不可能的.因而像引入随机变量的数字特征那样,有必要引入随机过程的数字特征.为此,先引入二阶矩过程的概念.

定义 5.1.2 设$\{X(t),t\in T\}$为随机过程,若对任意的$t\in T$,有$E[X^2(t)]<+\infty$,则称$\{X(t)\}$为二阶矩过程.

下面引入随机过程的数字特征.

定义 5.1.3 设$\{X(t),t\in T\}$为二阶矩过程,定义$\{X(t)\}$的数字特征如下.

（1）均值函数：
$$\mu_X(t) \triangleq E[X(t)], \quad t \in T$$

（2）均方值函数：
$$\Psi_X^2(t) \triangleq E[X^2(t)], \quad t \in T$$

（3）方差函数和均方差函数：
$$\sigma_X^2(t) \triangleq D_X(t) \triangleq E\{[X(t) - \mu_X(t)]^2\}, \quad t \in T$$
$$\sigma_X(t) \triangleq \sqrt{\sigma_X^2(t)}, \quad t \in T$$

（4）自相关函数：
$$R_{XX}(t_1, t_2) \triangleq E[X(t_1)X(t_2)], \quad t_1, t_2 \in T$$

在不至混淆的情况下，将 $R_{XX}(t_1, t_2)$ 简记为 $R_X(t_1, t_2)$ 或 $R(t_1, t_2)$，简称为相关函数.

（5）自协方差函数：
$$C_{XX}(t_1, t_2) \triangleq E\{[X(t_1) - \mu_X(t_1)][X(t_2) - \mu_X(t_2)]\}, \quad t_1, t_2 \in T$$

在不至混淆的情况下，将 $C_{XX}(t_1, t_2)$ 简记为 $C_X(t_1, t_2)$ 或 $C(t_1, t_2)$，简称为协方差函数.

$\mu_X(t)$ 表示 $\{X(t)\}$ 在各个时刻取值的集中位置（或摆动中心）；$\sigma_X^2(t)$ 或 $\sigma_X(t)$ 表示 $\{X(t)\}$ 在各个时刻的取值关于 $\mu_X(t)$ 的平均偏离程度，如图 5.2 所示. $R_X(t_1, t_2)$ 和 $C_X(t_1, t_2)$ 表示 $\{X(t)\}$ 在两个不同时刻取值之间的统计依赖关系.

容易看到诸数字特征之间有如下关系：

（1）$\Psi_X^2(t) = R_X(t, t)$；

（2）$C_X(t_1, t_2) = R_X(t_1, t_2) - \mu_X(t_1)\mu_X(t_2)$；

（3）$\sigma_X^2(t) = C_X(t, t) = R_X(t, t) - \mu_X^2(t)$.

由此可见，随机过程的诸数字特征中最主要的是均值函数和自相关函数（或自协方差函数）. 从理论的角度来看，仅仅研究均值函数和自相关函数当然不能代替对整个随机过程的研究，但是

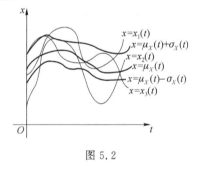

图 5.2

由于它们确实刻画了随机过程的主要统计特性，而且远较有限维分布函数族易于观察和实际计算，因而对于应用课题而言，它们常常能够起重要作用.

定义 5.1.3 中要求 $\{X(x), t \in T\}$ 为二阶矩过程是为了保证上述数字特征存在. 例如，由柯西-施瓦茨不等式，有
$$\{E[|X(t)|]\}^2 \leqslant E[X^2(t)] < +\infty$$
$$\{E[X(t_1)X(t_2)]\}^2 \leqslant E[X^2(t_1)]E[X^2(t_2)] < +\infty$$
可知 $\mu_X(t) = E[X(t)]$ 和 $R_X(t_1, t_2) = E[X(t_1)X(t_2)]$ 都存在，因而其他 3 个数字特征也都存在.

例 5.1.8 设 $X(t) = Xt + b$（b 为常数），$t \in (-\infty, +\infty)$，$X \sim N(1, 4)$，试求其均值函数 $\mu(t)$，均方值函数 $\Psi^2(t)$，自相关函数 $R(t_1, t_2)$ 和自协方差函数 $C(t_1, t_2)$.

解
$$\mu(t) = E[X(t)] = E(Xt + b) = t + b$$

$$\Psi^2(t)=E[X^2(t)]=E[(Xt+b)^2]=E(X^2t^2+2Xbt+b^2)=t^2E(X^2)+2btE(X)+b^2$$
$$=t^2[D(X)+E^2(X)]+2btE(X)+b^2=t^2(4+1^2)+2tb+b^2=5t^2+2tb+b^2$$
$$R(t_1,t_2)=E[X(t_1)X(t_2)]=E[(Xt_1+b)(Xt_2+b)]$$
$$=E[X^2t_1t_2+b(t_1+t_2)X+b^2]=t_1t_2E(X^2)+b(t_1+t_2)E(X)+b^2$$
$$=5t_1t_2+b(t_1+t_2)+b^2$$
$$C(t_1+t_2)=R(t_1,t_2)-\mu(t_1)\mu(t_2)$$
$$=[5t_1t_2+b(t_1+t_2)+b^2]-(t_1+b)(t_2+b)=4t_1t_2$$

例 5.1.9 设 A,B 是两个随机变量,试求随机过程 $X(t)=At+B,t\in(-\infty,+\infty)$ 的均值函数和自相关函数.如果 A,B 相互独立,且 $A\sim N(0,1)$,$B\sim U(0,2)$,问 $X(t)$ 的均值函数和相关函数又是怎样?

解 由数学期望的性质,容易得到
$$\mu_X(t)=E[X(t)]=E(At+B)=E(A)t+E(B)$$
$$R_X(t_1,t_2)=E[X(t_1)X(t_2)]=E[(At_1+B)(At_2+B)]$$
$$=E(A^2)t_1t_2+E(AB)(t_1+t_2)+E(B^2)$$

由 $A\sim N(0,1)$,有 $E(A)=0,E(A^2)=1$;由 $B\sim U(0,2)$,有 $E(B)=1,E(B^2)=\dfrac{4}{3}$;再由 A 与 B 独立,有 $E(AB)=E(A)E(B)=0$,则得

$$\mu_X(t)=1,R_X(t_1,t_2)=t_1t_2+\frac{4}{3}$$

例 5.1.10 设 $X(t)=A\cos\omega t+B\sin\omega t,-\infty<t<+\infty$,其中 A,B 是相互独立,且都服从正态分布 $N(0,\sigma^2)$ 的随机变量,$\omega>0$ 为常数.求 $\{X(t)\}$ 的均值函数和相关函数.

解 由数学期望的性质和正态随机变量的数字特征,可得均值函数和相关函数分别为
$$\mu_X(t)=E(A\cos\omega t+B\sin\omega t)=E(A)\cos\omega t+E(B)\sin\omega t=0$$
$$R_X(t_1,t_2)=E[(A\cos\omega t_1+B\sin\omega t_1)(A\cos\omega t_2+B\sin\omega t_2)]$$
$$=E(A^2)\cos\omega t_1\cos\omega t_2+E(AB)(\cos\omega t_1\sin\omega t_2+\sin\omega t_1\cos\omega t_2)+E(B^2)\sin\omega t_1\sin\omega t_2$$
$$=\sigma^2\cos\omega(t_2-t_1)$$

例 5.1.11 求随机相位正弦波过程
$$X(t)=a\cos(\omega t+\Theta),-\infty<t<+\infty$$
的均值函数、方差函数、相关函数,其中 $a>0,\omega>0$ 为常数,$\Theta\sim U(0,2\pi)$.

解 Θ 的概率密度为
$$f_\Theta(\theta)=\begin{cases}\dfrac{1}{2\pi}, & 0<\theta<2\pi\\[2mm]0, & 其他\end{cases}$$
由随机变量函数的期望公式,可以算得均值函数和相关函数分别为

$$\mu_X(t) = E[a\cos(\omega t + \Theta)] = \frac{a}{2\pi}\int_0^{2\pi}\cos(\omega t + \theta)\mathrm{d}\theta = 0$$

$$
\begin{aligned}
R_X(t_1, t_2) &= E[a^2\cos(\omega t_1 + \Theta)\cos(\omega t_2 + \Theta)] \\
&= \frac{a^2}{2\pi}\int_0^{2\pi}\cos(\omega t_1 + \theta)\cos(\omega t_2 + \theta)\mathrm{d}\theta \\
&= \frac{a^2}{2}\cos\omega(t_2 - t_1)
\end{aligned}
$$

由 $\mu_X(t)$ 和 $R_X(t_1, t_2)$ 可得

$$\sigma_X^2(t) = R_X(t, t) - \mu_X^2(t) = \frac{a^2}{2}$$

例 5.1.10 和例 5.1.11 中的随机过程的均值函数均为常数,相关函数只依赖于差值 $t_2 - t_1$,它们的这一特性就是第 7 章要讲的平稳过程.

5.1.5 二维随机过程的分布函数和数字特征

实际问题中,有时必须同时研究两个或两个以上随机过程及它们之间的统计关系.例如,输入到一个系统的信号和噪声可以都是随机过程,这时输出也是随机过程,这就需要研究输入和输出之间的统计关系.对于这类问题,除了对各个随机过程的统计特性加以研究外,还必须将几个随机过程作为整体,研究其统计特性.

定义 5.1.4 设 $X(t), Y(t)$ 是定义在同一样本空间 S 上且有同一参数集 T 的随机过程,对于任意的 $t \in T$,$(X(t), Y(t))$ 是一个二维随机变量,称 $\{(X(t), Y(t)), t \in T\}$ 为 S 的二维随机过程.

对于二维随机过程,定义它的有限维分布函数如下.

定义 5.1.5 对于任意的正整数 n 和 m,以及任意的 $t_1, t_2, \cdots, t_n, t_1', t_2', \cdots, t_m' \in T$,称 $n + m$ 元函数

$$
\begin{aligned}
&F(x_1, \cdots, x_n, y_1, \cdots, y_m; t_1, \cdots, t_n, t_1', \cdots, t_m') \\
&= P\{X(t_1) \leqslant x_1, \cdots, X(t_n) \leqslant x_n, Y(t_1') \leqslant y_1, \cdots, Y(t_m') \leqslant y_m\}
\end{aligned}
$$

为 $\{(X(t), Y(t)), t \in T\}$ 的 $n + m$ 维分布函数.

类似地可定义它的有限维分布函数族.

定义 5.1.6 若对于任意的正整数 n 和 m,以及任意的 $t_1, \cdots, t_n, t_1', \cdots, t_m' \in T$,任意的实数 $x_1, \cdots, x_n, y_1, \cdots, y_m$,有

$$
\begin{aligned}
&F(x_1, \cdots, x_n, y_1, \cdots, y_m; t_1, \cdots, t_n, t_1', \cdots, t_m') \\
&= F_X(x_1, \cdots, x_n; t_1, \cdots, t_n) \cdot F_Y(y_1, \cdots, y_m; t_1', \cdots, t_m')
\end{aligned}
$$

则称 $\{X(t)\}$ 与 $\{Y(t)\}$ 相互独立. 其中,F_X, F_Y 分别为 $\{X(t)\}, \{Y(t)\}$ 的有限维分布函数.

对于二维随机过程 $(X(t), Y(t))$,如果 $\{X(t), t \in T\}$ 和 $\{Y(t), t \in T\}$ 都是二阶矩过程,则它们的数字特征除了各自的数字特征外,还有:

(1) 互相关函数

$$R_{XY}(t_1, t_2) \triangleq E[X(t_1)Y(t_2)]$$

（2）互协方差函数

$$C_{XY}(t_1,t_2) \triangleq E\{[X(t_1)-\mu_X(t_1)][Y(t_2)-\mu_Y(t_2)]\}$$

显然

$$C_{XY}(t_1,t_2)=R_{XY}(t_1,t_2)-\mu_X(t_1)\mu_Y(t_2)$$

若对于任意 $t_1,t_2 \in T$，有 $C_{XY}(t_1,t_2)=0$ 或 $R_{XY}(t_1,t_2)=\mu_X(t_1)\mu_Y(t_2)$，则称 $\{X(t)\}$ 与 $\{Y(t)\}$ 不相关.

与随机变量的情况类似，当 $\{X(t)\}$，$\{Y(t)\}$ 均为二阶矩过程时，则有

$$\{X(t)\},\{Y(t)\}\text{相互独立}\Rightarrow\{X(t)\}\text{与}\{Y(t)\}\text{不相关}$$

但反之不成立.

例 5.1.12 设 $\{X(t)\}$，$\{Y(t)\}$ 分别为

$$X(t)=U\cos t+V\sin t, -\infty<t<+\infty$$
$$Y(t)=U\sin t+V\cos t, -\infty<t<+\infty$$

其中 U,V 是两个相互独立的随机变量，且 $E(U)=E(V)=0$，$E(U^2)=E(V^2)=\sigma^2$，求 $R_{XY}(t_1,t_2)$.

解 容易算得

$$R_{XY}(t_1,t_2)=E[(U\cos t_1+V\sin t_1)(U\sin t_2+V\cos t_2)]=\sigma^2\sin(t_1+t_2)$$

例 5.1.13 设 $\{X(t)\}$，$\{Y(t)\}$，$\{Z(t)\}$ 为 3 个随机过程，参数集均为 T，且

$$\mu_X(t)=\mu_Y(t)=\mu_Z(t)=0$$

求 $W(t)=X(t)+Y(t)+Z(t)$ 的自相关函数 $R_W(t_1,t_2)$. 若 $X(t),Y(t),Z(t)$ 两两不相关，求 $R_W(t_1,t_2)$.

解 可以算得

$$\begin{aligned}R_W(t_1,t_2)&=E\{[X(t_1)+Y(t_1)+Z(t_1)][X(t_2)+Y(t_2)+Z(t_2)]\}\\&=R_X(t_1,t_2)+R_Y(t_1,t_2)+R_Z(t_1,t_2)+R_{XY}(t_1,t_2)+R_{XZ}(t_1,t_2)+\\&\quad R_{YX}(t_1,t_2)+R_{YZ}(t_1,t_2)+R_{ZX}(t_1,t_2)+R_{ZY}(t_1,t_2)\end{aligned}$$

当 $X(t),Y(t),Z(t)$ 两两不相关时，则有

$$R_W(t_1,t_2)=R_X(t_1,t_2)+R_Y(t_1,t_2)+R_Z(t_1,t_2)$$

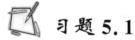 习题 5.1

1. 设随机过程 $\{X(t),t\in T\}$ 的均值函数为 $\mu_X(t)$，协方差函数为 $C_X(t_1,t_2)$，$\varphi(t)$ 为一普通函数. 求随机过程 $Y(t)=X(t)+\varphi(t)$ 的均值函数和协方差函数.

2. 设随机过程 $\{X(t),t\in T\}$ 的相关函数为 $R_X(t_1,t_2)$，a 为常数. 求随机过程 $Y(t)=X(t+a)-X(t),t\in T$ 的相关函数.

3. 设随机过程 $X(t)=Ut,-\infty<t<+\infty$，其中 $U\sim U(0,1)$. 求 $\{X(t)\}$ 的均值函数、相关函数、协方差函数和方差函数.

4. 设随机过程 $X(t)=U\sin \omega_0 t,-\infty<t<+\infty$，其中 $U\sim N(0,1)$，$\omega_0>0$ 为常数. 求

$\{X(t)\}$ 的均值函数、相关函数、协方差函数和方差函数.

5. 设随机过程 $Z(t)=X+Yt,-\infty<t<+\infty$. 如果二维随机变量 (X,Y) 的协方差矩阵为

$$\begin{pmatrix} \sigma_1^2 & \rho \\ \rho & \sigma_2^2 \end{pmatrix}$$

求 $\{Z(t)\}$ 的协方差函数.

6. 设随机过程 $U(t)=X+Yt+Zt^2,-\infty<t<+\infty,X,Y,Z$ 是相互独立,且都服从 $N(0,1)$ 分布的随机变量. 求 $\{Z(t)\}$ 的均值函数和相关函数.

7. 设随机过程 $Z(t)=X\sin(Yt),t\geqslant0,X,Y$ 是相互独立,且都服从 $U(0,1)$ 分布的随机变量. 求 $\{Z(t)\}$ 的均值函数和相关函数.

8. 设随机过程 $X(t)=U\sin t+V\cos t,Y(t)=U\sin t+W\cos t$,其中 U,V,W 是均值为 0、方差为 2 的两两不相关的随机变量. 求 $\{X(t)\}$ 与 $\{Y(t)\}$ 的互相关函数.

9. 设随机过程 $X(t)=U\cos t+V\sin t,Y(t)=U\cos 2t+V\sin 2t$,其中 U,V 是均值为 0、方差为 2 的不相关的随机变量. 求 $\{X(t)\}$ 与 $\{Y(t)\}$ 的互相关函数.

5.2 泊松过程和维纳过程

本节主要介绍泊松过程和维纳过程的一些基本性质,同时介绍相关的独立增量过程、正态过程和正交增量过程.

5.2.1 独立增量过程

定义 5.2.1 设 $\{X(t),t\geqslant0\}$ 为二阶矩过程,如果对任意的正整数 $n\geqslant2$,任意的 $0\leqslant t_0<t_1<t_2<\cdots<t_n$,它的 n 个增量 $X(t_1)-X(t_0),X(t_2)-X(t_1),\cdots,X(t_n)-X(t_{n-1})$ 相互独立,则称 $\{X(t)\}$ 为独立增量过程. 如果 $\{X(t)\}$ 是独立增量过程,且对任意的 $0\leqslant s<t$,增量 $X(t)-X(s)$ 的分布只与 $t-s$ 有关,而与 s,t 的个别取值无关,则称 $\{X(t)\}$ 为齐次独立增量过程.

对于独立增量过程 $\{X(t),t\geqslant0\}$,一般假定 $X(0)=0$,通常由实际问题所产生的独立增量过程都满足这一条件. 下面来计算独立增量过程的自协方差函数.

定理 5.2.1 设 $\{X(t),t\geqslant0\}$ 是独立增量过程,且 $X(0)=0$,则

$$C_X(s,t)=\sigma_X^2[\min(s,t)]$$

证 令 $\qquad Y(t)=X(t)-\mu_X(t),\quad t\geqslant0$

易见 $\{Y(t)\}$ 也是独立增量过程,且 $Y(0)=0,E[Y(t)]=0,\sigma_Y^2(t)=E[Y^2(t)]=\sigma_X^2(t)$. 设 $0\leqslant s<t$,则

$$\begin{aligned} C_X(s,t)&=E[Y(s)Y(t)]\\ &=E\{[Y(s)-Y(0)][Y(t)-Y(s)]\}+E[Y^2(s)]\\ &=E[Y(s)-Y(0)]E[Y(t)-Y(s)]+D_Y(s)\\ &=\sigma_X^2(s) \end{aligned}$$

同理,当 $0 \leqslant t < s$ 时,有 $C_X(s,t) = \sigma_X^2(t)$. 即当 $s,t \geqslant 0$ 时,有

$$C_X(s,t) = \sigma_X^2[\min(s,t)]$$

1. 泊松流和泊松过程

在例 2.2.8 中介绍了泊松流. 如果从时刻 0 开始计数,用 $N(t)$ 表示在时间区间 $(0,t]$ 内出现的质点的个数,则 $\{N(t), t \geqslant 0\}$ 是一状态取非负整数、时间连续的随机过程,称为计数过程.

称计数过程 $\{N(t), t \geqslant 0\}$ 为泊松过程,如果它满足下列条件:

(1) 在任意 n 个不相重叠的区间 (a_i, b_i),$i=1,2,\cdots,n$ 内,质点出现的个数(记作 $N(a_i, b_i)$)相互独立,即 $\{N(a_i, b_i) = k_i\}$,$i=1,2,\cdots,n$ 相互独立;

(2) 对充分小的 Δt,有

$$P\{N(t, t+\Delta t) = 1\} = \lambda \Delta t + o(\Delta t)$$

(3) 对充分小的 Δt,有

$$\sum_{j=2}^{\infty} P\{N(t, t+\Delta t) = j\} = o(\Delta t)$$

(4) $N(0) = 0$.

其中,$\dfrac{o(\Delta t)}{\Delta t} \rightarrow 0 (\Delta t \rightarrow 0)$;$\lambda > 0$ 为常数,称为泊松过程的强度.

定理 5.2.2 设 $\{N(t), t \geqslant 0\}$ 为泊松过程,则增量 $N(t_0, t) = N(t) - N(t_0) \sim \pi(\lambda(t-t_0))$ $(0 \leqslant t_0 < t)$,即

$$P\{N(t_0, t) = k\} = \frac{[\lambda(t-t_0)]^k}{k!} e^{-\lambda(t-t_0)} \quad k = 0,1,2,\cdots$$

证略. 由此可得泊松过程的另一等价定义.

定义 5.2.2 若计数过程 $\{N(t), t \geqslant 0\}$ 满足下列 3 个条件:

(1) 它是独立增量过程;

(2) 对任意的 $0 \leqslant t_0 < t$,增量 $N(t) - N(t_0) \sim \pi(\lambda(t-t_0))$;

(3) $N(0) = 0$.

则称 $\{N(t), t \geqslant 0\}$ 是一强度为 λ 的泊松过程.

下面计算泊松过程的均值函数、方差函数、协方差函数和相关函数.

由于 $N(0) = 0$,$N(t) = N(t) - N(0) \sim \pi(\lambda t)$,因此

$$\mu_N(t) = E[N(t)] = \lambda t, \quad \sigma_N^2(t) = D[N(t)] = \lambda t$$

$$C_N(s,t) = \lambda \min(s,t)$$

$$R_N(s,t) = E[N(s)N(t)] = \lambda \min(s,t) + \lambda^2 st$$

有时将 $\min(s,t)$ 表示为 $\dfrac{s+t-|s-t|}{2}$ 在作运算时是方便的.

例 5.2.1 顾客依泊松过程到达某商店,强度 $\lambda = 4$ 人/小时,已知商店上午 9:00 开门,试求在 9:30 时仅到一位顾客,而到 11:30 时总计已到达 5 位顾客的概率.

$$P\{N(0.5)=1, N(2.5)=5\}$$
$$=P\{N(0.5)=1, N(2.5)-N(0.5)=4\}$$
$$=P\{N(0.5)=1\}P\{N(2)=4\}$$
$$=\frac{(4\times 0.5)^1}{1!}e^{-4\times 0.5} \cdot \frac{(4\times 2)^4}{4!}e^{-4\times 2}\approx 0.015\ 5$$

2. 布朗运动和维纳过程

布朗运动是产生维纳过程的实际背景. 布朗发现水中的花粉(或其他液体中的某种微粒)在不停地运动,后来把这种现象称为布朗运动. 产生布朗运动的原因在于花粉受到水中分子的碰撞,每秒钟受碰撞的次数多达 10^{21} 次,这些微小的随机碰撞的总效果使花粉在水中做随机运动. 若以 $W(t)$ 表示在 t 时刻花粉所在位置的横(或纵)坐标,则 $\{W(t), t\geq 0\}$ 是一随机过程.

由于从时刻 s 到时刻 $t(t>s)$ 花粉的位移是由许多分子碰撞所产生的许多近似独立的小随机位移之和,由中心极限定理,一般假定 $W(t)-W(s)$ 服从正态分布. 由于通常考虑水(或其他液体)是均匀的,故可以认为位移的均值为 0,即 $E[W(t)-W(s)]=0$. 而且由实验观察得知,花粉位移的均方偏差近似地与时间区间长度 $t-s$ 成正比,即
$$E\{[W(t)-W(s)]^2\}=D[W(t)-W(s)]=\sigma^2(t-s)$$
其中 $\sigma>0$ 是与水或其他液体本身有关的一个常数,称之为扩散常数. 此外,当 $t_1<t_2<\cdots<t_n$ 时, $W(t_2)-W(t_1), \cdots, W(t_n)-W(t_{n-1})$ 对应于互不相交区间的位移,它们分别是许多近似独立的小位移之和,故可以认为它们是相互独立的. 最后,如果在 $t=0$ 时开始对花粉的运动进行观察,并把它在此时的位置作为坐标原点,还可以假定 $W(0)=0$(这一假定对于它的运动规律的研究没有本质上的影响).

综上所述,可有如下定义.

定义 5.2.3 设随机过程 $\{W(t), t\geq 0\}$ 是取实数值的二阶矩过程,如果它满足下列 3 个条件:

(1) 具有独立增量;

(2) 对任意的 $0\leq s<t, W(t)-W(s)\sim N(0,\sigma^2(t-s))$,其中 $\sigma>0$;

(3) $W(0)=0$.

则称 $\{W(t)\}$ 是参数为 σ^2 的维纳过程.

由定义知 $W(t)=W(t)-W(0)\sim N(0,\sigma^2 t)$,因此维纳过程的均值函数和方差函数分别为
$$\mu_W(t)=E[W(t)]=0, \quad \sigma_W^2(t)=D[W(t)]=\sigma^2 t$$
自相关函数和协方差函数分别为
$$C_W(s,t)=R_W(s,t)=\sigma^2\min(s,t), \quad s,t\geq 0$$

5.2.2 正态过程

定义 5.2.4 设 $\{X(t), t\in T\}$ 为 S 上的随机过程,如果对任意正整数 n,任意 t_1,

$t_2,\cdots,t_n\in T$(当 $i\neq j$ 时 $t_i\neq t_j$),$X(t_1),X(t_2),\cdots,X(t_n)$ 的联合分布是 n 维正态分布,则称 $\{X(t)\}$ 为正态过程(高斯过程).

正态过程具有如下性质.

(1) 正态过程 $\{X(t)\}$ 的全部统计特性由它的均值函数和协方差函数(或自相关函数)完全确定.

这是由于对任意的正整数 n 以及任意的 $t_1,t_2,\cdots,t_n\in T$,n 维正态随机变量 $(X(t_1),X(t_2),\cdots,X(t_n))$ 的分布由其相应的均值

$$(\mu_X(t_1),\mu_X(t_2),\cdots,\mu_X(t_n))$$

和协方差矩阵

$$\begin{pmatrix} C_X(t_1,t_1) & C_X(t_1,t_2) & \cdots & C_X(t_1,t_n) \\ C_X(t_2,t_1) & C_X(t_2,t_2) & \cdots & C_X(t_2,t_n) \\ \vdots & \vdots & & \vdots \\ C_X(t_n,t_1) & C_X(t_n,t_2) & \cdots & C_X(t_n,t_n) \end{pmatrix}$$

完全确定,因而均值函数和协方差函数确定了 $\{X(t),t\in T\}$ 的有限维分布,也就确定了它的全部统计特性.

(2) $\{X(t),t\in T\}$ 为正态过程的充要条件是它的任意有限多个随机变量的任意线性组合是(一维)正态随机变量.

这由 4.3 节中 n 维正态随机变量的性质(2)可知.

例 5.2.2 设 $\{W(t),t\geq 0\}$ 是维纳过程,证明:

(1) $\{W(t)\}$ 是正态过程;

(2) 对常数 $c>0$,$W_1(t)=cW(t/c^2),t\geq 0$ 也是维纳过程.

证 (1) 由于对任意的正整数 n,任意的 $0\leq t_1<t_2<\cdots<t_n$,任意的实数 $a_1,a_2,\cdots,a_n$,则

$$\sum_{k=1}^{n}a_kW(t_k)=\sum_{k=1}^{n}b_k[W(t_k)-W(t_{k-1})] \quad (t_0=0)$$

其中,$b_k=\sum_{i=k}^{n}a_i(k=1,2,\cdots,n)$,而 $\{W(t)\}$ 的增量是相互独立的正态随机变量,因此 $\sum_{k=1}^{n}a_kW(t_k)$ 是正态随机变量.由正态过程的性质(2)知 $\{W(t)\}$ 为正态过程.

(2) 对任意的正整数 $n\geq 2$,任意的 $0\leq t_1<t_2<\cdots<t_n$,由于 $0\leq t_1/c^2<t_2/c^2\cdots<t_n/c^2$,以及 $\{W(t)\}$ 具有独立增量,因而

$$W_1(t_k)-W_1(t_{k-1})=c\left[W\left(\frac{t_k}{c^2}\right)-W\left(\frac{t_{k-1}}{c^2}\right)\right], \quad k=2,3,\cdots,n$$

相互独立,即 $\{W_1(t)\}$ 具有独立增量.由 $\{W(t)\}$ 的增量 $W(t)-W(s)\sim N(0,\sigma^2(t-s))$ $(0\leq s<t)$,知 $W_1(t)-W_1(s)=c[W(t/c^2)-W(s/c^2)]\sim N(0,\sigma^2(t-s))$.显然 $W_1(0)=0$.综上所述,即有 $\{W_1(t),t\geq 0\}$ 是维纳过程.

5.2.3 正交增量过程

定义 5.2.5 设 $\{X(t), t \in T\}$ 为二阶矩过程,如果对任意的 $t_1 < t_2 \leqslant t_3 < t_4$, $t_i \in T(i = 1, 2, 3, 4)$,有

$$E\{[X(t_2) - X(t_1)][X(t_4) - X(t_3)]\} = 0$$

则称 $\{X(t)\}$ 为正交增量过程.

例 5.2.2 证明维纳过程 $\{W(t), t \geqslant 0\}$ 是正交增量过程.

证 由维纳过程的定义知,对任意的 $0 \leqslant t_1 < t_2 \leqslant t_3 < t_4$,有 $W(t_2) - W(t_1) \sim N(0, \sigma^2(t_2 - t_1))$,$W(t_4) - W(t_3) \sim N(0, \sigma^2(t_4 - t_3))$,且 $W(t_2) - W(t_1)$ 与 $W(t_4) - W(t_3)$ 独立,因此

$$E\{[W(t_2) - W(t_1)][W(t_4) - W(t_3)]\} = E[W(t_2) - W(t_1)]E[W(t_4) - W(t_3)] = 0$$

即 $\{W(t)\}$ 是正交增量过程.

习题 5.2

1. 设某电话总机共有 m 部分机. 第 i 部分机在 $(0, t]$ 内的呼叫次数 $\{N_i(t), t \geqslant 0\}$;$i = 1, 2, \cdots, m$ 是强度为 λ_i 的泊松过程,且各分机的呼叫是相互独立的;$\{N(t), t \geqslant 0\}$ 是总机在 $(0, t]$ 内的呼叫次数. 证明 $\{N(t)\}$ 是强度为 $\sum_{i=1}^{m} \lambda_i$ 的泊松过程.

2. 在某交通路口装置了一个车辆计数器,记录南行、北行车辆的总数. $\{N_1(t), t \geqslant 0\}$,$\{N_2(t), t \geqslant 0\}$ 分别表示在 $(0, t]$ 内南行、北行的车辆数,它们分别是强度为 λ_1, λ_2 的泊松过程,且是相互独立的. 如果在 $(0, t]$ $(t > 0)$ 内记录的南行、北行的车辆数之和为 n,求其中 k $(k \leqslant n)$ 辆属于南行车的概率.

3. 设随机过程 $\{N(t), t \geqslant 0\}$ 是强度为 λ 的泊松过程,任意取定两时刻 $0 < s < t$,证明

$$P\{N(s) = k \mid N(t) = n\} = C_n^k \left(\frac{s}{t}\right)^k \left(1 - \frac{s}{t}\right)^{n-k}, \quad k = 0, 1, 2, \cdots, n$$

4. 设 $\{N(t), t \geqslant 0\}$ 是强度为 λ 的泊松过程,定义随机过程 $X(t) = N(t+L) - N(t)$,其中 $L > 0$ 为常数,求 $\{X(t), t \geqslant 0\}$ 的均值函数和相关函数.

5. 设 $\{W(t), t \geqslant 0\}$ 是参数为 σ^2 的维纳过程,证明下列随机过程都是维纳过程:

(1) $W_1(t) = W(t+h) - W(h), t \geqslant 0, h > 0$ 为常数;

(2) $W_2(t) = -W(t), t \geqslant 0$.

6. 设 $\{W(t), t \geqslant 0\}$ 是参数为 σ^2 的维纳过程,求下列随机过程的相关函数:

(1) $X_1(t) = (1-t)W\left(\frac{t}{1-t}\right), 0 \leqslant t < 1$;

(2) $X_2(t) = e^{-at}W(e^{2at} - 1), t \geqslant 0, a > 0$ 为常数.

7. 设随机过程 $Z(t) = X + Yt, -\infty < t < +\infty$,其中 X, Y 是相互独立,且都服从

$N(0,\sigma^2)$分布的随机变量,证明$\{Z(t)\}$是正态过程,并求其相关函数.

本 章 小 结

1. 随机过程的定义、参数集和状态空间.

2. 随机过程的有限维分布函数及其意义,二维随机过程的有限维分布函数.

随机过程$\{X(t),t\in T\}$的

均值函数 $\mu(t)=E[X(t)],t\in T$;

相关函数 $R(t_1,t_2)=E[X(t_1)X(t_2)],t_1,t_2\in T$;

协方差函数 $C(t_1,t_2)=E\{[X(t_1)-\mu(t_1)][X(t_2)-\mu(t_2)]\}=R(t_1,t_2)-\mu(t_1)\mu(t_2)$, $t_1,t_2\in T$.

二维随机过程$(X(t),Y(t)),t\in T$的

互相关函数 $R_{XY}(t_1,t_2)=E[X(t_1)Y(t_2)],t_1,t_2\in T$;

协方差函数 $C_{XY}(t_1,t_2)=E\{[X(t_1)-\mu_X(t_1)][Y(t_2)-\mu_Y(t_2)]\}=R_{XY}(t_1,t_2)-\mu_X(t_1)\mu_Y(t_2),t_1,t_2\in T$.

二随机过程的独立性和不相关:若对任意的$t_1,t_2\in T$,有$R_{XY}(t_1,t_2)=\mu_X(t_1)\mu_Y(t_2)$,称$\{X(t)\}$与$\{Y(t)\}$不相关. $\{X(t)\}$与$\{Y(t)\}$独立$\Rightarrow(\Leftarrow)\{X(t)\}$与$\{Y(t)\}$不相关.

3. 独立增量过程和正交增量过程.

4. 正态过程的定义和随机过程为正态过程的充要条件:$\{X(t),t\in T\}$为正态过程的充要条件是它的任意有限多个随机变量的任意线性组合是(一维)随机变量.

5. 泊松过程和维纳过程的定义、实际背景及其均值函数、相关函数和协方差函数.

设$\{N(t),t\geqslant 0\}$是强度为λ的泊松过程,则$\mu_N(t)=\lambda t,R_N(s,t)=\lambda\min(s,t)+\lambda^2 st,C_N(s,t)=\lambda\min(s,t)$.

设$\{W(t),t\geqslant 0\}$是参数为σ^2的维纳过程,则$\mu_W(t)=0,R_W(s,t)=C_W(s,t)=\sigma^2\min(s,t)$.

综合练习题 5

一、单项选择题

1. 设随机过程$X(t)=A+Bt,-\infty<t<+\infty$,其中$A,B$为随机变量,且$A\sim U(1,2)$, $B\sim N(1,4)$,则$\{X(t)\}$的均值函数$\mu_X(t)=($).

(A) $1+2t$ (B) $\dfrac{3}{2}+t$ (C) $2+t$ (D) $\dfrac{3}{2}+2t$

2. 设随机过程$X(t)=At+Bt^2,-\infty<t<+\infty$,其中$A,B$为相互独立的随机变量,且$A\sim U(0,2),B\sim N(0,4)$,则$\{X(t)\}$的相关函数$R_X(t_1,t_2)=($).

(A) $\dfrac{1}{3}t_1t_2+4t_1^2t_2^2$ (B) $t_1t_2+4t_1^2t_2^2$

(C) $\dfrac{4}{3}t_1t_2+4t_1^2t_2^2$ (D) $\dfrac{4}{3}t_1t_2$

3. 设随机过程 $X(t)=A\cos t,-\infty<t<+\infty$,其中随机变量 A 的分布律为 $P\{A=i\}=\dfrac{1}{3}(i=0,1,2)$,则 $\{X(t)\}$ 的均值函数与相关函数分别为(   ).

(A) $\mu_X(t)=\cos t,\quad R_X(t_1,t_2)=\dfrac{5}{3}\cos t_1\cos t_2$

(B) $\mu_X(t)=\dfrac{1}{3}\cos t,\quad R_X(t_1,t_2)=\dfrac{3}{5}\cos t_1\cos t_2$

(C) $\mu_X(t)=1,\quad R_X(t_1,t_2)=\dfrac{5}{3}\cos t_1\cos t_2$

(D) $\mu_X(t)=\cos t,\quad R_X(t_1,t_2)=\cos t_1\cos t_2$

4. 设随机过程 $X(t)=\mathrm{e}^{-At},t>0$,其中随机变量 $A\sim U(0,1)$,则 $\{X(t)\}$ 的均值函数与相关函数分别为(   ).

(A) $\mu_X(t)=1-\mathrm{e}^{-t},\quad R_X(t_1,t_2)=\dfrac{1-\mathrm{e}^{-(t_1+t_2)}}{t_1+t_2}$

(B) $\mu_X(t)=\dfrac{1-\mathrm{e}^{-t}}{t},\quad R_X(t_1,t_2)=1-\mathrm{e}^{-(t_1+t_2)}$

(C) $\mu_X(t)=-\dfrac{1-\mathrm{e}^{-t}}{t},\quad R_X(t_1,t_2)=\dfrac{1-\mathrm{e}^{-t_1t_2}}{t_1t_2}$

(D) $\mu_X(t)=\dfrac{1-\mathrm{e}^{-t}}{t},\quad R_X(t_1,t_2)=\dfrac{1-\mathrm{e}^{-(t_1+t_2)}}{t_1+t_2}$

5. 设随机过程 $X(t)=\mathrm{e}^{-At},t>0$,其中随机变量 A 服从参数为 1 的指数分布,则 $\{X(t)\}$ 的均值函数与相关函数分别为(   ).

(A) $\mu_X(t)=-\dfrac{1}{1+t},\quad R_X(t_1,t_2)=\dfrac{1}{t_1+t_2+1}$

(B) $\mu_X(t)=\dfrac{1}{1+t},\quad R_X(t_1,t_2)=\dfrac{1}{t_1+t_2+1}$

(C) $\mu_X(t)=\dfrac{1}{1+t},\quad R_X(t_1,t_2)=-\dfrac{1}{t_1+t_2+1}$

(D) $\mu_X(t)=\dfrac{1}{1-t},\quad R_X(t_1,t_2)=\dfrac{1}{t_1+t_2-1}$

6. 设 $U\sim N(1,4),\{W(t),t\geqslant0\}$ 是参数为 σ^2 的维纳过程,且 U 与 $W(t)$ 独立,则随机过程 $X(t)=Ut+W(t),t\geqslant0$ 的均值函数和协方差函数分别为(   ).

(A) $\mu_X(t)=0,\quad C_X(t_1,t_2)=4t_1t_2+\sigma^2\min(t_1,t_2)$

(B) $\mu_X(t)=4t,\quad C_X(t_1,t_2)=5t_1t_2+\min(t_1,t_2)$

(C) $\mu_X(t)=t,\quad C_X(t_1,t_2)=4t_1t_2+\sigma^2\min(t_1,t_2)$

(D) $\mu_X(t)=t+1,\quad C_X(t_1,t_2)=t_1t_2+2\sigma^2\min(t_1,t_2)$

7. 设 $\{N(t),t\geqslant0\}$ 是强度为 λ 的泊松过程,$X(t)=N(2t),t\geqslant0$,则 $\{X(t)\}$ 的均值函数

和协方差函数分别为（　　）.

(A) $\mu_X(t) = 2\lambda t$,　$C_X(t_1, t_2) = 2\lambda\min(t_1, t_2)$

(B) $\mu_X(t) = \lambda t$,　$C_X(t_1, t_2) = 2\lambda\min(t_1, t_2)$

(C) $\mu_X(t) = 2\lambda t$,　$C_X(t_1, t_2) = \lambda\min(t_1, t_2)$

(D) $\mu_X(t) = \lambda t$,　$C_X(t_1, t_2) = \lambda\min(t_1, t_2)$

8. 设随机过程 $X(t) = A\cos(\omega t + B)$, $-\infty < t < +\infty$, 其中 $\omega > 0$ 为常数, $A \sim U(-3, 3)$, $B \sim U(0, 2\pi)$, 且 A, B 独立, 则 $\{X(t)\}$ 的均值函数和相关函数分别为（　　）.

(A) $\mu_X(t) = \dfrac{1}{4}$,　$R_X(t_1, t_2) = \cos\omega(t_2 - t_1)$

(B) $\mu_X(t) = \dfrac{1}{2}$,　$R_X(t_1, t_2) = \cos\omega(t_2 + t_1)$

(C) $\mu_X(t) = \dfrac{3}{2}$,　$R_X(t_1, t_2) = \dfrac{1}{2}\cos\omega(t_2 + t_1)$

(D) $\mu_X(t) = 0$,　$R_X(t_1, t_2) = \dfrac{3}{2}\cos\omega(t_2 - t_1)$

9. 设随机过程 $X(t) = A\sin(\omega t + \Theta)$, $Y(t) = B\sin(\omega t + \Theta + \varphi)$, $-\infty < t < +\infty$, 其中 A, B, ω, φ 为常数, $\Theta \sim U(0, 2\pi)$, 则互相关函数 $R_{XY}(t_1, t_2) = （　　）$.

(A) $\dfrac{AB}{2}\cos[\omega(t_2 - t_1) + \varphi]$

(B) $\dfrac{AB}{2}\cos[\omega(t_2 + t_1) + \varphi]$

(C) $\dfrac{AB}{2}\cos[\omega(t_2 - t_1)]$

(D) $\dfrac{AB}{3}\cos[\omega(t_2 - t_1) + \varphi]$

二、填空题

1. 设随机变量 $U \sim N(1, 4)$, $\varphi(t)$ $(-\infty < t < +\infty)$ 是一普通函数, 随机过程 $X(t) = U\varphi(t)$, $-\infty < t < +\infty$, 则 $\{X(t)\}$ 的协方差函数 $C_X(t_1, t_2) = \underline{\qquad}$.

2. 设随机过程 $X(t) = e^{-tX^2}$, $t \geq 0$, 其中 $X \sim N(0, 1)$, 则 $\{X(t)\}$ 的均值函数 $\mu_X(t) = \underline{\qquad}$.

3. 设随机过程 $X(t) = e^{-tX}$, $-\infty < t < +\infty$, 其中 $X \sim N(0, 1)$, 则 $\{X(t)\}$ 的相关函数 $R_X(t_1, t_2) = \underline{\qquad}$.

4. 设随机过程 $X(t) = \cos(tX)$, $t > 0$, 其中随机变量 X 的概率密度为

$$f(x) = \begin{cases} \dfrac{1}{3}, & 0 \leq x \leq 1 \\ \dfrac{2}{3}, & 1 \leq x \leq 2 \\ 0, & \text{其他} \end{cases}$$

则 $\{X(t)\}$ 的均值函数 $\mu_X(t) = \underline{\qquad}$.

5. 设随机过程 $X(t) = X^t$, $t \geq 0$, 其中随机变量 X 的概率密度为

$$f(x) = \begin{cases} 2x, & 0 < x < 1 \\ 0, & \text{其他} \end{cases}$$

则 $\{X(t)\}$ 的相关函数 $R_X(t_1,t_2)=$＿＿＿＿＿．

6. 设随机过程 $X(t)=\cos(tX)$，$Y(t)=\sin(tX)$，$t>0$，其中 $X\sim U(0,1)$，则互相关函数 $R_{XY}(t_1,t_2)=$＿＿＿＿＿．

7. 设 $\{W(t),t\geqslant0\}$ 是参数为 σ^2 的维纳过程，随机过程 $X(t)=W(3t)$，$t\geqslant0$，则 $\{X(t)\}$ 的协方差函数 $C_X(t_1,t_2)=$＿＿＿＿＿．

8. 设 $\{N(t),t\geqslant0\}$ 是强度为 λ 的泊松过程，a 为常数，随机过程 $X(t)=N(t)+at$，$t\geqslant0$，则 $\{X(t)\}$ 的协方差函数 $C_X(t_1,t_2)=$＿＿＿＿＿．

三、计算题和证明题

1. 已知随机过程 $X(t)$ 的相关函数 $R_X(t_1,t_2)$，试求下列随机过程的相关函数：

(1) $Y(t)=X(t)+X(t+1)$；

(2) $Z(t)=UX(t)$，其中 U 是与 $X(t)$ 独立，且服从 $N(1,4)$ 分布的随机变量．

2. 设随机过程 $X(t)$，$-\infty<t<+\infty$ 的均值函数为 $\mu_X(t)$，相关函数为 $R_X(t_1,t_2)$，随机过程 $Y(t)=X(t)\cos(\omega t+\Theta)$，$-\infty<t<+\infty$，其中 Θ 是与 $X(t)$ 独立且在 $(0,2\pi)$ 上服从均匀分布的随机变量，求 $\{Y(t)\}$ 的均值函数和相关函数．

3. 设 $A(t)$，$B(t)$，$-\infty<t<\infty$ 是均值函数都为零，相关函数分别为 $R_A(t_1,t_2)$，$R_B(t_1,t_2)$ 的随机过程，且 $A(t)$，$B(t)$ 不相关，随机过程 $X(t)=A(t)\cos\omega t+B(t)\sin\omega t$，其中 $\omega>0$ 为常数，求 $\{X(t)\}$ 的均值函数和相关函数．如果 $R_A(t_1,t_2)=R_B(t_1,t_2)$，$t_1,t_2\in(-\infty,+\infty)$，则 $R_X(t_1,t_2)$ 等于多少？

4. 设随机过程 $X(t)=A\cos t+Bt$，$-\infty<t<+\infty$，A，B 是独立同分布的随机变量，且概率密度为

$$f(x)=\begin{cases}\dfrac{3}{x^4}, & x>1\\[2mm] 0, & x\leqslant1\end{cases}$$

求二维随机变量 $(X(0),X(1))$ 的均值和协方差矩阵．

5. 设随机过程 $X(t)=U\cos\omega t+V\sin\omega t$，$t\geqslant0$，其中 $\omega>0$ 为常数，U，V 是独立同 $N(0,\sigma^2)$ 分布的随机变量．证明 $\{X(t)\}$ 为正态过程，并求其一维概率密度和二维概率密度．

6. 设 $\{W(t),t\geqslant0\}$ 是参数为 σ^2 的维纳过程，求二维随机变量 $(W(1),W(2))$ 的均值和协方差矩阵．

7. 设 $\{N(t),t\geqslant0\}$ 是强度为 λ 的泊松过程，求二维随机变量 $(N(2),N(3))$ 的均值和协方差矩阵．

8. 设 $X(t)=W(t)+At$ $(t\geqslant0)$，$Y(t)=N(t)+Bt$ $(t\geqslant0)$，随机变量 $A\sim U(0,1)$，$B\sim N(0,1)$，$\{W(t),t\geqslant0\}$ 是参数为 σ^2 的维纳过程，$\{N(t),t\geqslant0\}$ 是强度为 λ 的泊松过程，且 $W(t)$，$N(t)$，A，B 相互独立，求互相关函数 $R_{XY}(t_1,t_2)$．

第6章 马尔可夫链

本章讨论具有所谓马尔可夫性的离散型随机变量序列 $\{X_n, n=0,1,2,\cdots\}$. 为了简便, 先做记号上的简化. 简记 $\{X_n, n=0,1,2,\cdots\}$ 为 $\{X_n, n\geqslant 0\}$ 或 $\{X_n\}$; 将 $\{X_n, n\geqslant 0\}$ 的状态空间 $I=\{x_1, x_2, \cdots\}$ 简记为 $I=\{1,2,\cdots\}$ 或 $I=\{i\}$.

马尔可夫链在生物学、物理学、天文学、化学以及管理科学、信息科学等领域都有重要的应用. 本章介绍马尔可夫链的基本概念及转移概率、有限维分布和遍历性.

6.1 马尔可夫链及其转移概率

马尔可夫链的引进和研究, 不仅从数学理论的发展上看是很自然的, 而且也是研究实际问题的需要.

考虑一个离散型随机变量序列 $X_0, X_1, X_2, \cdots$, 设它的状态空间 $I=\{i\}$. 如果对任意的正整数 $n, X_0, X_1, \cdots, X_n$ 相互独立, 且 $X_k(k=0,1,\cdots,n)$ 的分布律已知, 则很容易得到 $X_0, X_1, \cdots, X_n$ 的联合分布律为

$$P\{X_0=i_0, X_1=i_1, \cdots, X_n=i_n\} = \prod_{k=0}^{n} P\{X_k=i_k\}, i_k \in I, k=0,1,\cdots,n$$

在许多实际问题中的随机变量序列不是相互独立的, 那么要得到 $X_0, X_1, \cdots, X_n$ 的联合分布律就要复杂得多. 由条件概率的乘法公式, 有

$$P\{X_0=i_0, X_1=i_1, \cdots, X_n=i_n\}$$
$$= P\{X_0=i_0\}P\{X_1=i_1 \mid X_0=i_0\}P\{X_2=i_2 \mid X_0=i_0, X_1=i_1\}\cdots$$
$$P\{X_n=i_n \mid X_0=i_0, X_1=i_1, \cdots, X_{n-1}=i_{n-1}\}$$

因此, 为表示 $X_0, X_1, \cdots, X_n$ 的联合分布律, 不仅需要知道 X_0 的分布律, 而且还需要知道一系列条件概率

$$P\{X_k=i_k \mid X_0=i_0, X_1=i_1, \cdots, X_{k-1}=i_{k-1}\}, k=1,2,\cdots,n$$

研究这种相依(即非独立的)随机变量序列, 其中最简单的一种是由马尔可夫首先研究的所谓马尔可夫链.

这种简单的情况就是条件概率 $P\{X_k=i_k \mid X_0=i_0, X_1=i_1, \cdots, X_{k-1}=i_{k-1}\}$ 不依赖于 $X_0, X_1, \cdots, X_{k-2}$ 的取值, 即

$$P\{X_k=i_k\,|\,X_0=i_0,X_1=i_1,\cdots,X_{k-1}=i_{k-1}\}=P\{X_k=i_k\,|\,X_{k-1}=i_{k-1}\},k=1,2,\cdots,n$$
这就是所谓的马尔可夫性.

下面来讨论马尔可夫链的相关内容.

6.1.1 马尔可夫链的概念

定义 6.1.1 设随机变量列$\{X_n,n\geqslant 0\}$的状态空间为$I=\{i\}$.如果对于任意的正整数n,任意的$i_0,i_1,\cdots,i_{n-1},i,j\in I$,有

$$P\{X_{n+1}=j\,|\,X_0=i_0,X_1=i_1,\cdots,X_{n-1}=i_{n-1},X_n=i\}=P\{X_{n+1}=j\,|\,X_n=i\} \quad (6.1.1)$$

则称$\{X_n\}$为马尔可夫链,简称马氏链,称(6.1.1)式表达的性质为马尔可夫性.如果状态空间I为有限集,则称$\{X_n\}$为有限状态马氏链,简称有限链;如果状态空间I为可列集,则称$\{X_n\}$为可列状态马式链,简称可列链.

马尔可夫性的直观解释如下:如果把时刻n看成"现在",把时刻$0,1,\cdots,n-1$看成"过去",把时刻$n+1$看成"将来",那么马尔可夫性说明,在已知系统"现在"所处状态的条件下,系统"将来"到达某状态的条件概率与"过去"所经历的状态无关.

定理 6.1.1 随机变量列$\{X_n,n\geqslant 0\}$为马尔可夫链的充要条件是对任意的正整数n,k及任意的非负整数$n_1<n_2<\cdots<n_r<n$,以及任意的$i_1,i_2,\cdots,i_r,i,j\in I$,有

$$P\{X_{n+k}=j\,|\,X_{n_1}=i_1,\cdots,X_{n_r}=i_r,X_n=i\}=P\{X_{n+k}=j\,|\,X_n=i\}$$

证明从略.这里只说明,对于证明一个具体问题中的随机变量列是马尔可夫链,定义6.1.1中的条件比较好用;对于马尔可夫链的理论研究,定理6.1.1中的条件比较好用.

6.1.2 马尔可夫链的转移概率

定义 6.1.2 设$\{X_n,n\geqslant 0\}$为马尔可夫链,若记

$$p_{ij}^{(k)}(n)=P\{X_{n+k}=j\,|\,X_n=i\},i,j\in I$$

其中k为正整数,n为非负整数,称$p_{ij}^{(k)}(n)$为$\{X_n\}$在时刻n从状态i出发,经k步(一般是k个单位时间)到达状态j的转移概率,矩阵$\boldsymbol{P}^{(k)}(n)=(p_{ij}^{(k)}(n))$,即

$$
\boldsymbol{P}^{(k)}(n)=
\begin{array}{c}
X_n \text{的状态}
\end{array}
\begin{array}{c}
X_{n+k}\text{的状态} \\
\begin{array}{ccccc}
1 & 2 & \cdots & j & \cdots
\end{array}
\end{array}
$$

$$
\boldsymbol{P}^{(k)}(n)=
\begin{array}{c}
1 \\ 2 \\ \vdots \\ i \\ \vdots
\end{array}
\begin{pmatrix}
p_{11}^{(k)}(n) & p_{12}^{(k)}(n) & \cdots & p_{1j}^{(k)}(n) & \cdots \\
p_{21}^{(k)}(n) & p_{22}^{(k)}(n) & \cdots & p_{2j}^{(k)}(n) & \cdots \\
\vdots & \vdots & & \vdots & \\
p_{i1}^{(k)}(n) & p_{i2}^{(k)}(n) & \cdots & p_{ij}^{(k)}(n) & \cdots \\
\vdots & \vdots & & \vdots &
\end{pmatrix}
$$

为$\{X_n\}$从时刻n出发的k步转移概率矩阵.

容易证明转移概率$p_{ij}^{(k)}(n)$具有下列性质:

(1) $p_{ij}^{(k)}(n) \geqslant 0$;

(2) $\sum\limits_{j \in I} p_{ij}^{(k)}(n) = 1$.

定义 6.1.3 设马尔可夫链 $\{X_n\}$ 的转移概率为 $p_{ij}^{(k)}(n)$. 如果对任意的 $i,j \in I$, 任意的正整数 k, $p_{ij}^{(k)}(n)$ 不依赖 n, 则称 $\{X_n\}$ 为齐次马尔可夫链, 并记 $p_{ij}^{(k)}(n)$ 为 $p_{ij}^{(k)}$, 称 $p_{ij}^{(k)}$ 为 $\{X_n\}$ 由状态 i 出发, 经 k 步到达状态 j 的转移概率, 矩阵 $\boldsymbol{P}^{(k)} = (p_{ij}^{(k)})$, 即

$$\begin{array}{c} X_{n+k} \text{的状态} \\ \boldsymbol{P}^{(k)} = \begin{matrix} & & 1 & 2 & \cdots & j & \cdots \\ & 1 \\ X_n & 2 \\ \text{的} & \vdots \\ \text{状} & i \\ \text{态} & \vdots \end{matrix} \begin{pmatrix} p_{11}^{(k)} & p_{12}^{(k)} & \cdots & p_{1j}^{(k)} & \cdots \\ p_{21}^{(k)} & p_{22}^{(k)} & \cdots & p_{2j}^{(k)} & \cdots \\ \vdots & \vdots & & \vdots & \\ p_{i1}^{(k)} & p_{i2}^{(k)} & \cdots & p_{ij}^{(k)} & \cdots \\ \vdots & \vdots & & \vdots & \end{pmatrix} \end{array}$$

为 $\{X_n\}$ 的 k 步转移概率矩阵. 特别地, 将一步转移概率 $p_{ij}^{(1)}$ 简记为 p_{ij}, 一步转移概率矩阵 $\boldsymbol{P}^{(1)}$ 简记为 $\boldsymbol{P}$, 即

$$\begin{array}{c} X_{n+1} \text{的状态} \\ \boldsymbol{P} = \begin{matrix} & & 1 & 2 & \cdots & j & \cdots \\ & 1 \\ X_n & 2 \\ \text{的} & \vdots \\ \text{状} & i \\ \text{态} & \vdots \end{matrix} \begin{pmatrix} p_{11} & p_{12} & \cdots & p_{1j} & \cdots \\ p_{21} & p_{22} & \cdots & p_{2j} & \cdots \\ \vdots & \vdots & & \vdots & \\ p_{i1} & p_{i2} & \cdots & p_{ij} & \cdots \\ \vdots & \vdots & & \vdots & \end{pmatrix} \end{array}.$$

以下只讨论齐次马尔可夫链(简称为马尔可夫链).

定理 6.1.2 设 $p_{ij}^{(k)}(k=1,2,\cdots)$ 是马尔可夫链 $\{X_n\}$ 的转移概率, 则对任意的正整数 k,l, 有

$$p_{ij}^{(k+l)} = \sum_{s \in I} p_{is}^{(k)} p_{sj}^{(l)} \tag{6.1.2}$$

证 由 $\bigcup\limits_{s \in I} \{X_{n+k} = s\} = S$, 且并中各个事件互不相容, 以及条件概率的全概率公式和马尔可夫性, 有

$$\begin{aligned} p_{ij}^{(k+l)} &= P\{X_{n+k+l} = j \mid X_n = i\} \\ &= \sum_{s \in I} P\{X_{n+k} = s \mid X_n = i\} P\{X_{n+k+l} = j \mid X_n = i, X_{n+k} = s\} \\ &= \sum_{s \in I} P\{X_{n+k} = s \mid X_n = i\} P\{X_{n+k+l} = j \mid X_{n+k} = s\} \\ &= \sum_{s \in I} p_{is}^{(k)} p_{sj}^{(l)} \end{aligned}$$

称定理 6.1.2 中的方程(6.1.2)为 C-K(Chapman-Kolmogorov)方程. C-K 方程的矩阵形式为

$$\boldsymbol{P}^{(k+l)}=\boldsymbol{P}^{(k)}\boldsymbol{P}^{(l)}$$

由此容易得到

$$\boldsymbol{P}^{(k)}=\boldsymbol{P}^{k},k=2,3,\cdots$$

这就是说,对齐次马尔可夫链,由它的一步转移概率矩阵可以确定它的任意步长的转移概率矩阵.

例 6.1.1 (直线上的随机游动)考虑每隔单位时间在直线的整数点上运动的粒子,当它处于位置 i 时(姑且设 i 为过程所处的状态),下一时刻向右移动到 $i+1$ 的概率为 $p(0<p<1)$,而向左移动到 $i-1$ 的概率为 $q=1-p$. 令 X_n 表示在时刻 n 粒子所在的位置,又设在时刻 0 粒子处于原点,即 $P\{X_0=0\}=1$,于是 X_n 就是一个马尔科夫链,且具有转移概率

$$p_{ij}=\begin{cases}p, & j=i+1\\ q, & j=i-1\\ 0, & \text{其他}\end{cases}$$

当 $p=q=\dfrac{1}{2}$时,称为简单对称随机游动.

例 6.1.2 图 6.1 是只传输数字 0 和 1 的串联系统. 设每一级的传真率(输入和输出数字相同的概率称为系统的传真率,相反的情况称为误码率)为 p,误码率为 $q=1-p$,并设一个单位时间传输一级,X_0 是第一级的输入,$X_n(n\geqslant 1)$是第 n 级的输出,那么$\{X_n,n=0,1,2,\cdots\}$是一随机过程,状态空间 $I=\{0,1\}$,而且当 $X_n=i(i\in I)$为已知时,X_{n+1}所处状态的概率分布只与 $X_n=i$ 有关,而与时刻 n 以前所处的状态无关,所以它是一马尔可夫链,而且是齐次的. 它的一步转移概率和一步转移概率矩阵分别为

$$p_{ij}=P\{X_{n+1}=j\mid X_n=i\}=\begin{cases}p, & j=i\\ q, & j\neq i\end{cases}\quad i,j=0,1$$

和

$$\boldsymbol{P}=\begin{matrix} & \begin{matrix}0 & 1\end{matrix}\\ \begin{matrix}0\\1\end{matrix} & \begin{pmatrix}p & q\\ q & p\end{pmatrix}\end{matrix}$$

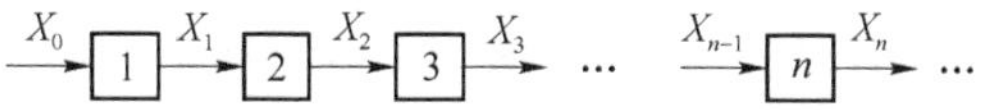

图 6.1

例 6.1.3 记从数 $1,2,\cdots,N$ 中任取一数为 X_0. 当 $n\geqslant 1$ 时,记从数 $1,2,\cdots,X_{n-1}$ 中任取一数为 X_n,证明$\{X_n,n\geqslant 0\}$为马尔可夫链,并求它的一步转移概率矩阵.

证 显然$\{X_n\}$的状态空间 $I=\{1,2,\cdots,N\}$. 对任意的正整数 n,任意的 $i_0,i_1,\cdots,i_{n-1},i,j\in I$,当 $P\{X_0=i_0,X_1=i_1,\cdots,X_{n-1}=i_{n-1},X_n=i\}>0$ 时,由题设知

$$P\{X_{n+1}= j \mid X_0 = i_0, X_1 = i_1, \cdots, X_{n-1} = i_{n-1}, X_n = i\}$$

$$= \begin{cases} 0, & j > i \\ \dfrac{1}{i}, & j \leqslant i \end{cases} \qquad (6.1.3)$$

$$= P\{X_{n+1} = j \mid X_n = i\}$$

可见 $\{X_n\}$ 为马尔可夫链,而且是齐次的. 由 (6.1.3) 式可以写出它的一步转移概率矩阵为

$$\boldsymbol{P} = \begin{pmatrix} 1 & 0 & 0 & 0 & \cdots & 0 \\ \dfrac{1}{2} & \dfrac{1}{2} & 0 & 0 & \cdots & 0 \\ \dfrac{1}{3} & \dfrac{1}{3} & \dfrac{1}{3} & 0 & \cdots & 0 \\ \vdots & \vdots & \vdots & \vdots & & \vdots \\ \dfrac{1}{N} & \dfrac{1}{N} & \dfrac{1}{N} & \dfrac{1}{N} & \cdots & \dfrac{1}{N} \end{pmatrix}$$

例 6.1.4 设有两个白球和两个黑球分装在两个袋中,每个袋中各装两个. 每次从每个袋中任取一球,互相交换后放回袋中. 用 X_n 表示第 n 次交换后第一个袋中的黑球数,证明 $\{X_n, n \geqslant 0\}$ 为齐次马尔可夫链,并求它的一步转移概率矩阵.

解 显然 $\{X_n\}$ 的状态空间为 $I = \{0,1,2\}$. 设 A, B 分别表示从第一、第二个袋中任取一球为黑球,显然 A, B 相互独立,则对任意的正整数 n,任意的 $i_0, i_1, \cdots, i_{n-1}, i, j \in I$,有

$$P\{X_{n+1} = j \mid X_0 = i_0, X_1 = i_1, \cdots, X_{n-1} = i_{n-1}, X_n = i\}$$

$$= \begin{cases} 1, & i=0, j=1 \\ P(A\overline{B}), & i=1, j=0 \\ P(AB)+P(\overline{A}\,\overline{B}), & i=1, j=1 \\ P(\overline{A}B), & i=1, j=2 \\ 1, & i=2, j=1 \\ 0, & 其他 \end{cases} = \begin{cases} 1, & i=0, j=1 \\ \dfrac{1}{4}, & i=1, j=0 \\ \dfrac{1}{2}, & i=1, j=1 \\ \dfrac{1}{4}, & i=1, j=2 \\ 1, & i=2, j=1 \\ 0, & 其他 \end{cases}$$

可见 $\{X_n\}$ 是马尔可夫链,而且是齐次的,它的一步转移概率矩阵为

$$\boldsymbol{P} = \begin{pmatrix} 0 & 1 & 0 \\ \dfrac{1}{4} & \dfrac{1}{2} & \dfrac{1}{4} \\ 0 & 1 & 0 \end{pmatrix}$$

例 6.1.5 一质点在 $[0,4]$ 的整数点上做随机游动. 在 0 点时以概率 1 向右移动一个单位,在 4 点时以概率 1 向左移动一个单位,在其他点时各以概率 1/3 向左、向右移动一

个单位或者留在原地. 以 X_n 表示经 n 次游动后质点所在的位置,求马尔可夫链 $\{X_n, n \geqslant 0\}$ 的一步、两步转移概率矩阵.

解 $\{X_n\}$ 的状态空间为 $I = \{0,1,2,3,4\}$. 由题设知 $\{X_n\}$ 的一步转移概率矩阵为

$$P = \begin{pmatrix} 0 & 1 & 0 & 0 & 0 \\ \dfrac{1}{3} & \dfrac{1}{3} & \dfrac{1}{3} & 0 & 0 \\ 0 & \dfrac{1}{3} & \dfrac{1}{3} & \dfrac{1}{3} & 0 \\ 0 & 0 & \dfrac{1}{3} & \dfrac{1}{3} & \dfrac{1}{3} \\ 0 & 0 & 0 & 1 & 0 \end{pmatrix}$$

由 C-K 方程可以算得两步转移概率矩阵为

$$P^{(2)} = P^2 = \begin{pmatrix} \dfrac{1}{3} & \dfrac{1}{3} & \dfrac{1}{3} & 0 & 0 \\ \dfrac{1}{9} & \dfrac{5}{9} & \dfrac{2}{9} & \dfrac{1}{9} & 0 \\ \dfrac{1}{9} & \dfrac{2}{9} & \dfrac{3}{9} & \dfrac{2}{9} & \dfrac{1}{9} \\ 0 & \dfrac{1}{9} & \dfrac{2}{9} & \dfrac{5}{9} & \dfrac{1}{9} \\ 0 & 0 & \dfrac{1}{3} & \dfrac{1}{3} & \dfrac{1}{3} \end{pmatrix}$$

例 6.1.6 设 $\{X_n\}$ 是状态空间为 $I = \{0,1\}$ 的马尔可夫链,其一步转移概率矩阵为

$$P = \begin{pmatrix} 1-a & a \\ b & 1-b \end{pmatrix}, 0 < a, b < 1$$

(1) 求 n 步转移概率矩阵;

(2) 求 $\lim\limits_{n \to \infty} P^{(n)}$, 这里 $\lim\limits_{n \to \infty} P^{(n)} = (\lim\limits_{n \to \infty} p_{ij}^{(n)})$.

解 (1) 利用线性代数关于相似矩阵的理论可知,如果矩阵 P 有两个不相等的特征值 λ_1, λ_2,则存在可逆矩阵 H 和对角矩阵 Λ,使得

$$P = H\Lambda H^{-1}$$

其中 $H = (\alpha_1, \alpha_2)$, α_1, α_2 分别是对应于 λ_1, λ_2 的特征向量,

$$\Lambda = \begin{pmatrix} \lambda_1 & 0 \\ 0 & \lambda_2 \end{pmatrix}$$

对于例 6.1.6 中的 P,可以算得它的两个特征值分别为 $\lambda_1 = 1, \lambda_2 = 1-a-b$,对应于 λ_1, λ_2 的特征向量分别为

$$\alpha_1 = \begin{pmatrix} 1 \\ 1 \end{pmatrix}, \quad \alpha_2 = \begin{pmatrix} a \\ -b \end{pmatrix}$$

因此

$$\boldsymbol{H}=\begin{pmatrix}1 & a \\ 1 & -b\end{pmatrix}, \quad \boldsymbol{\Lambda}=\begin{pmatrix}1 & 0 \\ 0 & 1-a-b\end{pmatrix}, \quad \boldsymbol{H}^{-1}=\frac{1}{a+b}\begin{pmatrix}b & a \\ 1 & -1\end{pmatrix}$$

于是容易算得

$$\boldsymbol{P}^{(n)}=\boldsymbol{P}^{n}=(\boldsymbol{H}\boldsymbol{\Lambda}\boldsymbol{H}^{-1})^{n}=\boldsymbol{H}\boldsymbol{\Lambda}^{n}\boldsymbol{H}^{-1}$$

$$=\frac{1}{a+b}\begin{pmatrix}1 & a \\ 1 & -b\end{pmatrix}\begin{pmatrix}1 & 0 \\ 0 & (1-a-b)^{n}\end{pmatrix}\begin{pmatrix}b & a \\ 1 & -1\end{pmatrix}$$

$$=\frac{1}{a+b}\begin{pmatrix}b & a \\ b & a\end{pmatrix}+\frac{(1-a-b)^{n}}{a+b}\begin{pmatrix}a & -a \\ -b & b\end{pmatrix}$$

(2) 由 $0<a,b<1$ 知 $|1-a-b|<1$,因此

$$\lim_{n\to\infty}\boldsymbol{P}^{(n)}=\frac{1}{a+b}\begin{pmatrix}b & a \\ b & a\end{pmatrix}+\lim_{n\to\infty}\frac{(1-a-b)^{n}}{a+b}\begin{pmatrix}a & -a \\ -b & b\end{pmatrix}=\frac{1}{a+b}\begin{pmatrix}b & a \\ b & a\end{pmatrix}$$

可见

$$\lim_{n\to\infty}p_{00}^{(n)}=\lim_{n\to\infty}p_{10}^{(n)}=\frac{b}{a+b} \quad \lim_{n\to\infty}p_{01}^{(n)}=\lim_{n\to\infty}p_{11}^{(n)}=\frac{a}{a+b}$$

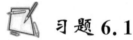 **习题 6.1**

1. 一质点在一圆周上做随机游动,圆上共有编号为 $1,2,\cdots,N$ 的 N 个格子,质点以概率 $p(0<p<1)$ 顺时针移动一个格子,以概率 $q=1-p$ 逆时针移动一个格子.设 $X_n(n\geqslant 0)$ 表示经 n 次移动后质点所在格子的编号,求 $\{X_n\}$ 的一步转移概率矩阵.

2. 设有 3 个白球和 3 个黑球分装在两个袋中,每个袋中各装 3 个.每次从每个袋中任取一球,互相交换后放回袋中.用 X_n 表示第 n 次交换后第一个袋中的黑球数,证明 $\{X_n,n\geqslant 0\}$ 为马尔可夫链,并求它的一步、两步转移概率矩阵.

3. 袋中有 a 个球(黑色的或白色的),随机地从袋中取出一球,然后放回一个不同颜色的球.若袋中有 k 个白球,则称系统处于状态 k(称为艾伦菲斯特(Ehrenfest)模型).设 $X_n(n\geqslant 0)$ 表示第 n 次取出一球并放回一球后系统的状态,求 $\{X_n\}$ 的一步转移概率矩阵.

4. 连续掷一颗骰子,以 $X_n(n\geqslant 1)$ 表示前 n 次掷得的最大点数,证明 $\{X_n,n\geqslant 1\}$ 为齐次马尔可夫链,并求其一步转移概率矩阵.

5. (传染模型)有 N 个人及某种传染病.假设:

(1) 在每个单位时间内,此 N 个人中恰有两个人互相接触,且一切成对的接触是等可能的;

(2) 当健康者与患病者接触时,被传染上病的概率为 α;

(3) 患病者康复的概率为 0,健康者如果不与患病者接触,得病的概率也为 0.

现以 $X_n(n\geqslant 0)$ 表示第 n 个单位时间内的患病人数,试说明 $\{X_n\}$ 为马尔可夫链,并写出它的状态空间和一步转移概率矩阵.

6.2 有限维分布和遍历性

本节首先讨论如何由马尔可夫链的转移概率和初始分布计算它的任意有限多个随机变量的联合分布律——有限维分布.

6.2.1 有限维分布

设马尔可夫链 $\{X_n\}$ 的状态空间为 $I=\{i\}$, n 步转移概率矩阵为 $\boldsymbol{P}^{(n)}(n\geqslant 1)$. 记 X_0 的分布律为

$$P\{X_0=i\}=q_i(0), i\in I$$

则对任意的满足 $0<n_1<n_2<\cdots<n_k$ 的 $n_1,n_2,\cdots,n_k$, 由全概率公式和马尔可夫性, 有

$$P\{X_{n_1}=i_1,X_{n_2}=i_2,\cdots,X_{n_k}=i_k\}$$

$$=\sum_{i\in I}P\{X_0=i\}P\{X_{n_1}=i_1\mid X_0=i\}P\{X_{n_2}=i_2\mid X_{n_1}=i_1\}\cdots P\{X_{n_k}=i_k\mid X_{n_{k-1}}=i_{k-1}\}$$

$$=\sum_{i\in I}q_i(0)p_{ii_1}^{(n_1)}p_{i_1i_2}^{(n_2-n_1)}\cdots p_{i_{k-1}i_k}^{(n_k-n_{k-1})}\quad(i_1,i_2,\cdots,i_k\in I) \tag{6.2.1}$$

特别地, 在(6.2.1)式中取 $k=1,n_1=n$, 则得

$$P\{X_n=j\}=\sum_{i\in I}q_i(0)p_{ij}^{(n)}, j\in I$$

若记 X_0 的分布律为 $\quad\boldsymbol{q}(0)=(q_1(0),q_2(0),\cdots,q_i(0),\cdots)$

X_n 的分布律为 $\qquad\boldsymbol{q}(n)=(q_1(n),q_2(n),\cdots,q_j(n),\cdots)$

其中 $q_j(n)=P\{X_n=j\}, j\in I$, 则 X_n 的分布律的矩阵表示式为

$$\boldsymbol{q}(n)=\boldsymbol{q}(0)\boldsymbol{P}^{(n)}=\boldsymbol{q}(0)\boldsymbol{P}^n \tag{6.2.2}$$

由(6.2.2)式容易看到

$$\boldsymbol{q}(n)=\boldsymbol{q}(n-1)\boldsymbol{P}=\boldsymbol{q}(n-2)\boldsymbol{P}^2=\cdots=\boldsymbol{q}(0)\boldsymbol{P}^n \tag{6.2.3}$$

(6.2.3)式也称为状态转移方程.

例 6.2.1 在例 6.1.4 中, 若开始时($n=0$)第一个口袋中有两个白球, 试求:

(1) $P\{X_0=0,X_1=1,X_2=2\}$;

(2) $P\{X_3=1\}$.

解 在例 6.1.4 中已算得 $\{X_n\}$ 的一步转移概率矩阵为

$$\boldsymbol{P}=\begin{pmatrix} 0 & 1 & 0 \\ \dfrac{1}{4} & \dfrac{1}{2} & \dfrac{1}{4} \\ 0 & 1 & 0 \end{pmatrix}$$

由题设知 $\{X_n\}$ 的初始分布为

$$P\{X_0=0\}=1, \quad P\{X_0=1\}=P\{X_0=2\}=0$$

（1）由乘法公式和马尔可夫性，有

$$P\{X_0=0,X_1=1,X_2=2\}=q_0(0)p_{01}p_{12}=\frac{1}{4}$$

（2）容易算得

$$\boldsymbol{P}^{(3)}=\boldsymbol{P}^3=\begin{pmatrix}\dfrac{1}{8}&\dfrac{3}{4}&\dfrac{1}{8}\\[2mm]\dfrac{3}{16}&\dfrac{5}{8}&\dfrac{3}{16}\\[2mm]\dfrac{1}{8}&\dfrac{3}{4}&\dfrac{1}{8}\end{pmatrix}$$

因此

$$P\{X_3=1\}=\sum_{i=0}^{2}q_i(0)p_{i1}^{(3)}=q_0(0)p_{01}^{(3)}=\frac{3}{4}$$

6.2.2　遍历性和极限分布

由例 6.1.6 可见，对两个状态的马尔可夫链，当 $0<a,b<1$ 时，有

$$\lim_{n\to\infty}p_{00}^{(n)}=\lim_{n\to\infty}p_{10}^{(n)}=\frac{b}{a+b}\xlongequal{\text{记作}}\pi_0$$

$$\lim_{n\to\infty}p_{01}^{(n)}=\lim_{n\to\infty}p_{11}^{(n)}=\frac{a}{a+b}\xlongequal{\text{记作}}\pi_1$$

因此 $\lim_{n\to\infty}p_{ij}^{(n)}$ 存在，且此极限不依赖 i 而只依赖 j，即有

$$\lim_{n\to\infty}p_{ij}^{(n)}=\pi_j,\quad j=0,1$$

上面的极限性质有如下两个意义．

（1）对于取定的状态 j，无论链在某一时刻从哪一状态（0 或 1）出发，经长时间的转移到达 j 的概率都趋近于 π_j. 此性质称为遍历性．又由于 $\pi_0+\pi_1=1$，知 $(\pi_0,\pi_1)\xlongequal{\text{记作}}\boldsymbol{\pi}$ 构成一分布律，称它为链的极限分布．

（2）若可用其他方法求出 $\boldsymbol{\pi}$，则由遍历性，当 n 充分大时，有 $p_{ij}^{(n)}\approx\pi_j$.

定义 6.2.1　设马尔可夫链 $\{X_n,n\geq0\}$ 的状态空间为 $I=\{i\}$，n 步转移概率为 $p_{ij}^{(n)}(n\geq1)$. 若对任意的 $i,j\in I$，存在不依赖于 i 的极限 $\lim\limits_{n\to\infty}p_{ij}^{(n)}=\pi_j,j\in I$，则称此链具有遍历性；又若 $\sum\limits_{j\in I}\pi_j=1$，则称 $\boldsymbol{\pi}=(\pi_1,\pi_2,\cdots)$ 为此链的极限分布．

极限分布有什么性质呢？这里只对一类特殊的马尔可夫链——有限马尔可夫链来讨论这个问题，并归结为下面的定理．

定理 6.2.1　设有限马尔可夫链 $\{X_n,n\geq0\}$ 的状态空间为 $I=\{1,2,\cdots,N\}$，n 步转移概率为 $p_{ij}^{(n)}(n\geq1)$，且存在极限 $\lim\limits_{n\to\infty}p_{ij}^{(n)}=\pi_j,j=1,2,\cdots,N$，则极限值 $\pi_j(j=1,2,\cdots,N)$ 满足：

(1) $\pi_j \geqslant 0(j=1,2,\cdots,N),\sum\limits_{j=1}^{N}\pi_j=1$;

(2) 对任意的正整数 $n,\pi_j=\sum\limits_{i=1}^{N}\pi_i p_{ij}^{(n)},j=1,2,\cdots,N$;

(3) $\lim\limits_{n\to\infty}P\{X_n=j\}=\pi_j,j=1,2,\cdots,N$.

证 (1) 由于 $\sum\limits_{j=1}^{N}p_{ij}^{(n)}=1$,于是

$$1=\lim_{n\to\infty}\sum_{j=1}^{N}p_{ij}^{(n)}=\sum_{j=1}^{N}\lim_{n\to\infty}p_{ij}^{(n)}=\sum_{j=1}^{N}\pi_j$$

而 $\pi_j\geqslant0$ 是显然的.

(2) 由 C-K 方程,易得

$$\pi_j=\lim_{m\to\infty}p_{sj}^{(m+n)}=\lim_{m\to\infty}\sum_{i=1}^{N}p_{si}^{(m)}p_{ij}^{(n)}=\sum_{i=1}^{N}\big[\lim_{m\to\infty}p_{si}^{(m)}\big]p_{ij}^{(n)}=\sum_{i=1}^{N}\pi_i p_{ij}^{(n)}$$

(3) 在等式 $P\{X_n=j\}=\sum\limits_{i=1}^{N}q_i(0)p_{ij}^{(n)}$ 两边取极限,即得

$$\lim_{n\to\infty}P\{X_n=j\}=\sum_{i=1}^{N}q_i(0)\big[\lim_{n\to\infty}p_{ij}^{(n)}\big]=\pi_j\sum_{i=1}^{N}q_i(0)=\pi_j$$

对有限马尔可夫链,定理 6.2.1 的结论(1)说明:如果极限

$$\lim_{n\to\infty}p_{ij}^{(n)}=\pi_j,j=1,2,\cdots,N$$

存在,则 $\boldsymbol{\pi}=(\pi_1,\pi_2,\cdots,\pi_N)$ 构成状态空间 $I=\{1,2,\cdots,N\}$ 上的一个分布律,且必是极限分布.结论(2)说明:如果初始分布为 $q_i(0)=\pi_i,i=1,2,\cdots,N$,则对任意的正整数 n,X_n 与 X_0 同分布.结论(3)说明:当 $n\to\infty$ 时,$\boldsymbol{\pi}$ 是 X_n 的分布的极限,故称 $\boldsymbol{\pi}$ 为极限分布.这就是说,不论初始分布如何,只要 n 充分大,X_n 的分布律可近似地等于 $\boldsymbol{\pi}$,故也称 $\boldsymbol{\pi}$ 为稳态分布.

由于 $\boldsymbol{\pi}$ 满足(2)中的等式,故又称 $\boldsymbol{\pi}$ 为平稳分布.实际上,为了使 $\boldsymbol{\pi}$ 为平稳分布,由状态转移方程,只需要对 $n=1$ 满足(2)中的等式即可,于是有下面的定义.

定义 6.2.2 设马尔可夫链 $\{X_n\}$ 的状态空间为 $I=\{i\}$,一步转移概率为 $p_{ij}(i,j\in I)$.如果存在非负数列 $\{\pi_j\}(j\in I)$,满足

$$\sum_{j\in I}\pi_j=1,\quad \pi_j=\sum_{i\in I}\pi_i p_{ij},\quad j\in I$$

则称 $\boldsymbol{\pi}=(\pi_1,\pi_2,\cdots)$ 为 $\{X_n\}$ 的平稳分布.

一个马尔可夫链满足什么条件才具有遍历性和极限分布呢? 对这个问题,这里只就有限马尔可夫链给出具有遍历性的一个充分条件,以及求 $\pi_j(j\in I)$ 的方法,证明从略.

定理 6.2.2 设有限马尔可夫链 $\{X_n,n\geqslant0\}$ 的状态空间为 $I=\{1,2,\cdots,N\}$,n 步转移概率为 $p_{ij}^{(n)}(n\geqslant1)$.如果存在正整数 m,使对一切 $i,j\in I$,都有

$$p_{ij}^{(m)}>0$$

则此链具有遍历性,且有极限分布 $\boldsymbol{\pi}=(\pi_1,\pi_2,\cdots,\pi_N)$,它是方程组

$$\pi_j = \sum_{i=1}^{N} \pi_i p_{ij}, \quad j = 1, 2, \cdots, N$$

满足条件 $\qquad \pi_j > 0 (j = 1, 2, \cdots, N), \quad \sum_{j=1}^{N} \pi_j = 1$

的唯一解.

由定理 6.2.2 可知,当有限马尔可夫链满足定理的条件时,则具有遍历性且存在满足 $\pi_j > 0 (j \in I)$ 的平稳分布 $\boldsymbol{\pi} = (\pi_1, \pi_2, \cdots, \pi_N)$.

例 6.2.2 设马尔可夫链 $\{X_n\}$ 的状态空间为 $I = \{1, 2, 3, 4\}$,一步转移概率矩阵为

$$\boldsymbol{P} = \begin{pmatrix} 1/4 & 1/4 & 1/4 & 1/4 \\ 0 & 0 & 1 & 0 \\ 0 & 0 & 0 & 1 \\ 1 & 0 & 0 & 0 \end{pmatrix}$$

试说明 $\{X_n\}$ 具有遍历性,并求其平稳分布.

解 为简便起见,用"×"表示转移概率矩阵中的非零元素,于是

$$\boldsymbol{P}^{(2)} = \boldsymbol{P}^2 = \begin{pmatrix} \times & \times & \times & \times \\ 0 & 0 & \times & 0 \\ 0 & 0 & 0 & \times \\ \times & 0 & 0 & 0 \end{pmatrix}^2 = \begin{pmatrix} \times & \times & \times & \times \\ 0 & 0 & 0 & \times \\ \times & 0 & 0 & 0 \\ \times & \times & \times & \times \end{pmatrix}$$

$$\boldsymbol{P}^{(4)} = \boldsymbol{P}^4 = \begin{pmatrix} \times & \times & \times & \times \\ 0 & 0 & 0 & \times \\ \times & 0 & 0 & 0 \\ \times & \times & \times & \times \end{pmatrix}^2 = \begin{pmatrix} \times & \times & \times & \times \\ \times & \times & \times & \times \\ \times & \times & \times & \times \\ \times & \times & \times & \times \end{pmatrix}$$

可见对一切 $i, j \in I$ 有 $p_{ij}^{(4)} > 0$,$\{X_n\}$ 具有遍历性,再求解方程组

$$\begin{cases} \pi_1 = \dfrac{1}{4}\pi_1 + \pi_4 \\ \pi_2 = \dfrac{1}{4}\pi_1 \\ \pi_3 = \dfrac{1}{4}\pi_1 + \pi_2 \\ \pi_4 = \dfrac{1}{4}\pi_1 + \pi_3 \\ 1 = \pi_1 + \pi_2 + \pi_3 + \pi_4 \end{cases}$$

可得平稳分布为

$$\boldsymbol{\pi} = \left(\frac{2}{5}, \frac{1}{10}, \frac{1}{5}, \frac{3}{10} \right)$$

确实存在马尔可夫链不具有遍历性,即使是有限马尔可夫链也是如此.

例 6.2.3 设马尔可夫链 $\{X_n\}$ 的状态空间为 $I = \{1, 2, 3\}$,一步转移概率矩阵为

$$\boldsymbol{P}=\begin{pmatrix} 0 & 1 & 0 \\ 1-p & 0 & p \\ 0 & 1 & 0 \end{pmatrix}, \quad 0<p<1$$

证明此链不具有遍历性.

证 由归纳法可以证明

$$\boldsymbol{P}^{(2n)}=\boldsymbol{P}^{2n}=\begin{pmatrix} 1-p & 0 & p \\ 0 & 1 & 0 \\ 1-p & 0 & p \end{pmatrix}, \quad \boldsymbol{P}^{(2n-1)}=\boldsymbol{P}^{2n-1}=\begin{pmatrix} 0 & 1 & 0 \\ 1-p & 0 & p \\ 0 & 1 & 0 \end{pmatrix}$$

其中 $n=1,2,\cdots$. 于是,有

$$p_{13}^{(n)}=\begin{cases} p, & \text{当 } n \text{ 为偶数时} \\ 0, & \text{当 } n \text{ 为奇数时} \end{cases}$$

显然,当 $n\to\infty$ 时,$p_{13}^{(n)}$ 的极限不存在,因而 $\{X_n\}$ 不具有遍历性.

 **习题 6.2**

1. 设有 3 个白球和 3 个黑球分装在两个袋中,每个袋中各装 3 个. 每次从每个袋中任取一球,互相交换后放回袋中. 用 X_n 表示第 n 次交换后第一个袋中的黑球数,如果开始时,即 $n=0$ 时随机地将这 6 个球分装在两个袋中,每袋 3 个,求马尔可夫链 $\{X_n, n\geqslant 0\}$ 的一步转移概率矩阵、初始分布及 X_2 的分布律.

2. 一只老鼠在图 6.1 的迷宫中,每隔单位时间就移动一次,随机地通过格子,也就是说,如果可以通过 r 条道路离开一个格子,那么老鼠选其中一条道路的概率是 $1/r$. 试用马尔可夫链描述老鼠的移动,并写出状态空间及一步、两步转移概率矩阵. 如果时刻 0 时老鼠在第一个格子,求它经 3 次移动后到达第 4 个格子的概率.

图 6.2

3. 设马尔可夫链 $\{X_n, n\geqslant 0\}$ 的状态空间为 $I=\{1,2,3\}$,一步转移概率矩阵为

$$\boldsymbol{P}=\begin{pmatrix} 1/3 & 1/3 & 1/3 \\ 0 & 0 & 1 \\ 1 & 0 & 0 \end{pmatrix}$$

初始分布为 $(1/3,1/3,1/3)$,求:

(1) X_3 的分布律;

(2) $P\{X_1=1, X_2=3, X_4=2\}$;

(3) $P\{X_3=1, X_5=2 \mid X_0=1\}$.

4. 设马尔可夫链 $\{X_n, n \geq 0\}$ 的状态空间为 $I = \{1, 2, 3\}$,一步转移概率矩阵为

$$\boldsymbol{P} = \begin{pmatrix} 1/3 & 1/3 & 1/3 \\ 0 & 1/2 & 1/2 \\ 1/2 & 1/2 & 0 \end{pmatrix}$$

证明该链具有遍历性,并求其平稳分布.

5. 设马尔可夫链 $\{X_n, n \geq 0\}$ 的状态空间为 $I = \{1, 2, 3\}$,一步转移概率矩阵为

$$\boldsymbol{P} = \begin{pmatrix} q & p & 0 \\ q & 0 & p \\ 0 & q & p \end{pmatrix}$$

其中,$0 < p < 1$,$q = 1 - p$. 证明该链具有遍历性,并求其平稳分布.

6. 设马尔可夫链 $\{X_n, n \geq 0\}$ 的状态空间为 $I = \{1, 2, 3\}$,一步转移概率矩阵为

$$\boldsymbol{P} = \begin{pmatrix} 1 & 0 & 0 \\ 0 & 1/2 & 1/2 \\ 0 & 1/2 & 1/2 \end{pmatrix}$$

证明该链不具有遍历性.

 本 章 小 结

1. 马尔可夫链的两个等价定义及马尔可夫性的直观意义.

2. 马尔可夫链的转移概率及 C-K 方程、齐次马尔可夫链.

设 $\{X_n, n \geq 0\}$ 为齐次马尔可夫链,一步转移概率矩阵为 $\boldsymbol{P}$,则 n 步转移概率矩阵为 $\boldsymbol{P}^{(n)} = \boldsymbol{P}^n$.

3. 由初始分布和转移概率确定马尔可夫链的有限维分布.

设 $\{X_n, n \geq 0\}$ 为齐次马尔科夫链,状态空间为 I,n 步转移概率矩阵为 $\boldsymbol{P}^{(n)}$ $(n \geq 1)$,则对任意的 $0 < n_1 < n_2 < \cdots < n_k$,有 $P\{X_{n_1} = i_1, X_{n_2} = i_2, \cdots, X_{n_k} = i_k\} = \sum_{i \in I} q_i(0) p_{i i_1}^{(n_1)}$ $p_{i_1 i_2}^{(n_2 - n_1)} \cdots p_{i_{k-1} i_k}^{(n_k - n_{k-1})}, i_1, i_2, \cdots, i_k \in I$.

4. 马尔可夫链的遍历性的概念、判定有限马尔可夫链具有遍历性的充分条件、求有限马尔可夫链的极限分布(平稳分布)的方法.

(1) 设马尔科夫链 $\{X_n, n \geq 0\}$ 的状态空间为 I,n 步转移概率为 $p_{ij}^{(n)}$ $(n \geq 1)$,若对任意的 $i, j \in I$,存在不依赖于 i 的极限 $\lim_{n \to \infty} p_{ij}^{(n)} = \pi_j, j \in I$,则称此链具有遍历性,又若 $\sum_{j \in I} \pi_j = 1$,则称 $\pi = (\pi_1, \pi_2, \cdots)$ 为此链的极限分布.

(2) 设有限马尔科夫链 $\{X_n, n \geq 0\}$ 的状态空间为 $I = \{1, 2, \cdots, N\}$,n 步转移概率为 $p_{ij}^{(n)}$ $(n \geq 1)$. 如果存在正整数 m,使对一切 $i, j \in I$ 有 $p_{ij}^{(m)} > 0$,则此链具有遍历性,且有极限分布 $\pi = (\pi_1, \pi_2, \cdots, \pi_N)$,它是方程组 $\pi_j = \sum_{i=1}^{N} \pi_i p_{ij}, j = 1, 2, \cdots, N$ 的满足条件 $\pi_j > 0$

$(j=1,2,\cdots,N)$，$\sum_{j=1}^{N}\pi_j=1$ 的唯一解.

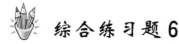 **综合练习题 6**

一、单项选择题

1. 设马尔可夫链的状态空间为 $I=\{0,1,2,3\}$，且 $p_{00}=1$，$p_{33}=1$，当 $1\leqslant i<3$ 时，

$$p_{ij}=\begin{cases}q, & j=i+1\\ p, & j=i-1 \quad 0<p<1,q=1-p\\ 0, & 其他\end{cases}$$

则该链的两步转移概率矩阵为（   ）.

(A) $\begin{pmatrix}1 & 0 & 0 & 0\\ p & 0 & pq & q^2\\ p^2 & 0 & pq & q\\ 0 & 0 & 0 & 1\end{pmatrix}$
   (B) $\begin{pmatrix}1 & 0 & 0 & 0\\ p & pq & 0 & q^2\\ p^2 & 0 & pq & q\\ 0 & 0 & 0 & 1\end{pmatrix}$

(C) $\begin{pmatrix}1 & 0 & 0 & 0\\ p & pq & 0 & q^2\\ p^2 & pq & 0 & q\\ 0 & 0 & 0 & 1\end{pmatrix}$
   (D) $\begin{pmatrix}1 & 0 & 0 & 0\\ p & pq & p & q^2\\ p^2 & 0 & pq & q\\ 0 & 0 & 0 & 1\end{pmatrix}$

2. 设马尔可夫链 $\{X_n,n\geqslant 0\}$ 的状态空间为 $I=\{a,b,c\}$，一步转移概率矩阵为

$$\boldsymbol{P}=\begin{pmatrix}1/2 & 1/4 & 1/4\\ 2/3 & 0 & 1/3\\ 3/5 & 2/5 & 0\end{pmatrix}$$

则 $P\{X_{n+2}=c\,|\,X_n=b\}=$（   ）.

(A) 1/6 　　　 (B) 1/5 　　　　　 (C) 1/4 　　　　 (D) 0

3. 已知本月某种商品的销售状态的初始分布和一步转移概率矩阵分别为

$$\boldsymbol{q}(0)=(0.2,0.2,0.6)，\quad \boldsymbol{P}=\begin{pmatrix}0.5 & 0.2 & 0.3\\ 0.1 & 0.3 & 0.6\\ 0.7 & 0.1 & 0.2\end{pmatrix}$$

则下一个月的销售状态的分布为（   ）.

(A) $(0.54,0.18,0.28)$ 　　　　　 (B) $(0.64,0.16,0.2)$

(C) $(0.54,0.16,0.3)$ 　　　　　 (D) $(0.54,0.16,0.1)$

4. 设马尔可夫链的一步转移概率矩阵为

$$\boldsymbol{P}=\begin{pmatrix}1/2 & 0 & 1/2\\ 0 & 1 & 0\\ 1/2 & 0 & 1/2\end{pmatrix}$$

则该链的极限分布为（   ）.

(A) $(0.1,0.7,0.2)$ (B) $(0.3,0.3,0.6)$

(C) 不存在   (D) $(0.3,0.3,0.4)$

5. 设马尔可夫链的一步转移概率矩阵为

$$\boldsymbol{P}=\begin{pmatrix} 1/3 & 1/3 & 1/3 \\ 0 & 1/2 & 1/2 \\ 1/2 & 0 & 1/2 \end{pmatrix}$$

则该链的极限分布为（   ）.

(A) $(1/3,1/3,1/3)$ (B) $(1/3,2/9,4/9)$

(C) 不存在   (D) $(1/2,1/4,1/4)$

二、填空题

1. 设马尔可夫链 $\{X_n,n\geqslant 0\}$ 的状态空间为 $I=\{a,b,c\}$，一步转移概率矩阵为

$$\boldsymbol{P}=\begin{pmatrix} 1/2 & 1/4 & 1/4 \\ 2/3 & 0 & 1/3 \\ 3/5 & 2/5 & 0 \end{pmatrix}$$

则 $P\{X_1=b,X_2=c,X_3=a,X_4=c,X_5=a,X_6=c,X_7=b\mid X_0=c\}=\underline{\hspace{2cm}}$.

2. 已知本月某种商品的销售状态的初始分布和一步转移概率矩阵分别为

$$\boldsymbol{q}(0)=(0.2,0.4,0.4),\quad \boldsymbol{P}=\begin{pmatrix} 0.5 & 0.2 & 0.3 \\ 0.1 & 0.3 & 0.6 \\ 0.7 & 0.1 & 0.2 \end{pmatrix}$$

则此后的第二个月的销售状态的分布为 $\underline{\hspace{2cm}}$.

3. 甲、乙、丙 3 家公司决定在某一时间销售一种新产品，当时它们各拥有 1/3 的市场，然而一年后，市场发生了如下变化：

(1) 甲保住 40% 的顾客，而失去 30% 给乙，失去 30% 给丙；

(2) 乙保住 30% 的顾客，而失去 60% 给甲，失去 10% 给丙；

(3) 丙保住 50% 的顾客，而失去 30% 给甲，失去 20% 给乙.

则第二年年底各公司拥有的市场的份额为 $\underline{\hspace{2cm}}$.

4. 设马尔可夫链 $\{X_n,n\geqslant 0\}$ 的状态空间为 $I=\{1,2,3,4\}$，初始分布和一步转移概率矩阵分别为

$$\boldsymbol{q}(0)=(1/4,1/4,1/4,1/4),\quad \boldsymbol{P}=\begin{pmatrix} 1/2 & 1/2 & 0 & 0 \\ 1/3 & 1/3 & 1/3 & 0 \\ 1/4 & 0 & 1/2 & 1/4 \\ 1/2 & 0 & 0 & 1/2 \end{pmatrix}$$

则 X_2 的分布律为 $\underline{\hspace{2cm}}$.

5. 设马尔可夫链 $\{X_n,n\geqslant 0\}$ 的状态空间为 $I=\{1,2,3,4\}$，一步转移概率矩阵为

$$P = \begin{pmatrix} 1/3 & 1/3 & 1/6 & 1/6 \\ 1/6 & 1/3 & 1/3 & 1/6 \\ 1/6 & 1/6 & 1/3 & 1/3 \\ 1/3 & 1/6 & 1/6 & 1/3 \end{pmatrix}$$

则 $\lim\limits_{n \to \infty} P^{(n)} = $ _____.

三、计算题和证明题

1. 设 $X_0 = 1, X_1, X_2, \cdots, X_n, \cdots$ 是相互独立的随机变量列,且都以概率 $p(0 < p < 1)$ 取值 1,以概率 $q = 1 - p$ 取值 0. 令 $S_n = \sum\limits_{k=0}^{n} X_k$,试证 $\{S_n, n \geq 0\}$ 构成一马尔可夫链,并写出它的状态空间和一步转移概率矩阵.

2. 设在任意相继的两天中,雨天转晴天的概率为 1/3,晴天转雨天的概率为 1/2,任一天晴或雨互为逆事件. 以 0 表示晴天状态,以 1 表示雨天状态,以 X_n 表示从某天算起第 n 天的状态(0 或 1).

(1) 试写出马尔可夫链 $\{X_n, n \geq 0\}$ 的一步转移概率矩阵;

(2) 若已知 5 月 1 日为雨天,求 5 月 3 日为晴天,5 月 5 日也为晴天的概率;

(3) 又若任一天为晴天的概率为 2/3,为雨天的概率为 1/3,求连续 3 天为雨天的概率.

3. 4 个人(标号为 1,2,3,4)把一个球相互之间进行传递,每次有球的人把球等可能地传给其他 3 个人之一. X_0 表示开始拿球的人,X_n 表示第 n 次传球拿到球的人,则 $\{X_n, n \geq 0\}$ 是一马尔可夫链.

(1) 写出一步转移概率矩阵;

(2) 计算两步和 3 步转移概率矩阵;

(3) 求经 3 次传球后,拿到球的人恰好是开始拿球的人的概率.

4. 甲、乙两人进行比赛. 设每局比赛甲胜的概率为 p,乙胜的概率为 q,和局的概率为 r,其中 p, q, r 均为正常数,且 $p + q + r = 1$. 设每局比赛后,得胜者记 1 分,负者记 -1 分,和局记 0 分,当两人中有一人获得 2 分时,结束比赛. 以 X_n 表示比赛到第 n 局时甲获得的分数,则 $\{X_n, n \geq 0\}$ 是一马尔可夫链.

(1) 写出此链的状态空间及一步转移概率矩阵;

(2) 计算两步转移概率矩阵;

(3) 求在甲得 1 分的情况下,再赛两局结束比赛的概率.

5. 电子可以处在不同的能级(可列个)的轨道上,在一秒钟内它以概率 $c_i e^{-\alpha|i-j|}$ $(i, j = 1, 2, \cdots, c_i > 0)$ 从第 i 个轨道跳到第 j 个轨道. 求:(1) 在两秒钟内的转移概率;(2) 常数 $c_i, i = 1, 2, \cdots$.

6. 如果存在正整数 k,使对一切 $i, j \in I$,有 $p_{ij}^{(k)} > 0$,证明对一切正整数 $n \geq k$ 及 $i, j \in I$,有 $p_{ij}^{(n)} > 0$.

第7章 平稳随机过程

本章讲解平稳过程. 主要内容有平稳过程的概念、各态历经性、相关函数及其性质、功率谱密度及其性质；最后讲解平稳过程通过线性系统的响应.

平稳过程在许多领域中有重要的应用，尤其在通信领域中是不可缺少的数学基础理论.

7.1 平稳过程及相关函数

7.1.1 平稳过程的概念

在实际中，有相当多的随机过程，不仅它现在的状态，而且它过去的状态，都对未来状态的发生有着强烈的影响. 有这样一类过程 $\{X(t),t\in T\}$，其特点是：过程的统计特性不随时间的推移而改变. 严格地说，如果对任意的正整数 n，任意的 $t_1,t_2,\cdots,t_n\in T$ 和任意的 h，当 $t_1+h,t_2+h,\cdots,t_n+h\in T$ 时，n 维随机变量

$$(X(t_1),X(t_2),\cdots,X(t_n))$$

和

$$(X(t_1+h),X(t_2+h),\cdots,X(t_n+h))$$

有相同的分布，即它的有限维分布不随着时间的推移而改变，则称随机过程 $\{X(t),t\in T\}$ 具有平稳性，并同时称此过程为严（强、狭义）平稳过程.

严平稳过程的参数集 T 一般为 $(-\infty,+\infty)$，$[0,+\infty)$，$\{0,\pm1,\pm2,\cdots\}$ 或 $\{0,1,2,\cdots\}$. 值得注意的是，对于离散参数集情况，定义中的 h 只能取整数. 特别地，对于 T 为离散的情况，称严平稳过程 $\{X_n\}$ 为严平稳序列或严平稳时间序列.

在实际问题中，要确定过程的分布并用它来判定其平稳性，一般是很难办到的. 但是对于一些被研究的过程，当前后的环境和主要条件都不随时间的推移而变化时，则一般可以认为它是平稳的. 在无线电电子学的实际应用中所遇到的过程，有很多都可以认为是严平稳过程. 例如，一个工作在稳定状态下的接收机，其输出噪声就可以认为是严平稳过程. 又如，飞机在高空飞行时的随机波动也可以认为是严平稳过程.

将随机过程划分为严平稳和非严平稳有重要的实际意义，因为过程若是严平稳的，可使

问题的分析尤为简化. 例如, 测量电阻热噪声的统计特性, 由于它是严平稳过程, 因而在任何时刻进行测量都可得到相同的结果. 另外, 严平稳过程的数字特征有很好的性质.

定理 7.1.1 如果严平稳过程 $\{X(t), t \in T\}$ 又是二阶矩过程, 则有

(1) $\mu_X(t) = E[X(t)] = 常数, t \in T$;

(2) $R_X(t_1, t_2) = E[X(t_1)X(t_2)]$ 只依赖于差值 $t_2 - t_1$, 而与 $t_1, t_2 \in T$ 的具体取值无关.

证 (1) 由严平稳过程的定义中正整数 n 及 h 的任意性知, 对于任意 $t_1, t_2 \in T$, 取 $n = 1, h = t_2 - t_1$, 有 $X(t_1)$ 与 $X(t_2)$ 同分布. 因而对任意的 $t_1, t_2 \in T$, 有

$$\mu_X(t_1) = E[X(t_1)] = E[X(t_2)] = \mu_X(t_2)$$

即 $\mu_X(t)(t \in T)$ 为常数.

(2) 同样对任意的 $s_1, s_2, t_1, t_2 \in T$, 满足 $s_2 - s_1 = t_2 = t_1$, 取 $h = t_1 - s_1$, 有 $t_1 = s_1 + h$, $t_2 = s_2 + h$, 则 $(X(s_1), X(s_2))$ 与 $(X(t_1), X(t_2))$ 有相同的二维分布, 因而

$$R_X(s_1, s_2) = E[X(s_1)X(s_2)] = E[X(t_1)X(t_2)] = R_X(t_1, t_2)$$

即 $R_X(t_1, t_2)$ 只依赖于 $t_2 - t_1$, 而不依赖于 t_1, t_2 的具体取值.

定理 7.1.1 所证明的严平稳过程的性质实际上就是它的一、二阶矩不随着时间的推移而改变.

在定义严平稳过程时, 用到随机过程 $X(t)$ 的任意有限多个随机变量的联合分布, 这给问题的讨论带来很大困难. 考虑到过程中的随机变量的一、二阶矩能反映过程的许多特性, 它们的计算也比较容易, 而且在许多问题中用它们进行分析可以得到满意的结果, 人们转而去研究过程的一、二阶矩.

由定理 7.1.1 中所证明的严平稳过程的一、二阶矩的特点, 引入宽(弱、广义)平稳过程的概念.

定义 7.1.1 如果二阶矩过程 $\{X(t), t \in T\}$ 满足:

(1) $E[X(t)] = \mu_X$ 为常数 $(t \in T)$;

(2) 对任意的 $t, t + \tau \in T, R_X(\tau) \triangle E[X(t)X(t+\tau)]$ 与 t 无关, 而只与 τ 有关.

则称 $\{X(t), t \in T\}$ 为宽(弱、广义)平稳过程, 并称 μ_X 为它的均值, $R_X(\tau)$ 为它的自相关函数或相关函数. 特别地, 当 T 为离散参数集 $\{n\}$ 时, 称 $\{X_n\}$ 为宽平稳序列或宽平稳时间序列.

当 $X(t)$ 为宽平稳过程时, 它的均方值函数

$$\Psi_X^2(t) = E[X^2(t)] = R_X(0)$$

为常数, 记为 Ψ_X^2; 方差函数

$$\sigma_X^2(t) = D_X(t) = \Psi_X^2(t) - \mu_X^2(t) = R_X(0) - \mu_X^2$$

为常数, 记为 σ_X^2; 协方差函数

$$C_X(t, t+\tau) = R_X(t, t+\tau) - \mu_X(t)\mu_X(t+\tau)$$
$$= R_X(\tau) - \mu_X^2$$

只与 τ 有关, 记为 $C_X(\tau)$.

一般来说, 宽平稳过程不一定是严平稳过程. 反过来, 严平稳过程一般也未必是宽平

稳过程,因为它的二阶矩不一定存在.

但对正态过程,宽、严平稳是等价的.首先若正态过程是严平稳的,由于正态过程是二阶矩过程,因此它是宽平稳的;另外,若正态过程$\{X(t),t\in T\}$是宽平稳的,则对任意的正整数n,任意的$t_1,t_2,\cdots,t_n\in T$,及任意的h,当$t_1+h,t_2+h,\cdots,t_n+h\in T$时,两个$n$维随机变量

$$(X(t_1),X(t_2),\cdots,X(t_n)),(X(t_1+h),X(t_2+h),\cdots,X(t_n+h))$$

都是n维正态随机变量,因而它们的分布由各自的均值和协方差矩阵完全确定.而它们又是宽平稳的,因此它们的均值都是$(\mu_X,\mu_X,\cdots,\mu_X)$,协方差矩阵都是

$$C=\begin{pmatrix} C_X(0) & C_X(t_2-t_1) & \cdots & C_X(t_n-t_1) \\ C_X(t_1-t_2) & C_X(0) & \cdots & C_X(t_n-t_2) \\ \vdots & \vdots & & \vdots \\ C_X(t_1-t_n) & C_X(t_2-t_n) & \cdots & C_X(0) \end{pmatrix}$$

可见,它们有相同的n维分布,因而$\{X(t)\}$是严平稳的.

以后只考虑宽平稳过程或时间序列,简称为平稳过程或平稳时间序列.

例7.1.1 设$Z(t)=X\sin t+Y\cos t,t\in(-\infty,+\infty)$,其中$X,Y$为独立同分布的随机变量,且$X$的分布律为

X	-1	2
P	$\frac{2}{3}$	$\frac{1}{3}$

(1) 求$Z(t)$的均值函数$\mu(t)$和自相关函数$R(t,t+\tau)$;

(2) 证明$Z(t)$是宽平稳过程,但非严平稳过程.

解 (1) 均值函数

$$\mu(t)=E[Z(t)]=E(X\sin t+Y\cos t)=0$$

自相关函数

$$\begin{aligned} R(t,t+\tau)&=E[Z(t)Z(t+\tau)] \\ &=E\{[X\sin t+Y\cos t][X\sin(t+\tau)+Y\cos(t+\tau)]\} \\ &=E[X^2\sin t\sin(t+\tau)]+E\{XY[\sin t\cos(t+\tau)+\cos t\sin(t+\tau)]\}+ \\ &\quad E[Y^2\cos t\cos(t+\tau)] \\ &=2\cos\tau \end{aligned}$$

(2) 由(1)可见,$\mu(t)=$常数,$R(t,t+\tau)$与t无关,知$Z(t)$为宽平稳过程.

对于$t_1=0,t_2=\pi$,容易算得$Z(t_1),Z(t_2)$的分布律分别为

$Z(t_1)$	-1	2
P	$\frac{2}{3}$	$\frac{1}{3}$

$Z(t_2)$	1	-2
P	$\frac{2}{3}$	$\frac{1}{3}$

可见 $Z(t_1),Z(t_2)$ 不同分布,不满足严平稳过程的条件,故 $Z(t)$ 非严平稳过程.

例 7.1.2 设 $X(t)=A\cos\omega t+B\sin\omega t(-\infty<t<+\infty)$,其中,$A,B$ 是相互独立,且都服从正态分布 $N(0,\sigma^2)$ 的随机变量,$\omega>0$ 为常数.证明 $\{X(t)\}$ 为平稳过程,并求其均值和相关函数.

解 由于

$$E[X(t)]=E(A\cos\omega t+B\sin\omega t)=0$$

为常数,且

$$\begin{aligned}
E[X(t)X(t+\tau)]&=E\{[A\cos\omega t+B\sin\omega t][A\cos\omega(t+\tau)+B\sin\omega(t+\tau)]\}\\
&=E(A^2)\cos\omega t\cos\omega(t+\tau)+E(B^2)\sin\omega t\sin\omega(t+\tau)+\\
&\quad E(AB)[\cos\omega t\sin\omega(t+\tau)+\sin\omega t\cos\omega(t+\tau)]\\
&=\sigma^2\cos\omega\tau
\end{aligned}$$

不依赖 t,可见 $\{X(t)\}$ 为平稳过程,且其均值和相关函数分别为

$$\mu_X=0,\quad R_X(\tau)=\sigma^2\cos\omega\tau$$

例 7.1.3 证明随机相位正弦波

$$X(t)=a\cos(\omega t+\Theta),\quad-\infty<t<+\infty$$

为平稳过程,并求它的均值、方差和相关函数,其中 $a>0,\omega>0$ 为常数,随机变量 $\Theta\sim U(0,2\pi)$.

证 Θ 的概率密度为

$$f_\Theta(\theta)=\begin{cases}\dfrac{1}{2\pi},&0<\theta<2\pi\\0,&\text{其他}\end{cases}$$

于是可以算得

$$E[X(t)]=\frac{a}{2\pi}\int_0^{2\pi}\cos(\omega t+\theta)\mathrm{d}\theta=0$$

为常数,且

$$\begin{aligned}
E[X(t)X(t+\tau)]&=\frac{a^2}{2\pi}\int_0^{2\pi}\cos(\omega t+\theta)\cos[\omega(t+\tau)+\theta]\mathrm{d}\theta\\
&=\frac{a^2}{4\pi}\int_0^{2\pi}\{\cos\omega\tau+\cos[\omega(2t+\tau)+2\theta]\}\mathrm{d}\theta\\
&=\frac{a^2}{2}\cos\omega\tau
\end{aligned}$$

不依赖 t,可见 $\{X(t)\}$ 为平稳过程,且其均值和相关函数分别为

$$\mu_X=0,\quad R_X(\tau)=\frac{a^2}{2}\cos\omega\tau$$

因而方差为

$$\sigma_X^2=R_X(0)-\mu_X^2=\frac{a^2}{2}$$

例 7.1.4 如果 $\{X_n,n=1,2,\cdots\}$ 为互不相关的随机变量列,且 $E(X_n)=0,E(X_n^2)=\sigma^2>0$,则 $\{X_n\}$ 为平稳时间序列.

证 由于 $E(X_n)=0$ 为常数,则

$$E(X_n X_{n+m})=\begin{cases} \sigma^2, & m=0 \\ 0, & m\neq 0 \end{cases}$$

不依赖 n,可见 $\{X_n\}$ 为平稳时间序列.

例 7.1.5 设 $s(t)$ 是一周期为 T 的普通函数,$\Theta\sim U(0,T)$,称 $X(t)=s(t+\Theta)(-\infty< t<+\infty)$ 为随机相位周期信号,讨论其平稳性.

解 Θ 的概率密度为

$$f_\Theta(\theta)=\begin{cases} \dfrac{1}{T}, & 0<\theta<T \\ 0, & 其他 \end{cases}$$

于是由周期函数的性质,令 $\varphi=t+\theta$,可以得到

$$E[X(t)]=\frac{1}{T}\int_0^T s(t+\theta)\,\mathrm{d}\theta=\frac{1}{T}\int_t^{t+T} s(\varphi)\,\mathrm{d}\varphi=\frac{1}{T}\int_0^T s(\varphi)\,\mathrm{d}\varphi$$

为常数,同样可以得到

$$\begin{aligned} E[X(t)X(t+\tau)]&=\frac{1}{T}\int_0^T s(t+\theta)s(t+\tau+\theta)\,\mathrm{d}\theta \\ &=\frac{1}{T}\int_t^{t+T} s(\varphi)s(\tau+\varphi)\,\mathrm{d}\varphi=\frac{1}{T}\int_0^T s(\varphi)s(\tau+\varphi)\,\mathrm{d}\varphi \end{aligned}$$

不依赖 t,因此 $\{X(t)\}$ 为平稳过程.

例 7.1.6(随机电报波过程) 设随机过程 $X(t)(-\infty<t<+\infty)$ 只取 $+1$ 或 -1 两个值,而且

$$P\{X(t)=+1\}=P\{X(t)=-1\}=\frac{1}{2}$$

而在区间 $(t,t+\tau)$ 内正负号的变化次数 $N(t,t+\tau)\sim\pi(\lambda\tau)$,其中 $\lambda>0$ 是单位时间内变号次数的平均值,讨论 $X(t)$ 的平稳性.

解 显然 $E[X(t)]=0$,为常数. 为计算 $E[X(t)X(t+\tau)]$,先计算 $P\{X(t)X(t+\tau)=\pm 1\}$. 当 $\tau>0$ 时,记

$$A_k=\{N(t,t+\tau)=k\},k=0,1,2,\cdots$$

则由全概率公式,有

$$\begin{aligned} &P\{X(t)X(t+\tau)=1\} \\ =\ &P\{X(t)=1,X(t+\tau)=1\}+P\{X(t)=-1,X(t+\tau)=-1\} \\ =\ &P\{X(t)=1\}P\{X(t+\tau)=1\mid X(t)=1\}+ \\ &P\{X(t)=-1\}P\{X(t+\tau)=-1\mid X(t)=-1\} \\ =\ &\frac{1}{2}P\Big(\bigcup_{k=0}^\infty A_{2k}\Big)+\frac{1}{2}P\Big(\bigcup_{k=0}^\infty A_{2k}\Big)=P\Big(\bigcup_{k=0}^\infty A_{2k}\Big)=\sum_{k=0}^\infty P(A_{2k}) \end{aligned}$$

类似可以算得

$$P\{X(t)X(t+\tau)=-1\}=P\Big(\bigcup_{k=0}^\infty A_{2k+1}\Big)=\sum_{k=0}^\infty P(A_{2k+1})$$

于是有

$$E[X(t)X(t+\tau)] = \sum_{k=0}^{\infty} P(A_{2k}) - \sum_{k=0}^{\infty} P(A_{2k+1})$$

$$= \sum_{k=0}^{\infty} \frac{(\lambda\tau)^{2k}}{(2k)!}e^{-\lambda\tau} - \sum_{k=0}^{\infty} \frac{(\lambda\tau)^{2k+1}}{(2k+1)!}e^{-\lambda\tau}$$

$$= \sum_{n=0}^{\infty} \frac{(-1)^n (\lambda\tau)^n}{n!}e^{-\lambda\tau} = e^{-2\lambda\tau}$$

当 $\tau < 0$ 时,类似可得

$$E[X(t)X(t+\tau)] = e^{2\lambda\tau}$$

又显然有 $E[X^2(t)] = 1$,则

$$E[X(t)X(t+\tau)] = e^{-2\lambda|\tau|}, \quad -\infty < \tau < +\infty$$

与 t 无关,因此 $\{X(t)\}$ 为平稳过程.

7.1.2　自相关函数的性质

自相关函数 $R_X(\tau)$ 具有下列性质:

(1) $R_X(0) \geqslant 0$;

(2) $R_X(-\tau) = R_X(\tau)$,即 $R_X(\tau)$ 是 τ 的偶函数;

(3) $|R_X(\tau)| \leqslant R_X(0)$;

(4) 非负定性:对任意的正整数 n,任意实数 $a_1, a_2, \cdots, a_n$ 和任意的 $t_1, t_2, \cdots, t_n \in T$,有

$$\sum_{j=1}^{n}\sum_{k=1}^{n} R_X(t_k - t_j)a_j a_k \geqslant 0$$

证　(1) $R_X(0) = E[X^2(t)] \geqslant 0$.

(2) 令 $s = t - \tau$,则

$$R_X(-\tau) = E[X(t)X(t-\tau)] = E[X(s)X(s+\tau)] = R_X(\tau)$$

(3) 由柯西-施瓦茨不等式,有

$$|R_X(\tau)|^2 = \{E[X(t)X(t+\tau)]\}^2 \leqslant E[X^2(t)]E[X^2(t+\tau)] = R_X^2(0)$$

(4)
$$\sum_{j=1}^{n}\sum_{k=1}^{n} R_X(t_k - t_j)a_j a_k = \sum_{j=1}^{n}\sum_{k=1}^{n} E[X(t_j)X(t_k)]a_j a_k$$

$$= E\Big[\sum_{j=1}^{n}\sum_{k=1}^{n} X(t_k)X(t_j)a_k a_j\Big]$$

$$= E\Big\{\Big[\sum_{j=1}^{n} a_j X(t_j)\Big]^2\Big\} \geqslant 0$$

7.1.3　联合平稳

有时需要同时考虑两个平稳过程 $\{X(t)\}, \{Y(t)\}, t \in T$. 例如,当线性系统的输入 $\{X(t)\}$ 是平稳过程时,则其输出 $\{Y(t)\}$ 也是平稳过程,而且 $\{X(t)\}$ 和 $\{Y(t)\}$ 的混合矩 $E[X(t)Y(t+\tau)]$ 不依赖 t,这就是联合平稳的概念.

定义 7.1.2 设 $X(t),Y(t),t \in T$ 为两平稳过程. 如果对任意的 $t,t+\tau \in T$, $E[X(t)Y(t+\tau)]$ 不依赖 t, 则称 $\{X(t)\}$ 和 $\{Y(t)\}$ 是联合平稳的或平稳相关的, 并称

$$R_{XY}(\tau)=E[X(t)Y(t+\tau)]$$

为 $\{X(t)\}$ 和 $\{Y(t)\}$ 的互相关函数.

互相关函数有下列性质:

(1) $R_{YX}(\tau)=R_{XY}(-\tau)$;

(2) $|R_{XY}(\tau)| \leqslant \sqrt{R_X(0)R_Y(0)}$, $|R_{YX}(\tau)| \leqslant \sqrt{R_X(0)R_Y(0)}$.

证 (1) $R_{YX}(\tau)=E[Y(t)X(t+\tau)]=E[X(t+\tau)Y(t)]=R_{XY}(-\tau)$.

(2) 由柯西-施瓦茨不等式, 有

$$
\begin{aligned}
|R_{XY}(\tau)|^2 &= \{E[X(t)Y(t+\tau)]\}^2 \\
&\leqslant E\{[X(t)]^2\}E\{[Y(t+\tau)]^2\} \\
&= R_X(0)R_Y(0)
\end{aligned}
$$

故

$$|R_{XY}(\tau)| \leqslant \sqrt{R_X(0)R_Y(0)}$$

另一式的证明类似.

例 7.1.7 证明两平稳过程 $X(t)=a\cos(\omega t+\Theta),Y(t)=b\sin(\omega t+\Theta)$ 平稳相关, 并求它们的互相关函数, 其中 $a>0,b>0,\omega>0$ 为常数, $\Theta \sim U(0,2\pi)$.

证 由 $E[X(t)Y(t+\tau)]=E\{ab\cos(\omega t+\Theta)\sin[\omega(t+\tau)+\Theta]\}$

$$
\begin{aligned}
&= \frac{ab}{2}E\{\sin[\omega(2t+\tau)+2\Theta]+\sin\omega\tau\} \\
&= \frac{ab}{2}\sin\omega\tau
\end{aligned}
$$

可见, $X(t)$ 与 $Y(t)$ 平稳相关, 且互相关函数为

$$R_{XY}(\tau)=\frac{ab}{2}\sin\omega\tau, \quad R_{YX}(\tau)=-\frac{ab}{2}\sin\omega\tau$$

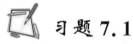 **习题 7.1**

1. 设有随机过程 $X(t)=A\cos(\omega t+\Theta),-\infty<t<+\infty$, 其中 A 是服从瑞利分布的随机变量, 其概率密度为

$$
f(a)=\begin{cases} \dfrac{a}{\sigma^2}e^{-\frac{a^2}{2\sigma^2}}, & a>0 \\ 0, & a \leqslant 0 \end{cases}
$$

Θ 是在 $(0,2\pi)$ 上服从均匀分布且与 A 相互独立的随机变量, $\omega>0$ 是一常数. 证明 $X(t)$ 是平稳过程, 并求其均值和相关函数.

2. 设 $X(t)(-\infty<t<+\infty)$ 是均值为零的平稳过程, 而且不恒等于一个随机变量, 问 $X(t)+X(0)$ 是否仍是平稳过程?

3. 设随机过程 $Z(t) = X\sin t + Y\cos t\,(-\infty < t < +\infty)$,其中 X 与 Y 是相互独立的随机变量,而且分别以 2/3 和 1/3 的概率取值 -1 和 2.证明 $Z(t)$ 为平稳过程,并求其均值和相关函数.

4. 设 $X_n = \sin n\Theta$, $n = 1, 2, \cdots$, $\Theta \sim U(0, 2\pi)$.证明 $\{X_n\}$ 是平稳时间序列,并求其均值和相关函数.

5. 已知随机过程 $X(t) = t^2 + A\sin t + B\cos t$,其中 A, B 都是随机变量,且有 $E(A) = E(B) = 0$, $D(A) = D(B) = 1$, $E(AB) = 0$.试分别讨论随机过程 $X(t)$, $Y(t) = X(t) - \mu_X(t)$ 的平稳性.

6. 设随机过程 $Z(t) = X(t) + Y$,其中 $X(t)$ 是一平稳过程,Y 是与 $X(t)$ 独立的二阶矩随机变量.试讨论 $Z(t)$ 的平稳性.

7. 设 $X(t)$ 和 $Y(t)$ 是相互独立的平稳过程,试证 $Z(t) = X(t)Y(t)$ 也是平稳过程.

8. 设 $X(t)$ 是雷达的发射信号,遇到目标后的回波信号为 $aX(t-\tau_1)$,$a \ll 1$,τ_1 是信号的返回时间.回波信号必然伴有噪声,记为 $N(t)$,于是接收机收到的全信号为

$$Y(t) = aX(t-\tau_1) + N(t)$$

(1) 若 $X(t)$ 与 $N(t)$ 联合平稳,求互相关函数 $R_{XY}(t_1, t_2)$;

(2) 在(1)的条件下,假设 $N(t)$ 的均值为零,且与 $X(t)$ 是相互独立的,求 $R_{XY}(t_1, t_2)$,并问 $X(t)$ 与 $Y(t)$ 是否联合平稳?

7.2　各态历经性简介

要确定一个平稳过程的均值函数或相关函数,或要知道它的一维、二维分布,或要对过程进行大量重复观察,这在实际中是很难办到的.

既然平稳过程的统计特性不随时间的推移而变化,于是可以提出这样一个问题:能否将在一段时间内观察到的一个样本函数作为提取这个过程数字特征的充分依据? 所谓遍历性就是指从随机过程的任意一个样本函数中获得它的各种统计特性,具有这一特性的随机过程称为具有遍历性的随机过程.因此,对于具有遍历性的随机过程,只要有一个样本函数就可以表示出它的所有的数字特征.本节给出的各态历经性定理证实:对平稳过程来说,只要满足一些很宽的条件,集平均可以用样本函数在整个时间轴上的平均值来代替.

在讲述各态历经性之前,先介绍均方积分的概念.

设有二阶矩过程 $\{X(t), t \in T\}$,$[a, b] \subset T$.对 $[a, b]$ 的一组分点

$$a = t_0 < t_1 < \cdots < t_n = b$$

且记

$$\Delta t_i = t_i - t_{i-1}, \quad t_{i-1} \leqslant \tau_i \leqslant t_i, \quad i = 1, 2, \cdots, n$$

如果存在随机变量 Y,使得

$$\lim_{\substack{\max\limits_{1\leqslant i\leqslant n}(\Delta t_i)\to 0}} E\left\{\left[Y-\sum_{i=1}^{n}X(\tau_i)\Delta t_i\right]^2\right\}=0^{①}$$

则称 Y 为 $\{X(t)\}$ 在 $[a,b]$ 上的均方积分,记作

$$Y=\int_a^b X(t)\mathrm{d}t$$

并称 $\{X(t)\}$ 在 $[a,b]$ 上均方可积.

随机过程 $\{X(t)\}$ 满足什么条件能保证它在 $[a,b]$ 上均方可积? 可以证明:二阶矩过程 $\{X(t)\}$ 均方可积的充分条件是它的自相关函数的二重积分

$$\int_a^b\int_a^b R_X(t_1,t_2)\mathrm{d}t_1\mathrm{d}t_2$$

存在. 而且此时还成立等式

$$E(Y)=E\left[\int_a^b X(t)\mathrm{d}t\right]=\int_a^b E[X(t)]\mathrm{d}t$$

简单地说,就是 $\{X(t)\}$ 的均方积分的均值等于 $\{X(t)\}$ 的均值的积分. 均方积分的这一性质在后面常常用到.

定义 7.2.1 设 $\{X(t),-\infty<t<+\infty\}$ 为随机过程,称

$$\langle X(t)\rangle=\lim_{T\to+\infty}\frac{1}{2T}\int_{-T}^{T}X(t)\mathrm{d}t$$

为 $\{X(t)\}$ 的时间均值. 称

$$\langle X(t)X(t+\tau)\rangle=\lim_{T\to+\infty}\frac{1}{2T}\int_{-T}^{T}X(t)X(t+\tau)\mathrm{d}t$$

为 $\{X(t)\}$ 的时间相关函数.

定义 7.2.2 设 $X(t)$ 是一平稳过程,

(1) 若

$$\langle X(t)\rangle=E[X(t)]=\mu_X$$

以概率 1 成立,则称 $X(t)$ 的均值具有各态历经性.

(2) 若对任意实数 τ,

$$\langle X(t)X(t+\tau)\rangle=E[X(t)X(t+\tau)]=R_X(\tau)$$

以概率 1 成立,则称 $X(t)$ 的自相关函数具有各态历经性. 特别地当 $\tau=0$ 时,称均方值具有各态历经性.

(3) 如果 $X(t)$ 关于均值和相关函数都具有各态历经性,则称 $X(t)$ 是各态历经的.

定理 7.2.1(均值各态历经性定理) 平稳过程 $X(t)$ 关于均值具有各态历经性的充

---

① 这里用到均方极限的概念:设 $X_1,X_2,\cdots$ 为一随机变量列,X 为一随机变量,如果

$$\lim_{n\to\infty}E[(X_n-X)^2]=0$$

则称 $\{X_n\}$ 的均方极限为 X,记作 $\underset{n\to\infty}{\mathrm{l.i.m.}}X_n=X$.本章涉及随机过程的极限和积分都是均方极限和均方积分,以后将均方极限 $\underset{n\to\infty}{\mathrm{l.i.m.}}$ 仍记为 $\lim\limits_{n\to\infty}$.

分必要条件是

$$\lim_{T\to+\infty} \frac{1}{T}\int_0^{2T}\left(1-\frac{\tau}{2T}\right)[R_X(\tau)-\mu_X^2]\mathrm{d}\tau = 0 \qquad (7.2.1)$$

证 先计算 $E[\langle X(t)\rangle]$.

$$E[\langle X(t)\rangle] = E\Big[\lim_{T\to+\infty}\frac{1}{2T}\int_{-T}^{T}X(t)\mathrm{d}t\Big] = \lim_{T\to+\infty}\frac{1}{2T}\int_{-T}^{T}E[X(t)]\mathrm{d}t = \mu_X$$

于是由方差的性质,$X(t)$ 关于均值具有各态历经性,即 $P\{\langle X(t)\rangle = \mu_X\} = 1$ 的充要条件是 $\langle X(t)\rangle$ 的方差为零. 如果能证明等式(7.2.1)的左端就是 $\langle X(t)\rangle$ 的方差,则定理的证明就完成了. 下面计算 $\langle X(t)\rangle$ 的方差.

由于 $D[\langle X(t)\rangle] = E\{[\langle X(t)\rangle]^2\} - \mu_X^2$,故先计算 $E\{[\langle X(t)\rangle]^2\}$.

$$\begin{aligned}
E\{[\langle X(t)\rangle]^2\} &= \lim_{T\to+\infty} E\Big\{\Big[\frac{1}{2T}\int_{-T}^{T}X(t)\mathrm{d}t\Big]^2\Big\}\\
&= \lim_{T\to+\infty} E\Big\{\frac{1}{4T^2}\int_{-T}^{T}X(t_1)\mathrm{d}t_1\int_{-T}^{T}X(t_2)\mathrm{d}t_2\Big\}\\
&= \lim_{T\to+\infty} \frac{1}{4T^2}\int_{-T}^{T}\int_{-T}^{T}E[X(t_1)X(t_2)]\mathrm{d}t_1\mathrm{d}t_2\\
&= \lim_{T\to+\infty} \frac{1}{4T^2}\int_{-T}^{T}\int_{-T}^{T}R_X(t_2-t_1)\mathrm{d}t_1\mathrm{d}t_2\\
&= \lim_{T\to+\infty} \frac{1}{4T^2}\int_{-T}^{T}\mathrm{d}t_1\int_{-T}^{T}R_X(t_2-t_1)\mathrm{d}t_2
\end{aligned}$$

在上式的内层积分中作变量替换 $\tau = t_2 - t_1$,关于 t_1, τ 的积分区域化为 $\{(t_1,\tau)\mid -T\leqslant t_1\leqslant T, -T-t_1\leqslant\tau\leqslant T-t_1\}$,交换积分顺序,上式化为

$$\begin{aligned}
E\{[\langle X(t)\rangle]^2\} &= \lim_{T\to+\infty}\frac{1}{4T^2}\Big[\int_{-2T}^{0}R_X(\tau)\mathrm{d}\tau\int_{-T-\tau}^{T}\mathrm{d}t_1 + \int_{0}^{2T}R_X(\tau)\mathrm{d}\tau\int_{-T}^{T-\tau}\mathrm{d}t_1\Big]\\
&= \lim_{T\to+\infty}\frac{1}{4T^2}\Big[\int_{-2T}^{0}(2T+\tau)R_X(\tau)\mathrm{d}\tau + \int_{0}^{2T}(2T-\tau)R_X(\tau)\mathrm{d}\tau\Big]\\
&= \lim_{T\to+\infty}\frac{1}{4T^2}\int_{-2T}^{2T}(2T-|\tau|)R_X(\tau)\mathrm{d}\tau = \lim_{T\to+\infty}\frac{1}{T}\int_{0}^{2T}\Big(1-\frac{\tau}{2T}\Big)R_X(\tau)\mathrm{d}\tau
\end{aligned}$$

于是

$$\begin{aligned}
D[\langle X(t)\rangle] &= \lim_{T\to+\infty}\frac{1}{T}\int_{0}^{2T}\Big(1-\frac{\tau}{2T}\Big)R_X(\tau)\mathrm{d}\tau - \mu_X^2\\
&= \lim_{T\to+\infty}\frac{1}{T}\int_{0}^{2T}\Big(1-\frac{\tau}{2T}\Big)[R_X(\tau)-\mu_X^2]\mathrm{d}\tau
\end{aligned}$$

为定理中等式(7.2.1)的左边.

定理 7.2.2(相关函数各态历经性定理) 平稳过程 $X(t)$ 关于相关函数具有各态历经性的充分必要条件是

$$\lim_{T\to+\infty}\frac{1}{T}\int_0^{2T}\Big(1-\frac{\tau_1}{2T}\Big)[B(\tau_1)-R_X^2(\tau)]\mathrm{d}\tau_1 = 0$$

其中

$$B(\tau_1) = E[X(t)X(t+\tau)X(t+\tau_1)X(t+\tau+\tau_1)]$$

它的证明与定理 7.2.1 的证明类似,故从略.

例 7.2.1 证明随机相位正弦波 $X(t) = \cos(\omega t + \Theta)$ 关于均值和相关函数具有各态历经性.

解 前面的例题已算出

$$\mu_X = 0, \quad R_X(\tau) = \frac{1}{2}\cos\omega\tau$$

于是

$$\lim_{T \to +\infty} \frac{1}{T}\int_0^{2T}\left(1 - \frac{\tau}{2T}\right)[R_X(\tau) - \mu_X^2]d\tau$$

$$= \lim_{T \to +\infty} \frac{1}{2T}\int_0^{2T}\left(1 - \frac{\tau}{2T}\right)\cos\omega\tau\,d\tau$$

$$= \lim_{T \to +\infty} \frac{1 - \cos 2\omega T}{4\omega^2 T^2} = 0$$

由定理 7.2.1 可见 $\{X(t)\}$ 关于均值具有各态历经性.

由 Θ 的概率密度

$$f_\Theta(\theta) = \begin{cases} \dfrac{1}{2\pi}, & 0 < \theta < 2\pi \\ 0, & \text{其他} \end{cases}$$

对任意的常数 α,任意的整数 $k \neq 0$,可以算得

$$E[\cos(\alpha + k\Theta)] = \frac{1}{2\pi}\int_0^{2\pi}\cos(\alpha + k\theta)d\theta = 0$$

由此可得

$$B(\tau_1) = E\{\cos(\omega t + \Theta)\cos[\omega(t+\tau) + \Theta]\cos[\omega(t+\tau_1) + \Theta]\cos[\omega(t+\tau+\tau_1) + \Theta]\}$$

$$= \frac{1}{4}\cos^2\omega\tau + \frac{1}{8}\cos 2\omega\tau_1$$

于是

$$\lim_{T \to +\infty} \frac{1}{T}\int_0^{2T}\left(1 - \frac{\tau_1}{2T}\right)[B(\tau_1) - R_X^2(\tau)]d\tau_1$$

$$= \lim_{T \to +\infty} \frac{1}{8T}\int_0^{2T}\left(1 - \frac{\tau_1}{2T}\right)\cos 2\omega\tau_1\,d\tau_1$$

$$= \lim_{T \to +\infty} \frac{1 - \cos 4\omega T}{64\omega^2 T^2} = 0$$

由定理 7.2.2 可见 $\{X(t)\}$ 关于相关函数具有各态历经性.

在实际中只考虑 $0 \leqslant t < +\infty$,此时只在 $[0, +\infty)$ 上作时间平均. 这里给出相应的各态历经性定理,而略去它们的证明.

定理 7.2.3

$$\lim_{T \to +\infty} \frac{1}{T}\int_0^T X(t)dt = E[X(t)] = \mu_X$$

以概率 1 成立的充要条件是

$$\lim_{T \to +\infty} \frac{1}{T} \int_0^T \left(1 - \frac{\tau}{T}\right) [R_X(\tau) - \mu_X^2] d\tau = 0$$

定理 7.2.4

$$\lim_{T \to +\infty} \frac{1}{T} \int_0^T X(t) X(t+\tau) dt = E[X(t) X(t+\tau)] = R_X(\tau)$$

以概率 1 成立的充要条件是

$$\lim_{T \to +\infty} \frac{1}{T} \int_0^T \left(1 - \frac{\tau_1}{T}\right) [B(\tau_1) - R_X^2(\tau)] d\tau_1 = 0$$

在实际应用中,如果平稳过程$\{X(t)\}$具有各态历经性,常常用它的一个样本函数 $x(t)$ 的时间均值和时间相关函数作为它的均值和相关函数,即近似地有

$$\lim_{T \to +\infty} \frac{1}{T} \int_0^T x(t) dt = \mu_X, \quad \lim_{T \to +\infty} \frac{1}{T} \int_0^T x(t) x(t+\tau) dt = R_X(\tau)$$

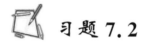 **习题 7.2**

1. 设 $C_X(\tau)$ 是平稳过程 $X(t)(-\infty < t < +\infty)$ 的协方差函数,证明:如果 $\int_{-\infty}^{+\infty} |C_X(\tau)| d\tau < +\infty$,则 $X(t)$ 关于均值具有各态历经性.

2. 证明随机电报波过程关于均值具有各态历经性.

3. 设均值为零的平稳过程 $X(t)(-\infty < t < +\infty)$ 的相关函数 $R_X(\tau) = Ae^{-a|\tau|}(1 + a|\tau|)$,$A, a$ 为正常数. 试问 $X(t)$ 关于均值是否具有各态历经性?

4. 设随机过程 $X(t) = A\sin t + B\cos t (-\infty < t < +\infty)$,其中 A, B 是均值为零、方差为 σ^2 的互不相关的随机变量. 问 $X(t)$ 关于均值是否具有各态历经性?

5. 设随机过程 $Z(t) = X(t) + Y$,其中 $X(t)$ 是关于均值具有各态历经性的平稳过程, Y 是与 $X(t)$ 独立的非退化(即 Y 不是以概率 1 等于常数的)随机变量,试说明 $Z(t)$ 不是各态历经的.

7.3 平稳过程的功率谱密度

在无线电技术以及其他理论和实际问题的研究中,常常利用傅里叶变换把时间域上的函数化为频率域上的函数进行研究.本节将普通时间函数的功率谱密度推广到平稳过程的情况,建立平稳过程谱密度的概念,并讨论它与其自相关函数之间的关系.

7.3.1 时间信号的功率谱密度

在信号原理中,常常考虑时间函数的傅里叶变换,以便在频率域内来研究信号的特性.

若时间函数 $x(t)$，$-\infty < t < +\infty$ 在任意有限区间满足狄利克雷(Dirichlet)条件，且 $\int_{-\infty}^{+\infty} |x(t)| \, dt < +\infty$，则 $x(t)$ 存在傅里叶变换

$$F_x(\omega) = \int_{-\infty}^{+\infty} x(t) e^{-i\omega t} \, dt$$

它的傅里叶逆变换为

$$x(t) = \frac{1}{2\pi} \int_{-\infty}^{+\infty} F_x(\omega) e^{it\omega} \, d\omega$$

且有帕塞瓦尔等式

$$\int_{-\infty}^{+\infty} x^2(t) \, dt = \frac{1}{2\pi} \int_{-\infty}^{+\infty} |F_x(\omega)|^2 \, d\omega \tag{7.3.1}$$

称(7.3.1)式右边为 $x(t)$ 的总能量的谱表示式，但要求它的总能量 $\int_{-\infty}^{+\infty} x^2(t) \, dt < +\infty$.

当 $x(t)$ 的总能量为无穷时，转而去研究 $x(t)$ 的平均功率

$$\lim_{T \to +\infty} \frac{1}{2T} \int_{-T}^{T} x^2(t) \, dt$$

的谱表示式.

为此，首先考虑 $\int_{-T}^{T} x^2(t) \, dt$ 的谱表示式. 定义截尾函数

$$x_T(t) = \begin{cases} x(t), & |t| \leqslant T \\ 0, & |t| > T \end{cases}$$

记 $x_T(t)$ 的傅里叶变换为

$$F_x(\omega, T) = \int_{-\infty}^{+\infty} x_T(t) e^{-i\omega t} \, dt = \int_{-T}^{T} x(t) e^{-i\omega t} \, dt$$

由帕塞瓦等式，有

$$\int_{-\infty}^{+\infty} x_T^2(t) \, dt = \int_{-T}^{T} x^2(t) \, dt = \frac{1}{2\pi} \int_{-\infty}^{+\infty} |F_x(\omega, T)|^2 \, d\omega$$

于是

$$\lim_{T \to +\infty} \frac{1}{2T} \int_{-T}^{T} x^2(t) \, dt = \lim_{T \to +\infty} \frac{1}{4\pi T} \int_{-\infty}^{+\infty} |F_x(\omega, T)|^2 \, d\omega \tag{7.3.2}$$

交换积分运算和极限运算，将(7.3.2)式改写为

$$\lim_{T \to +\infty} \frac{1}{2T} \int_{-T}^{T} x^2(t) \, dt = \frac{1}{2\pi} \int_{-\infty}^{+\infty} \lim_{T \to +\infty} \frac{1}{2T} |F_x(\omega, T)|^2 \, d\omega$$

若记

$$S_x(\omega) = \lim_{T \to +\infty} \frac{1}{2T} |F_x(\omega, T)|^2$$

则

$$\lim_{T \to +\infty} \frac{1}{2T} \int_{-T}^{T} x^2(t) \, dt = \frac{1}{2\pi} \int_{-\infty}^{+\infty} S_x(\omega) \, d\omega \tag{7.3.3}$$

称 $S_x(\omega)$ 为 $x(t)$ 的平均功率的谱密度，简称为 $x(t)$ 的功率谱密度，并称(7.3.3)式右端为

$x(t)$的平均功率的谱表示式.

7.3.2 平稳过程的平均功率和功率谱密度

将上一节关于 $x(t)$ 的平均功率和平均功率谱密度的概念推广到平稳过程的情况.

设 $X(t)$, $-\infty < t < +\infty$ 为平稳过程,定义截尾过程

$$X_T(t) = \begin{cases} X(t), & |t| \leqslant T \\ 0, & |t| > T \end{cases}$$

记 $X_T(t)$ 的傅里叶变换为

$$F_X(\omega, T) = \int_{-\infty}^{+\infty} X_T(t) e^{-i\omega t} dt = \int_{-T}^{T} X(t) e^{-i\omega t} dt$$

由帕塞瓦等式,有

$$\int_{-\infty}^{+\infty} X_T^2(t) dt = \int_{-T}^{T} X^2(t) dt = \frac{1}{2\pi} \int_{-\infty}^{+\infty} |F_X(\omega, T)|^2 d\omega$$

于是

$$\frac{1}{2T} \int_{-T}^{T} X^2(t) dt = \frac{1}{4\pi T} \int_{-\infty}^{+\infty} |F_X(\omega, T)|^2 d\omega \qquad (7.3.4)$$

考虑到(7.3.4)式两端都是随机变量,将两端取数学期望,得

$$E\left[\frac{1}{2T} \int_{-T}^{T} X^2(t) dt\right] = E\left[\frac{1}{4\pi T} \int_{-\infty}^{+\infty} |F_X(\omega, T)|^2 d\omega\right] \qquad (7.3.5)$$

定义(7.3.5)式左端的极限,即

$$\lim_{T \to +\infty} E\left[\frac{1}{2T} \int_{-T}^{T} X^2(t) dt\right]$$

为平稳过程 $\{X(t)\}$ 的平均功率,右端取极限并交换运算顺序化为

$$\frac{1}{2\pi} \int_{-\infty}^{+\infty} \lim_{T \to +\infty} \frac{1}{2T} E[|F_X(\omega, T)|^2] d\omega$$

于是有

$$\lim_{T \to +\infty} E\left[\frac{1}{2T} \int_{-T}^{T} X^2(t) dt\right] = \frac{1}{2\pi} \int_{-\infty}^{+\infty} \lim_{T \to +\infty} \frac{1}{2T} E[|F_X(\omega, T)|^2] d\omega \qquad (7.3.6)$$

由均方积分的性质,(7.3.6)式左端

$$\lim_{T \to +\infty} E\left[\frac{1}{2T} \int_{-T}^{T} X^2(t) dt\right] = \Psi_X^2$$

即平稳过程 $\{X(t)\}$ 的平均功率为它的均方值 Ψ_X^2. 并记

$$S_X(\omega) = \lim_{T \to +\infty} \frac{1}{2T} E[|F_X(\omega, T)|^2]$$

称 $S_X(\omega)$ 为平稳过程 $\{X(t)\}$ 的平均功率的谱密度,简称功率谱密度,称等式

$$\Psi_X^2 = \frac{1}{2\pi} \int_{-\infty}^{+\infty} S_X(\omega) d\omega$$

为平稳过程 $\{X(t)\}$ 的平均功率的谱表示式.

7.3.3 谱密度的性质

谱密度 $S_X(\omega)$ 有下列性质:

(1) $S_X(\omega)$ 是 ω 的实的、非负的偶函数;

(2) 若 $X(t)$ 的相关函数 $R_X(\tau)$ 满足.

$$\int_{-\infty}^{+\infty} |R_X(\tau)| \, d\tau < +\infty$$

则 $S_X(\omega)$ 与 $R_X(\tau)$ 构成一傅里叶变换对,即

$$S_X(\omega) = \int_{-\infty}^{+\infty} R_X(\tau) e^{-i\omega\tau} \, d\tau, \quad R_X(\tau) = \frac{1}{2\pi} \int_{-\infty}^{+\infty} S_X(\omega) e^{i\tau\omega} \, d\omega$$

证 (1) 由于 $|F_X(\omega,T)|^2$ 是实的,而且是非负的,可知 $S_X(\omega)$ 是实的、非负的. 另由傅里叶变换的性质知

$$|F_X(\omega,T)|^2 = F_X(\omega,T) \overline{F_X(\omega,T)} = F_X(\omega,T) F_X(-\omega,T)$$

可见 $S_X(\omega)$ 是偶函数,即知性质(1)成立.

(2) 由定理 7.2.1 的证明过程可得

$$\frac{1}{2T} E[|F_X(\omega,T)|^2] = \frac{1}{2T} \int_{-2T}^{2T} (2T - |\tau|) R_X(\tau) e^{-i\omega\tau} \, d\tau$$

$$= \int_{-2T}^{2T} R_X(\tau) e^{-i\omega\tau} \, d\tau - \frac{1}{2T} \int_{-2T}^{2T} |\tau| R_X(\tau) e^{-i\omega\tau} \, d\tau \qquad (7.3.7)$$

令 $T \to +\infty$,由 $\int_{-\infty}^{+\infty} |R_X(\tau)| \, d\tau < +\infty$ 可以证明(7.3.7)式右端第二项趋于零,于是可得

$$S_X(\omega) = \lim_{T \to +\infty} \frac{1}{2T} E[|F_X(\omega,T)|^2] = \int_{-\infty}^{+\infty} R_X(\tau) e^{-i\omega\tau} \, d\tau$$

(2)中的二式称为维纳-辛钦(Wiener-Khintchine)公式. 由于 $R_X(\tau)$ 和 $S_X(\omega)$ 都是偶函数,因此该两式也可表示为

$$S_X(\omega) = 2\int_{0}^{+\infty} R_X(\tau) \cos \omega\tau \, d\tau, \quad R_X(\tau) = \frac{1}{\pi} \int_{0}^{+\infty} S_X(\omega) \cos \tau\omega \, d\omega$$

例 7.3.1 若平稳过程 $X(t)$ 的相关函数为

$$R_X(\tau) = \alpha e^{-\beta|\tau|} \quad (\alpha,\beta > 0 \text{ 为常数})$$

求 $X(t)$ 的功率谱密度 $S_X(\omega)$.

解 由复形式的傅里叶变换公式,则有

$$S_X(\omega) = \alpha \int_{-\infty}^{+\infty} e^{-\beta|\tau|} e^{-i\omega\tau} \, d\tau = \alpha \left(\int_{-\infty}^{0} e^{(\beta-i\omega)\tau} \, d\tau + \int_{0}^{+\infty} e^{-(\beta+i\omega)\tau} \, d\tau \right)$$

$$= \alpha \left(\frac{1}{\beta - i\omega} e^{(\beta-i\omega)\tau} \Big|_{-\infty}^{0} - \frac{1}{\beta + i\omega} e^{-(\beta+i\omega)\tau} \Big|_{0}^{+\infty} \right)$$

$$= \alpha \left(\frac{1}{\beta - i\omega} + \frac{1}{\beta + i\omega} \right) = \frac{2\alpha\beta}{\beta^2 + \omega^2}$$

记住下面的傅里叶变换对:

$$\alpha \mathrm{e}^{-\beta|\tau|} \leftrightarrow \frac{2\alpha\beta}{\beta^2 + \omega^2}$$

例 7.3.2 设平稳过程 $X(t)$ 的相关函数为

$$R_X(\tau) = \begin{cases} 1 - |\tau| & |\tau| \leqslant 1 \\ 0, & \text{其他} \end{cases}$$

求 $X(t)$ 的谱密度 $S_X(\omega)$.

解 由实形式的傅里叶变换公式,当 $\omega \neq 0$ 时,则有

$$S_X(\omega) = 2\int_0^1 (1-\tau)\cos\omega\tau \,\mathrm{d}\tau = \frac{2}{\omega}\left[(1-\tau)\sin\omega\tau \Big|_0^1 + \int_0^1 \sin\omega\tau \,\mathrm{d}\tau\right]$$

$$= -\frac{2\cos\omega\tau}{\omega^2}\Big|_0^1 = \frac{2(1-\cos\omega)}{\omega^2} = \frac{\sin^2\dfrac{\omega}{2}}{\left(\dfrac{\omega}{2}\right)^2}$$

当 $\omega = 0$ 时,则有

$$S_X(0) = 2\int_0^1 (1-\tau)\,\mathrm{d}\tau = 1$$

于是得

$$S_X(\omega) = \frac{\sin^2\dfrac{\omega}{2}}{\left(\dfrac{\omega}{2}\right)^2}$$

例 7.3.3 设平稳过程 $X(t)$ 的谱密度为

$$S_X(\omega) = \frac{\omega^2 + 4}{\omega^4 + 10\omega^2 + 9}$$

求 $X(t)$ 的相关函数 $R_X(\tau)$ 和平均功率.

解 由于

$$\frac{\omega^2 + 4}{\omega^4 + 10\omega^2 + 9} = \frac{3}{8} \cdot \frac{1}{\omega^2 + 1} + \frac{5}{8} \cdot \frac{1}{\omega^2 + 9}$$

因此

$$R_X(\tau) = \frac{1}{2\pi}\int_{-\infty}^{+\infty} \frac{\omega^2 + 4}{\omega^4 + 10\omega^2 + 9}\mathrm{e}^{\mathrm{i}\omega\tau}\,\mathrm{d}\omega = \frac{1}{48}(9\mathrm{e}^{-|\tau|} + 5\mathrm{e}^{-3|\tau|})$$

平均功率为 $\Psi_X^2 = R_X(0) = 7/24$.

有些平稳过程(例如随机相位正弦波过程)的谱密度在通常意义下是不存在的,这就需要引入 δ 函数. δ 函数的定义为

$$\begin{cases} \delta(\tau) = 0, \tau \neq 0 \\ \int_{-\infty}^{+\infty} \delta(\tau)\,\mathrm{d}\tau = 1 \end{cases}$$

它的一个重要性质是筛选(采样)性质:若函数 $f(\tau)$ 在 $\tau = \tau_0$ 处连续,则

$$\int_{-\infty}^{+\infty} \delta(\tau-\tau_0)f(\tau)\mathrm{d}\tau = f(\tau_0)$$

由此得到它的傅里叶变换对：

$$\int_{-\infty}^{+\infty}\delta(\tau)\mathrm{e}^{-\mathrm{i}\omega\tau}\mathrm{d}\tau = 1 \leftrightarrow \delta(\tau) = \frac{1}{2\pi}\int_{-\infty}^{+\infty}1\cdot\mathrm{e}^{\mathrm{i}\tau\omega}\mathrm{d}\omega$$

$$\int_{-\infty}^{+\infty}\frac{1}{2\pi}\cdot\mathrm{e}^{-\mathrm{i}\omega\tau}\mathrm{d}\tau = \delta(\omega) \leftrightarrow \frac{1}{2\pi} = \frac{1}{2\pi}\int_{-\infty}^{+\infty}\delta(\omega)\mathrm{e}^{\mathrm{i}\tau\omega}\mathrm{d}\omega$$

用得较多的是下面两个公式：

$$\int_{-\infty}^{+\infty}f(\tau)\delta(\tau)\mathrm{d}\tau = f(0), \quad \int_{-\infty}^{+\infty}\mathrm{e}^{\pm\mathrm{i}\omega\tau}\mathrm{d}\tau = 2\pi\delta(\omega) \text{ 或 } \int_{-\infty}^{+\infty}\mathrm{e}^{\pm\mathrm{i}\omega\tau}\mathrm{d}\omega = 2\pi\delta(\tau)$$

例 7.3.4 求随机相位正弦波过程

$$X(t) = a\cos(\omega_0 t + \Theta)$$

的谱密度，其中 $\omega_0 > 0$ 为常数，$\Theta \sim U(0, 2\pi)$.

解 由例 7.1.3 知 $R_X(\tau) = \dfrac{a^2}{2}\cos\omega_0\tau$，因此 $X(t)$ 的谱密度为

$$
\begin{aligned}
S_X(\omega) &= \frac{a^2}{2}\int_{-\infty}^{+\infty}\cos\omega_0\tau\mathrm{e}^{-\mathrm{i}\omega\tau}\mathrm{d}\tau \\
&= \frac{a^2}{4}\int_{-\infty}^{+\infty}(\mathrm{e}^{\mathrm{i}\omega_0\tau}+\mathrm{e}^{-\mathrm{i}\omega_0\tau})\mathrm{e}^{-\mathrm{i}\omega\tau}\mathrm{d}\tau \\
&= \frac{a^2\pi}{2}[\delta(\omega+\omega_0)+\delta(\omega-\omega_0)]
\end{aligned}
$$

例 7.3.5 求相关函数 $R_X(\tau) = \dfrac{a^2}{2}\cos\omega_0\tau + b^2\mathrm{e}^{-a|\tau|}$ 所对应的谱密度 $S_X(\omega)$.

解 由例 7.3.1 和例 7.3.4 得

$$S_X(\omega) = \frac{a^2\pi}{2}[\delta(\omega+\omega_0)+\delta(\omega-\omega_0)]+\frac{2ab^2}{a^2+\omega^2}$$

7.3.4 白噪声

白噪声是一类用功率谱密度的特性给出的平稳过程.

1. 理想白噪声

一均值为零、功率谱密度在整个频率轴上为正常数，即

$$S_X(\omega) = S_0, \quad -\infty < \omega < +\infty$$

的平稳过程 $\{X(t)\}$ 称为白噪声过程，简称白噪声. 可以算得白噪声的自相关函数为

$$R_X(\tau) = \frac{1}{2\pi}\int_{-\infty}^{+\infty}S_X(\omega)\mathrm{e}^{\mathrm{i}\omega\tau}\mathrm{d}\omega = S_0\delta(\tau)$$

白噪声只是一种理想化的模型，实际上是不存在的，因为它的平均功率是无限的. 尽管如此，但由于它在数学处理上具有简单、方便的优点，而在实际应用中仍占重要地位. 实际上，当所研究的随机过程在比所考虑的有用频带宽得多的范围内具有均匀的谱密度时，就可把它当作白噪声来处理.

此外,白噪声只是从过程的谱密度的角度来定义的,并未涉及过程的概率分布,因此可以有各种不同概率分布的白噪声,例如高斯白噪声就是概率分布为正态分布的白噪声.

2. 限带白噪声

若噪声在一个有限频带上有正常数的功率谱密度,而在此频带之外为零,则称之为限带白噪声.限带白噪声分为低通型限带白噪声和带通型限带白噪声两种.

若过程的功率谱密度为

$$S_X(\omega) = \begin{cases} S_0, & |\omega| \leqslant \omega_1 \\ 0, & |\omega| > \omega_1 \end{cases}$$

则称此过程为低通型限带白噪声.其自相关函数为

$$R_X(\tau) = \frac{\omega_1 S_0}{\pi} \cdot \frac{\sin \omega_1 \tau}{\omega_1 \tau}$$

若过程的功率谱密度为

$$S_X(\omega) = \begin{cases} S_0, & \omega_0 - \omega_1 < |\omega| < \omega_0 + \omega_1 \\ 0, & 其他 \end{cases}$$

则称此过程为带通型限带白噪声.其自相关函数为

$$R_X(\tau) = \frac{2\omega_1 S_0}{\pi} \cdot \frac{\sin \omega_1 \tau}{\omega_1 \tau} \cos \omega_0 \tau$$

7.3.5 互谱密度及其性质

设 $X(t)$ 和 $Y(t)$ 是两个平稳相关的平稳过程,定义 $X(t)$ 与 $Y(t)$ 的互谱密度为

$$S_{XY}(\omega) = \lim_{T \to +\infty} \frac{1}{2T} E[\overline{F_X(\omega, T)} F_Y(\omega, T)]$$

$$S_{YX}(\omega) = \lim_{T \to +\infty} \frac{1}{2T} E[F_X(\omega, T) \overline{F_Y(\omega, T)}]$$

需要说明的是,$S_{XY}(\omega)$,$S_{YX}(\omega)$ 一般不再是 ω 的实的、非负的偶函数.

互谱密度有下列性质:

(1) $S_{XY}(\omega) = S_{YX}(-\omega) = \overline{S_{YX}(\omega)}$.

(2) 如果 $\int_{-\infty}^{+\infty} |R_{XY}(\tau)| \mathrm{d}\tau < +\infty$,则有

$$S_{XY}(\omega) = \int_{-\infty}^{+\infty} R_{XY}(\tau) \mathrm{e}^{-\mathrm{i}\omega\tau} \mathrm{d}\tau, \quad R_{XY}(\tau) = \frac{1}{2\pi} \int_{-\infty}^{+\infty} S_{XY}(\omega) \mathrm{e}^{\mathrm{i}\tau\omega} \mathrm{d}\omega$$

$$S_{YX}(\omega) = \int_{-\infty}^{+\infty} R_{YX}(\tau) \mathrm{e}^{-\mathrm{i}\omega\tau} \mathrm{d}\tau, \quad R_{YX}(\tau) = \frac{1}{2\pi} \int_{-\infty}^{+\infty} S_{YX}(\omega) \mathrm{e}^{\mathrm{i}\tau\omega} \mathrm{d}\omega$$

以上两对式子也称为维纳-辛钦公式.

(3) $\mathrm{Re}[S_{XY}(\omega)]$,$\mathrm{Re}[S_{YX}(\omega)]$ 是 ω 的偶函数,$\mathrm{Im}[S_{XY}(\omega)]$,$\mathrm{Im}[S_{YX}(\omega)]$ 是 ω 的奇函数.其中 $\mathrm{Re}[\cdot]$ 和 $\mathrm{Im}[\cdot]$ 分别表示复数 $[\cdot]$ 的实部和虚部.

(4) 互谱密度和自谱密度有下面的关系:

$$|S_{XY}(\omega)|^2 \leqslant S_X(\omega) S_Y(\omega)$$

证明略.

例 7.3.6 设两平稳相关的平稳过程 $X(t)$ 与 $Y(t)$ 的互相关函数为

$$R_{XY}(\tau) = \begin{cases} 2e^{-2\tau}, & \tau > 0 \\ 0, & \tau \leqslant 0 \end{cases}$$

求它们的互谱密度.

解 由维纳-辛钦公式,可得

$$S_{XY}(\omega) = 2\int_0^{+\infty} e^{-2\tau} e^{-i\omega\tau} d\tau = \frac{2}{2+i\omega}, \quad S_{YX}(\omega) = S_{XY}(-\omega) = \frac{2}{2-i\omega}$$

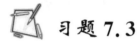 **习题 7.3**

1. 设平稳过程 $X(t)(-\infty < t < +\infty)$ 的谱密度为

$$S_X(\omega) = \frac{\omega^2}{\omega^4 + 3\omega^2 + 2}$$

求 $X(t)$ 的平均功率.

2. 设平稳过程 $X(t)(-\infty < t < +\infty)$ 的相关函数为 $R_X(\tau) = 4e^{-|\tau|}\cos\pi\tau + \cos 3\pi\tau$,求谱密度 $S_X(\omega)$.

3. 设平稳过程 $X(t)(-\infty < t < +\infty)$ 的谱密度为

$$S_X(\omega) = \begin{cases} 8\delta(\omega) + 20\left(1 - \dfrac{|\omega|}{10}\right), & |\omega| < 10 \\ 0, & \text{其他} \end{cases}$$

求 $X(t)$ 的相关函数.

4. 设平稳过程 $X(t)$ 的相关函数为

$$R_X(\tau) = \begin{cases} 1 - \dfrac{|\tau|}{T}, & |\tau| \leqslant T \\ 0, & |\tau| > T \end{cases}$$

求谱密度 $S_X(\omega)$.

5. 设两个平稳过程 $X(t) = a\cos(\omega_0 t + \Theta)$, $Y(t) = b\sin(\omega_0 t + \Theta)$, $-\infty < t < +\infty$, 其中 a, b, ω_0 均为正常数, $\Theta \sim U(0, 2\pi)$. 试求互谱密度 $S_{XY}(\omega), S_{YX}(\omega)$.

6. 设 $X(t)$ 与 $Y(t)$ 是互不相关的平稳过程,它们的均值 μ_X, μ_Y 均不为零.令随机过程 $Z(t) = X(t) + Y(t)$,求互谱密度 $S_{XY}(\omega)$ 和 $S_{XZ}(\omega)$.

7. 设 $X(t), Y(t)$, $-\infty < t < +\infty$ 是平稳相关的平稳过程,它们的自相关函数和互相关函数分别为

$$R_X(\tau) = 4e^{-|\tau|}, \quad R_Y(\tau) = \cos 3\pi\tau, \quad R_{XY}(\tau) = \begin{cases} 1 - |\tau|, & |\tau| \leqslant 1 \\ 0, & |\tau| > 1 \end{cases}$$

令 $Z(t) = X(t) + Y(t)$, 求 $Z(t)$ 的谱密度.

7.4* 线性系统对平稳过程的响应

本节讨论线性系统对平稳过程的响应. 讨论的主要问题是:当输入是平稳过程时,输出是否也平稳? 如果平稳,由输入的自相关函数和谱密度如何确定输出的自相关函数和谱密度,以及输入与输出的互相关函数和互谱密度?

7.4.1 线性系统的数学描述

任何系统输入和输出的关系可以表示为:

$$y(t) = L[x(t)]$$

其中, $x(t)$ 代表输入信号, $y(t)$ 代表输出信号, L 表示对信号 $x(t)$ 进行某种运算,如加法、乘法、微分、积分、微分方程的求解运算等. 如果运算 L 满足:

$$L[a_1 x_1(t) + a_2 x_2(t)] = a_1 L[x_1(t)] + a_2 L[x_2(t)]$$

其中 a_1, a_2 为常数,则称该系统为线性系统.

根据 δ 函数的性质,有

$$x(t) = \int_{-\infty}^{+\infty} \delta(t-\tau) x(\tau) \mathrm{d}\tau$$

从而

$$y(t) = L[x(t)] = L\left[\int_{-\infty}^{+\infty} x(\tau)\delta(t-\tau)\mathrm{d}\tau\right] = \int_{-\infty}^{+\infty} x(\tau)L[\delta(t-\tau)]\mathrm{d}\tau$$

这样就引入了一个新函数 $h(t,\tau) = L[\delta(t-\tau)]$,称之为线性系统的脉冲响应函数. 从而有

$$y(t) = \int_{-\infty}^{+\infty} x(\tau)h(t,\tau)\mathrm{d}\tau \tag{7.4.1}$$

(7.4.1)式表明一个线性系统的响应完全被它的脉冲响应函数所确定.

若脉冲响应函数满足 $h(t,\tau) \triangle h(t-\tau)$,即 $h(t,\tau)$ 只与 $t-\tau$ 有关,而与 t,τ 的个别取值无关,则称该系统为时不变的. 此时

$$y(t) = \int_{-\infty}^{+\infty} x(\tau)h(t-\tau)\mathrm{d}\tau = x(t) * h(t)$$

经变量替换,可得

$$y(t) = \int_{-\infty}^{+\infty} h(\tau)x(t-\tau)\mathrm{d}\tau = h(t) * x(t)$$

可见,一个线性时不变系统可以完整地由它的脉冲响应函数来表征. 脉冲响应函数是一种瞬时特性,通过系统输出 $y(t)$ 的傅里叶变换,可以导出频域的相应特性.

设 $X(\omega), Y(\omega), H(\omega)$ 分别表示 $x(t), y(t), h(t)$ 傅里叶变换,则由傅里叶变换的卷积定理,知

$$Y(\omega) = X(\omega)H(\omega) \tag{7.4.2}$$

称(7.4.2)式中的 $H(\omega)$ 为系统的频率响应函数,它与系统的脉冲响应函数构成傅里叶变换对.

综上所述,一个线性系统可用框图 7.1 表示.

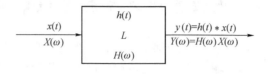

图 7.1

如何计算系统的脉冲响应函数,在此不进行讨论.常见的电路系统的脉冲响应函数及频率响应函数如表 7.1 所示.

表 7.1

电路	$H(\omega)$	$h(t)(t \geqslant 0)$
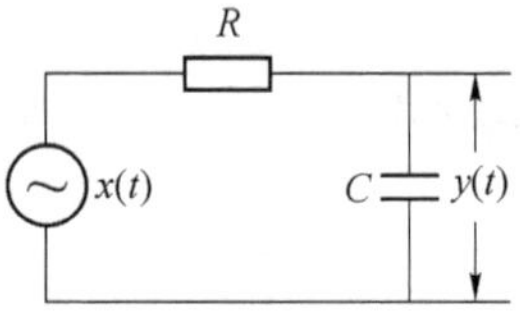 (a)	$\dfrac{1}{1+i\omega RC}$	$\dfrac{1}{RC}e^{-\frac{t}{RC}}$
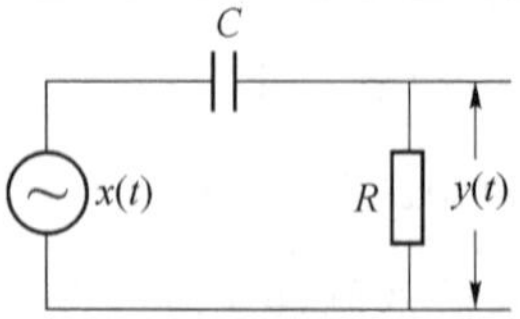 (b)	$\dfrac{i\omega RC}{1+i\omega RC}$	$\delta(t) - \dfrac{1}{RC}e^{-\frac{t}{RC}}$
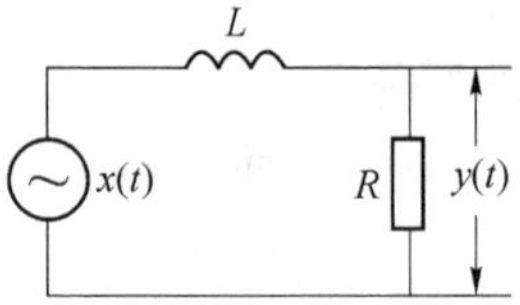 (c)	$\dfrac{R}{R+i\omega L}$	$\dfrac{R}{L}e^{-\frac{R}{L}t}$
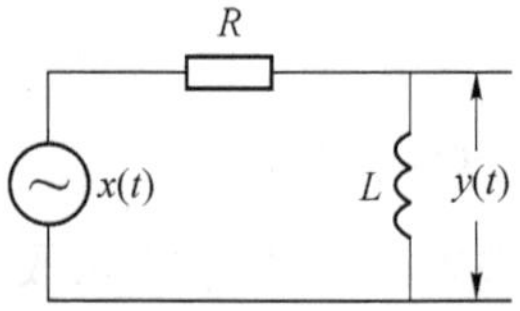 (d)	$\dfrac{i\omega L}{R+i\omega L}$	$\delta(t) - \dfrac{R}{L}e^{-\frac{R}{L}t}$

7.4.2 随机过程通过线性系统

线性系统分析的中心问题是:给定一个输入信号,求输出响应.在确定性信号输入的情况下,通常研究响应的明确表达式.当输入为随机信号时,要想得到输出的明确表达式

· 188 ·

是不可能的,故转而讨论如何根据线性系统输入随机信号的统计特性及该系统的特性,确定该系统输出的统计特性.以下考虑的系统都是线性系统,且为时不变的,它的脉冲响应函数 $h(t)$ 满足

$$\int_{-\infty}^{+\infty} |h(t)| \mathrm{d}t < +\infty$$

此时称系统是稳定的.

设随机过程 $\{X(t)\}$ 为系统的输入,则系统的输出 $\{Y(t)\}$ 也为随机过程,且形式上有

$$Y(t) = \int_{-\infty}^{+\infty} h(\tau)X(t-\tau)\mathrm{d}\tau = \int_{-\infty}^{+\infty} X(\tau)h(t-\tau)\mathrm{d}\tau$$

当然,这里的积分是随机积分.

定理 7.4.1 设输入 $\{X(t)\}$ 为平稳过程,其均值、自相关函数分别为 μ_X, $R_X(\tau)$,则输出 $\{Y(t)\}$ 也是平稳过程,且与 $\{X(t)\}$ 平稳相关,它的均值、自相关函数及它与 $\{X(t)\}$ 的互相关函数分别为

$$\mu_Y = \mu_X \int_{-\infty}^{+\infty} h(t)\mathrm{d}t \tag{7.4.3}$$

$$R_Y(\tau) = \int_{-\infty}^{+\infty}\int_{-\infty}^{+\infty} h(\tau_1)h(\tau_2)R_X(\tau + \tau_1 - \tau_2)\mathrm{d}\tau_1\mathrm{d}\tau_2 \tag{7.4.4}$$

$$R_{XY}(\tau) = \int_{-\infty}^{+\infty} R_X(\lambda)h(\tau - \lambda)\mathrm{d}\lambda \tag{7.4.5}$$

证 首先证明 $\{Y(t)\}$ 是平稳的.由于

$$\mu_Y(t) = E[Y(t)] = E\left[\int_{-\infty}^{+\infty} X(t-\tau)h(\tau)\mathrm{d}\tau\right]$$

$$= \int_{-\infty}^{+\infty} E[X(t-\tau)]h(\tau)\mathrm{d}\tau = \mu_X \int_{-\infty}^{+\infty} h(\tau)\mathrm{d}\tau = \mu_Y$$

为常数,且

$$R_Y(t, t+\tau) = E[Y(t)Y(t+\tau)]$$

$$= E\left[\int_{-\infty}^{+\infty} h(\tau_1)X(t-\tau_1)\mathrm{d}\tau_1 \int_{-\infty}^{+\infty} h(\tau_2)X(t+\tau-\tau_2)\mathrm{d}\tau_2\right]$$

$$= \int_{-\infty}^{+\infty}\int_{-\infty}^{+\infty} h(\tau_1)h(\tau_2)E[X(t-\tau_1)X(t+\tau-\tau_2)]\mathrm{d}\tau_1\mathrm{d}\tau_2$$

$$= \int_{-\infty}^{+\infty}\int_{-\infty}^{+\infty} R_X(\tau+\tau_1-\tau_2)h(\tau_1)h(\tau_2)\mathrm{d}\tau_1\mathrm{d}\tau_2$$

只与 τ 有关,记为 $R_Y(\tau)$.因此,$\{Y(t)\}$ 为平稳过程,且(7.4.3)和(7.4.4)两式得证.

再来计算 $\{X(t)\}$,$\{Y(t)\}$ 的互相关函数.由于

$$R_{XY}(t, t+\tau) = E[X(t)Y(t+\tau)] = E\left[X(t)\int_{-\infty}^{+\infty} h(\lambda)X(t+\tau-\lambda)\mathrm{d}\lambda\right]$$

$$= \int_{-\infty}^{+\infty} R_X(\tau-\lambda)h(\lambda)\mathrm{d}\lambda = \int_{-\infty}^{+\infty} R_X(u)h(\tau-u)\mathrm{d}u$$

只与 τ 有关,从而 $\{X(t)\}$,$\{Y(t)\}$ 是平稳相关的,且(7.4.5)式得证.

例 7.4.1 设有白噪声电压 $X(t)$，其自相关函数 $R_X(\tau) = \dfrac{N_0}{2}\delta(\tau)$，将它加到如表 7.1 中(a)所示的电路上，求：

(1) 输出的自相关函数；

(2) 输出的平均功率；

(3) 输入与输出的互相关函数.

解 (1) 由题意知 $R_X(\tau) = \dfrac{N_0}{2}\delta(\tau)$. 记

$$\alpha = \frac{1}{RC}, \quad h(t) = \begin{cases} \alpha e^{-\alpha t}, & t \geqslant 0 \\ 0, & t < 0 \end{cases}$$

则输出的自相关函数为

$$
\begin{aligned}
R_Y(\tau) &= \int_{-\infty}^{+\infty} h(\tau_1)\mathrm{d}\tau_1 \int_{-\infty}^{+\infty} \frac{N_0}{2}\delta(\tau + \tau_1 - \tau_2)h(\tau_2)\mathrm{d}\tau_2 \\
&= \frac{N_0}{2}\int_{-\infty}^{+\infty} h(\tau_1)h(\tau + \tau_1)\mathrm{d}\tau_1 \\
&= \frac{\alpha N_0}{2}\int_{0}^{+\infty} e^{-\alpha\tau_1}h(\tau + \tau_1)\mathrm{d}\tau_1 \quad (u = \tau + \tau_1) \\
&= \frac{\alpha N_0}{2}e^{\alpha\tau}\int_{\tau}^{+\infty} e^{-\alpha u}h(u)\mathrm{d}u \\
&= \begin{cases} \dfrac{\alpha^2 N_0}{2}e^{\alpha\tau}\displaystyle\int_{0}^{+\infty} e^{-2\alpha u}\mathrm{d}u, & \tau < 0 \\[3mm] \dfrac{\alpha^2 N_0}{2}e^{\alpha\tau}\displaystyle\int_{\tau}^{+\infty} e^{-2\alpha u}\mathrm{d}u, & \tau \geqslant 0 \end{cases} \\
&= \begin{cases} \dfrac{\alpha N_0}{4}e^{\alpha\tau}, & \tau < 0 \\[3mm] \dfrac{\alpha N_0}{4}e^{-\alpha\tau}, & \tau \geqslant 0 \end{cases} \\
&= \frac{\alpha N_0}{4}e^{-\alpha|\tau|}
\end{aligned}
$$

(2) 在上式中令 $\tau = 0$，即可得输出的平均功率为

$$\Psi_Y^2 = E[Y^2(t)] = R_Y(0) = \frac{\alpha N_0}{4}$$

(3) 输入与输出的互相关函数为

$$R_{XY}(\tau) = \int_{-\infty}^{+\infty} \frac{N_0}{2}\delta(\tau - u)h(u)\mathrm{d}u = \frac{N_0}{2}h(\tau)$$

$$= \begin{cases} \dfrac{\alpha N_0}{2}e^{-\alpha\tau}, & \tau \geqslant 0 \\[3mm] 0, & \tau < 0 \end{cases}$$

$$R_{YX}(\tau) = R_{XY}(-\tau) = \begin{cases} 0, & \tau > 0 \\ \dfrac{\alpha N_0}{2} e^{\alpha\tau}, & \tau \leqslant 0 \end{cases}$$

定理 7.4.2 在定理 7.4.1 的条件下,记 $\{X(t)\}$ 的功率谱密度为 $S_X(\omega)$,则输出 $\{Y(t)\}$ 的功率谱密度为

$$S_Y(\omega) = |H(\omega)|^2 S_X(\omega) \tag{7.4.6}$$

而 $\{X(t)\}, \{Y(t)\}$ 的互谱密度为

$$S_{XY}(\omega) = H(\omega) S_X(\omega) \tag{7.4.7}$$

证 由维纳-辛钦公式,有

$$S_Y(\omega) = \int_{-\infty}^{+\infty} R_Y(\tau) e^{-i\omega\tau} d\tau$$

$$= \int_{-\infty}^{+\infty} \int_{-\infty}^{+\infty} \left[\int_{-\infty}^{+\infty} R_X(\tau + \tau_1 - \tau_2) e^{-i\omega\tau} d\tau \right] h(\tau_1) h(\tau_2) d\tau_1 d\tau_2$$

令 $\lambda = \tau + \tau_1 - \tau_2$,则 $d\lambda = d\tau$,从而得

$$S_Y(\omega) = \int_{-\infty}^{+\infty} h(\tau_1) e^{i\omega\tau_1} d\tau_1 \int_{-\infty}^{+\infty} h(\tau_2) e^{-i\omega\tau_2} d\tau_2 \int_{-\infty}^{+\infty} R_X(\lambda) e^{-i\omega\lambda} d\lambda$$

$$= \overline{H(\omega)} H(\omega) S_X(\omega) = |H(\omega)|^2 S_X(\omega)$$

(7.4.6)式得证.(7.4.7)式由卷积定理可得.

注 $S_{YX}(\omega) = H(-\omega) S_X(\omega)$.

例 7.4.2 采用频域方法重解例 7.4.1.

解 由于 $R_X(\tau) = \dfrac{N_0}{2} \delta(\tau)$,则有

$$S_X(\omega) = \frac{N_0}{2}$$

RC 电路的频率响应函数为 $H(\omega) = \alpha/(\alpha + i\omega)$,故

$$|H(\omega)|^2 = \frac{\alpha^2}{\alpha^2 + \omega^2}$$

所以

$$S_Y(\omega) = S_X(\omega) |H(\omega)|^2 = \frac{\alpha^2 N_0}{2(\alpha^2 + \omega^2)}$$

$$S_{XY}(\omega) = H(\omega) S_X(\omega) = \frac{\alpha N_0}{2(\alpha + i\omega)}$$

$$S_{YX}(\omega) = H(-\omega) S_X(\omega) = \frac{\alpha N_0}{2(\alpha - i\omega)}$$

(1) 系统输出的自相关函数为

$$R_Y(\tau) = \frac{1}{2\pi} \int_{-\infty}^{+\infty} S_Y(\omega) e^{i\omega\tau} d\omega = \frac{1}{2\pi} \int_{-\infty}^{+\infty} \frac{\alpha^2 N_0}{2(\alpha^2 + \omega^2)} e^{i\omega\tau} d\omega = \frac{\alpha N_0}{4} e^{-\alpha|\tau|}$$

(2) 输出的平均功率为

$$E[Y^2(t)] = R_Y(0) = \frac{\alpha N_0}{4}$$

（3）互相关函数为

$$R_{XY}(\tau) = \frac{1}{2\pi}\int_{-\infty}^{+\infty} S_{XY}(\omega)\mathrm{e}^{\mathrm{i}\omega\tau}\mathrm{d}\omega = \frac{1}{2\pi}\int_{-\infty}^{+\infty} \frac{\alpha N_0}{2(\alpha+\mathrm{i}\omega)}\mathrm{e}^{\mathrm{i}\omega\tau}\mathrm{d}\omega = \frac{\alpha N_0}{2}\mathrm{e}^{-\alpha\tau}, \tau \geqslant 0$$

上面用到傅里叶变换对

$$\alpha\mathrm{e}^{-\alpha t}(t\geqslant 0) \leftrightarrow \frac{\alpha}{\alpha+\mathrm{i}\omega}$$

同理 $R_{YX}(\tau) = \frac{\alpha N_0}{2}\mathrm{e}^{\alpha\tau}, \tau \leqslant 0$.

例 7.4.3 设 $X(t)$ 为白噪声, 有 $S_X(\omega) = N_0/2$, 通过表 7.1 中(b)所示的微分电路, 求电路输出的自相关函数.

解 由题设, $H(\omega) = \mathrm{i}\omega/(\alpha+\mathrm{i}\omega)$, 其中 $\alpha = 1/(RC)$. 从而

$$|H(\omega)|^2 = \frac{\omega^2}{\alpha^2+\omega^2}, \quad S_Y(\omega) = \frac{\omega^2 N_0}{2(\alpha^2+\omega^2)}$$

于是

$$\begin{aligned}
R_Y(\tau) &= \frac{N_0}{4\pi}\int_{-\infty}^{+\infty} \frac{\omega^2}{\alpha^2+\omega^2}\mathrm{e}^{\mathrm{i}\omega\tau}\mathrm{d}\omega \\
&= \frac{N_0}{4\pi}\int_{-\infty}^{+\infty} \mathrm{e}^{\mathrm{i}\omega\tau}\mathrm{d}\omega - \frac{N_0}{4\pi}\int_{-\infty}^{+\infty} \frac{\alpha^2}{\alpha^2+\omega^2}\mathrm{e}^{\mathrm{i}\omega\tau}\mathrm{d}\omega \\
&= \frac{N_0}{2}\delta(\tau) - \frac{\alpha N_0}{4}\mathrm{e}^{-\alpha|\tau|}
\end{aligned}$$

 **习题 7.4**

1. 在表 7.1(c)的电路中, 如果输入的是谱密度为 $S_X(\omega) = S_0$ 的白噪声过程 $X(t)$, $-\infty < t < +\infty$, 求输出 $Y(t)$ 的谱密度、自相关函数及输入与输出的互谱密度、互相关函数.

2. 在表 7.1(b)的电路中, 如果输入的是谱密度为 $S_X(\omega) = S_0$ 的白噪声过程 $X(t)$, $-\infty < t < +\infty$, 求输出 $Y(t)$ 的谱密度、自相关函数及输入与输出的互谱密度、互相关函数.

3. 在表 7.1(b)的电路中, 如果输入电压为 $X(t) = X_0 + \cos(2\pi t + \Theta)$, 其中 $X_0 \sim U(0,1), \Theta \sim U(0,2\pi), X_0$ 与 Θ 独立. 求输出电压 $Y(t)$ 的自相关函数.

4. 设线性系统有如下频率特性:

$$|H(\omega)| = \begin{cases} 1, & |\omega| \leqslant \omega_c \\ 0, & |\omega| > \omega_c \end{cases}$$

其中 $\omega_c > 0$ 为常数. 若输入的是谱密度为 $S_X(\omega) = S_0$ 的白噪声, 求输出的功率谱密度、自相关函数和平均功率.

本 章 小 结

1. 平稳过程的概念、均值和相关函数、相关函数的性质.

如果二阶矩过程$\{X(t),t\in T\}$满足,(1)$E[X(t)]=\mu_X$为常数$(t\in T)$,(2)对任意的t,$t+\tau\epsilon T,R_X(\tau)\triangleq E[X(t)X(t+\tau)]$与$t$无关而只与$\tau$有关,则称$\{X(t),t\in T\}$为宽(弱、广义)平稳过程,并称$\mu_X$为它的均值,$R_X(\tau)$为它的自相关函数或相关函数.

自相关函数$R_X(\tau)$具有下列性质:(1)$R_X(0)\geqslant 0$;(2)$R_X(-\tau)=R_X(\tau)$,即$R_X(\tau)$是τ的偶函数;(3)$|R_X(\tau)|\leqslant R_X(0)$;(4)非负定性:对任意的正整数$n$,任意实数$a_1,a_2,\cdots,a_n$和任意的$t_1,t_2,\cdots,t_n\in T$,有$\sum\limits_{j=1}^{n}\sum\limits_{k=1}^{n}R_X(t_k-t_j)a_ja_k\geqslant 0$.

2. 两平稳过程平稳相关的概念:设$X(t),Y(t),t\in T$为二平稳过程,如果对任意的t,$t+\tau\in T,E[X(t)Y(t+\tau)]$不依赖$t$,称$\{X(t)\}$和$\{Y(t)\}$是平稳相关的或联合平稳的,并称$R_{XY}(\tau)=E[X(t)Y(t+\tau)]$为$\{X(t)\}$和$\{Y(t)\}$的互相关函数.

互相关函数有下列性质:(1)$R_{YX}(\tau)=R_{XY}(-\tau)$.(2)$|R_{XY}(\tau)|\leqslant\sqrt{R_X(0)R_Y(0)}$,$|R_{YX}(\tau)|\leqslant\sqrt{R_X(0)R_Y(0)}$.

3. 平稳过程关于均值和相关函数具有各态历经性的概念及相关的等价条件.

4. 平稳过程谱密度的概念、性质及维纳-辛钦公式;互谱密度的概念、性质及相应的维纳-辛钦公式.

谱密度$S_X(\omega)$有下列性质:(1)$S_X(\omega)$是ω的实的、非负的偶函数;(2)若$X(t)$的相关函数$R_X(\tau)$满足$\int_{-\infty}^{+\infty}|R_X(\tau)|\mathrm{d}\tau<+\infty$,则$S_X(\omega)$与$R_X(\tau)$构成一傅里叶变换对,即

$$S_X(\omega)=\int_{-\infty}^{+\infty}R_X(\tau)\mathrm{e}^{-\mathrm{i}\omega\tau}\mathrm{d}\tau,\quad R_X(\tau)=\frac{1}{2\pi}\int_{-\infty}^{+\infty}S_X(\omega)\mathrm{e}^{\mathrm{i}\omega\tau}\mathrm{d}\omega.$$

互谱密度$S_{XY}(\omega)$有下列性质:(1)$S_{XY}(\omega)=S_{YX}(-\omega)=\overline{S_{YX}(\omega)}$;若$\int_{-\infty}^{+\infty}|R_{XY}(\tau)|\mathrm{d}\tau<+\infty$,则$S_{XY}(\omega)=\int_{-\infty}^{+\infty}R_{XY}(\tau)\mathrm{e}^{-\mathrm{i}\omega\tau}\mathrm{d}\tau,R_{XY}(\tau)=\frac{1}{2\pi}\int_{-\infty}^{+\infty}S_{XY}(\omega)\mathrm{e}^{\mathrm{i}\tau\omega}\mathrm{d}\omega,S_{YX}(\omega)=\int_{-\infty}^{+\infty}R_{YX}(\tau)\mathrm{e}^{-\mathrm{i}\omega\tau}\mathrm{d}\tau,R_{YX}(\tau)=\frac{1}{2\pi}\int_{-\infty}^{+\infty}S_{YX}(\omega)\mathrm{e}^{\mathrm{i}\tau\omega}\mathrm{d}\omega.$

5*. 平稳过程通过线性系统输出的自相关函数、自谱密度及输入与输出的互相关函数、互谱密度的计算.

设线性系统的脉冲响应函数为$h(t)$,频率响应函数为$H(\omega)$,输入平稳过程$\{X(t)\}$的均值为μ_X,谱密度为$S_X(\omega)$,则输出平稳过程$\{Y(t)\}$的均值为$\mu_Y=\mu_X\int_{-\infty}^{+\infty}h(t)\mathrm{d}t$,谱密度为$S_Y(\omega)=|H(\omega)|^2S_X(\omega)$,输入与输出的互谱密度为$S_{XY}(\omega)=H(\omega)S_X(\omega)$.

 综合练习题 7

一、单项选择题

1. 设$X(t),Y(t),-\infty<t<+\infty$是两平稳相关的平稳过程,均值分别为$\mu_X,\mu_Y$,相关

函数分别为 $R_X(\tau),R_Y(\tau)$,互相关函数为 $R_{XY}(\tau)$,则平稳过程 $Z(t)=X(t)+Y(t)$ 的均值和相关函数分别为（　　）.

(A) $\mu_X+\mu_Y,R_X(\tau)+R_Y(\tau)$

(B) $\mu_X+\mu_Y,R_X(\tau)+R_Y(\tau)+2R_{XY}(\tau)$

(C) $\mu_X+\mu_Y,R_X(\tau)+R_Y(\tau)+R_{XY}(\tau)+R_{XY}(-\tau)$

(D) $\mu_X,R_X(\tau)+R_Y(\tau)+R_{XY}(\tau)+R_{YX}(\tau)$

2. 设二阶矩过程 $\{X(t)\}$ 的均值函数为 $\mu_X=\alpha+\beta t$,协方差函数为 $C_X(t_1,t_2)=\mathrm{e}^{-\lambda|t_1-t_2|}$. 令 $Y(t)=X(t+1)-X(t)$,其中 $\alpha,\beta,\lambda>0$ 为常数.则平稳过程 $Y(t)$ 的均值 μ_Y 和相关函数 $R_Y(\tau)$ 分别为（　　）.

(A) $\beta,\mathrm{e}^{-\lambda|\tau|}+\mathrm{e}^{-\lambda(1+\tau)}+\mathrm{e}^{-\lambda|1-\tau|}+\beta^2$

(B) $\alpha,2\mathrm{e}^{-\lambda|\tau|}+\mathrm{e}^{-\lambda|1+\tau|}+\mathrm{e}^{-\lambda|1-\tau|}+\beta^2$

(C) $\beta,2\mathrm{e}^{-\lambda|\tau|}+\mathrm{e}^{-\lambda|1+\tau|}+\mathrm{e}^{-\lambda(1-\tau)}+\beta^2$

(D) $\beta,2\mathrm{e}^{-\lambda|\tau|}-\mathrm{e}^{-\lambda|1+\tau|}-\mathrm{e}^{-\lambda|1-\tau|}+\beta^2$

3. 设 $X(t)$ 和 $Y(t)$ 是相互独立的平稳过程,它们的均值分别为 μ_X,μ_Y,相关函数分别为 $R_X(\tau),R_Y(\tau)$,则平稳过程 $Z(t)=X(t)Y(t)$ 的均值和相关函数分别为（　　）.

(A) $\mu_X\mu_Y,R_X(\tau)R_Y(\tau)$　　　　　(B) $\mu_X\mu_Y,R_{XY}(\tau)R_{YX}(\tau)$

(C) $\mu_X+\mu_Y,R_X(\tau)R_Y(\tau)$　　　　　(D) $\mu_X\mu_Y,R_X(\tau)+R_Y(\tau)$

4. 设平稳过程 $X(t)$ 关于均值具有各态历经性,$X(t)$ 的均值和相关函数分别为 $\mu_X,R_X(\tau)$,则（　　）以概率 1 成立.

(A) $X(t)=\mu$　　　　　(B) $\lim\limits_{T\to+\infty}\dfrac{1}{2T}\displaystyle\int_{-T}^{T}X(t)\mathrm{d}t=\mu_X$

(C) $R_X(\tau)=\mu$　　　　　(D) $\lim\limits_{T\to+\infty}\dfrac{1}{2T}\displaystyle\int_{-T}^{T}X(t)X(t+\tau)\mathrm{d}t=\mu_X$

5. 设平稳过程 $X(t)(-\infty<t<+\infty)$ 的谱密度为 $S_X(\omega)$,则 $Y(t)=X(t)+X(t-t_0)$ 的谱密度 $S_Y(\omega)$ 为（　　）.

(A) $2S_X(\omega)(1+\cos\omega t_0)$　　　　　(B) $S_X(\omega)(1+\cos\omega t_0)$

(C) $2S_X(\omega)\cos\omega t_0$　　　　　(D) $2S_X(\omega)(1+\sin\omega t_0)$

6. 设 $X(t)(-\infty<t<+\infty)$ 是平稳过程,相关函数为 $R_X(\tau)=\mathrm{e}^{-|\tau|}$,将其输入到脉冲响应函数为

$$h(t)=\begin{cases}1, & |t|<T\\0, & \text{其他}\end{cases}$$

的线性系统,则输出 $Y(t)$ 的谱密度 $S_Y(\omega)$ 为（　　）.

(A) $\dfrac{\sin\omega T}{\omega}\cdot\dfrac{2}{1+\omega^2}$　　　　　(B) $\dfrac{4\sin^2\omega T}{\omega^2}\cdot\dfrac{2}{1+\omega^2}$

(C) $\dfrac{\sin^2\omega T}{\omega^2}\cdot\dfrac{2}{1+\omega^2}$　　　　　(D) $\dfrac{\sin^2\omega T}{\omega^2}\cdot\dfrac{2}{1+\omega}$

二、填空题

1. 设 $X(t),Y(t),-\infty<t<+\infty$ 是两相互独立的平稳过程,均值分别为 μ_X,μ_Y,相关函数分别为 $R_X(\tau),R_Y(\tau)$,则平稳过程 $Z(t)=X(t)+Y(t)$ 的均值 $\mu_Z=$_____,相关函数 $R_Z(\tau)=$_____.

2. 设 $\{W(t),t\geqslant0\}$ 是参数为 σ^2 的维纳过程,令 $X(t)=\mathrm{e}^{-\alpha t}W(\mathrm{e}^{2\alpha t})(-\infty<t<+\infty)$,$\alpha>0$ 为常数,则平稳过程 $X(t)$ 的均值 $\mu_X=$_____,相关函数 $R_X(\tau)=$_____.

3. 设平稳过程 $X(t)$ 关于相关函数具有各态历经性,$X(t)$ 的均值和相关函数分别为 $\mu_X,R_X(\tau)$,则_____以概率 1 成立.

4. 设平稳过程 $X(t)$ 的谱密度为

$$S_X(\omega)=\begin{cases}\cos\omega, & |\omega|<\dfrac{\pi}{2}\\ 0, & \text{其他}\end{cases}$$

则 $X(t)$ 的相关函数 $R_X(\tau)=$_____.

5. 设一平稳过程 $X(t)$ 的谱密度为 $S_X(\omega)$,将其输入到脉冲响应函数为 $h(t)=\alpha\mathrm{e}^{-\alpha t}$ $(t\geqslant0)$ 的线性系统,则输出 $Y(t)$ 的谱密度 $S_Y(\omega)=$_____.

三、证明题和计算题

1. 设有两个随机过程 $X_1(t)=Y,X_2(t)=tY$,其中 Y 是非退化随机变量.试分别讨论 $X_1(t),X_2(t)$ 的平稳性.

2. 若两个随机过程 $X(t)$ 和 $Y(t)$ 都不是平稳过程,且 $X(t)=A(t)\cos t,Y(t)=B(t)\sin t$.其中,$A(t),B(t)$ 为相互独立、平稳、零均值的随机过程,并有相同的自相关函数.试证 $Z(t)=X(t)+Y(t)$ 是平稳过程.

3. 设随机过程 $X(t)$ 为平稳过程,且 $Y(t)=X(t)\cos(\omega_0 t+\Theta)$,其中 $X(t)$ 与 Θ 独立,$\Theta\sim U(0,2\pi),\omega_0>0$ 为常数.证明 $Y(t)$ 为平稳过程,并求其其均值和相关函数.

4. 设 X,Y 为随机变量,$\omega_0>0$ 为常数,证明随机过程 $Z(t)=X\cos\omega_0 t+Y\sin\omega_0 t$ 是平稳过程的充要条件是 X 与 Y 不相关,且均值为零,方差相等.

5. 设 $\{N(t),t\geqslant0\}$ 是强度为 λ 的泊松过程,令 $X(t)=N(t+L)-N(t),t\geqslant0$,其中 $L>0$ 为常数.试证 $X(t)$ 是平稳过程,并求其均值和相关函数.

6. 设 $X(t)$ 是一平稳过程,且满足 $X(t+T)=X(t)$,则称 $X(t)$ 为周期平稳过程,T 为过程的周期.试证 $X(t)$ 的相关函数 $R_X(\tau)$ 也是以 T 为周期的周期函数.

7. 设 $X(t)$ 是平稳过程,其相关函数 $R_X(\tau)$ 是以 $T(T>0)$ 为周期的函数.试证对任意的 t,恒有 $E\{[X(t)-X(t+T)]^2\}=0$,从而推出 $P\{X(t)=X(t+T)\}=1$.

8. 设 $Y(t)(-\infty<t<+\infty)$ 是零均值的正交增量过程,且 $E[|Y(t_2)-Y(t_1)|^2]=t_2-t_1(t_1\leqslant t_2)$.试证 $X(t)=Y(t)-Y(t-1)$ 是平稳过程,并求其均值和相关函数.

9. 设 $X(t)(-\infty<t<+\infty)$ 是零均值的平稳正态过程,证明 $X^2(t)$ 也是平稳过程,并求其均值和相关函数.

10. 设 $\{W(t),t\geqslant0\}$ 是参数为 σ^2 的维纳过程,令 $X(t)=W(t+1)-W(t),t\geqslant0$.证明

$X(t)$是平稳过程,并求其均值和相关函数.

11. 设平稳过程 $X(t)(-\infty<t<+\infty)$ 的相关函数为 $R_X(\tau)$,试证对任意常数 $a>0$,有

$$P\{\,|\,X(t+\tau)-X(t)\,|\geqslant a\}\leqslant 2[R_X(0)-R_X(\tau)]/a^2$$

12. 设随机过程 $Y(t)=X(t)\cos(\omega_0 t+\Theta)$,$-\infty<t<+\infty$,其中 $X(t)$ 是平稳过程,相关函数为 $R_X(\tau)$,谱密度为 $S_X(\omega)$,$\Theta\sim U(0,2\pi)$,且 $X(t)$ 与 Θ 独立,$\omega_0>0$ 为常数.试证:

(1) $Y(t)$ 为平稳过程,且其相关函数为 $R_Y(\tau)=\dfrac{1}{2}R_X(\tau)\cos\omega_0\tau$;

(2) $Y(t)$ 的谱密度为 $S_Y(\omega)=\dfrac{1}{4}[S_X(\omega-\omega_0)+S_X(\omega+\omega_0)]$.

13. 设随机过程 $X(t)=a\cos(\Omega t+\Theta)$,$-\infty<t<+\infty$,其中 $a>0$ 为常数,随机变量 $\Theta\sim U(0,2\pi)$,随机变量 Ω 的概率密度 $f(x)$ 是连续的偶函数,Θ 与 Ω 独立.试证 $X(t)$ 是平稳过程,且其谱密度为 $S_X(\omega)=a^2\pi f(\omega)$.

14. 设平稳过程 $X(t)$ 的谱密度为

$$S_X(\omega)=\begin{cases}C, & |\omega|\leqslant\omega_c \\ 0, & \text{其他}\end{cases}$$

其中 $\omega_c>0,C>0$.试证 $X(t)$ 的相关函数满足

$$\lim_{\omega_c\to+\infty}\frac{R_X(\tau)}{R_X(0)}=\begin{cases}0, & \tau\neq 0 \\ 1, & \tau=0\end{cases}$$

15. 设 $X(t)$ 与 $Y(t)$ 是两个相互独立的平稳过程,它们的均值至少有一个为零,谱密度分别为

$$S_X(\omega)=\frac{16}{\omega^2+16}, \quad S_Y(\omega)=\frac{\omega^2}{\omega^2+16}$$

令随机过程 $Z(t)=X(t)+Y(t)$,求:

(1) $Z(t)$ 的谱密度;

(2) 互谱密度 $S_{XY}(\omega)$ 和 $S_{XZ}(\omega)$.

16. 设 $X(t)$ 是平稳过程,令 $Y(t)=X(t+a)-X(t-a)$,$a>0$ 为常数.试证
$$S_Y(\omega)=4S_X(\omega)\sin^2 a\omega$$
$$R_Y(\tau)=2R_X(\tau)-R_X(\tau+2a)-R_X(\tau-2a)$$

17. 设 $X(t)(-\infty<t<+\infty)$ 是平稳过程,且均值 $\mu_X=0$,谱密度为 $S_X(\omega)=\delta(\omega)$,将其输入到脉冲响应函数为

$$h(t)=\begin{cases}1, & 0<t<T \\ 0, & \text{其他}\end{cases}$$

的线性系统,试求它的输出 $Y(t)$ 的相关函数、谱密度及输入与输出的互谱密度.

18. 设 $X(t),Y(t)$,$-\infty<t<+\infty$ 是均值为零的两平稳过程,它们的相关函数分别为 $R_X(\tau),R_Y(\tau)$,互相关函数为 $R_{XY}(\tau)$.如果 $R_X(\tau)=R_Y(\tau)$,$R_{XY}(\tau)=-R_{XY}(-\tau)$,试证 $Z(t)=X(t)\cos\omega_0 t+Y(t)\sin\omega_0 t(\omega_0>0$ 为常数$)$ 为平稳过程.若 $X(t),Y(t)$ 的谱密度分别

为 $S_X(\omega)$, $S_Y(\omega)$, 互谱密度为 $S_{XY}(\omega)$, 求 $Z(t)$ 的谱密度.

19. 设线性系统有如下频率特性:
$$|H(\omega)| = \begin{cases} 1, & |\omega \pm \omega_0| \leqslant \Delta\omega \\ 0, & \text{其他} \end{cases}$$
其中 $\Delta\omega > 0$, $\omega_0 > 0$ 为常数, 且 $\omega_0 < \Delta\omega$. 如果输入 $X(t)$ 是谱密度为 $S_X(\omega) = S_0$ 的白噪声, 求输出的谱密度和自相关函数.

20. 图 7.2 为单个输入、两个输出的线性系统, 输入 $X(t)$ 为平稳过程. 试证输出 $Y_1(t)$, $Y_2(t)$ 的互谱密度为 $S_{Y_1 Y_2}(\omega) = \overline{H_1(\omega)} H_2(\omega) S_X(\omega)$.

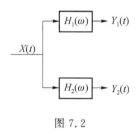

图 7.2

第3篇

数理统计

第 8 章　数理统计的基本概念与采样分布

数理统计是研究随机现象规律性的一门学科。它研究的是如何从所研究对象中抽出一部分进行观测,通过所获得的数据对所研究对象的整体的某些特性进行分析与推断.

8.1　总体、样本及统计量

8.1.1　总体

所研究对象的全体称为总体,然而人们关心的往往是所研究对象的某个数量指标,例如,研究的对象是某工厂生产的一批液晶显示器,了解其数量指标(如亮度)的统计特性对厂家和用户都是十分重要的.

以后我们便将此数量指标称为总体,记为 X.

由于对数量指标进行观测时,其取值是随机的,故总体 X 应为一个随机变量.

8.1.2　样本

对总体 X 进行 n 次观测便得到 n 个观测值 $x_1, x_2, \cdots, x_n$. 称向量 $(x_1, x_2, \cdots, x_n)$ 为来自该总体的一个样本值. 由于采样通常是随机的,所以样本值 $(x_1, x_2, \cdots, x_n)$ 可视为 n 维随机变量 $(X_1, X_2, \cdots, X_n)$ 的一个可能取值,称此 n 维随机变量 $(X_1, X_2, \cdots, X_n)$ 为来自该总体的样本.

通俗地讲,样本 $(X_1, X_2, \cdots, X_n)$ 是对总体进行 n 次观测所得到的一切可能结果,而样本值 $(x_1, x_2, \cdots, x_n)$ 是对总体进行 n 次观测所得到的一组确切的结果. n 称为样本容量.

如果样本 $(X_1, X_2, \cdots, X_n)$ 满足下列两个条件:

(1) $X_1, X_2, \cdots, X_n$ 与总体 X 同分布;

(2) $X_1, X_2, \cdots, X_n$ 相互独立.

则称此样本为简单随机样本.

简单随机样本可以通过在相同条件下,对总体进行独立观测而获得.

由于简单随机样本具有上述两个特点,所以当总体 X 的分布函数为 $F(x)$ 时,来自该总体的简单随机样本 $(X_1, X_2, \cdots, X_n)$ 的分布函数便为

$$F_n(x_1, x_2, \cdots, x_n) = \prod_{i=1}^{n} F(x_i)$$

对于分布律和概率密度有类似的结果.

例 8.1.1 设总体 X 服从正态分布 $N(\mu, \sigma^2)$，试求来自该总体的简单随机样本 $(X_1, X_2, \cdots, X_n)$ 的概率密度.

解 由于总体 $X \sim N(\mu, \sigma^2)$ 即其概率密度为

$$f(x) = \frac{1}{\sqrt{2\pi}\sigma} e^{-\frac{(x-\mu)^2}{2\sigma^2}} = (2\pi\sigma^2)^{-\frac{1}{2}} e^{-\frac{(x-\mu)^2}{2\sigma^2}}$$

于是来自此总体的简单随机样本 $(X_1, X_2, \cdots, X_n)$ 的概率密度便为

$$f_n(x_1, x_2, \cdots, x_n) = \prod_{i=1}^{n} f(x_i) = (2\pi\sigma^2)^{-\frac{n}{2}} e^{-\frac{1}{2\sigma^2} \sum_{i=1}^{n}(x_i - \mu)^2}$$

例 8.1.2 设总体服从参数为 p 的 $(0-1)$ 分布，求其简单随机样本 $(X_1, X_2, \cdots, X_n)$ 的分布律.

解 由于总体的分布律为 $p(x) = P\{X = x\} = p^x (1-p)^{1-x}, x = 0, 1$
所以其简单随机样本 $(X_1, X_2, \cdots, X_n)$ 的分布律便为

$$p_n(x_1, x_2, \cdots, x_n) = \prod_{i=1}^{n} p(x_i) = \prod_{i=1}^{n} p^{x_i}(1-p)^{1-x_i}$$

$$= p^{\sum_{i=1}^{n} x_i}(1-p)^{n-\sum_{i=1}^{n} x_i}, \quad x_i = 1, 2; i = 1, 2, \cdots, n$$

由于本书所涉及的样本均为简单随机样本，以后将简单随机样本便简称为样本.

8.1.3 统计量

对总体进行多次观测所获得的样本值通常是一组杂乱无章的数据，要直接通过样本值来分析、推断总体的统计特性是困难的，通常需经过某种方式对数据进行归纳、整理，以便突出我们所需要的信息. 为此，我们引进统计量的概念.

定义 8.1.1 设 $(X_1, X_2, \cdots, X_n)$ 为来自一总体的样本，称不含任何未知参数的样本的函数 $T = T(X_1, X_2, \cdots, X_n)$ 为统计量.

例如，当总体 $X \sim N(\mu, \sigma^2)$ 时，其中 μ 已知，σ^2 未知，$(X_1, X_2, \cdots, X_n)$ 为来自此总体的样本，则 $\sum_{i=1}^{n} X_i, \max_{1 \leqslant i \leqslant n} \{X_i\}, X_1 X_2, \frac{1}{n} \sum_{i=1}^{n} (X_i - \mu)^2$ 等均为统计量，而 $\frac{1}{\sigma^2} \sum_{i=1}^{n} X_i^2$ 便不是统计量.

两个常用统计量是：

$$\overline{X} = \frac{1}{n} \sum_{i=1}^{n} X_i \quad \text{和} \quad S^2 = \frac{1}{n-1} \sum_{i=1}^{n} (X_i - \overline{X})^2$$

它们分别称为样本均值与样本方差. 而称

$$S = \sqrt{\frac{1}{n-1} \sum_{i=1}^{n} (X_i - \overline{X})^2}$$

为样本标准差.

例 8.1.3 设 $(X_1, X_2, \cdots, X_n)$ 为来自某总体的样本,证明下列等式:

$$\sum_{i=1}^{n} (X_i - \overline{X})^2 = \sum_{i=1}^{n} X_i^2 - n\overline{X}^2 \tag{8.1.1}$$

$$= \sum_{i=1}^{n} X_i^2 - \frac{1}{n} \left(\sum_{i=1}^{n} X_i \right)^2 \tag{8.1.2}$$

证 由于 $\overline{X} = \dfrac{1}{n} \sum\limits_{i=1}^{n} X_i$,即有 $\sum\limits_{i=1}^{n} X_i = n\overline{X}$,所以

$$\sum_{i=1}^{n} (X_i - \overline{X})^2 = \sum_{i=1}^{n} (X_i^2 - 2X_i\overline{X} + \overline{X}^2) = \sum_{i=1}^{n} X_i^2 - 2\overline{X} \sum_{i=1}^{n} X_i + n\overline{X}^2$$

$$= \sum_{i=1}^{n} X_i^2 - 2\overline{X}n\overline{X} + n\overline{X}^2 = \sum_{i=1}^{n} X_i^2 - n\overline{X}^2$$

$$= \sum_{i=1}^{n} X_i^2 - n\left(\frac{1}{n} \sum_{i=1}^{n} X_i \right)^2 = \sum_{i=1}^{n} X_i^2 - \frac{1}{n} \left(\sum_{i=1}^{n} X_i \right)^2$$

为了简便及提高计算精度,在计算样本方差时,常用(8.1.1)式或(8.1.2)式计算其中的平方和.

例 8.1.4 设总体的期望为 μ ,方差为 σ^2 ,$(X_1, X_2, \cdots, X_n)$ 为来自该总体的样本,证明:

(1) $E(\overline{X}) = \mu$; $D(\overline{X}) = \dfrac{\sigma^2}{n}$; (2) $E(S^2) = \sigma^2$.

证 (1) $E(\overline{X}) = E\left(\dfrac{1}{n} \sum\limits_{i=1}^{n} X_i \right) = \dfrac{1}{n} \sum\limits_{i=1}^{n} E(X_i) = \dfrac{1}{n} \cdot n\mu = \mu$

$$D(\overline{X}) = D\left(\frac{1}{n} \sum_{i=1}^{n} X_i \right) = \frac{1}{n^2} \sum_{i=1}^{n} D(X_i) = \frac{1}{n^2} \cdot n\sigma^2 = \frac{1}{n}\sigma^2$$

(2) $E(S^2) = E\left(\dfrac{1}{n-1} \sum\limits_{i=1}^{n} (X_i - \overline{X})^2 \right) = \dfrac{1}{n-1} E\left(\sum\limits_{i=1}^{n} X_i^2 - n\overline{X}^2 \right)$

$$= \frac{1}{n-1} \left[\sum_{i=1}^{n} E(X_i^2) - nE(\overline{X}^2) \right]$$

$$= \frac{1}{n-1} \left\{ \sum_{i=1}^{n} [D(X_i) + (E(X_i))^2] - n[D(\overline{X}) + (E(\overline{X}))^2] \right\}$$

$$= \frac{1}{n-1} \left[\sum_{i=1}^{n} (\sigma^2 + \mu^2) - n\left(\frac{\sigma^2}{n} + \mu^2 \right) \right]$$

$$= \frac{1}{n-1} (n\sigma^2 + n\mu^2 - \sigma^2 - n\mu^2) = \sigma^2$$

另外,对正整数 k ,称 $A_k = \dfrac{1}{n} \sum\limits_{i=1}^{n} X_i^k$ 和 $B_k = \dfrac{1}{n} \sum\limits_{i=1}^{n} (X_i - \overline{X})^k$ 分别为样本 k 阶原点矩和样本 k 阶中心矩.

显然 $$A_1 = \overline{X}, \quad B_2 = \frac{n-1}{n} S^2$$

![习题 8.1 图标]

习题 8.1

1. 设有样本值 (6.0 5.7 5.8 6.5 7.0 6.3 5.6 6.1 5.0), 试计算其样本均值和样本方差的值.

2. 设 $(x_1, x_2, \cdots, x_n)$ 和 $(u_1, u_2, \cdots, u_n)$ 为两个样本值, 它们有下列关系:

$$u_i = \frac{x_i - a}{b}, i = 1, 2, \cdots, n$$

其中 $a, b \neq 0$ 为常数, 又设 $\bar{x}$ 和 s_x^2 是样本值 $(x_1, x_2, \cdots, x_n)$ 的样本均值与样本方差的值, $\bar{u}$ 和 s_u^2 是样本值 $(u_1, u_2, \cdots, u_n)$ 的样本均值与样本方差的值, 求 $\bar{x}$ 与 $\bar{u}$ 和 s_x^2 与 s_u^2 的关系.

3. 在冰的熔解热的研究中, 测量从 $-0.72\,^\circ\!C$ 的冰变成 $0\,^\circ\!C$ 的水所需热量, 取 13 块冰分别做试验得热量数据如下:

79.98 80.04 80.02 80.04 80.03 80.02 80.04 79.97

80.05 80.03 80.02 80.00 80.02

试通过作变换 $y_i = 100(x_i - 80)$ 的简化计算法, 计算上述数据的样本均值和样本方差的值.

4. 设数据 $x_1, x_2, \cdots, x_n$ 取 m 个不同的值 $x_1^*, x_2^*, \cdots, x_m^*$, 它们出现的频数分别为 $n_1, n_2, \cdots, n_m$, 证明:

$$\overline{X} = \frac{1}{n} \sum_{i=1}^{m} n_i x_i^*, \quad s^2 = \frac{1}{n-1} \sum_{i=1}^{m} n_i x_i^{*2} - \frac{1}{n(n-1)} \left(\sum_{i=1}^{m} n_i x_i^* \right)^2$$

5. 容量为 10 的样本值的频数分布如下表:

x_i^*	23.5	26.1	28.2	30.4
n_i	2	3	4	1

试求 $\bar{x}$ 和 s^2 的值.

6. 设总体服从参数为 α 的指数分布, 即其概率密度为

$$f(x) = \begin{cases} \alpha e^{-\alpha x}, & x \geqslant 0 \\ 0, & x < 0 \end{cases} \quad (\alpha > 0)$$

试写出来自此总体的样本 $(X_1, X_2, \cdots, X_n)$ 的概率密度.

7. 设总体服从参数为 λ 的泊松分布, 即其分布律为 $p(x) = \frac{\lambda^x}{x!} e^{-\lambda}, x = 0, 1, 2, \cdots$ $(\lambda > 0)$. 试写出来自此总体的样本 $(X_1, X_2, \cdots, X_n)$ 的分布律.

8. 设总体服从参数为 p 的 (0-1) 分布, $(X_1, X_2, \cdots, X_n)$ 为来自该总体的样本, 证明: 样本二阶中心矩.

$$B_2 = \overline{X}(1 - \overline{X})$$

8.2 3个重要分布

8.2.1 χ^2分布

1. χ^2分布的定义及其概率密度

定义 8.2.1 设 $X_1, X_2, \cdots, X_n$ 独立同分布于 $N(0,1)$，则称 $\chi^2 = \sum_{i=1}^{n} X_i^2$ 服从自由度为 n 的 χ^2 分布，记为 $\chi^2 \sim \chi^2(n)$.

定理 8.2.1 若 $\chi^2 \sim \chi^2(n)$，则 χ^2 的概率密度为

$$f(x) = \begin{cases} \dfrac{1}{2^{n/2} \Gamma\left(\dfrac{n}{2}\right)} x^{n/2-1} \mathrm{e}^{-x/2}, & x > 0 \\ 0, & x \leqslant 0 \end{cases}$$

其中
$$\Gamma(\alpha) = \int_0^{+\infty} x^{\alpha-1} \mathrm{e}^{-x} \mathrm{d}x$$

证略.

图 8.1 给出了 $y = f(x)$ 的图形.

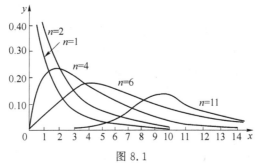

图 8.1

2. χ^2分布的性质

(1) 若 $X_1, X_2, \cdots, X_k$ 相互独立，且 $X_i \sim \chi^2(n_i), i = 1, 2, \cdots, k$，则

$$\sum_{i=1}^{k} X_i \sim \chi^2\left(\sum_{i=1}^{k} n_i\right)$$

证略.

(2) 若 $X \sim \chi^2(n)$，则 $E(X) = n, D(X) = 2n$.

证明留作习题.

(3) 设 $\chi_n^2 \sim \chi^2(n), n = 1, 2, \cdots$，则对实数 x，有

$$\lim_{n \to \infty} P\left\{\frac{\chi_n^2 - n}{\sqrt{2n}} \leqslant x\right\} = \Phi(x)$$

其中 $\Phi(x)$ 为标准正态分布函数.

证略.

可见,当 n 充分大时,近似地有 $\dfrac{\chi_n^2-n}{\sqrt{2n}}\sim N(0,1)$.

3. χ^2 分布的上侧分位点

设 $\chi^2\sim\chi^2(n)$,如果对给定实数 $\alpha(0<\alpha<1)$,有相应的实数 $\chi_\alpha^2(n)$ 使得

$$P\{\chi^2>\chi_\alpha^2(n)\}=\alpha$$

则称 $\chi_\alpha^2(n)$ 为 χ^2 分布的上侧 α 分位点(见图 8.2).

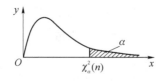

图 8.2

上侧分位点可查表得到. 例如,$\chi_{0.1}^2(25)=34.382$,$\chi_{0.95}^2(10)=3.940$.

应当注意的是书后附表只详列到 $n=45$. 当 $n>45$ 时,可以根据 χ^2 分布的性质(3)近似求其分位点,即

$$\chi_\alpha^2(n)\approx\sqrt{2n}\,u_\alpha+n \tag{8.2.1}$$

这里 u_α 为标准正态分布的上侧 α 分位点. 即若 $U\sim N(0,1)$,则 $P\{U>u_\alpha\}=\alpha$,从而有

$$\Phi(u_\alpha)=P\{U\leqslant u_\alpha\}=1-\alpha$$

于是通过查标准正态分布函数表便可得到 u_α. 进而可近似求得 $\chi_\alpha^2(n)$.

例如,要查 $\chi_{0.05}^2(50)$ 便可先由标正态分布表查得

$$1-0.05=0.95=\Phi(1.645)$$

得 $u_{0.05}=1.645$,再由(8.2.1)式便可得

$$\chi_{0.05}^2(50)\approx\sqrt{2\times50}\,u_{0.05}+50=10\times1.645+50=66.45$$

例 8.2.1 设 $(X_1,X_2,\cdots,X_{10})$ 是来自正态总体 $N(1,0.2^2)$ 的一个样本,试求概率

$$P\Big\{\sum_{i=1}^{10}(X_i^2-2X_i)>-9.267\,7\Big\}$$

解 由于 $X_i\sim N(1,0.2^2)$,$i=1,2,\cdots,10$,所以 $\dfrac{X_i-1}{0.2}\sim N(0,1)$,$i=1,2,\cdots,10$. 再由 χ^2 分布的定义可知

$$\sum_{i=1}^{10}\Big(\frac{X_i-1}{0.2}\Big)^2\sim\chi^2(10)$$

从而概率

$$P\Big\{\sum_{i=1}^{10}(X_i^2-2X_i)>-9.267\,7\Big\}=P\Big\{\sum_{i=1}^{10}(X_i^2-2X_i+1)>0.732\,3\Big\}$$

$$=P\Big\{\sum_{i=1}^{10}\Big(\frac{X_i-1}{0.2}\Big)^2>18.307\,5\Big\}$$

由 χ^2 分布表,可查得自由度 $n=10$,$\alpha=0.05$ 的上侧分位点 $\chi^2_{0.05}(10)=18.307$,即

$$P\left\{\sum_{i=1}^{10}\left(\frac{X_i-1}{0.2}\right)^2>18.307\right\}=0.05$$

或

$$P\left\{\sum_{i=1}^{10}(X_i^2-2X_i)>-9.2677\right\}=0.05$$

8.2.2 t 分布

1. t 分布的定义及其概率密度

定义 8.2.2 若 $X\sim N(0,1)$,$Y\sim\chi^2(n)$,且 X,Y 相互独立,则称

$$T=\frac{X}{\sqrt{Y/n}}$$

服从自由度为 n 的 t 分布,记为 $T\sim t(n)$.

定理 8.2.2 若 $T\sim t(n)$,则 T 的概率密度为

$$f(x)=\frac{\Gamma[(n+1)/2]}{\sqrt{n\pi}\,\Gamma(n/2)}\left(1+\frac{x^2}{n}\right)^{-(n+1)/2},\quad -\infty<x<+\infty$$

证略.

显然 $f(x)$ 是偶函数,其图形关于 y 轴是对称的. 图 8.3 给出了 $y=f(x)$ 的图形.

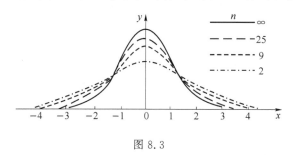

图 8.3

2. t 分布的性质

若 $t_n\sim t(n)$,$n=1,2,\cdots$,则对实数 x,有 $\lim\limits_{n\to\infty}P\{t_n\leqslant x\}=\Phi(x)$,$\Phi(x)$ 为标准正态分布函数.

证略.

可见,当 n 充分大时,近似地有 $t_n\sim N(0,1)$.

例 8.2.2 设 $(X_1,X_2,\cdots,X_{25})$ 是来自正态总体 $N(0,4)$ 的样本,求统计量

$$T=\frac{4\sum\limits_{i=1}^{9}X_i}{3\sqrt{\sum\limits_{i=10}^{25}X_i^2}}$$

的分布. 若 $P\{|T|>\lambda\}=0.05$,求 λ 的值.

解 由于独立正态变量之和仍为正态变量,所以 $\sum\limits_{i=1}^{9}X_i \sim N(0,4\times9)$,从而

$$X=\frac{\sum\limits_{i=1}^{9}X_i}{\sqrt{4\times9}}=\frac{1}{6}\sum\limits_{i=1}^{9}X_i \sim N(0,1)$$

另外,因为 $\dfrac{X_i}{2}\sim N(0,1)$,$i=10,11,\cdots,25$,所以

$$Y=\sum\limits_{i=10}^{25}\left(\frac{X_i}{2}\right)^2=\frac{1}{4}\sum\limits_{i=10}^{25}X_i^2 \sim \chi^2(16)$$

而且 X 与 Y 独立.由定义 8.2.2 可知

$$T=\frac{4\sum\limits_{i=1}^{9}X_i}{3\sqrt{\sum\limits_{i=10}^{25}X_i^2}}=\frac{\frac{1}{6}\sum\limits_{i=1}^{9}X_i}{\sqrt{\left(\frac{1}{4}\sum\limits_{i=10}^{25}X_i^2\right)/16}} \sim t(16)$$

由于 $P\{|T|>\lambda\}=2P\{T>\lambda\}=0.05$,即 $P\{T>\lambda\}=0.025$,查 t 分布表可得 $\lambda=2.12$.

3. t 分布的上侧分位点

设 $T\sim t(n)$,如果对给定实数 $\alpha(0<\alpha<1)$,有相应的实数 $t_\alpha(n)$ 使得 $P\{T>t_\alpha(n)\}=\alpha$,则称 $t_\alpha(n)$ 为 t 分布的上侧 α 分位点(见图 8.4).

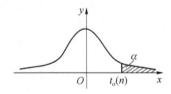

图 8.4

$t_\alpha(n)$ 可查表得到.例如,$t_{0.025}(7)=2.3646$.

由 t 分布概率密度的对称性可知

$$t_{1-\alpha}(n)=-t_\alpha(n) \tag{8.2.2}$$

例如,$t_{0.95}(10)=-t_{0.05}(10)=-1.8125$.

应当注意的是书后附表只详列到 $n=45$,当 $n>45$ 时,可以根据 t 分布的性质,近似求其分位点,即

$$t_\alpha(n)\approx u_\alpha \tag{8.2.3}$$

这里 u_α 为标准正态分布的上侧 α 分位点.

例如,对 $\alpha=0.025$,要查上侧分位点 $t_{0.025}(100)$,先由标正态分布表查得

$$1-0.025=0.975=\Phi(1.96)$$

得 $u_{0.025}=1.96$,再由(8.2.3)式便可得 $t_{0.025}(100)\approx u_{0.025}=1.96$.

8.2.3 F 分布

1. F 分布的定义及其概率密度

定义 8.2.3 设 $X \sim \chi^2(n_1)$, $Y \sim \chi^2(n_2)$, 且 X, Y 相互独立, 则称

$$F = \frac{X/n_1}{Y/n_2}$$

服从自由度为 (n_1, n_2) 的 F 分布, 记为 $F \sim F(n_1, n_2)$.

定理 8.2.3 若 $F \sim F(n_1, n_2)$, 则 F 的概率密度为

$$f(x) \begin{cases} \dfrac{\Gamma[(n_1+n_2)/2]}{\Gamma(n_1/2)\Gamma(n_2/2)}\left(\dfrac{n_1}{n_2}\right)\left(\dfrac{n_1}{n_2}x\right)^{\frac{n_1}{2}-1}\left(1+\dfrac{n_1}{n_2}x\right)^{-\frac{n_1+n_2}{2}}, & x>0 \\ 0, & x \leqslant 0 \end{cases}$$

证略.

图 8.5 给出了 $y = f(x)$ 的图形.

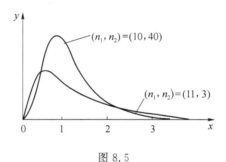

$(n_1, n_2) = (10, 40)$

$(n_1, n_2) = (11, 3)$

图 8.5

2. F 分布的性质

如果 $F \sim F(n_1, n_2)$, 则 $\dfrac{1}{F} \sim F(n_2, n_1)$.

事实上, 由于 $F \sim F(n_1, n_2)$, 则由 F 分布的定义可知, F 必可表为 $F = \dfrac{X/n_1}{Y/n_2}$, 其中 $X \sim \chi^2(n_1)$, $Y \sim \chi^2(n_2)$, 且 X, Y 相互独立, 再由 F 分布的定义便可得出

$$\frac{1}{F} = \frac{Y/n_2}{X/n_1} \sim F(n_2, n_1)$$

3. F 分布的上侧分位点

设 $F \sim F(n_1, n_2)$, 如果对给定实数 $\alpha(0<\alpha<1)$, 有相应的实数 $F_\alpha(n_1, n_2)$ 使得

$$P\{F > F_\alpha(n_1, n_2)\} = \alpha$$

则称 $F_\alpha(n_1, n_2)$ 为 F 分布的上侧 α 分位点(见图 8.6).

$F_\alpha(n_1, n_2)$ 可查表得到. 例如, $F_{0.05}(3, 4) = 6.59$.

应当注意的是当 α 比较大(如 $\alpha = 0.90, 0.95, 0.99$ 等)时, 没有列表, 此时上侧 α 分位

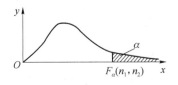

图 8.6

点可由式(8.2.4)求得

$$F_\alpha(n_1,n_2)=\frac{1}{F_{1-\alpha}(n_2,n_1)} \tag{8.2.4}$$

事实上,由上侧分位点的定义可知

$$\alpha=P\{F>F_\alpha(n_1,n_2)\}=P\left\{\frac{1}{F}<\frac{1}{F_\alpha(n_1,n_2)}\right\}=1-P\left\{\frac{1}{F}>\frac{1}{F_\alpha(n_1,n_2)}\right\}$$

即

$$P\left\{\frac{1}{F}>\frac{1}{F_\alpha(n_1,n_2)}\right\}=1-\alpha$$

由 F 分布的性质可知 $\frac{1}{F}\sim F(n_2,n_1)$,再由上侧分位点的定义可知 $\frac{1}{F_\alpha(n_1,n_2)}$ 就是 F 分布 $F(n_2,n_1)$ 的上侧 $1-\alpha$ 分位点,即有

$$\frac{1}{F_\alpha(n_1,n_2)}=F_{1-\alpha}(n_2,n_1)$$

即

$$F_\alpha(n_1,n_2)=\frac{1}{F_{1-\alpha}(n_2,n_1)}$$

例如,$F_{0.95}(5,3)$ 附表中没有,可先查 $F_{0.05}(3,5)=5.41$,于是根据式(8.2.4),便可求得

$$F_{0.95}(5,3)=\frac{1}{F_{0.05}(3,5)}=\frac{1}{5.41}=0.185$$

例 8.2.3 设 $T\sim t(n)$,证明 $T^2\sim F(1,n)$.并且当 $n=5$ 时,求概率 $P\{T^2>4.06\}$.

解 由于 $T\sim t(n)$,根据定义 8.2.2 可知,$T=\dfrac{X}{\sqrt{Y/n}}$,其中 $X\sim N(0,1),Y\sim\chi^2(n)$,

X 与 Y 相互独立.由定义 8.2.1 可知 $X^2\sim\chi^2(1)$.于是再由定义 8.2.3 便得

$$T^2=\frac{X^2/1}{Y/n}\sim F(1,n)$$

当 $n=5$,即 $T\sim t(5)$ 时,有 $T^2\sim F(1,5)$.由 F 分布表可查得 $P\{T^2>4.06\}=0.1$.

上述概率也可以通过查 t 分布表求得:

$$P\{T^2>4.06\}=P\{|T|>2.015\}=2P\{T>2.015\}=2\times 0.05=0.1$$

![习题 8.2 图标]

习题 8.2

1. 查表求下列上侧分位点的值：

(1) $u_{0.1}, u_{0.95}$；

(2) $\chi^2_{0.05}(35), \chi^2_{0.95}(20), \chi^2_{0.025}(120)$；

(3) $t_{0.1}(42), t_{0.975}(12), t_{0.05}(88)$；

(4) $F_{0.01}(5,4) \quad F_{0.95}(5,4) \quad F_{0.975}(7,7)$.

2. 设 $T \sim t(10)$，且已知 $P\{|T| \leqslant \alpha\} = 0.95$，则 α 等于多少？

3. 设 $X_1, X_2, \cdots, X_n$ 独立同分布于正态分布 $N(\mu, \sigma^2)$，试问函数

$$Y = \frac{\sum\limits_{i=1}^{n}(X_i - \mu)^2}{\sigma^2}$$

服从什么分布？

4. 设 $X_1, X_2, \cdots, X_7$ 独立同分布于正态分布 $N(0, 0.3^2)$，求 $P\{\sum\limits_{i=1}^{7} X_i^2 > 1.44\}$.

5. 设 X_1 与 X_2 均服从正态分布 $N(1,2)$，X_3 与 X_4 均服从正态分布 $N(0,2)$ 且 X_1, X_2, X_3, X_4 相互独立. 证明 $\dfrac{X_1 - X_2}{\sqrt{X_3^2 + X_4^2}} \sim t(2)$.

8.3 采样分布定理

在后面区间估计与假设检验中需用到以下 4 个重要定理——采样分布定理，它们给出的是在正态总体的条件下，关于样本均值和样本方差的分布.

定理 8.3.1 设总体 $X \sim N(\mu, \sigma^2)$，$(X_1, X_2, \cdots, X_n)$ 为来自总体 X 的样本，$\overline{X}, S^2$ 分别为该样本的样本均值和样本方差，则有：

(1) $\overline{X} \sim N\left(\mu, \dfrac{\sigma^2}{n}\right)$；

(2) $\dfrac{(n-1)S^2}{\sigma^2} \sim \chi^2(n-1)$；

(3) $\overline{X}$ 与 S^2 独立.

证略.

定理 8.3.2 设总体 $X \sim N(\mu, \sigma^2)$，$(X_1, X_2, \cdots, X_n)$，为来自总体 X 的样本，$\overline{X}, S^2$ 分别为该样本的样本均值和样本方差，则有：

(1) $\dfrac{\overline{X} - \mu}{\sigma/\sqrt{n}} \sim N(0,1)$；　　(2) $\dfrac{\overline{X} - \mu}{S/\sqrt{n}} \sim t(n-1)$.

证 (1)是显然的. 下面证明(2).

由于 $\dfrac{\overline{X}-\mu}{\sigma/\sqrt{n}}\sim N(0,1)$，并由定理 8.3.1 可知 $\dfrac{(n-1)S^2}{\sigma^2}\sim\chi^2(n-1)$ 且两者独立，故由 t 分布的定义可知

$$\frac{\dfrac{\overline{X}-\mu}{\sigma/\sqrt{n}}}{\sqrt{\dfrac{(n-1)S^2}{\sigma^2}/(n-1)}}\sim t(n-1)$$

即

$$\frac{\overline{X}-\mu}{S/\sqrt{n}}\sim t(n-1)$$

例 8.3.1 设 $(X_1,X_2,\cdots,X_n,X_{n+1})$ 为来自正态总体 $N(\mu,\sigma^2)$ 的样本，又设 $\overline{X}=\dfrac{1}{n}\sum\limits_{i=1}^{n}X_i$，$S_n^2=\dfrac{1}{n}\sum\limits_{i=1}^{n}(X_i-\overline{X}_n)^2$ 证明

$$T=\frac{X_{n+1}-\overline{X}_n}{S_n}\sqrt{\frac{n-1}{n+1}}\sim t(n-1)$$

证 由于 $X_{n+1}\sim N(\mu,\sigma^2)$，$\overline{X}_n\sim N\left(\mu,\dfrac{\sigma^2}{n}\right)$，且 X_{n+1} 与 $\overline{X}_n$ 独立，故

$$X_{n+1}-\overline{X}_n\sim N\left(0,\frac{n+1}{n}\sigma^2\right)$$

从而

$$U=\frac{X_{n+1}-\overline{X}_n}{\sqrt{\dfrac{n+1}{n}}\ \sigma}\sim N(0,1)$$

另外，由于

$$V=\frac{\sum\limits_{i=1}^{n}(X_i-\overline{X})^2}{\sigma^2}=\frac{nS_n^2}{\sigma^2}\sim\chi^2(n-1)$$

并由样本的独立性及 $\overline{X}_n$ 与 S_n^2 独立可知 U 与 V 独立，于是

$$T=\frac{X_{n+1}-\overline{X}_n}{S_n}\sqrt{\frac{n-1}{n+1}}=\frac{\dfrac{X_{n+1}-\overline{X}_n}{\sqrt{\dfrac{n+1}{n}}\ \sigma}}{\sqrt{\dfrac{nS_n^2}{\sigma^2}/(n-1)}}=\frac{U}{\sqrt{V/(n-1)}}\sim t(n-1)$$

定理 8.3.3 设有两个正态总体 $X\sim N(\mu_1,\sigma_1^2)$ 和 $Y\sim N(\mu_2,\sigma_2^2)$，$(X_1,X_2,\cdots,X_{n_1})$ 和 $(Y_1,Y_2,\cdots,Y_{n_2})$ 是分别来自总体 X 和 Y 的两个相互独立的样本，$\overline{X},\overline{Y}$ 分别是它们的样本均值，S_1^2,S_2^2 分别是它们的样本方差，则有

(1) $\dfrac{\overline{X}-\overline{Y}-(\mu_1-\mu_2)}{\sqrt{\dfrac{\sigma_1^2}{n_1}+\dfrac{\sigma_2^2}{n_2}}}\sim N(0,1)$；

(2) 当 $\sigma_1^2=\sigma_2^2$ 时，

$$\dfrac{\overline{X}-\overline{Y}-(\mu_1-\mu_2)}{\sqrt{(n_1-1)S_1^2+(n_2-1)S_2^2}}\sqrt{\dfrac{n_1 n_2(n_1+n_2-2)}{n_1+n_2}}\sim t(n_1+n_2-2)$$

证 （1）由定理 8.3.1 可知

$$\overline{X}\sim N\left(\mu_1,\dfrac{\sigma_1^2}{n_1}\right),\quad \overline{Y}\sim N\left(\mu_2,\dfrac{\sigma_2^2}{n_2}\right)$$

由于两个样本相互独立，故 $\overline{X}$ 与 $\overline{Y}$ 独立. 于是

$$\overline{X}-\overline{Y}\sim N\left(\mu_1-\mu_2,\dfrac{\sigma_1^2}{n_1}+\dfrac{\sigma_2^2}{n_2}\right)$$

标准化后便有

$$\dfrac{\overline{X}-\overline{Y}-(\mu_1-\mu_2)}{\sqrt{\dfrac{\sigma_1^2}{n_1}+\dfrac{\sigma_2^2}{n_2}}}\sim N(0,1)$$

（2）记 $\sigma_1^2=\sigma_2^2=\sigma^2$，由本定理中(1)的结果可知

$$\dfrac{\overline{X}-\overline{Y}-(\mu_1-\mu_2)}{\sigma\sqrt{\dfrac{1}{n_1}+\dfrac{1}{n_2}}}\sim N(0,1)$$

再由定理 8.3.1 可知

$$\dfrac{(n_1-1)S_1^2}{\sigma_1^2}\sim\chi^2(n_1-1),\quad \dfrac{(n_2-1)S_2^2}{\sigma_2^2}\sim\chi^2(n_2-1)$$

由于两个样本相互独立，所以它们也独立. 再由 χ^2 分布的性质可知

$$\dfrac{(n_1-1)S_1^2+(n_2-1)S_2^2}{\sigma^2}\sim\chi^2(n_1+n_2-2)$$

并由 $\overline{X}$ 与 S_1^2 独立，$\overline{Y}$ 与 S_2^2 独立及两个样本的相互独立性可知

$$\dfrac{\overline{X}-\overline{Y}-(\mu_1-\mu_2)}{\sigma\sqrt{\dfrac{1}{n_1}+\dfrac{1}{n_2}}}\quad\text{与}\quad \dfrac{(n_1-1)S_1^2+(n_2-1)S_2^2}{\sigma^2}\text{独立}$$

于是由 t 分布的定义可得

$$\dfrac{\dfrac{\overline{X}-\overline{Y}-(\mu_1-\mu_2)}{\sigma\sqrt{1/n_1+1/n_2}}}{\sqrt{\dfrac{(n_1-1)S_1^2+(n_2-1)S_2^2}{\sigma^2}/(n_1+n_2-2)}}\sim t(n_1+n_2-2)$$

即

$$\frac{\overline{X}-\overline{Y}-(\mu_1-\mu_2)}{\sqrt{(n_1-1)S_1^2+(n_2-1)S_2^2}}\sqrt{\frac{n_1 n_2(n_1+n_2-2)}{n_1+n_2}}\sim t(n_1+n_2-2)$$

定理 8.3.4 设有两个正态总体 $X\sim N(\mu_1,\sigma_1^2)$ 和 $Y\sim N(\mu_2,\sigma_2^2)$，$(X_1,X_2,\cdots,X_{n_1})$ 和 $(Y_1,Y_2,\cdots,Y_{n_2})$ 是分别来自总体 X 和 Y 的两个相互独立的样本，S_1^2,S_2^2 分别是它们的样本方差，则有

$$\frac{S_1^2/\sigma_1^2}{S_2^2/\sigma_2^2}\sim F(n_1-1,n_2-1)$$

证 由定理 8.3.1 可知

$$\frac{(n_1-1)S_1^2}{\sigma_1^2}\sim\chi^2(n_1-1),\quad \frac{(n_2-1)S_2^2}{\sigma_2^2}\sim\chi^2(n_2-1)$$

由于两个样本相互独立，所以它们也独立. 再由 F 分布的定义可知

$$\frac{\dfrac{(n_1-1)S_1^2}{\sigma_1^2}/(n_1-1)}{\dfrac{(n_2-1)S_2^2}{\sigma_2^2}/(n_2-1)}\sim F(n_1-1,n_2-1)$$

即

$$\frac{S_1^2/\sigma_1^2}{S_2^2/\sigma_2^2}\sim F(n_1-1,n_2-1)$$

例 8.3.2 设总体 $X\sim N(\mu_1,8.75),Y\sim N(\mu_2,2.66)$. 又设 $(X_1,X_2,\cdots,X_{10})$ 和 $(Y_1,Y_2,\cdots,Y_8)$ 是分别来自 X 与 Y 的两个独立样本，其样本方差分别为 S_1^2 和 S_2^2，试求概率

$$P\{S_1^2>S_2^2\}$$

解 由定理 8.3.4 知

$$F=\frac{S_1^2/8.75}{S_2^2/2.66}\sim F(9,7)$$

所以

$$P\{S_1^2>S_2^2\}=P\left\{\frac{S_1^2}{S_2^2}>1\right\}=P\left\{\frac{S_1^2/8.75}{S_2^2/2.66}>\frac{2.66}{8.75}\right\}=P\{F>0.304\}$$

$$=P\left\{\frac{1}{F}<\frac{1}{0.304}\right\}=P\{\widetilde{F}<3.29\}$$

$$\left[\text{由 }F\text{ 分布的性质可知 }\widetilde{F}=\frac{1}{F}\sim F(7,9)\right]$$

$$=1-P\{\widetilde{F}>3.29\}=1-0.05=0.95$$

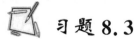 **习题 8.3**

1. 设总体 $X \sim N(80,400)$. 现随机地从该总体中抽取一个容量为 100 的样本, 试求样本均值与总体期望之差的绝对值大于 3 的概率.

2. 设总体 $X \sim N(40,5^2)$, $(X_1, X_2, \cdots, X_n)$ 为来自总体 X 的样本, 问样本容量 n 多大时, 才能使 $P\{|\overline{X} - 40| < 1\} = 0.95$?

3. 设总体 $X \sim N(\mu, 2)$, $(X_1, X_2, \cdots, X_{11})$ 为来自总体 X 的样本, 求

$$P\left\{\sum_{i=1}^{11} (X_i - \overline{X})^2 > 36.614\right\}$$

4. 设总体 $X \sim N(\mu, \sigma^2)$, $(X_1, X_2, \cdots, X_n)$ 为来自总体 X 的样本, 对不同的常数 c, 计算下表中的概率, 并将结果填入表中.

表 8.1

c	2	2.5	3	3.5	4
$P\left\{\left\|\dfrac{\overline{X} - \mu}{\sigma/\sqrt{n}}\right\| > c\right\}$					

5. 设有两个正态总体 $X \sim N(\mu_1, \sigma^2)$ 和 $Y \sim N(\mu_2, \sigma^2)$, $(X_1, X_2, \cdots, X_n)$ 和 $(Y_1, Y_2, \cdots, Y_n)$ 是分别来自总体 X 和 Y 的两个相互独立的样本, $\overline{X}, \overline{Y}$ 分别是它们的样本均值, S_1^2, S_2^2 分别是它们的样本方差, 证明:

$$\frac{\overline{X} - \overline{Y} - (\mu_1 - \mu_2)}{\sqrt{S_1^2 + S_2^2}}\sqrt{n} \sim t(2n-2)$$

6. 设有两个正态总体 $X \sim N(\mu_1, \sigma^2)$ 和 $Y \sim N(\mu_2, k\sigma^2)$, 其中 $k > 0$ 为常数, $(X_1, X_2, \cdots, X_{n_1})$ 和 $(Y_1, Y_2, \cdots, Y_{n_2})$ 是分别来自总体 X 和 Y 的两个相互独立的样本, $\overline{X}, \overline{Y}$ 分别是它们的样本均值, S_1^2, S_2^2 分别是它们的样本方差, 证明:

$$\frac{\overline{X} - \overline{Y} - (\mu_1 - \mu_2)}{\sqrt{\dfrac{k(n_1-1)S_1^2 + (n_2-1)S_2^2}{n_1+n_2-2}}\sqrt{\dfrac{1}{kn_1} + \dfrac{1}{n_2}}} \sim t(n_1+n_2-2)$$

7. 设有两个正态总体 $X \sim N(\mu_1, \sigma^2)$ 和 $Y \sim N(\mu_2, \sigma^2)$, $(X_1, X_2, \cdots, X_{n_1})$ 和 $(Y_1, Y_2, \cdots, Y_{n_2})$ 是分别来自总体 X 和 Y 的两个相互独立的样本, B_1, B_2 分别是它们的样本二阶中心矩, 证明:

$$\frac{n_1(n_2-1)B_1}{n_2(n_1-1)B_2} \sim F(n_1-1, n_2-1)$$

8. 设有两个正态总体 $X \sim Y(\mu_1, \sigma^2)$ 和 $Y \sim N(\mu_2, \sigma^2)$, $(X_1, X_2, \cdots, X_7)$ 和 $(Y_1, Y_2, \cdots, Y_9)$ 是分别来自总体 X 和 Y 的两个相互独立的样本,求 λ 使得

$$P\{S_1^2/S_2^2 > \lambda\} = 0.95$$

 本 章 小 结

1. 基本概念

(1) 总体. 所研究对象(数量指标)的全体称为总体,记为 X, X 为随机变量.

(2) 样本与样本值. 对总体 X 进行 n 次观测所得到的一切可能结果 $(X_1, X_2, \cdots, X_n)$ 称为来自总体 X 的样本;而一组确切的结果 $(x_1, x_2, \cdots, x_n)$ 称为来自该总体的一个样本值. n 称为样本容量.

(3) 简单随机样本. 如果 $X_1, X_2, \cdots, X_n$ 独立、同分布于总体分布,则称 $(X_1, X_2, \cdots, X_n)$ 为简单随机样本. 由总体分布可以给出简单随机样本的分布.

(4) 统计量. 不含未知参数的样本函数称为统计量.

两个常用统计量是:

样本均值 $\overline{X} = \dfrac{1}{n} \sum\limits_{i=1}^{n} X_i$ 和样本方差 $S^2 = \dfrac{1}{n-1} \sum\limits_{i=1}^{n} (X_i - \overline{X})^2$

2. 3个重要分布

(1) χ^2 分布. 若 $X_1, X_2, \cdots, X_n$ 独立同分布于 $N(0,1)$,则

$$\chi^2 = \sum_{i=1}^{n} X_i^2 \sim \chi^2(n)$$

上侧 α 分位点 $\chi_\alpha^2(n): P\{\chi^2 > \chi_\alpha^2(n)\} = \alpha$. 当 $n > 45$ 时,$\chi_\alpha^2(n) \approx \sqrt{2n} u_\alpha + n$.

(2) t 分布. 若 $X \sim N(0,1)$, $Y \sim \chi^2(n)$ 且 X, Y 相互独立,则

$$T = \frac{X}{\sqrt{Y/n}} \sim t(n)$$

上侧 α 分位点 $t_\alpha(n): P\{T > t_\alpha(n)\} = \alpha$. 当 $n > 45$ 时,$t_\alpha(n) \approx u_\alpha$.

(3) F 分布. 若 $X \sim \chi^2(n_1)$, $Y \sim \chi^2(n_2)$, 且 X, Y 相互独立,则称

$$F = \frac{X/n_1}{Y/n_2} \sim F(n_1, n_2)$$

上侧 α 分位点 $F_\alpha(n_1, n_2): P\{F > F_\alpha(n_1, n_2)\} = \alpha$. 并注意到:$F_\alpha(n_1, n_2) = \dfrac{1}{F_{1-\alpha}(n_2, n_1)}$.

3. 采样分布

表 8.2 给出采样分布的主要结果.

表 8.2

总体分布	样本函数	分布
单个正态总体 $N(\mu,\sigma^2)$	$U=\dfrac{\overline{X}-\mu}{\sigma/\sqrt{n}}$	$N(0,1)$
	$T=\dfrac{\overline{X}-\mu}{S/\sqrt{n}}$	$t(n-1)$
	$\chi^2=\dfrac{(n-1)S^2}{\sigma^2}$	$\chi^2(n-1)$
两个正态总体 $N(\mu_1,\sigma_1^2),N(\mu_2,\sigma_2^2)$	$U=\dfrac{\overline{X}-\overline{Y}-(\mu_1-\mu_2)}{\sqrt{\dfrac{\sigma_1^2}{n_1}+\dfrac{\sigma_2^2}{n_2}}}$	$N(0,1)$
	$T=\dfrac{\overline{X}-\overline{Y}-(\mu_1-\mu_2)}{\sqrt{\dfrac{(n_1-1)S_1^2+(n_2-1)S_2^2}{n_1+n_2-2}}\sqrt{\dfrac{1}{n_1}+\dfrac{1}{n_2}}}$ （当 $\sigma_1^2=\sigma_2^2$ 时）	$t(n_1+n_2-2)$
	$F=\dfrac{S_1^2/\sigma_1^2}{S_2^2/\sigma_2^2}$	$F(n_1-1,n_2-1)$

综合练习题 8

一、单项选择题

1. 设总体 $X\sim U\left[\theta-\dfrac{1}{2},\theta+\dfrac{1}{2}\right]$,其中 $\theta>0$ 为未知参数,$(X_1,X_2,\cdots,X_n)$ 为来自该总体的样本,则下列式子中不是统计量的为(　　).

(A) X_1X_2 　　　　　　　　　　　(B) $\left(\sum\limits_{i=1}^{n}X_1^2\right)/D(X)$

(C) $\dfrac{1}{n}\sum\limits_{i=1}^{n}\left[X_i-E(X)\right]^2$ 　　　(D) $\max\limits_{1\leqslant i\leqslant n}\{X_i\}$

2. 设随机变量 X 与 Y 都服从 χ^2 分布,则(　　).

(A) $X+Y$ 服从 χ^2 分布 　　　　(B) X^2+Y^2 服从 χ^2 分布

(C) $X+Y$ 分布不确定 　　　　　　(D) $\dfrac{X}{Y}$ 服从 F 分布

3. 设随机变量 $X\sim t(n)$,$Y=\dfrac{1}{X^2}$,则(　　).

(A) $Y\sim\chi^2(n)$ 　　　　　　　　(B) $Y\sim\chi^2(n-1)$

(C) $Y\sim F(n,1)$ 　　　　　　　　(D) $Y\sim F(1,n)$

4. 设 $(X_1, X_2, \cdots, X_n)$, $n \geqslant 2$ 为来自总体 $N(0,1)$ 的简单随机样本, $\overline{X}$ 为样本均值, S^2 为样本方差, 则( ).

(A) $n\overline{X} \sim N(0,1)$

(B) $nS^2 \sim \chi^2(n)$

(C) $\dfrac{(n-1)\overline{X}}{S} \sim t(n-1)$

(D) $\dfrac{(n-1)X_1^2}{\sum\limits_{i=2}^{n} X_i^2} \sim F(1, n-1)$

5. 设 $(X_1, X_2, \cdots, X_n)$ 为来自正态总体 $N(\mu, \sigma^2)$ 的简单随机样本, $\overline{X}$ 为样本均值, 记

$$S_1^2 = \frac{1}{n-1} \sum_{i=1}^{n} (X_i - \overline{X})^2, \quad S_2^2 = \frac{1}{n} \sum_{i=1}^{n} (X_i - \overline{X})^2$$

$$S_3^2 = \frac{1}{n-1} \sum_{i=1}^{n} (X_i - \mu)^2, \quad S_4^2 = \frac{1}{n} \sum_{i=1}^{n} (X_i - \mu)^2$$

则服从自由度为 $n-1$ 的 t 分布的随机变量是( ).

(A) $t = \dfrac{\overline{X} - \mu}{S_1 / \sqrt{n-1}}$

(B) $t = \dfrac{\overline{X} - \mu}{S_2 / \sqrt{n-1}}$

(C) $t = \dfrac{\overline{X} - \mu}{S_3 / \sqrt{n}}$

(D) $t = \dfrac{\overline{X} - \mu}{S_4 / \sqrt{n}}$

二、填空题

1. 正态总体 $N(20,3)$ 的容量分别为 $10,15$ 的两独立样本均值差的绝对值大于 0.3 的概率为_____.

2. 在天平上重复称量一重为 a 的物体, 假定各次称量结果相互独立且同服从正态分布 $N(a, 0.2^2)$, 若以 $\overline{X}_n$ 表示 n 次称量结果的算术平均值, 则为使 $P\{|\overline{X}_n - a| < 0.1\} \geqslant 0.95$, n 的最小值应不小于自然数_____.

3. 设随机变量 X 和 Y 相互独立且都服从正态分布 $N(0, 3^2)$, 而 $X_1, \cdots, X_9$ 和 $Y_1, Y_2, \cdots, Y_9$ 分别是来自总体 X 和 Y 的样本, 则统计量

$$U = \frac{X_1 + \cdots + X_9}{\sqrt{Y_1^2 + \cdots + Y_9^2}}$$

服从_____分布, 参数为_____.

4. 设 X_1, X_2, X_3, X_4 是来自正态总体 $N(0, 2^2)$ 的样本, $X = a(X_1 - 2X_2)^2 + b(3X_3 - 4X_4)^2$, 则当 $a = $_____, $b = $_____时, 统计量 X 服从 χ^2 分布, 其自由度为_____.

5. 设 $X_1, X_2, \cdots, X_{15}$ 是来自正态总体 $N(0, 2^2)$ 的样本, 则统计量

$$\frac{X_1^2 + \cdots + X_{10}^2}{2(X_{11}^2 + \cdots + X_{15}^2)}$$

服从_____分布, 参数为_____.

三、计算题与证明题

1. 设 $(X_1, X_2, \cdots, X_n)$ 为来自正态总体 $N(\mu, \sigma^2)$ 的简单随机样本, $\overline{X}$ 为样本均值, S^2 为样本方差, 若 $n = 17$, 求 $P\{\overline{X} > \mu + kS\} = 0.95$ 中 k 的值.

2. 设总体 $X \sim N(\mu, \sigma^2)$，抽出容量为 20 的样本 $X_1, \cdots, X_{20}$，求概率

(1) $P\left\{10.9 \leqslant \dfrac{1}{\sigma^2} \sum\limits_{i=1}^{20} (X_i - \mu)^2 \leqslant 37.6\right\}$;

(2) $P\left\{11.7 \leqslant \dfrac{1}{\sigma^2} \sum\limits_{i=1}^{20} (X_i - \overline{X})^2 \leqslant 38.6\right\}$.

3. 设 $(X_1, X_2, \cdots, X_n)$ 为来自正态总体 $N(0, \sigma^2)$ 的简单随机样本，$\overline{X}$ 为样本均值，S^2 为样本方差，求 $E(\overline{X} + S)^2$.

4. 设 $(X_1, X_2, \cdots, X_{2n})(n \geqslant 2)$ 为来自总体 X 的样本，且 $E(X) = \mu$，$D(X) = \sigma^2$. $\overline{X}$ 为样本均值，求统计量

$$Y = \sum_{i=1}^{n} (X_i + X_{n+i} - 2\overline{X})^2$$

的数学期望 $E(Y)$.

5. 设随机变量 $X \sim \chi^2(n)$，证明：$E(X) = n$，$D(X) = 2n$.

6. 设 (X_1, X_2) 为来自正态总体 $N(0, \sigma^2)$ 的样本，求

$$P\left\{\left(\dfrac{X_1 + X_2}{X_1 - X_2}\right)^2 \geqslant 39.86\right\}$$

第9章 参数估计

从本章起将讨论数理统计的核心部分:统计推断. 统计推断就是由样本来推断总体的某些特性. 统计推断包括了参数估计和假设检验两类基本问题.

本章介绍的参数估计分为点估计和区间估计. 所谓点估计就是按照一定方法构造一个统计量作为总体分布中所含未知参数的估计量(简称为估计),当获得样本值后,便可求出此估计的值,以作为未知参数的近似值. 区间估计是在确保一定可信度和尽可能高的精确度条件下,对未知参数的一个范围估计.

9.1 矩估计与最大似然估计

矩估计和最大似然估计是点估计中常用的两种估计.

9.1.1 矩估计

设$(X_1,X_2,\cdots,X_n)$为来自总体 X 的样本,并设 X 的 r 阶原点矩存在,记 $E(X^r)=a_r$. 由于 $X_1^r,X_2^r,\cdots,X_n^r$ 独立同分布,由大数定律可知,对任意正数 ε 有

$$\lim_{n\to\infty}P\left\{\left|\frac{1}{n}\sum_{i=1}^{n}X_i^r-E(X^r)\right|<\varepsilon\right\}=1$$

即

$$\lim_{n\to\infty}P\{|A_r-a_r|<\varepsilon\}=1$$

其中 $A_r=\dfrac{1}{n}\sum_{i=1}^{n}X_i^r$ 为样本 r 阶原点矩.

上面结果表明,只要样本容量足够大,用样本的原点矩替代相应的总体的原点矩是可以信赖的. 于是,当要估计的未知参数是一些总体原点矩或是一些总体原点矩的函数时,便可以用相应的样本原点矩去替代这些总体的原点矩,进而得到未知参数的估计. 进一步讨论可知,上述办法中用样本中心矩替代相应总体中心矩也是可行的.

这种用样本矩替代总体矩而得到未知参数估计的方法称为矩估计法,简称矩法. 用矩法得到的估计称为矩估计.

例 9.1.1　设总体 X 的期望为 μ,方差为 σ^2,$(X_1,X_2,\cdots,X_n)$ 为来自总体 X 的样本,

试求 μ、σ^2 及标准差 σ 的矩估计.

解 由于 $\mu = E(X)$（一阶原点矩），$\sigma^2 = E[X - E(X)]^2$（二阶中心矩）. 按矩法，用样本一阶原点矩 $\overline{X} = \frac{1}{n}\sum_{i=1}^{n} X_i$ 替代 μ，用样本二阶中心矩 $B_2 = \frac{1}{n}\sum_{i=1}^{n}(X_i - \overline{X})^2$（常记为 S_n^2）替代 σ^2. 即得 μ 和 σ^2 的矩估计，它们分别为

$$\hat{\mu} = \overline{X}, \quad \hat{\sigma}^2 = S_n^2$$

而标准差 σ 的矩估计为 $\hat{\sigma} = S_n = \sqrt{\frac{1}{n}\sum_{i=1}^{n}(X_i - \overline{X})^2}$.

值得注意的是，矩估计在一般情况下是不唯一的. 例如，当总体 $X \sim \pi(\lambda)$ 时，由于 $E(X) = D(X) = \lambda$，所以 λ 的矩估计可以是 $\overline{X}$，也可以是 S_n^2（通常我们应当尽可能地用低阶矩给出未知参数的矩估计）.

例 9.1.2 设总体 $X \sim U[0, \theta]$，其中 $\theta > 0$，θ 为未知参数，$(X_1, X_2, \cdots, X_n)$ 为其样本，求 θ 的矩估计.

解 由于总体分布中只含有 θ 一个未知参数，通常只要用一阶矩便可求得其矩估计.

由题设可知
$$E(X) = \frac{\theta}{2}$$

根据矩法，用 $\overline{X}$ 替代 $E(X)$ 便得方程

$$\overline{X} = \frac{\theta}{2}$$

于是解得 θ 的矩估计
$$\hat{\theta} = 2\overline{X}$$

例 9.1.3 在二项分布 $b(m, p)$ 的总体中，m, p 均为未知参数，$(X_1, X_2, \cdots, X_n)$ 为来自该总体的样本，求 m 和 p 的矩估计.

解 因为总体分布中含有两个未知参数 m, p，通常需用一阶矩和二阶矩求它们的矩估计.

由于 $E(X) = mp$，$D(X) = mpq$，$(q = 1 - p)$，所以由矩法以 $\overline{X}$ 替代 $E(X)$，以 S_n^2 替代 $D(X)$，得方程组

$$\begin{cases} \overline{X} = mp \\ S_n^2 = mpq \end{cases}$$

解得 m, p 的矩估计分别是

$$\hat{m} = \frac{\overline{X}^2}{\overline{X} - S_n^2}, \quad \hat{p} = \frac{\overline{X} - S_n^2}{\overline{X}}$$

例 9.1.4 设总体的概率密度为

$$f(x; \alpha, \beta) = \begin{cases} \dfrac{1}{\beta} e^{-\frac{x-\alpha}{\beta}}, & x > \alpha \\ 0, & x \leqslant \alpha \end{cases}$$

其中 $\beta>0,\alpha,\beta$ 为未知参数，$(X_1,X_2,\cdots,X_n)$ 为来自该总体的样本，求 α,β 的矩估计.

解 由于 $E(X)=\displaystyle\int_{-\infty}^{+\infty}xf(x;\alpha,\beta)\mathrm{d}x=\int_{a}^{+\infty}x\,\frac{1}{\beta}\mathrm{e}^{-\frac{x-a}{\beta}}\mathrm{d}x=-\int_{a}^{+\infty}x\,\mathrm{d}\mathrm{e}^{-\frac{x-a}{\beta}}$

$$=-x\mathrm{e}^{-\frac{x-a}{\beta}}\Big|_a^{+\infty}+\int_a^{+\infty}\mathrm{e}^{-\frac{x-a}{\beta}}\mathrm{d}x=\alpha+\beta$$

同样运算可得 $\qquad E(X^2)=\displaystyle\int_{-\infty}^{+\infty}x^2\,\frac{1}{\beta}\mathrm{e}^{-\frac{x-a}{\beta}}\mathrm{d}x=\alpha^2+2\alpha\beta+2\beta^2$

因而 $\qquad\qquad\qquad\qquad D(X)=E(X^2)-[E(X)]^2=\beta^2$

于是，按矩法可得方程组

$$\begin{cases}\overline{X}=\alpha+\beta\\ S_n^2=\beta^2\end{cases}$$

解得 α,β 的矩估计分别是

$$\hat{\alpha}=\overline{X}-S_n,\qquad\hat{\beta}=S_n$$

9.1.2 最大似然估计

最大似然估计法是点估计中最为重要的估计方法之一，由它得到的估计——最大似然估计，有着许多优良的性质，使用广泛.

1. 最大似然估计的基本思想

先看一个例子：设一批产品的次品率 p 可能是 0.1 也可能是 0.2，究竟是 0.1 还是 0.2，要通过抽样对参数 p 作出估计. 现从产品中随机抽取 3 次，每次取一个，结果发现取得的 3 个产品均为次品. 自然我们会认为次品率最像是 0.2 而不像是 0.1，因为当 $p=0.2$ 时，取得 3 个次品的概率 0.2^3 是大于当 $p=0.1$ 时，取得 3 个次品的概率 0.1^3 的. 即说明在 $p=0.2$ 时，对试验结果——抽得 3 个次品最为有利，故应估计 p 为 0.2.

依照最有利于试验结果发生的条件去估计未知参数是最大似然估的基本思想. 这里"最大似然"就是"最像是"的意思.

为在一般情况下介绍最大似然估计，首先需给出似然函数的概念.

设总体为离散型，其分布律为 $p(x;\theta_1,\theta_2,\cdots,\theta_m)$，其中 $\theta_1,\theta_2,\cdots,\theta_m$ 为未知参数，又设 $(X_1,X_2,\cdots,X_n)$ 为来自该总体的样本，其分布律应为 $\displaystyle\prod_{i=1}^{n}p(x_i;\theta_1,\theta_2,\cdots,\theta_m)$，作为未知参数 $\theta_1,\theta_2,\cdots,\theta_m$ 的函数，称它为似然函数，记为

$$L(\theta_1,\theta_2,\cdots,\theta_m)=\prod_{i=1}^{n}p(x_i;\theta_1,\theta_2,\cdots,\theta_m)$$

如果总体为连续型，其概率密度为 $f(x;\theta_1,\theta_2,\cdots,\theta_m)$，而样本 $(X_1,X_2,\cdots,X_n)$ 的概率密度应为 $\displaystyle\prod_{i=1}^{n}f(x_i;\theta_1,\theta_2,\cdots,\theta_m)$，同样称函数

$$L(\theta_1,\theta_2,\cdots,\theta_m)=\prod_{i=1}^{n}f(x_i;\theta_1,\theta_2,\cdots,\theta_m)$$

为似然函数.

对于固定的 $\theta_1,\theta_2,\cdots,\theta_m$,似然函数的大小反映了样本 $(X_1,X_2,\cdots,X_n)$ 取值在样本值 $(x_1,x_2,\cdots,x_n)$ 处或附近的概率大小. 因此,当抽样结果得到的是 $(x_1,x_2,\cdots,x_n)$ 时,根据一次抽样试验就发生了的大概率事件原理,自然应当认为此样本值是来自未知参数取真值的总体的概率不应少于来自未知参数取其他值总体的概率. 因此选取未知参数 $\theta_1,\theta_2,\cdots,\theta_m$ 的估计 $\hat{\theta}_1,\hat{\theta}_2,\cdots,\hat{\theta}_m$ 的一种合理想法是使得似然函数 $L(\theta_1,\theta_2,\cdots,\theta_m)$ 在 $(\hat{\theta}_1,\hat{\theta}_2,\cdots,\hat{\theta}_m)$ 处达到最大.

定义 9.1.1 如果存在未知参数 $\theta_1,\theta_2,\cdots,\theta_m$ 的估计 $\hat{\theta}_1,\hat{\theta}_2,\cdots,\hat{\theta}_m$ 使得

$$L(\hat{\theta}_1,\hat{\theta}_2,\cdots,\hat{\theta}_m)=\max_{\theta_1,\cdots,\theta_m}L(\theta_1,\theta_2,\cdots,\theta_m)$$

则称 $\hat{\theta}_1,\hat{\theta}_2,\cdots,\hat{\theta}_m$ 分别为 $\theta_1,\theta_2,\cdots,\theta_m$ 的最大似然估计.

可见,求最大似然估计就是求似然函数的最大值点.

例 9.1.5 设总体 $X \sim U[0,\theta]$,其中 $\theta>0$,θ 为未知参数,$(X_1,X_2,\cdots,X_n)$ 为其样本,求 θ 的最大似然估计.

解 由于总体的概率密度为

$$f(x;\theta)=\begin{cases}\dfrac{1}{\theta}, & 0\leqslant x\leqslant\theta \\ 0, & \text{其他}\end{cases}$$

所以似然函数便为

$$\begin{aligned}L(\theta)&=\prod_{i=1}^{n}f(x_i;\theta)\\&=\begin{cases}\theta^{-n}, & 0\leqslant x_i\leqslant\theta,i=1,2,\cdots,n \\ 0, & \text{其他}\end{cases}\\&=\begin{cases}\theta^{-n}, & 0\leqslant\min_{1\leqslant i\leqslant n}\{x_i\}\leqslant\max_{1\leqslant i\leqslant n}\{x_i\}\leqslant\theta \\ 0, & \text{其他}\end{cases}\end{aligned}$$

可见,当 θ 取值为 $\max\limits_{1\leqslant i\leqslant n}\{x_i\}$ 时,$L(\theta)$ 便达到最大,故 θ 的最大似然估计为

$$\hat{\theta}=\max_{1\leqslant i\leqslant n}\{X_i\}$$

2. 求最大似然估计的一般方法

在一般情况下,用微分法求最大似然估计是一种简便而有效的方法.

对单参数的情况,即设总体的概率密度为 $f(x;\theta)$(或分布律为 $p(x;\theta)$),$(X_1,X_2,\cdots,X_n)$ 为来自该总体的样本,用微分法求的最大似然估计的步骤为:

(1)根据总体的分布写出似然函数.

$$L(\theta)=\prod_{i=1}^{n}f(x_i;\theta)(\text{或}\prod_{i=1}^{n}p(x_i;\theta))$$

（2）取对数：由于对数函数是严格单调增函数，故 $\ln L(\theta)$ 与 $L(\theta)$ 有相同的最大值点。为了运算简便在用微分法求最大似然估计时，可以用 $\ln L(\theta)$ 代替 $L(\theta)$。此时

$$\ln L(\theta) = \sum_{i=1}^{n} \ln f(x_i;\theta) \ (\text{或} \sum_{i=1}^{n} \ln p(x_i;\theta))$$

（3）求导数：$\dfrac{\mathrm{d}\ln L(\theta)}{\mathrm{d}\theta}$

（4）解方程（常称为似然方程）：$\dfrac{\mathrm{d}\ln L(\theta)}{\mathrm{d}\theta}=0$。

如果有解 $\hat{\theta}=\hat{\theta}(x_1,x_2,\cdots,x_n)$，可以证明在极其广泛的情况下，此解便是 θ 的最大似然估计值。也即得到其最大似然估计 $\hat{\theta}=\hat{\theta}(X_1,X_2,\cdots,X_n)$。

对多参数的情况，其步骤与上述步骤相同，只需将导数换为偏导数即可。

例 9.1.6 设总体服从参数为 $\lambda(\lambda>0)$ 的（1）泊松分布；（2）指数分布，$(X_1,X_2,\cdots,X_n)$ 为其样本，试求 λ 的最大似然估计。

解 （1）由于总体分布律为

$$p(x;\lambda)=\frac{\lambda^x}{x!}\mathrm{e}^{-\lambda}, x=0,1,2,\cdots$$

故似然函数为

$$L(\lambda) = \prod_{i=1}^{n} p(x_i;\lambda) = \prod_{i=1}^{n} \frac{\lambda^{x_i}}{x_i!}\mathrm{e}^{-\lambda} = \frac{\lambda^{\sum\limits_{i=1}^{n} x_i}}{\prod\limits_{i=1}^{n} x_i!}\mathrm{e}^{-n\lambda}$$

取对数得

$$\ln L(\lambda) = \ln\lambda \sum_{i=1}^{n} x_i - \sum_{i=1}^{n}(\ln x_i!) - n\lambda$$

令

$$\frac{\mathrm{d}\ln L(\lambda)}{\mathrm{d}\lambda} = \frac{\sum\limits_{i=1}^{n} x_i}{\lambda} - n = 0$$

便解得 λ 的最大似然估计值为 $\hat{\lambda} = \dfrac{1}{n}\sum\limits_{i=1}^{n} x_i = \overline{x}$，即得 λ 的最大似然估计为

$$\hat{\lambda}=\overline{X}$$

（2）由于总体的概率密度为

$$f(x;\lambda)=\lambda\mathrm{e}^{-\lambda x} \ (x>0)$$

故其似然函数（只考虑 x_i 取正值情况）为

$$L(\lambda) = \prod_{i=1}^{n} f(x_i;\lambda) = \prod_{i=1}^{n} \lambda\mathrm{e}^{-\lambda x_i} = \lambda^n \mathrm{e}^{-\lambda\sum\limits_{i=1}^{n} x_i}$$

$$\ln L(\lambda) = n\ln\lambda - \lambda\sum_{i=1}^{n} x_i$$

令
$$\frac{\mathrm{d}\ln L(\lambda)}{\mathrm{d}\lambda} = \frac{n}{\lambda} - \sum_{i=1}^{n} x_i = 0$$

于是解得 λ 的最大似然估计值为 $\hat{\lambda} = n/\sum_{i=1}^{n} x_i = 1/\overline{x}$，即得 λ 的最大似然估计为

$$\hat{\lambda} = 1/\overline{X}$$

例 9.1.7 设总体服从正态分布 $N(\mu, \sigma^2)$，其中 $\mu, \sigma^2 (\sigma > 0)$ 为未知参数，$(X_1, X_2, \cdots, X_n)$ 为来自该总体的样本，求 μ 和 σ^2 的最大似然估计.

解 首先写出似然函数

$$L(\mu, \sigma^2) = \prod_{i=1}^{n} \frac{1}{\sqrt{2\pi}\sigma} e^{-\frac{(x_i-\mu)^2}{2\sigma^2}} = (2\pi\sigma^2)^{-\frac{n}{2}} e^{-\frac{1}{2\sigma^2}\sum_{i=1}^{n}(x_i-\mu)^2}$$

$$\ln L(\mu, \sigma^2) = -\frac{n}{2}\ln 2\pi - \frac{n}{2}\ln \sigma^2 - \frac{1}{2\sigma^2}\sum_{i=1}^{n}(x_i-\mu)^2$$

将 $\ln L(\mu, \sigma^2)$ 分别对 μ 和 σ^2 求偏导数并令其为 0，便得似然方程组

$$\begin{cases} \dfrac{\partial \ln L(\mu, \sigma^2)}{\partial \mu} = \dfrac{1}{\sigma^2}\sum_{i=1}^{n}(x_i-\mu) = 0 \\ \dfrac{\partial \ln L(\mu, \sigma^2)}{\partial \sigma^2} = -\dfrac{n}{2\sigma^2} + \dfrac{1}{2\sigma^4}\sum_{i=1}^{n}(x_i-\mu)^2 = 0 \end{cases}$$

解之，便可得 μ 和 σ^2 的最大似然估计分别为

$$\hat{\mu} = \frac{1}{n}\sum_{i=1}^{n} X_i = \overline{X}, \quad \hat{\sigma}^2 = \frac{1}{n}\sum_{i=1}^{n}(X_i - \overline{X})^2 = S_n^2$$

最大似然估计有一个很有用的性质（不变性）：若 $\hat{\theta}$ 为 θ 的最大似然估计，则对 θ 的函数 $\eta = g(\theta)$ 的最大似然估计通常为 $\hat{\eta} = g(\hat{\theta})$. 这一结果对多参数的情况也适用.

如由例 9.1.7 可知，正态总体方差 σ^2 的最大似然估计为样本二阶中心矩 S_n^2，再由最大似然估计的不变性，立即可得该总体标准差 σ 的最大似然估计就是

$$S_n = \sqrt{\frac{1}{n}\sum_{i=1}^{n}(X_i - \overline{X})^2}$$

例 9.1.8 设总体服从正态分布 $N(\mu, \sigma^2)$，其中 $\mu, \sigma^2 (\sigma > 0)$ 为未知参数，$(X_1, X_2, \cdots, X_n)$ 为来自该总体的样本，求概率 $p = P\{a < X < b\}$ 的最大似然估计. 这里 $a, b(a < b)$ 为已知常数.

解 由于

$$p = P\{a < X < b\} = \Phi\left(\frac{b-\mu}{\sigma}\right) - \Phi\left(\frac{a-\mu}{\sigma}\right)$$

其中 Φ 为标准正态分布函数.

并由前面的结果可知 μ 和 σ 的最大似然估计分别为 $\overline{X}$ 和 S_n，再由最大似然估计的不变性便得到概率 p 的最大似然估计

$$\hat{p} = \Phi\left(\frac{b-\overline{X}}{S_n}\right) - \Phi\left(\frac{a-\overline{X}}{S_n}\right)$$

习题 9.1

1. 设总体服从参数为 p 的 0-1 分布，$(X_1, X_2, \cdots, X_n)$ 为来自该总体的样本，试求 p 的矩估计和最大似然估计.

2. 设总体 X 的概率密度为

$$f(x; \alpha) = \begin{cases} (\alpha+1)x^\alpha, & 0 < x < 1 \\ 0, & \text{其他} \end{cases}$$

$(X_1, X_2, \cdots, X_n)$ 为来自该总体的样本，试求 α 的矩估计和最大似然估计.

3. 设总体的概率密度为

$$f(x; \theta) = \begin{cases} \theta c^\theta x^{-(\theta+1)}, & x > c \\ 0, & \text{其他} \end{cases}$$

其中 $c > 0$ 为已知常数，$\theta > 1$ 为未知参数，又设 $(X_1, X_2, \cdots, X_n)$ 为来自该总体的样本，试求 θ 的矩估计和最大似然估计.

4. 设总体 $X \sim U[a, b]$，$(X_1, X_2, \cdots, X_n)$ 为来自该总体的样本，求 a, b 的矩估计.

5. 设总体的概率密度为

$$f(x; \mu) = \begin{cases} e^{-(x-\mu)}, & x \geq \mu \\ 0, & \text{其他} \end{cases}$$

$(X_1, X_2, \cdots, X_n)$ 为来自该总体的样本，试求 μ 的矩估计和最大似然估计.

6. 设总体 $X \sim N(\mu, \sigma^2)$，$(1.1, 1.2, 1.1, 2.1, 1.5, 2.0, 1.2, 2.4, 2.8)$ 为来自总体 X 的一组样本值，求 $P\{X \leqslant 3\}$ 的最大似然估计值.

9.2 点估计的评选标准

从 9.1 节可以看到对同一个未知参数用不同的方法可能构造出不同的估计量. 在众多个估计量中究竟哪个更好一些，这就需要建立评选估计量的好坏标准.

未知参数的一个好的估计量 $\hat{\theta}$，自然应当是在某种意义下最接近未知参数的真值 θ. 一种使用广泛的标准是使得均方误差，即 $E(\hat{\theta}-\theta)^2$ 越小越好. 由于

$$E(\hat{\theta}-\theta)^2 = E\{[\hat{\theta}-E(\hat{\theta})+E(\hat{\theta})-\theta]^2\}$$

$$= E\{[\hat{\theta}-E(\hat{\theta})]^2 + E[E(\hat{\theta})-\theta]^2\} + 2E\{[\hat{\theta}-E(\hat{\theta})][E(\hat{\theta})-\theta]\}$$

$$= D(\hat{\theta}) + E\{[E(\hat{\theta})-\theta]^2\}$$

可见，在 $E(\hat{\theta}) = \theta$ 的前提下，$D(\hat{\theta})$ 越小，均方误差 $E(\hat{\theta}-\theta)^2$ 也就越小. 即在满足 $E(\hat{\theta}) = \theta$

条件的估计量中,方差 $D(\hat{\theta})$ 越小也就越好. 这就是下面所要介绍的估计量的无偏性和有效性.

1. 无偏性

定义 9.2.1 设 $\hat{\theta}$ 为 θ 的估计量,如果

$$E(\hat{\theta}) = \theta$$

则称 $\hat{\theta}$ 为 θ 的无偏估计.

例 9.2.1 设总体 X 的数学期望为 μ,方差为 σ^2,$(X_1, X_2, \cdots, X_n)$ 为来自该总体的样本,$\overline{X}, S^2$ 分别为其样本均值和样本方差. 由例 8.1.4 可知,$E(\overline{X}) = \mu$,$E(S^2) = \sigma^2$. 根据定义 9.2.1 可见:

(1) $\overline{X}$ 是 μ 的无偏估计;

(2) S^2 是 σ^2 的无偏估计.

也就是说,对任何总体,只要它的数学期望和方差存在,样本均值必是总体数学期望的无偏估计,样本方差必是总体方差的无偏估计.

例 9.2.2 设 $(X_1, X_2, \cdots, X_n)$ 为来自正态总体 $N(\mu, \sigma^2)$ 的样本,μ 为已知数,证明

(1) $\hat{\sigma}^2 = \dfrac{1}{n} \sum\limits_{i=1}^{n} (X_i - \mu)^2$ 是 σ^2 的无偏估计;

(2) $\hat{\sigma} = \dfrac{1}{n} \sqrt{\dfrac{\pi}{2}} \sum\limits_{i=1}^{n} |X_i - \mu|$ 是 σ 的无偏估计.

证 (1) 因为 $X_i \sim N(\mu, \sigma^2)$,$i = 1, 2, \cdots, n$,所以

$$E(X_i - \mu)^2 = D(X_i) = \sigma^2, \quad i = 1, 2, \cdots, n$$

于是

$$E(\hat{\sigma}^2) = E\left[\frac{1}{n} \sum_{i=1}^{n} (X_i - \mu)^2\right] = \frac{1}{n} \sum_{i=1}^{n} E(X_i - \mu)^2 = \frac{1}{n} \cdot n\sigma^2 = \sigma^2$$

因此 $\hat{\sigma}^2 = \dfrac{1}{n} \sum\limits_{i=1}^{n} (X_i - \mu)^2$ 是 σ^2 的无偏估计.

(2) 因为

$$E(|X - \mu|) = \int_{-\infty}^{+\infty} |x - \mu| \frac{1}{\sqrt{2\pi}\sigma} e^{-\frac{(x-\mu)^2}{2\sigma^2}} dx \quad \left(\text{令 } t = \frac{x - \mu}{\sigma}\right)$$

$$= \frac{\sigma}{\sqrt{2\pi}} \int_{-\infty}^{+\infty} |t| e^{-\frac{t^2}{2}} dt = \sigma \sqrt{\frac{2}{\pi}} \int_{0}^{+\infty} t e^{-\frac{t^2}{2}} dt = \sigma \sqrt{\frac{2}{\pi}}$$

于是

$$E(\hat{\sigma}) = E\left(\frac{1}{n} \sqrt{\frac{\pi}{2}} \sum_{i=1}^{n} |X_i - \mu|\right) = \frac{1}{n} \sqrt{\frac{\pi}{2}} \sum_{i=1}^{n} E(|X_i - \mu|) = \frac{1}{n} \sqrt{\frac{\pi}{2}} \cdot n\sigma \sqrt{\frac{2}{\pi}} = \sigma$$

因此 $\hat{\sigma} = \dfrac{1}{n} \sqrt{\dfrac{\pi}{2}} \sum\limits_{i=1}^{n} |X_i - \mu|$ 是 σ 的无偏估计.

需要指出的是：

（1）无偏估计的函数不一定是无偏估计. 即若 $\hat{\theta}$ 是 θ 的无偏估计, 则 $\hat{\eta}=g(\hat{\theta})$ 不一定是 $\eta=g(\theta)$ 的无偏估计.

例如, 若总体方差为 $\sigma^2>0$, 由例 9.2.1 可知 $\overline{X}$ 为 μ 的无偏估计, 但 $\overline{X}^2$ 却不是 μ^2 的无偏估计. 事实上, 由例 8.1.4 知 $D(\overline{X})=\dfrac{\sigma^2}{n}$, 所以

$$E(\overline{X}^2)=D(\overline{X})+[E(\overline{X})]^2=\frac{\sigma^2}{n}+\mu^2\neq\mu^2$$

（2）无偏估计通常是不唯一的.

例如, 设总体 $X\sim\pi(\lambda)$, 由于 $E(X)=D(X)=\lambda$, 所以 $\overline{X},S^2$ 均为 λ 的无偏估计. 并且不难证明, 对任何常数 $a,a\overline{X}+(1-a)S^2$ 也是 λ 的无偏估计.

再如, 对期望为 μ 的任何总体, 不难验证对任意一组实数 $a_1,a_2,\cdots,a_n$, 只要 $\sum\limits_{i=1}^{n}a_i=1$, 则 $\sum\limits_{i=1}^{n}a_iX_i$ 就是 μ 的无偏估计.

2. 有效性

定义 9.2.2 设 $\hat{\theta}_1,\hat{\theta}_2$ 均为 θ 的无偏估计, 如果

$$D(\hat{\theta}_1)<D(\hat{\theta}_2)$$

则称 $\hat{\theta}_1$ 比 $\hat{\theta}_2$ 有效.

例 9.2.3 设总体的期望为 μ, 方差为 σ^2, $(X_1,X_2,\cdots,X_n)$ 为来自该总体的样本, 证明对满足 $\sum\limits_{i=1}^{n}a_i=1$ 的任意一组实数 $a_1,a_2,\cdots,a_n$, 在所有线性估计 $\sum\limits_{i=1}^{n}a_iX_i$ 中, 样本均值 $\overline{X}$ 是最有效的.

证 由于

$$E\Big(\sum_{i=1}^{n}a_iX_i\Big)=\sum_{i=1}^{n}a_iE(X_i)=\mu\sum_{i=1}^{n}a_i=\mu$$

所以线性估计 $\sum\limits_{i=1}^{n}a_iX_i$ 为 μ 的无偏估计. 另外,

$$D\Big(\sum_{i=1}^{n}a_iX_i\Big)=\sum_{i=1}^{n}a_i^2D(X_i)=\sigma^2\sum_{i=1}^{n}a_i^2$$

其中 $\sum\limits_{i=1}^{n}a_i=1$.

现在用拉格朗日乘数法求 $a_1,a_2,\cdots,a_n$ 的最小值.

令
$$f=\sum_{i=1}^{n}a_i^2+\lambda(\sum_{i=1}^{n}a_i-1)$$

及
$$\frac{\partial f}{\partial a_i}=2a_i+\lambda=0,i=1,2,\cdots,n$$

$$\sum_{i=1}^{n}a_i=1$$

解得
$$a_1=a_2=\cdots=a_n=\frac{1}{n}$$

故 $\overline{X}=\frac{1}{n}\sum_{i=1}^{n}X_i$ 在所有线性无偏估计 $\sum_{i=1}^{n}a_iX_i$ 中方差最小,即最有效.

3. 一致性

定义 9.2.3 设 $\hat{\theta}_n=\hat{\theta}_n(X_1,X_2,\cdots,X_n),n=1,2,\cdots$ 为 θ 的估计序列,如果对任意 $\varepsilon>0$,有

$$\lim_{n\to\infty}P\{|\hat{\theta}_n-\theta|<\varepsilon\}=1$$

则称 $\hat{\theta}_n$ 为 θ 的一致估计或称为相合估计.

例 9.2.4 设总体的期望为 μ,方差为 σ^2,$(X_1,X_2,\cdots,X_n)$ 为来自该总体的样本,证明样本均值 $\overline{X}$ 是 μ 的一致估计.

证 因为 $X_1,X_2,\cdots$ 独立同分布,且 $E(X_i)=\mu,D(X_i)=\sigma^2,i=1,2,\cdots$ 由独立同分布的大数定律可知,对任意 $\varepsilon>0$,有

$$\lim_{n\to\infty}P\left\{\left|\frac{1}{n}\sum_{i=1}^{n}X_i-\mu\right|<\varepsilon\right\}=1$$

即

$$\lim_{n\to\infty}P\{|\overline{X}-\mu|<\varepsilon\}=1$$

可见,样本均值 $\overline{X}$ 是总体期望 μ 的一致估计.

进一步还可以证明样本方差 S^2 是总体方差 σ^2 的一致估计.

 **习题 9.2**

1. 设总体的概率密度为
$$f(x;\sigma)=\frac{1}{2\sigma}e^{-\frac{|x|}{\sigma}},\quad -\infty<x<+\infty$$

$(X_1,X_2,\cdots,X_n)$ 为来自该总体的样本,证明 σ 的最大似然估计是 σ 的无偏估计.

2. 设总体服从参数为 p 的 (0-1) 分布,$(X_1,X_2,\cdots,X_n)(n\geqslant 2)$ 为来自该总体的样本,试求 p^2 的一个无偏估计.

3. 设总体的数学期望为 μ,方差为 σ^2,$(X_1,X_2,\cdots,X_n)$ 为来自总体 X 的样本,证明

$$T=\frac{1}{2(n-1)}\sum_{i=1}^{n-1}(X_{i+1}-X_i)^2$$

为 σ^2 的无偏估计.

4. 设总体的期望为 μ,方差为 σ^2,(X_1,X_2,X_3) 为来自该总体的容量为 3 的样本,令

$$\hat{\mu}_1 = \frac{1}{4}X_1 + \frac{1}{2}X_2 + \frac{1}{4}X_3$$

$$\hat{\mu}_2 = \frac{1}{3}X_1 + \frac{1}{3}X_2 + \frac{1}{3}X_3$$

$$\hat{\mu}_3 = \frac{1}{6}X_1 + \frac{1}{6}X_2 + \frac{2}{3}X_3$$

证明 $\hat{\mu}_1,\hat{\mu}_2,\hat{\mu}_3$ 均为 μ 的无偏估计,并指出哪个最有效.

5. 设 $\hat{\theta}_1$ 和 $\hat{\theta}_2$ 是 θ 的两个相互独立的无偏估计,并且 $\hat{\theta}_1$ 的方差是 $\hat{\theta}_2$ 方差的两倍,试找出常数 k_1 和 k_2 使得 $k_1\hat{\theta}_1 + k_2\hat{\theta}_2$ 是 θ 的无偏估计,且在所有这样的线性无偏估计中最有效.

6. 设总体 $X \sim U[\theta,2\theta]$,$(X_1,X_2,\cdots,X_n)$ 为来自该总体的样本,证明 $\hat{\theta} = \frac{2}{3}\overline{X}$ 是 θ 的无偏估计及一致估计.

9.3 区 间 估 计

估计问题若不以某种方式提出其精度和可信度,则其实用意义不大.精度表达的最好办法是给出一个包含未知参数的区间作为未知参数的范围估计,如 $(\hat{\theta}_1,\hat{\theta}_2)$,其中 $\hat{\theta}_1,\hat{\theta}_2$ 是两个统计量,显然区间的平均长度 $E(\hat{\theta}_2 - \hat{\theta}_1)$ 越小估计的精度就越高.可信度是指该区间包含未知参数的概率,自然,此概率越大估计可信度就越高.

9.3.1 置信区间

定义 9.3.1 设 $(X_1,X_2,\cdots,X_n)$ 为来自总体 X 的样本,θ 为未知参数,$\hat{\theta}_1$ 和 $\hat{\theta}_2$ 为两个统计量,$\hat{\theta}_1 < \hat{\theta}_2$,如果对给定常数 $\alpha(0 < \alpha < 1)$ 有

$$P\{\hat{\theta}_1 < \theta < \hat{\theta}_2\} = 1 - \alpha$$

则称随机区间 $(\hat{\theta}_1,\hat{\theta}_2)$ 为参数 θ 的 $1-\alpha$ 的置信区间.$1-\alpha$ 称为置信度(或置信水平),$\hat{\theta}_1$ 称为置信下限,$\hat{\theta}_2$ 称为置信上限.

置信区间的意义可作如下解释:未知参数 θ 的置信区间为 $(\hat{\theta}_1,\hat{\theta}_2)$ 就是说明未知参数 θ 是以概率 $1-\alpha$ 被随机区间 $(\hat{\theta}_1,\hat{\theta}_2)$ 所包含.通俗讲,若 $1-\alpha = 95\%$,即意味着在 100 次抽样中,由 $(\hat{\theta}_1,\hat{\theta}_2)$ 可算得 100 个区间,其中约有 95 个包含了 θ.

由置信区间定义可以看出:$1-\alpha$ 大小反映了置信区间包含未知参数的可信度大小,$1-\alpha$ 越大可信度便越高. 置信区间的平均长度 $E(\hat{\theta}_2-\hat{\theta}_1)$ 的大小反映了置信区间的估计精度,$E(\hat{\theta}_2-\hat{\theta}_1)$ 越小估计精度就越高. 然而,当样本容量固定时,两者往往不能兼顾,即可信度越高,一般精度越差,反之亦然. 增大样本容量,通常是一种提高精度的有效办法.

9.3.2　建立置信区间的一般方法

先看一个例子.

例 9.3.1　设总体 $X \sim N(\mu,1)$,$(X_1,X_2,\cdots,X_n)$ 为来自总体 X 的样本,试求 μ 的置信度为 95% 的置信区间.

解　我们知道 μ 的最大似然估计为 $\overline{X}$,我们将以它为基础来建立 μ 的置信区间(最大似然估计充分地利用了总体分布形式所含的信息,以它为基础来建立置信区间往往可获得较好的结果).

由于正态分布 $N(\mu,1)$ 是以 μ 为中心的对称分布,因此所建立的置信区间应是以 μ 为中心的一个对称区间(这样可使其精度最高),即其形式应为 $(\mu-d,\mu+d)$,其中 d 为置信区间半径(简称为置信半径). 由于置信上、下限需是统计量,我们便可用 $\overline{X}$ 替代 μ,而得置信区间为 $(\overline{X}-d,\overline{X}+d)$,它应满足定义的要求,即

$$P\{\overline{X}-d<\mu<\overline{X}+d\}=1-\alpha=0.95$$

即

$$P\{|\overline{X}-\mu|<d\}=0.95$$

即

$$P\left\{\left|\frac{\overline{X}-\mu}{1/\sqrt{n}}\right|<\frac{d}{1/\sqrt{n}}\right\}=0.95$$

由于其中含有未知参数 μ 的样本函数 $\dfrac{\overline{X}-\mu}{1/\sqrt{n}}$ 的分布是已知的,即

$$\frac{\overline{X}-\mu}{1/\sqrt{n}}\sim N(0,1)$$

所以,$\dfrac{d}{1/\sqrt{n}}=u_{0.025}=1.96$,从而解得 $d=\dfrac{1.96}{\sqrt{n}}$.

最后,求得 μ 的 95% 的置信区间为

$$\left(\overline{X}-\frac{1.96}{\sqrt{n}},\overline{X}+\frac{1.96}{\sqrt{n}}\right)$$

结合例 9.3.1,经归纳简化后,建立置信区间的一般步骤为.

（1）求出要估计的未知参数的点估计，通常可考虑取其最大似然估计. 如例 9.3.1 中的 $\overline{X}$.

（2）以此点估计为基础构建一个样本函数（要求此函数中含有要估计的未知参数，而它的分布不含未知参数，是完全已知的）. 如例 9.3.1 中的 $\dfrac{\overline{X}-\mu}{1/\sqrt{n}}$.

（3）选择一个区间，使上述样本函数落在该区间内的概率等于给定的置信度.

如例 9.3.1 中的 $P\left\{\left|\dfrac{\overline{X}-\mu}{1/\sqrt{n}}\right|<\dfrac{d}{1/\sqrt{n}}\right\}=0.95$.

（4）等价变换不等式，构成满足定义的置信区间. 如例 9.3.1 中

$$\left|\frac{\overline{X}-\mu}{1/\sqrt{n}}\right|<\frac{d}{1/\sqrt{n}}=u_{0.025}=1.96 \Leftrightarrow \overline{X}-\frac{1.96}{\sqrt{n}}<\mu<\overline{X}+\frac{1.96}{\sqrt{n}}$$

需注意的是，在建立置信区间时应考虑使其精度最好，然而这一问题的探讨比较复杂，已不在本书介绍范围之内，但可以指出下面所建立的置信区间其精度都是最好的或"接近"最好的.

9.3.3 正态总体期望与方差的区间估计

1. 单个正态总体的情况

设总体 $X \sim N(\mu, \sigma^2)$，$(X_1, X_2, \cdots, X_n)$ 为来自总体 X 的样本，下面分情况讨论关于 μ 和 σ^2 的区间估计.

（1）σ^2 已知，μ 的区间估计.

考虑函数

$$U = \frac{\overline{X}-\mu}{\sigma/\sqrt{n}}$$

由定理 8.3.2 可知，$U \sim N(0,1)$. 于是对给定的置信度 $1-\alpha$，可查标准正态分布函数表得上侧 $\alpha/2$ 分位点 $u_{\alpha/2}$，使得 $P\{U \geqslant u_{\alpha/2}\}=\alpha/2$，从而有（如图 9.1 所示）$P\{|U| \geqslant u_{\alpha/2}\}=\alpha$，即有 $P\{|U|<u_{\alpha/2}\}=1-\alpha$，即

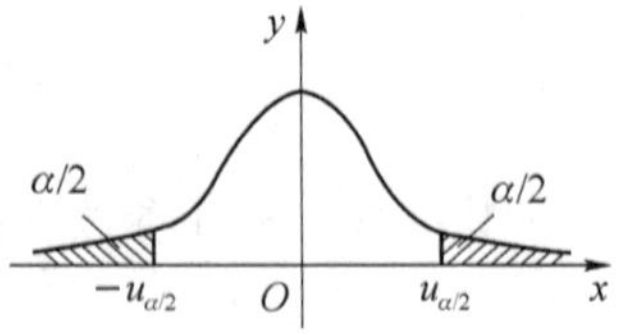

图 9.1

$$P\left\{\left|\frac{\overline{X}-\mu}{\sigma/\sqrt{n}}\right|<u_{\alpha/2}\right\}=P\left\{-u_{\alpha/2}<\frac{\overline{X}-\mu}{\sigma/\sqrt{n}}<u_{\alpha/2}\right\}$$

$$=P\left\{\overline{X}-u_{\alpha/2}\frac{\sigma}{\sqrt{n}}<\mu<\overline{X}+u_{\alpha/2}\frac{\sigma}{\sqrt{n}}\right\}$$

$$=1-\alpha$$

于是便得到 μ 的 $1-\alpha$ 置信区间 $\left(\overline{X}-d, \overline{X}+d\right)$，其中置信半径 $d=u_{\alpha/2}\dfrac{\sigma}{\sqrt{n}}$.

即

$$\left(\overline{X}-u_{\alpha/2}\frac{\sigma}{\sqrt{n}},\overline{X}+u_{\alpha/2}\frac{\sigma}{\sqrt{n}}\right) \tag{9.3.1}$$

（2）σ^2 未知，μ 的区间估计.

考虑函数

$$T=\frac{\overline{X}-\mu}{S/\sqrt{n}}$$

由定理 8.3.2 可知，$T\sim t(n-1)$，于是对给定的置信度 $1-\alpha$，可查 t 分布函数表得上侧 $\alpha/2$ 分位点 $t_{\alpha/2}(n-1)$，使得 $P\{T\geqslant t_{\alpha/2}(n-1)\}=\alpha/2$，从而有（如图 9.2 所示）$P\{|T|\geqslant t_{\alpha/2}(n-1)\}=\alpha$，即有 $P\{|T|<t_{\alpha/2}(n-1)\}=1-\alpha$，即

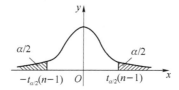

图 9.2

$$P\left\{\left|\frac{\overline{X}-\mu}{S/\sqrt{n}}\right|<t_{\alpha/2}(n-1)\right\}=P\left\{-t_{\alpha/2}(n-1)<\frac{\overline{X}-\mu}{S/\sqrt{n}}<t_{\alpha/2}(n-1)\right\}$$
$$=P\left\{\overline{X}-t_{\alpha/2}(n-1)\frac{S}{\sqrt{n}}<\mu<\overline{X}+t_{\alpha/2}(n-1)\frac{S}{\sqrt{n}}\right\}$$
$$=1-\alpha$$

于是便得到 μ 的 $1-\alpha$ 置信区间 $(\overline{X}-d,\overline{X}+d)$. 其中置信半径 $d=t_{\alpha/2}(n-1)\frac{S}{\sqrt{n}}$.

即

$$\left(\overline{X}-t_{\alpha/2}(n-1)S/\sqrt{n},\overline{X}+t_{\alpha/2}(n-1)S/\sqrt{n}\right) \tag{9.3.2}$$

（3）μ 未知，σ^2 的区间估计.

由于 σ^2 的最大似然估计为 $S_n^2=\frac{1}{n}\sum_{i=1}^{n}(X_i-\overline{X})^2$，于是便可以以 S_n^2 为基础，取函数

$$\chi^2=\frac{nS_n^2}{\sigma^2}=\frac{\sum_{i=1}^{n}(X_i-\overline{X})^2}{\sigma^2}$$

由定理 8.3.1 可知，$\chi^2\sim\chi^2(n-1)$，于是对给定的置信度 $1-\alpha$，便可查 χ^2 分布表得上侧 $\alpha/2$ 和 $1-\alpha/2$ 分位点 $\chi_{\alpha/2}^2(n-1)$ 和 $\chi_{1-\alpha/2}^2(n-1)$ 使得

$$P\{\chi^2\geqslant\chi_{\alpha/2}^2(n-1)\}=\alpha/2,\quad P\{\chi^2\geqslant\chi_{1-\alpha/2}^2(n-1)\}=1-\alpha/2$$

从而有（如图 9.3 所示）

$$P\{\chi_{1-\alpha/2}^2(n-1)<\chi^2<\chi_{\alpha/2}^2(n-1)\}=1-\alpha$$

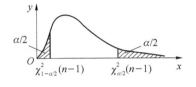

图 9.3

即

$$P\left\{\chi_{1-\alpha/2}^2(n-1) < \frac{\sum_{i=1}^n (X_i - \overline{X})^2}{\sigma^2} < \chi_{\alpha/2}^2(n-1)\right\}$$

$$= P\left\{\frac{\sum_{i=1}^n (X_i - \overline{X})^2}{\chi_{\alpha/2}^2(n-1)} < \sigma^2 < \frac{\sum_{i=1}^n (X_i - \overline{X})^2}{\chi_{1-\alpha/2}^2(n-1)}\right\} = 1 - \alpha$$

可见,σ^2 的 $1-\alpha$ 置信区间为

$$\left(\frac{\sum_{i=1}^n (X_i - \overline{X})^2}{\chi_{\alpha/2}^2(n-1)}, \ \frac{\sum_{i=1}^n (X_i - \overline{X})^2}{\chi_{1-\alpha/2}^2(n-1)}\right) \tag{9.3.3}$$

也可以写成如下形式

$$\left(\frac{(n-1)S^2}{\chi_{\alpha/2}^2(n-1)}, \ \frac{(n-1)S^2}{\chi_{1-\alpha/2}^2(n-1)}\right) \tag{9.3.4}$$

例 9.3.2 某车间生产滚珠,长期实践得知滚珠直径 $X \sim N(\mu, \sigma^2)$,$\sigma^2 = 0.05$.现从某日的产品中任取 6 个,测得直径如下(单位:mm):

   14.70 15.21 14.90 14.91 15.32 15.32

求此日车间生产滚珠的直径的期望 μ 的置信区间,要求置信度为 95%.

解 此问题是在方差已知条件下,求正态总体期望的区间估计问题.可套用上面(1)的结果.经计算,得

$$\overline{x} = 15.06$$

对置信度 $1-\alpha = 0.95$,可查得 $\alpha/2 = 0.025$ 分位点 $u_{0.025} = 1.96$,于是算得置信半径

$$d = u_{\alpha/2} \frac{\sigma}{\sqrt{n}} = 1.96 \times \frac{\sqrt{0.05}}{\sqrt{6}} = 0.18$$

故 μ 的 95% 的置信区间便为

$$(15.06 - 0.18, 15.06 + 0.18)$$

即 $(14.88, 15.24)$.

例 9.3.3 用仪器间接测量温度,重复测量 5 次得数据如下(单位:℃):

   1 250 1 265 1 245 1 260 1 275

设测量的温度服从正态分布,分别求其均值和标准差的置信区间(置信度均取为 0.95).

解 设测量的温度为 X，按题设 $X \sim N(\mu, \sigma^2)$，其中 μ, σ^2 均未知.

为计算简单，可作变换，令

$$u_i = x_i - 1\,260, i = 1, \cdots, 5$$

原数据便变为 $\qquad -10 \quad 5 \quad -15 \quad 0 \quad 15$

其样本均值和样本方差分别为

$$\bar{u} = -1, \quad s_u^2 = \frac{1}{4}\left(\sum_{i=1}^{5} u_i^2 - 5\bar{u}^2\right) = 142.5$$

原数据的样本均值和样本方差便为

$$\bar{x} = \bar{u} + 1\,260 = 1\,259, \quad s^2 = s_u^2 = 142.5$$

(1) 对置信度 $1 - \alpha = 0.95$，可查得上侧分位点 $t_{\alpha/2}(n-1) = t_{0.025}(4) = 2.776$，于是由 9.3.3(2) 的结果可得置信半径

$$d = t_{\alpha/2}(n-1)\frac{s}{\sqrt{n}} = 2.776 \times \sqrt{\frac{142.5}{5}} = 14.8$$

从而得到均值 μ 的置信度为 0.95 的置信区间为

$$(1\,259 - 14.8, 1\,259 + 14.8)$$

即 $(1\,244.2, 1\,273.8)$.

(2) 对置信度 $1 - \alpha = 0.95$，可查得上侧分位点 $\chi^2_{0.025}(4) = 11.143$ 和 $\chi^2_{0.975}(4) = 0.484$，于是由 9.3.3(3) 的结果可得 σ^2 的置信下、上限分别为

$$\frac{(n-1)S^2}{\chi^2_{\alpha/2}(n-1)} = \frac{4 \times 142.5}{11.143} = 51.2, \quad \frac{(n-1)S^2}{\chi^2_{1-\alpha/2}(n-1)} = \frac{4 \times 142.5}{0.484} = 1\,177.7$$

从而得方差 σ^2 的置信度为 0.95 的置信区间为 $(51.2, 1\,177.7)$，标准差 σ 的 0.95 置信区间便为 $(\sqrt{51.2}, \sqrt{1\,177.7})$.

即 $(7.16, 34.32)$.

2. 两个正态总体的情况

设有两个正态总体 $X \sim N(\mu_1, \sigma_1^2)$ 和 $Y \sim N(\mu_2, \sigma_2^2)$，$(X_1, X_2, \cdots, X_{n_1})$ 和 $(Y_1, Y_2, \cdots, Y_{n_2})$ 是分别来自 X 和 Y 的两个独立样本.

(1) 方差 σ_1^2, σ_2^2 已知，期望差 $\mu_1 - \mu_2$ 的区间估计.

考虑函数

$$U = \frac{\bar{X} - \bar{Y} - (\mu_1 - \mu_2)}{\sqrt{\dfrac{\sigma_1^2}{n_1} + \dfrac{\sigma_2^2}{n_2}}}$$

由定理 8.3.3 可知，$U \sim N(0,1)$，于是对给定的置信度 $1 - \alpha$，可查标准正态分布函数表得上侧 $\alpha/2$ 分位点 $u_{\alpha/2}$，使得 $\qquad P\{U \geqslant u_{\alpha/2}\} = \alpha/2$

从而有

$$P\{|U| \geqslant u_{\alpha/2}\} = \alpha$$

即有

$$P\{|U| < u_{\alpha/2}\} = 1 - \alpha$$

即

$$P\left\{\left|\frac{\overline{X}-\overline{Y}-(\mu_1-\mu_2)}{\sqrt{\dfrac{\sigma_1^2}{n_1}+\dfrac{\sigma_2^2}{n_2}}}\right|<u_{\alpha/2}\right\}=P\left\{-u_{\alpha/2}<\frac{\overline{X}-\overline{Y}-(\mu_1-\mu_2)}{\sqrt{\dfrac{\sigma_1^2}{n_1}+\dfrac{\sigma_2^2}{n_2}}}<u_{\alpha/2}\right\}$$

$$=P\left\{\overline{X}-\overline{Y}-u_{\alpha/2}\sqrt{\frac{\sigma_1^2}{n_1}+\frac{\sigma_2^2}{n_2}}<\mu_1-\mu_2<\overline{X}-\overline{Y}\right.$$

$$\left.+u_{\alpha/2}\sqrt{\frac{\sigma_1^2}{n_1}+\frac{\sigma_2^2}{n_2}}\right\}$$

$$=1-\alpha$$

于是便得到 $\mu_1-\mu_2$ 的 $1-\alpha$ 置信区间

$$(\overline{X}-\overline{Y}-d,\overline{X}-\overline{Y}+d)，\text{其中置信半径 } d=u_{\alpha/2}\sqrt{\frac{\sigma_1^2}{n_1}+\frac{\sigma_2^2}{n_2}}$$

即

$$\left(\overline{X}-\overline{Y}-u_{\alpha/2}\sqrt{\frac{\sigma_1^2}{n_1}+\frac{\sigma_2^2}{n_2}},\quad \overline{X}-\overline{Y}+u_{\alpha/2}\sqrt{\frac{\sigma_1^2}{n_1}+\frac{\sigma_2^2}{n_2}}\right) \tag{9.3.5}$$

（2）方差 σ_1^2,σ_2^2 未知，但 $\sigma_1^2=\sigma_2^2$，期望差 $\mu_1-\mu_2$ 的区间估计.

考虑函数

$$T=\frac{\overline{X}-\overline{Y}-(\mu_1-\mu_2)}{S_\omega\sqrt{\dfrac{1}{n_1}+\dfrac{1}{n_2}}}$$

其中

$$S_\omega=\sqrt{\frac{(n_1-1)S_1^2+(n_2-1)S_2^2}{n_1+n_2-2}}$$

S_1^2,S_2^2 分别为两个样本的样本方差. 由定理 8.3.3 可知 $T\sim t(n_1+n_2-2)$，于是对给定的置信度 $1-\alpha$，可查 t 分布函数表得上侧 $\alpha/2$ 分位点 $t_{\alpha/2}(n_1+n_2-2)$，使得

$$P\{T\geqslant t_{\alpha/2}(n_1+n_2-2)\}=\alpha/2$$

从而有

$$P\{|T|\geqslant t_{\alpha/2}(n_1+n_2-2)\}=\alpha$$

即有

$$P\{|T|<t_{\alpha/2}(n_1+n_2-2)\}=1-\alpha$$

即

$$P\left\{-t_{\alpha/2}(n_1+n_2-2)<\frac{\overline{X}-\overline{Y}-(\mu_1-\mu_2)}{S_\omega\sqrt{\dfrac{1}{n_1}+\dfrac{1}{n_2}}}<t_{\alpha/2}(n_1+n_2-2)\right\}$$

$$=P\left\{\overline{X}-\overline{Y}-t_{\alpha/2}(n_1+n_2-2)S_\omega\sqrt{\frac{1}{n_1}+\frac{1}{n_2}}<\mu_1-\mu_2<\overline{X}-\overline{Y}+t_{\alpha/2}(n_1+n_2-2)S_\omega\sqrt{\frac{1}{n_1}+\frac{1}{n_2}}\right\}$$

$$=1-\alpha$$

于是便得到 $\mu_1-\mu_2$ 的 $1-\alpha$ 置信区间为

$$(\overline{X}-\overline{Y}-d,\overline{X}-\overline{Y}+d)$$

其中置信半径
$$d=t_{\alpha/2}(n_1+n_2-2)S_\omega\sqrt{\frac{1}{n_1}+\frac{1}{n_2}}$$

即

$$\left(\overline{X}-\overline{Y}-t_{\alpha/2}(n_1+n_2-2)S_\omega\sqrt{\frac{1}{n_1}+\frac{1}{n_2}},\overline{X}-\overline{Y}+t_{\alpha/2}(n_1+n_2-2)S_\omega\sqrt{\frac{1}{n_1}+\frac{1}{n_2}}\right)\quad(9.3.6)$$

（3）期望 μ_1,μ_2 未知,方差比 σ_1^2/σ_2^2 的区间估计.

考虑函数

$$F=\frac{S_1^2/\sigma_1^2}{S_2^2/\sigma_2^2}=\frac{S_1^2/S_2^2}{\sigma_1^2/\sigma_2^2}$$

由定理 8.3.4 可知 $F\sim F(n_1-1,n_2-1)$,于是对给定的置信度 $1-\alpha$,便可查 F 分布表得上侧 $\alpha/2$ 和 $1-\alpha/2$ 分位点 $F_{\alpha/2}(n_1-1,n_2-1)$ 和 $F_{1-\alpha/2}(n_1-1,n_2-1)$（注意:后者通常要通过下式 $F_{1-\alpha/2}(n_1-1,n_2-1)=\dfrac{1}{F_{\alpha/2}(n_2-1,n_1-1)}$ 求得）使得

$$P\{F\geqslant F_{\alpha/2}(n_1-1,n_2-1)\}=\alpha/2,\ P\{F\geqslant F_{1-\alpha/2}(n_1-1,n_2-1)\}=1-\alpha/2$$

从而有（如图 9.4 所示）

$$P\{F_{1-\alpha/2}(n_1-1,n_2-1)<F<F_{\alpha/2}(n_1-1,n_2-1)\}=1-\alpha$$

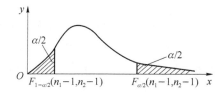

图 9.4

即

$$P\left\{F_{1-\alpha/2}(n_1-1,n_2-1)<\frac{S_1^2/S_2^2}{\sigma_1^2/\sigma_2^2}<F_{\alpha/2}(n_1-1,n_2-1)\right\}$$

$$=P\left\{\frac{S_1^2/S_2^2}{F_{\alpha/2}(n_1-1,n_2-1)}<\sigma_1^2/\sigma_2^2<\frac{S_1^2/S_2^2}{F_{1-\alpha/2}(n_1-1,n_2-1)}\right\}=1-\alpha$$

于是便得 σ_1^2/σ_2^2 的置信度为 $1-\alpha$ 的置信区间为

$$\left(\frac{S_1^2/S_2^2}{F_{\alpha/2}(n_1-1,n_2-1)},\frac{S_1^2/S_2^2}{F_{1-\alpha/2}(n_1-1,n_2-1)}\right)\quad(9.3.7)$$

例 9.3.4 从两个相互独立的正态总体 $X\sim N(\mu_1,9),Y\sim N(\mu_2,16)$ 分别抽取容量为 25,30 的样本值,并算得样本均值分别为 $\overline{x}=95,\overline{y}=90$,求 $\mu_1-\mu_2$ 的置信度为 90% 的置信区间.

解 此问题是两个正态总体方差已知,期望差的区间估计问题.由上面(1)的结果可求其置信区间.

对置信度 $1-\alpha=0.90$,可查得上侧分位点 $u_{\alpha/2}=u_{0.05}=1.65$,于是可求得置信半径

$$d=u_{\alpha/2}\sqrt{\sigma_1^2/n_1+\sigma_2^2/n_2}=1.65\times\sqrt{9/25+16/30}=1.56$$

从而得 $\mu_1-\mu_2$ 的 90% 置信区间:

$$(\overline{x}-\overline{y}-d,\overline{x}-\overline{y}+d)=(5-1.56,5+1.56)=(3.44,6.56)$$

例 9.3.5 设有甲、乙两种安眠药,现在要比较它们的治疗效果,X 和 Y 分别表示失眠患者服用甲药和乙药睡眠时间的延长时数.现随机地分别选取 10 个病人分别服用甲药和乙药,其睡眠平均延长时数分别为 $\overline{x}=2.33$ 和 $\overline{y}=0.75$,其样本标准差分别为 $s_1^2=4.01$ 和 $s_2^2=3.21$,并设 $X\sim N(\mu_1,\sigma^2)$,$Y\sim N(\mu_2,\sigma^2)$,试求 $\mu_1-\mu_2$ 的 95% 置信区间.

解 此问题属于两个正态总体方差未知但相等,期望差的区间估计问题.利用上面(2)的结果便可求其置信区间.

对置信度 $1-\alpha=0.95$,可查得上侧分位点 $t_{\alpha/2}(n_1+n_2-2)=t_{0.025}(18)=2.101$,经计算得
$$\overline{x}-\overline{y}=2.33-0.75=1.58$$

$$S_\omega^2=\frac{(n_1-1)S_1^2+(n_2-1)S_2^2}{n_1+n_2-2}=\frac{9\times4.01+9\times3.21}{18}=3.61$$

$$S_\omega=\sqrt{3.61}=1.9$$

于是得置信半径
$$d=t_{\alpha/2}(n_1+n_2-2)S_\omega\sqrt{1/n_1+1/n_2}$$
$$=2.101\times1.9\times\sqrt{2/10}=1.78$$

从而得 $\mu_1-\mu_2$ 的置信度为 95% 的置信区间为
$$(\overline{x}-\overline{y}-d,\overline{x}-\overline{y}+d)=(1.58-1.78,1.58+1.78)=(-0.20,3.36)$$

例 9.3.6 随机地从 A 批导线中抽取 4 根,从 B 批导线中抽取 5 根,测其电阻值(单位:Ω)并算得样本方差分别为 $s_1^2=0.000\,008\,3,s_2^2=0.000\,005\,2$.设测得电阻值分别服从正态分布 $N(\mu_1,\sigma_1^2)$ 和 $N(\mu_2,\sigma_2^2)$,试求 σ_1^2/σ_2^2 的置信度为 95% 的置信区间.

解 此问题是两个正态总体期望未知,方差比的区间估计问题.由上面(3)的结果可求其置信区间.

对置信度 $1-\alpha=0.95$,可查得上侧 $\alpha/2=0.025$ 分位点
$$F_{\alpha/2}(n_1-1,n_2-1)=F_{0.025}(3,4)=9.98$$

及上侧 $1-\alpha/2=0.975$ 分位点
$$F_{0.975}(3,4)=\frac{1}{F_{0.025}(4,3)}=\frac{1}{15.10}$$

于是求得置信下、上限分别为
$$\frac{S_1^2/S_2^2}{F_{\alpha/2}(n_1-1,n_2-1)}=\frac{0.000\,008\,3/0.000\,005\,2}{9.98}=0.159\,9$$

$$\frac{S_1^2/S_2^2}{F_{1-\alpha/2}(n_1-1,n_2-1)}=15.10\times\frac{0.000\,008\,3}{0.000\,005\,2}=24.101\,9$$

从而得 σ_1^2/σ_2^2 的置信度为 95% 的置信区间为 $(0.159\,9,24.101\,9)$.

习题 9.3

1. 调查了 144 人的每日吸烟量,得 $\overline{x}=12$(支),假定每日吸烟量服从正态分布 $N(\mu,16)$,求 μ 的置信区间.(1) 置信度为 0.95;(2) 置信度为 0.99.

2. 设总体 $X\sim N(\mu,10^2)$,$(X_1,X_2,\cdots,X_n)$ 为来自总体 X 的样本,若要使 μ 的置信度

为 0.95 的置信区间长为 5,问样本容量 n 至少应为多少?若置信度为 0.99,又如何?

3. 若从自动车床加工的一批零件中随机地抽取 10 个,测得其尺寸与规定尺寸的偏差(单位:μm)分别为:2,1,-2,3,2,4,-2,5,3,4.假定零件尺寸的偏差 $X \sim N(\mu, \sigma^2)$,试分别求 μ 和 σ^2 的置信度为 90% 的置信区间.

4. 设总体 $X \sim N(\mu, \sigma^2)$,$(x_1, x_2, \cdots, x_{15})$ 为来自总体 X 的样本值,已知 $\sum_{i=1}^{15} x_i = 8.7$,$\sum_{i=1}^{15} x_i^2 = 20.05$,试分别求 μ 和 σ^2 的置信度为 95% 的置信区间.

5. 从两个相互独立的正态总体 $N(\mu_1, 50)$ 和 $N(\mu_2, 60)$ 中分别抽取容量为 10 和 30 的样本值,并算得其样本均值分别为 $\bar{x} = 80$,$\bar{y} = 70$,求 $\mu_1 - \mu_2$ 的置信度为 0.95 的置信区间.

6. 对某农作物的两个品种 A,B 计算了 8 个地区的亩产量如下(单位:kg):

品种 A:86 87 56 93 84 93 75 79
品种 B:80 79 58 91 77 82 76 66

假定两个品种农作物的亩产量服从方差相同的正态分布,求它们亩产量期望之差的置信度为 95% 置的信区间.

7. 设两位化验员 A,B 独立地对某种聚合物的含氯量用相同的方法做了 10 次测定,其测定数据的方差分别为 $S_1^2 = 0.541\,9$,$S_2^2 = 0.606\,5$,又设 σ_1^2,σ_2^2 分别是 A,B 两位化验员测量数据总体的方差,且总体都服从正态分布,试求方差比 σ_1^2 / σ_2^2 的置信度为 90% 的置信区间.

 本 章 小 结

1. 点估计

(1) 矩估计与最大似然估计

① 矩估计

通过用样本矩替代相应总体矩而获得的估计量称为矩估计.

② 最大似然估计

使得似然函数 $L(\theta) = \prod_{i=1}^{n} f(x_i; \theta)$(或 $\prod_{i=1}^{n} p(x_i; \theta)$) 达到最大的估计量 $\hat{\theta}$ 称为 θ 的最大似然估计.

a. 求最大似然估计的一般方法是微分法,即通过解似然方程为 $\dfrac{\mathrm{d}\ln L(\theta)}{\mathrm{d}\theta} = 0$,求其最大似然估计;

b. 对多参数则需解似然方程组 $\dfrac{\partial \ln L(\theta_1, \theta_2, \cdots, \theta_m)}{\partial \theta_i} = 0$,$i = 1, 2, \cdots, m$. 求其最大似然估计.

(2) 估计量的评选标准

① 无偏性

若 $E(\hat{\theta}) = \theta$,则称 $\hat{\theta}$ 为 θ 的无偏估计.

② 有效性

设 $\hat{\theta}_1,\hat{\theta}_2$ 均为 θ 的无偏估计,如果 $D(\hat{\theta}_1)<D(\hat{\theta}_2)$,则称 $\hat{\theta}_1$ 比 $\hat{\theta}_2$ 有效.

③ 一致性

如果对任意 $\varepsilon>0$ 有 $\lim\limits_{n-\infty}P\{|\hat{\theta}_n-\theta|<\varepsilon\}=1$,则称 $\hat{\theta}_n$ 为 θ 的一致估计或称为相合估计.

2. 区间估计

（1）置信区间

如果 $P\{\hat{\theta}_1<\theta<\hat{\theta}_2\}=1-\alpha$,则称$(\hat{\theta}_1,\hat{\theta}_2)$是置信度为 $1-\alpha$ 的置信区间.

（2）正态总体期望与方差的区间估计

要求熟练掌握单个正态总体期望与方差的区间估计和两个正态总体期望差与方差比的区间估计其结果列于表 9.1 中.

表 9.1

总体分布	估计参数	条件	置信区间$(1-\alpha)$
单个正态总体 $N(\mu,\sigma^2)$	μ	σ^2 已知	$(\bar{X}-d,\bar{X}+d),d=u_{\alpha/2}\dfrac{\sigma}{\sqrt{n}}$
		σ^2 未知	$(\bar{X}-d,\bar{X}+d),d=t_{\alpha/2}(n-1)\dfrac{S}{\sqrt{n}}$
	σ^2	μ 未知	$\left(\dfrac{\sum\limits_{i=1}^{n}(X_i-\bar{X})^2}{\chi_{\alpha/2}^2(n-1)},\dfrac{\sum\limits_{i=1}^{n}(X_i-\bar{X})^2}{\chi_{1-\alpha/2}^2(n-1)}\right)$
两个正态总体 $N(\mu_1,\sigma_1^2)$ $N(\mu_2,\sigma_2^2)$	$\mu_1-\mu_2$	σ_1^2,σ_2^2 已知	$(\bar{X}-\bar{Y}-d,\bar{X}-\bar{Y}+d),d=u_{\alpha/2}\sqrt{\sigma_1^2/n_1+\sigma_2^2/n_2}$
		$\sigma_1^2=\sigma_2^2$ 未知	$(\bar{X}-\bar{Y}-d,\bar{X}-\bar{Y}+d)$ $d=t_{\alpha/2}(n_1+n_2-2)S_\omega\sqrt{1/n_1+1/n_2}$ $S_\omega=\sqrt{\dfrac{(n_1-1)S_1^2+(n_2-1)S_2^2}{n_1+n_2-2}}$
	$\dfrac{\sigma_1^2}{\sigma_2^2}$	μ_1,μ_2 未知	$\left(\dfrac{S_1^2/S_2^2}{F_{\alpha/2}(n_1-1,n_2-1)},\dfrac{S_1^2/S_2^2}{F_{1-\alpha/2}(n_1-1,n_2-1)}\right)$

 综合练习题 9

一、单项选择题

1. 设总体的概率密度为

$$f(x;\lambda)=\begin{cases}\lambda e^{-\lambda x}, & x\geqslant 0 \\ 0, & x<0\end{cases}\quad(\lambda>0)$$

$(X_1,X_2,\cdots,X_n)$为来自该总体的样本,下面结论不成立的是（　　）.

(A) $\overline{X}$ 是 λ 的矩估计

(B) $\dfrac{1}{\overline{X}}$ 是 λ 的矩估计

(C) $\dfrac{1}{\overline{X}}$ 是 λ 的最大似然估计

(D) $\dfrac{1}{S_n}$ 是 λ 的矩估计

2. 下面结论成立的是(　　).

(A) 未知参数的矩估计必是该未知参数的无偏估计

(B) 未知参数的最大似然估计必是该未知参数的无偏估计

(C) 未知参数的矩估计通常是不唯一的

(D) 未知参数的矩估计与其最大似然估计是不同的

3. 设总体 $X \sim N(\mu, 1)$，(X_1, X_2, X_3) 为来自该总体的样本，令

$$\hat{\mu}_1 = \frac{1}{5}X_1 + \frac{3}{10}X_2 + \frac{1}{2}X_3$$

$$\hat{\mu}_2 = \frac{1}{3}X_1 + \frac{1}{4}X_2 + \frac{5}{12}X_3$$

$$\hat{\mu}_3 = \frac{1}{3}X_1 + \frac{1}{6}X_2 + \frac{1}{2}X_3$$

$$\hat{\mu}_4 = \frac{1}{10}X_1 + \frac{1}{10}X_2 + \frac{1}{10}X_3$$

上述 4 个 μ 的估计量中，最有效的是(　　).

(A) $\hat{\mu}_1$ 　　　(B) $\hat{\mu}_2$ 　　　(C) $\hat{\mu}_3$ 　　　(D) $\hat{\mu}_4$

4. 设总体 $X \sim N(\mu, \sigma^2)$，其中 μ, σ^2 未知，$(X_1, X_2, \cdots, X_n)$ 为来自总体 X 的样本，则 μ 的 $1-\alpha$ 置信区间为(　　).

(A) $(\overline{X}-d, \overline{X}+d), d = u_{\alpha/2}\dfrac{\sigma}{\sqrt{n}}$ 　　　(B) $(\overline{X}-d, \overline{X}+d), d = u_{\alpha/2}\dfrac{S}{\sqrt{n}}$

(C) $(\overline{X}-d, \overline{X}+d), d = t_{\alpha/2}(n-1)\dfrac{S_n}{\sqrt{n}}$ 　　　(D) $(\overline{X}-d, \overline{X}+d), d = t_{\alpha/2}(n-1)\dfrac{S_n}{\sqrt{n-1}}$

5. 设总体 $X \sim N(\mu, \sigma^2)$，其中 μ 已知，σ^2 未知，$(X_1, X_2, \cdots, X_n)$ 为来自总体 X 的样本，则 σ^2 的 $1-\alpha$ 置信区间为(　　).

(A) $\left(\dfrac{\sum\limits_{i=1}^{n}(X_i - \overline{X})^2}{\chi_{\alpha/2}^2(n-1)}, \dfrac{\sum\limits_{i=1}^{n}(X_i - \overline{X})^2}{\chi_{1-\alpha/2}^2(n-1)} \right)$ 　　　(B) $\left(\dfrac{\sum\limits_{i=1}^{n}(X_i - \overline{X})^2}{\chi_{1-\alpha/2}^2(n-1)}, \dfrac{\sum\limits_{i=1}^{n}(X_i - \overline{X})^2}{\chi_{\alpha/2}^2(n-1)} \right)$

(C) $\left(\dfrac{\sum\limits_{i=1}^{n}(X_i - \mu)^2}{\chi_{\alpha/2}^2(n-1)}, \dfrac{\sum\limits_{i=1}^{n}(X_i - \mu)^2}{\chi_{1-\alpha/2}^2(n-1)} \right)$ 　　　(D) $\left(\dfrac{\sum\limits_{i=1}^{n}(X_i - \mu)^2}{\chi_{\alpha/2}^2(n)}, \dfrac{\sum\limits_{i=1}^{n}(X_i - \mu)^2}{\chi_{1-\alpha/2}^2(n)} \right)$

二、填空题

1. 设总体 X 服从泊松分布，$(X_1, X_2, \cdots, X_n)$ 为来自总体 X 的样本，则 $P\{X=0\}$ 的最大似然估计为_____.

2. 设从均值为 μ，方差为 $\sigma^2 > 0$ 的总体中，分别抽取容量为 n_1, n_2 的两个独立样本，$\overline{X}_1$ 和 $\overline{X}_2$ 分别是它们的样本均值，则 a, b 分别为_____时，μ 的无偏估计 $Y = a\overline{X}_1 + b\overline{X}_2$

的方差最小.

3. 设总体 $X \sim N(\mu, \sigma^2)$，其中 μ, σ^2 未知，$(X_1, X_2, \cdots, X_n)$ 为来自总体 X 的样本，L 是 μ 的置信度为 $1-\alpha$ 置信区间的长，则 $E(L^2) = $ _____.

4. 设由来自总体 $X \sim N(\mu, 0.9^2)$ 容量为 9 的简单随机样本的样本均值为 $\bar{x} = 5$，则未知参数 μ 的置信度为 0.95 的置信区间是 _____.

5. 从某地随机地选取成年男、女各 100 名，测量并算得男子身高的平均值为 1.71 m，样本标准差为 0.035 m，女子身高的平均值为 1.67 m，样本标准差为 0.038 m，设该地区成年男、女的身高都服从正态分布，则该地区男、女身高均值之差的置信度为 0.95 的置信区间为 _____.

三、计算题与证明题

1. 设总体 X 的概率密度为

$$f(x) = \begin{cases} \dfrac{6x}{\theta^3}(\theta - x), & 0 < x < \theta \\ 0, & \text{其他} \end{cases}$$

$(X_1, X_2, \cdots, X_n)$ 为来自总体 X 的样本.(1)求 θ 的矩估计 $\hat{\theta}$；(2)求 $\hat{\theta}$ 的方差.

2. 设总体 X 在区间 $[a, b]$ 上服从均匀分布，$(X_1, X_2, \cdots, X_n)$ 为来自该总体的样本，求 a 和 b 的矩估计与最大似然估计.

3. 设总体 X 的概率密度为

$$f(x; \alpha, \beta) = \begin{cases} \dfrac{1}{\beta} e^{-\frac{x-\alpha}{\beta}}, & x \geqslant \alpha \\ 0, & x \geqslant \alpha \end{cases}$$

其中 $\alpha, \beta > 0$ 为未知参数，$(X_1, X_2, \cdots, X_n)$ 为来自该总体的样本，求 α 和 β 的最大似然估计.

4. 设总体 X 的概率分布为

X	0	1	2	3
P	θ^2	$2\theta(1-\theta)$	θ^2	$1-2\theta$

其中 $\theta\left(0 < \theta < \dfrac{1}{2}\right)$ 是未知参数.利用总体 X 的如下样本值

$$3 \quad 1 \quad 3 \quad 0 \quad 3 \quad 2 \quad 3$$

求 θ 的矩估计和最大似然估计值.

5. 设总体 X 的分布函数为

$$F(x; \beta) = \begin{cases} 1 - \dfrac{1}{x^\beta}, & x > 1 \\ 0, & x \leqslant 1 \end{cases}$$

其中未知参数 $\beta > 1$，$(X_1, X_2, \cdots, X_n)$ 为来自总体 X 的样本，求：(1) β 的矩估计量；(2) β 的最大似然估计量.

6. 设总体 X 的分布律为

$$P\{X = k\} = -\frac{1}{\ln(1-p)} \cdot \frac{p^k}{k}, k = 1, 2, \cdots$$

其中 $p(0 < p < 1)$ 为未知参数，又设 $(X_1, X_2, \cdots, X_n)$ 为来自该总体的样本，求 p 的矩估计.

7. 设总体 X 的概率密度为

$$f(x;\theta) = \begin{cases} \theta, & 0 < x < 1 \\ 1-\theta, & 1 \leqslant x < 2 \\ 0, & \text{其他} \end{cases}$$

其中 θ 是未知参数 $(0 < \theta < 1)$，$(X_1, X_2, \cdots, X_n)$ 为来自总体 X 的样本，记 N 为样本值 $x_1, x_2, \cdots, x_n$ 中小于 1 的个数，求 θ 的最大似然估计.

*8. 设总体 $X \sim U(0, \theta)$，$\theta > 0$ 未知，(X_1, X_2, X_3, X_4) 为来自该总体的样本，

(1) 证明 $\hat{\theta}_1 = \frac{1}{2} \sum_{i=1}^{4} X_i$，$\hat{\theta}_2 = 5 \min\{X_1, X_2, X_3, X_4\}$，$\hat{\theta}_3 = \frac{5}{4} \max\{X_1, X_2, X_3, X_4\}$ 均为 θ 的无偏估计；

(2) 判断上述 θ 的 3 个无偏估计中哪个最有效.

9. 设 $(X_1, X_2, \cdots, X_n)$ 为来自正态总体 $N(\mu, \sigma^2)$ 的样本，其中 μ, σ^2 未知，且 $0 < a < b$，又设随机区间

$$\left(\frac{\sum_{i=1}^{n} (X_i - \overline{X})^2}{b}, \frac{\sum_{i=1}^{n} (X_i - \overline{X})^2}{a} \right)$$

的长为 L，求 L 的数学期望和方差.

第10章 假设检验

假设检验是统计推断的又一类基本问题,它是通过抽样对某一命题正确与否作出推断.

10.1 假设检验的基本思想与概念

10.1.1 假设检验的基本思想

先看一个例子.

例 10.1.1 设某车间所生产铆钉的直径规定尺寸(单位:cm)为 $\mu_0=2$,为了提高产量,采用了一种新工艺,假定新工艺生产的铆钉的直径服从方差为 0.11^2 cm^2 的正态分布. 现从新工艺生产的铆钉中,随机地抽取 100 个测其直径并算得其平均值 $\bar{x}=1.89$ cm,试问新工艺生产铆钉的平均直径是否与规定的尺寸相同?

设新工艺生产的铆钉的直径为 X,按题设 $X\sim N(\mu,\sigma^2)$,其中 $\sigma^2=0.11^2$,按题意要推断的命题是:$\mu=\mu_0$ 是否成立? 可以取两个相互对立的假设表示上述命题:

$$H_0:\mu=\mu_0 \leftrightarrow H_1:\mu\neq\mu_0$$

任务是通过所获得的数据检验假设 H_0 成立与否.

检验上述假设的基本思想就是依据实际推断原理,即小概率事件在一次试验中是不应该发生的. 例如,购进仪器 1 000 台,供货方称仪器的次品率仅为 $\frac{1}{1\,000}$,提货方从 1 000 台中随便抽取一台便发现此台仪器为次品,自然应当认为供货方提供的信息不够真实,即可认为次品率不是 $\frac{1}{1\,000}$. 这就是实际推断原理.

下面根据实际推断原理建立上述假设的检验方法.

首先考虑统计量

$$U=\frac{X-\mu_0}{\sigma/\sqrt{n}}$$

注意:当 H_0 成立,即 μ_0 为总体 X 的期望时,$|U|$ 偏大的可能性应当较小,即 $|U|$ 越大,其可能性就越小. 于是利用统计量 U 便可构建一个小概率事件.

显然,当 H_0 成立时, $\qquad U\sim N(0,1)$

于是对很小的正数 α,查标准正态分布函数表可得上侧 $\alpha/2$ 分位点 $u_{\alpha/2}$,使得

$$P\{\,|U|\geqslant u_{a/2}\,\}=\alpha$$

可见，$\{\,|U|\geqslant u_{a/2}\,\}$ 为一小概率事件. 如果由一次观测所获得的数据 $x_1,x_2,\cdots,x_n$ 算得 U 的值 u 使得

$$|u|\geqslant u_{a/2}$$

即意味着上述小概率事件发生了，则由实际推断原理，便应拒绝 H_0. 否则便不能拒绝 H_0.

对例 10.1.1 所给出的数据，$\mu_0=2$，$n=100$，$\sigma=0.11$，$\bar{x}=1.89$，可算得

$$|u|=\frac{|\bar{x}-\mu_0|}{\sigma/\sqrt{n}}=\frac{|1.89-2|}{0.11/\sqrt{100}}=10$$

若取 $\alpha=0.05$，可查得 $u_{a/2}=u_{0.025}=1.96$，可见

$$|u|=10>1.96=u_{a/2}$$

故应拒绝 H_0，即可认为新工艺下生产铆钉的平均直径不同于规定的标准尺寸.

10.1.2 假设检验的基本概念与步骤

总结例 10.1.1，可给出假设检验的一些基本概念及假设检验的一般步骤如下.

（1）根据问题提出要检验的二者必居其一的假设 H_0 和 H_1（称 H_0 为原假设，H_1 为备选假设）. 如例 10.1.1 中的 $H_0:\mu=\mu_0\leftrightarrow H_1:\mu\neq\mu_0$.

（2）取一个适当的统计量（称为检验统计量）. 一般在 H_0 成立和不成立时，该统计量的取值应当有不同的倾向，且在 H_0 成立时，其分布是已知的. 例如，例 10.1.1 中的 $U=\dfrac{\overline{X}-\mu_0}{\sigma/\sqrt{n}}$.

（3）给定一个很小的正数 α（称为显著性水平）. 为了便于查表，α 常取为 $0.1,0.05,0.01$ 等.

（4）根据检验统计量在 H_0 成立时的分布及显著性水平 α，构建一个小概率事件使其概率等于 α. 例如，例 10.1.1 中的 $P\{\,|U|\geqslant u_{a/2}\,\}=\alpha$，即 $\{\,|U|\geqslant u_{a/2}\,\}$ 便是一个显著性水平为 α 的小概率事件.

（5）根据样本值考查小概率事件是否发生了，若发生了便依据实际推断原理拒绝 H_0，否则不能拒绝 H_0（称为接受 H_0）.

可见，是拒绝 H_0 还是接受 H_0，完全取决于样本值. 我们将使得 H_0 被拒绝的那些样本值的集合为拒绝域，常记为 W. 而使得接受 H_0 的那些样本值的集合为接受域，它便为 $\overline{W}$. 例如，例 10.1.1 中拒绝域 $W=\{\,(x_1,x_2,\cdots,x_n)\,|\,|u|\geqslant u_{a/2}\,\}$，也常简记为 $|u|\geqslant u_{a/2}$（$u_{a/2}$ 也常称为临界值）.

10.1.3 两类错误

由于抽样是随机的，则当 H_0 为真时，而样本值却可能落在拒绝域内，从而作出拒绝 H_0 的错误推断（称为第一类错误），而当 H_0 不真时，样本值也可能会落在接受域内，从而作出接受 H_0 的错误推断（称为第二类错误）.

对两者必居其一的假设，检验法可能犯错误的情况如表 10.1 所示.

表 10.1

真实情况 推 断	H_0 为真	H_0 不真
拒绝 H_0	犯第一类错误	正确
接受 H_0	正确	犯第二类错误

若检验法的拒绝域为 W,则其犯第一类错误的概率便为

$$p_1 = P\{(X_1, X_2, \cdots, X_n) \in W \mid H_0 \text{ 成立}\}$$

以例 10.1.1 为例,犯第一类错误的概率为

$$p_1 = P\{|U| \geqslant u_{\alpha/2} \mid H_0 \text{ 成立}\} = \alpha$$

这说明犯第一类错误的概率就是显著性水平 α,α 给定的值越小,犯第一类错误的概率也就越小,可见犯第一类错误的概率是可以控制的.

犯第二类错误的概率应为

$$p_2 = P\{(X_1, X_2, \cdots, X_n) \in \overline{W} \mid H_0 \text{ 不成立}\}$$

以例 10.1.1 为例,犯第二类错误的概率为

$$p_2 = P\{|U| < u_{\alpha/2} \mid H_0 \text{ 不成立}\} = P\left\{-u_{\alpha/2} < \frac{\overline{X} - \mu_0}{\sigma/\sqrt{n}} < u_{\alpha/2} \mid \mu \neq \mu_0\right\}$$

$$= P\left\{-u_{\alpha/2} < \frac{\overline{X} - \mu + \mu - \mu_0}{\sigma/\sqrt{n}} < u_{\alpha/2} \mid \mu \neq \mu_0\right\}$$

$$= P\left\{-u_{\alpha/2} - \frac{\mu - \mu_0}{\sigma/\sqrt{n}} < \frac{\overline{X} - \mu}{\sigma/\sqrt{n}} < u_{\alpha/2} - \frac{\mu - \mu_0}{\sigma/\sqrt{n}} \mid \mu \neq \mu_0\right\}$$

$$= \Phi\left(u_{\alpha/2} - \frac{\mu - \mu_0}{\sigma/\sqrt{n}}\right) - \Phi\left(-u_{\alpha/2} - \frac{\mu - \mu_0}{\sigma/\sqrt{n}}\right)$$

将本例中数据代入便得犯第二类错误的概率

$$p_2 = \Phi\left(1.96 - \frac{\mu - 2}{0.11/\sqrt{100}}\right) - \Phi\left(-1.96 - \frac{\mu - 2}{0.11/\sqrt{100}}\right)$$

可见,犯第二类错误的概率比较复杂,与 μ 的大小有关. 不难看出,当 μ 接近于 2 时,p_2 便接近于 $\Phi(1.96) - \Phi(-1.96) = 2\Phi(1.96) - 1 = 2(1 - 0.025) - 1 = 0.95$,而当 $\mu \to \infty$ 时,p_2 将趋于零.

另外,当 $\alpha \to 0$ 时,$u_{\alpha/2} \to +\infty$,此时 $p_2 \to \Phi(+\infty) - \Phi(-\infty) = 1$.

当 $\alpha \to 1$ 时,$u_{\alpha/2} \to u_{0.5} = 0$,此时 $p_2 \to \Phi\left(\frac{2 - \mu}{0.11/\sqrt{100}}\right) - \Phi\left(\frac{2 - \mu}{0.11/\sqrt{100}}\right) = 0$.

可见,犯第一类错误的概率越小,犯第二类错误的概率就越大,反之亦然. 此规律不仅对本例成立,在极为广泛的情况中也是如此.

习题 10.1

1. 仿照例 10.1.1 的办法，对下列问题做出推断：设某产品的重量服从正态分布，期望值为 12 g，标准差为 1 g. 某日从生产的产品中随机地抽出 100 个，测其重量，并算得其平均重量为 12.5 g，问此日生产的产品的重量的期望值是否还是 12 g（取显著性水平 $\alpha = 0.05$）？

2. 从正态总体 $N(\mu, 1)$ 中抽出 100 个样本值，并算得样本均值 $\bar{x} = 5.32$.

(1) 在显著性水平 $\alpha = 0.01$ 下，建立假设 $H_0 : \mu = 5 \leftrightarrow H_1 : \mu \neq 5$ 的检验法，并对此假设作出推断；

(2) 计算上述检验法在 $\mu = 4.8$ 下，犯第二类错误的概率.

3. 设总体 $X \sim N(\mu, 1)$，$(X_1, X_2, \cdots, X_n)$ 为来自该总体的样本，要检验的假设为

$$H_0 : \mu \geq 0 \leftrightarrow H_1 : \mu < 0$$

在显著性水平 α 下，取检验法的拒绝域为：$\sqrt{n}\, \bar{x} < -u_\alpha$.

(1) 求此检验法犯第二类错误的概率；

(2) 当 $\alpha = 0.05$ 时，要求在 $\mu \leq -0.1$ 且此检验法犯第二类错误概率不超过 0.05 的情况下，样本容量至少应为多少？

4. 设总体 $X \sim N(\mu, 4)$，$(X_1, X_2, \cdots, X_{16})$ 为来自该总体的样本，要检验的假设为

$$H_0 : \mu = 0 \leftrightarrow H_1 : \mu \neq 0$$

证明下列 3 个拒绝域的检验法犯第一类错误的概率均为 0.05，

(1) $2\bar{x} < -1.645$；

(2) $1.50 < 2\bar{x} < 2.125$；

(3) $2\bar{x} < -1.96$ 或 $2\bar{x} > 1.96$.

10.2 正态总体期望与方差的假设检验

10.2.1 方差已知，期望的检验——U 检验

1. 单个正态总体的情况

设总体 $X \sim N(\mu, \sigma^2)$，其中 μ 未知，σ^2 已知，$(X_1, X_2, \cdots, X_n)$ 为来自该总体的样本，要检验的假设为：

(1) $H_0 : \mu = \mu_0 \leftrightarrow H_1 : \mu \neq \mu_0$

其检验法的建立已在 10.1 节讨论过. 检验统计量为

$$U = \frac{\bar{X} - \mu_0}{\sigma / \sqrt{n}}$$

对显著性水平 α，其拒绝域为 $\quad |u| \geq u_{\alpha/2}$

(2) $H_0 : \mu \leq \mu_0 \leftrightarrow H_1 : \mu > \mu_0$

取检验统计量仍为

$$U = \frac{\overline{X} - \mu_0}{\sigma/\sqrt{n}}$$

因为当 $H_0: \mu \leqslant \mu_0$ 成立时，μ_0 不一定与总期望 μ 相等，因此 U 就不一定服从 $N(0,1)$ 分布，然而样本函数

$$\tilde{U} = \frac{\overline{X} - \mu}{\sigma/\sqrt{n}} \sim N(0,1)$$

于是对显著性水平 α，可查标准正态分布函数表得临界值 u_α，使得

$$P\{\tilde{U} \geqslant u_\alpha\} = \alpha$$

另外，因在 $H_0: \mu \leqslant \mu_0$ 成立时：

$$U = \frac{\overline{X} - \mu_0}{\sigma/\sqrt{n}} \leqslant \frac{\overline{X} - \mu}{\sigma/\sqrt{n}} = \tilde{U}$$

于是事件

$$\{U \geqslant u_\alpha\} \subset \{\tilde{U} \geqslant u_\alpha\}$$

从而

$$P\{U \geqslant u_\alpha\} \leqslant P\{\tilde{U} \geqslant u_\alpha\} = \alpha$$

可见，$\{U \geqslant u_\alpha\}$ 为一小概率事件. 如果由一次观测所获得的数据 $x_1, x_2, \cdots, x_n$ 算得 U 的值 u，使得

$$u \geqslant u_\alpha \quad (拒绝域)$$

即意味着上述小概率事件发生了，则由实际推断原理，便应拒绝 H_0. 否则便不能拒绝 H_0.

（3）$H_0: \mu \geqslant \mu_0 \leftrightarrow H_1: \mu < \mu_0$

取检验统计量仍为

$$U = \frac{\overline{X} - \mu_0}{\sigma/\sqrt{n}}$$

因为当 $H_0: \mu \geqslant \mu_0$ 成立时，μ_0 不一定与总期望 μ 相等，因此 U 就不一定服从 $N(0,1)$ 分布，然而样本函数

$$\tilde{U} = \frac{\overline{X} - \mu}{\sigma/\sqrt{n}} \sim N(0,1)$$

于是对显著性水平 α，可查标准正态分布函数表得临界值 $-u_\alpha$，使得

$$P\{\tilde{U} \leqslant -u_\alpha\} = \alpha$$

另外，因为在 $H_0: \mu \geqslant \mu_0$ 成立时

$$U = \frac{\overline{X} - \mu_0}{\sigma/\sqrt{n}} \geqslant \frac{\overline{X} - \mu}{\sigma/\sqrt{n}} = \tilde{U}$$

于是事件

$$\{U \leqslant -u_\alpha\} \subset \{\tilde{U} \leqslant -u_\alpha\}$$

从而

$$P\{U \leqslant -u_\alpha\} \leqslant P\{\tilde{U} \leqslant -u_\alpha\} = \alpha$$

可见，$\{U \leqslant -u_\alpha\}$ 为一小概率事件. 如果由一次观测所获得的数据 $x_1, x_2, \cdots, x_n$ 算得 U 的值 u 使得

$$u \leqslant -u_\alpha（拒绝域）$$

即意味着上述小概率事件发生了，则由实际推断原理，便应拒绝 H_0. 否则便不能拒绝 H_0.

2. 两个正态总体的情况

设有两个正态总体 $X \sim N(\mu_1, \sigma_1^2)$ 和 $Y \sim N(\mu_2, \sigma_2^2)$，其中 μ_1, μ_2 未知，σ_1^2, σ_2^2 已知. 又设 $(X_1, X_2, \cdots, X_{n_1})$ 和 $(Y_1, Y_2, \cdots, Y_{n_2})$ 是分别来自 X 和 Y 的两个独立样本. 要检验的假设为：

（1）$H_0: \mu_1 = \mu_2 \leftrightarrow H_1: \mu_1 \neq \mu_2$

取检验统计量为

$$U = \frac{\overline{X} - \overline{Y}}{\sqrt{\dfrac{\sigma_1^2}{n_1} + \dfrac{\sigma_2^2}{n_2}}}$$

显然，当 H_0 成立时，有 $\qquad U \sim N(0, 1)$

于是对显著性水平 α，查标准正态分布函数表可得临界值 $u_{\alpha/2}$，使得

$$P\{|U| \geqslant u_{\alpha/2}\} = \alpha$$

可见，$\{|U| \geqslant u_{\alpha/2}\}$ 为一小概率事件. 如果由一次观测所获得的数据 $x_1, x_2, \cdots, x_{n_1}$ 及 $y_1, y_2, \cdots, y_{n_2}$ 算得 U 的值 u 使得

$$|u| \geqslant u_{\alpha/2}（拒绝域）$$

即意味着上述小概率事件发生了，则由实际推断原理，便应拒绝 H_0. 否则便不能拒绝 H_0

（2）$H_0: \mu_1 \leqslant \mu_2 \leftrightarrow H_1: \mu_1 > \mu_2$

检验统计量仍取为

$$U = \frac{\overline{X} - \overline{Y}}{\sqrt{\dfrac{\sigma_1^2}{n_1} + \dfrac{\sigma_2^2}{n_2}}}$$

仿照本节单个正态总体的 U 检验中（2）的方法，对显著性水平 α，可得拒绝域为

$$u \geqslant u_\alpha$$

（3）$H_0: \mu_1 \geqslant \mu_2 \leftrightarrow H_1: \mu_1 < \mu_2$

检验统计量仍取为

$$U = \frac{\overline{X} - \overline{Y}}{\sqrt{\dfrac{\sigma_1^2}{n_1} + \dfrac{\sigma_2^2}{n_2}}}$$

同样仿照本节单个正态总体的 U 检验中（3）的方法，对显著性水平 α，可得拒绝域为

$$u \leqslant -u_\alpha$$

例 10.2.1 设某种清漆的 9 个样品，其干燥时间（单位：小时）分别为

6.0　5.7　5.8　6.5　7.0　6.3　5.6　6.1　5.0

并设干燥时间服从正态分布 $N(\mu, 0.6^2)$，试问此种漆的平均干燥时间是否不大于 5.5 小时

$(\alpha=0.05)$?

解 按题意,要检验的假设为

$$H_0:\mu\leqslant 5.5\leftrightarrow H_1:\mu>5.5$$

此属于单个正态总体,方差已知,期望的检验.需用单个正态总体的 U 检验中(2)的结果.经计算,得 $\bar{x}=6$,从而得

$$u=\frac{\bar{x}-\mu_0}{\sigma/\sqrt{n}}=\frac{6-5.5}{0.6/\sqrt{9}}=2.5$$

对显著性水平 $\alpha=0.05$,可查得临界值 $u_\alpha=u_{0.05}=1.645$,可见

$$u=2.5>1.645=u_\alpha$$

故应拒绝 H_0,即可认为此种漆的平均干燥时间大于 5.5 小时.

例 10.2.2 分别使用金球和铂球测量引力常数(单位:$10^{-11}\mathrm{m}^3\cdot\mathrm{kg}^{-1}\cdot\mathrm{s}^{-2}$).

用金球测定值为:6.683　6.681　6.676　6.678　6.679　6.672

用铂球测定值为:6.661　6.661　6.667　6.667　6.664

设测定值服从标准差均为 0.003 51 的正态分布,试问两种球测定引力常数的期望值是否相等($\alpha=0.05$)?

解 设金球测定值为 $X\sim N(\mu_1,\sigma_1^2)$,铂球测定值为 $Y\sim N(\mu_2,\sigma_2^2)$,其中 $\sigma_1^2=\sigma_2^2=0.003\,51^2$,按题意,要检验的假设为

$$H_0:\mu_1=\mu_2\leftrightarrow H_1:\mu_1\neq\mu_2$$

此属于两个正态总体,方差已知,期望的检验,需用两个正态总体的 U 检验中(1)的结果.经计算,得

$\bar{x}=6.678\,2$,$\bar{y}=6.664$,从而得检验统计量的值

$$u=\frac{\bar{x}-\bar{y}}{\sqrt{\sigma_1^2/n_1+\sigma_2^2/n_2}}=\frac{6.678\,2-6.664}{0.003\,51\sqrt{1/6+1/5}}=6.679\,2$$

对显著性水平 $\alpha=0.05$,可查得临界值 $u_{\alpha/2}=u_{0.025}=1.96$,可见

$$|u|=6.679\,2>1.96=u_{\alpha/2}$$

故应拒绝 H_0,即可认为两种球测定引力常数的期望是不相等的.

10.2.2 方差未知,期望的检验——t 检验

1. 单个正态总体的情况

设总体 $X\sim N(\mu,\sigma^2)$,其中 μ,σ^2 均未知,$(X_1,X_2,\cdots,X_n)$ 为来自该总体的样本,要检验的假设为:

(1) $H_0:\mu=\mu_0\leftrightarrow H_1:\mu\neq\mu_0$

取检验统计量为

$$T=\frac{\bar{X}-\mu_0}{S/\sqrt{n}}$$

显然,当 H_0 成立时,有
$$T\sim t(n-1)$$

对显著性水平 α,查 t 分布表可得临界值 $t_{\alpha/2}(n-1)$,使得
$$P\{|T| \geqslant t_{\alpha/2}(n-1)\} = \alpha$$
可见,$\{|T| \geqslant t_{\alpha/2}(n-1)\}$ 为一小概率事件. 如果由一次观测所获得的数据 $x_1, x_2, \cdots, x_n$ 算得 T 的值 t,使得
$$|t| \geqslant t_{\alpha/2}(n-1) \quad (拒绝域)$$
即意味着上述小概率事件发生了,则由实际推断原理,便应拒绝 H_0. 否则便不能拒绝 H_0.

（2）$H_0: \mu \leqslant \mu_0 \leftrightarrow H_1: \mu > \mu_0$

检验统计量仍取为
$$T = \frac{\overline{X} - \mu_0}{S/\sqrt{n}}$$
仿照本节单个正态总体的 U 检验中（2）的方法,对显著性水平 α,可得拒绝域为
$$t \geqslant t_\alpha(n-1)$$

（3）$H_0: \mu_1 \geqslant \mu_0 \leftrightarrow H_1: \mu_1 < \mu_0$

检验统计量仍取为
$$T = \frac{\overline{X} - \mu_0}{S/\sqrt{n}}$$
同样仿照本节单个正态总体的 U 检验中（3）的方法,对显著性水平 α,可得拒绝域为
$$t \leqslant -t_\alpha(n-1)$$

2. 两个正态总体的情况

设有两个正态总体 $X \sim N(\mu_1, \sigma_1^2)$ 和 $Y \sim N(\mu_2, \sigma_2^2)$,其中 μ_1, μ_2 未知,$\sigma_1^2 = \sigma_2^2$ 也未知,又设 $(X_1, X_2, \cdots, X_{n_1})$ 和 $(Y_1, Y_2, \cdots, Y_{n_2})$ 是分别来自 X 和 Y 的两个独立样本. 要检验的假设为:

（1）$H_0: \mu_1 = \mu_2 \leftrightarrow H_1: \mu_1 \neq \mu_2$

取检验统计量为
$$T = \frac{\overline{X} - \overline{Y}}{S_\omega \sqrt{\dfrac{1}{n_1} + \dfrac{1}{n_2}}}, \text{ 其中 } S_\omega = \sqrt{\frac{(n_1-1)S_1^2 + (n_2-1)S_2^2}{n_1 + n_2 - 2}},$$
$\overline{X}, \overline{Y}$ 别为两个样本的样本均值,S_1^2, S_2^2 分别为两个样本的样本方差. 显然,当 H_0 成立时,
$$T \sim t(n_1 + n_2 - 2)$$
对显著性水平 α,查 t 分布表可得临界值 $t_{\alpha/2}(n_1 + n_2 - 2)$,使得
$$P\{|T| \geqslant t_{\alpha/2}(n_1 + n_2 - 2)\} = \alpha$$
可见,$\{|T| \geqslant t_{\alpha/2}(n_1 + n_2 - 2)\}$ 为一小概率事件. 如果由一次观测所获得的数据 $x_1, x_2, \cdots, x_{n_1}$ 及 $y_1, y_2, \cdots, y_{n_2}$ 算得 T 的值 t,使得
$$|t| \geqslant t_{\alpha/2}(n_1 + n_2 - 2) \quad (拒绝域)$$
即意味着上述小概率事件发生了,则由实际推断原理,便应拒绝 H_0. 否则便不能拒绝 H_0.

（2）$H_0: \mu_1 \leqslant \mu_2 \leftrightarrow H_1: \mu_1 > \mu_2$

检验统计量仍取为

$$T = \frac{\overline{X} - \overline{Y}}{S_\omega \sqrt{\frac{1}{n_1} + \frac{1}{n_2}}}$$

仿照本节单个正态总体的 U 检验中(2)的方法,对显著性水平 α,可得拒绝域为

$$t \geqslant t_\alpha(n_1 + n_2 - 2)$$

(3) $H_0 : \mu_1 \geqslant \mu_2 \leftrightarrow H_1 : \mu_1 < \mu_2$

检验统计量仍取为

$$T = \frac{\overline{X} - \overline{Y}}{S_\omega \sqrt{\frac{1}{n_1} + \frac{1}{n_2}}}$$

同样仿照本节单个正态总体的 U 检验中(3)的方法,对显著性水平 α,可得拒绝域为

$$t \leqslant -t_\alpha(n_1 + n_2 - 2)$$

例 10.2.3 电池在货架上滞留的时间不能太长,下面给出某商店随机地选取的 8 只电池在货架上的滞留时间(以天计):

$$108 \quad 124 \quad 124 \quad 106 \quad 138 \quad 163 \quad 159 \quad 134$$

设滞留时间服从正态分布,试问该商店的电池在货架上滞留的平均时间是否大于 125 天(显著性水平 $\alpha = 0.05$)?

解 设该商店的电池在货架上滞留的时间为 X,按题意,$X \sim N(\mu, \sigma^2)$,其中 μ, σ^2 未知,要检验的假设为

$$H_0 : \mu \leqslant 125 \leftrightarrow H_1 : \mu > 125$$

此属于单个正态总体,方差未知,期望的检验.需用对单个正态总体的 t 检验中(2)的结果.经计算,得 $\overline{x} = 132$

$$s = \sqrt{\frac{1}{n-1}\left(\sum_{i=1}^{n} x_i^2 - n\overline{x}^2\right)} = 21.078$$

从而得检验统计量的值

$$t = \frac{\overline{x} - \mu_0}{s/\sqrt{n}} = \frac{132 - 125}{21.078/\sqrt{8}} = 0.9393$$

对显著性水平 $\alpha = 0.05$,可查得临界值 $t_\alpha(n-1) = t_{0.05}(7) = 1.8946$,可见

$$t = 0.9393 < 1.8946 = t_\alpha(n-1)$$

故应接受 H_0,即可认为该商店的电池在货架上滞留的平均时间不大于 125 天.

例 10.2.4 对两种不同热处理方法加工的金属材料做抗拉强度试验,得到的试验数据(单位:kg/cm^2)如下:

甲种方法:31 34 29 26 32 35 38 34 30 29 32 31

乙种方法:26 24 28 29 30 29 32 26 31 29 32 28

设用两种不同热处理方法加工的金属材料的抗拉强度都服从正态分布,且方差相等,试问在显著性水平 0.05 下,两种不同热处理方法加工的金属材料的平均抗拉强度是否相同?

解 设用甲种热处理方法加工的金属材料的抗拉强度为 $X \sim N(\mu_1, \sigma^2)$,用乙种热处理方法加工的金属材料的抗拉强度为 $Y \sim N(\mu_2, \sigma^2)$,按题意,要检验的假设为

$$H_0 : \mu_1 = \mu_2 \leftrightarrow H_1 : \mu_1 \neq \mu_2$$

此属于两个正态总体,方差未知(相等),期望的检验,需用对两个正态总体的 t 检验中(1)的结果. 经计算,得

$$\bar{x} = 31.75, \bar{y} = 28.67, (n_1 - 1)s_1^2 = \sum_{i=1}^{n_1}(x_i - \bar{x})^2 = 112.25$$

$$(n_2 - 1)s_2^2 = \sum_{i=1}^{n_2}(y_i - \bar{y})^2 = 66.64, s_\omega = \sqrt{\frac{(n_1-1)s_1^2 + (n_2-1)s_2^2}{n_1 + n_2 - 2}} = 2.851\ 6$$

从而得检验统计量的值

$$t = \frac{\bar{x} - \bar{y}}{s_\omega \sqrt{1/n_1 + 1/n_2}} = \frac{31.75 - 28.67}{2.851\ 6\ \sqrt{1/12 + 1/12}} = 2.646$$

对显著性水平 $\alpha = 0.05$,可查得临界值 $t_{\alpha/2}(n_1 + n_2 - 2) = t_{0.025}(22) = 2.074$,可见

$$|t| = 2.646 > 2.074 = t_{\alpha/2}(n_1 + n_2 - 2)$$

故应拒绝 H_0,即可认为两种不同热处理方法加工的金属材料的平均抗拉强度是不同的.

10.2.3 单个正态总体方差的检验——χ^2 检验

设总体 $X \sim N(\mu, \sigma^2)$,其中 μ, σ^2 均未知,$(X_1, X_2, \cdots, X_n)$ 为来自该总体的样本,要检验的假设为

(1) $H_0 : \sigma^2 = \sigma_0^2 \leftrightarrow H_1 : \sigma^2 \neq \sigma_0^2$

取检验统计量为

$$\chi^2 = \frac{(n-1)S^2}{\sigma_0^2}$$

显然,当 H_0 成立时,有

$$\chi^2 \sim \chi^2(n-1)$$

于是对给定的显著性水平 α,查 χ^2 分布表可得临界值 $\chi_{1-\alpha/2}^2(n-1)$ 和 $\chi_{\alpha/2}^2(n-1)$ 使得

$$P\{\chi^2 \leqslant \chi_{1-\alpha/2}^2(n-1) \quad 或 \quad \chi^2 \geqslant \chi_{\alpha/2}^2(n-1)\} = \alpha$$

可见,$\{\chi^2 \leqslant \chi_{1-\alpha/2}^2(n-1)$ 或 $\chi^2 \geqslant \chi_{\alpha/2}^2(n-1)\}$ 为一小概率事件. 如果由一次观测所获得的数据 $x_1, x_2, \cdots, x_n$ 算得 χ^2 的值,使得

$$\chi^2 \leqslant \chi_{1-\alpha/2}^2(n-1) \quad 或 \quad \chi^2 \geqslant \chi_{\alpha/2}^2(n-1)(拒绝域)$$

即意味着上述小概率事件发生了,则由实际推断原理,便应拒绝 H_0,否则便不能拒绝 H_0.

(2) $H_0 : \sigma^2 \leqslant \sigma_0^2 \leftrightarrow H_1 : \sigma^2 > \sigma_0^2$

检验统计量仍取为

$$\chi^2 = \frac{(n-1)S^2}{\sigma_0^2}$$

仿照本节单个正态总体的 U 检验中(2)的方法,对显著性水平 α,可得拒绝域为

$$\chi^2 \geqslant \chi_\alpha^2(n-1)$$

(3) $H_0 : \sigma^2 \geqslant \sigma_0^2 \leftrightarrow H_1 : \sigma^2 < \sigma_0^2$

检验统计量仍取为

$$\chi^2=\frac{(n-1)S^2}{\sigma_0^2}$$

仿照本节单个正态总体的 U 检验中(3)的方法,对显著性水平 α,可得拒绝域为

$$\chi^2\leqslant\chi^2_{1-\alpha}(n-1)$$

例 10.2.5 测定某种溶液中的水分,由它的 10 个测定值算得样本标准差 $S=0.037\%$,设测定值总体为正态分布,σ^2 为该总体方差,试在显著性水平 $\alpha=0.05$ 下检验假设

$$H_0:\sigma\geqslant0.04\%\leftrightarrow H_1:\sigma<0.04\%$$

解 此属于单个正态总体,期望未知,方差的检验.需用对单个正态总体的 χ^2 检验中(3)的结果.经计算,得

$$\chi^2=\frac{(n-1)S^2}{\sigma_0^2}=\frac{9\times0.000\ 37^2}{0.000\ 4^2}=7.701$$

对显著性水平 $\alpha=0.05$,可查得临界值 $\chi^2_{1-\alpha}(n-1)=\chi^2_{0.95}(9)=3.325$,可见

$$\chi^2=7.701>3.325=\chi^2_{1-\alpha}(n-1)$$

故应接受 H_0,即可认为溶液中水份测定值的标准差不小于 0.04%.

10.2.4 两个正态总体方差的检验——F 检验

设有两个正态总体 $X\sim N(\mu_1,\sigma_1^2)$ 和 $Y\sim N(\mu_2,\sigma_2^2)$,其中 $\mu_1,\mu_2,\sigma_1^2,\sigma_2^2$ 均未知,又设 $(X_1,X_2,\cdots,X_{n_1})$ 和 $(Y_1,Y_2,\cdots,Y_{n_2})$ 是分别来自 X 和 Y 的两个独立样本. 要检验的假设为:

(1) $H_0:\sigma_1^2=\sigma_2^2\leftrightarrow H_1:\sigma_1^2\neq\sigma_2^2$

取检验统计量为

$$F=S_1^2/S_2^2$$

显然,当 H_0 成立时,$F\sim F(n_1-1,n_2-1)$,于是对给定的显著性水平 α,查 F 分布表可得临界值 $F_{1-\alpha/2}(n_1-1,n_2-1)=\dfrac{1}{F_{\alpha/2}(n_2-1,n_1-1)}$ 和 $F_{\alpha/2}(n_1-1,n_2-1)$ 使得

$$P\{F\leqslant F_{1-\alpha/2}(n_1-1,n_2-1)\quad\text{或}\quad F\geqslant F_{\alpha/2}(n_1-1,n_2-1)\}=\alpha$$

可见,$\{F\leqslant F_{1-\alpha/2}(n_1-1,n_2-1)$ 或 $F\geqslant F_{\alpha/2}(n_1-1,n_2-1)\}$ 为一小概率事件.如果由一次观测所获得的数据 $x_1,x_2,\cdots,x_{n_1}$ 及 $y_1,y_2,\cdots,y_{n_2}$ 算得 F 的值 f,使得

$$f\leqslant F_{1-\alpha/2}(n_1-1,n_2-1)\quad\text{或}\quad f\geqslant F_{\alpha/2}(n_1-1,n_2-1)(\text{拒绝域})$$

即意味着上述小概率事件发生了,则由实际推断原理,便应拒绝 H_0,否则便不能拒绝 H_0.

(2) $H_0:\sigma_1^2\leqslant\sigma_2^2\leftrightarrow H_1:\sigma_1^2>\sigma_2^2$

检验统计量仍取为

$$F=S_1^2/S_2^2$$

仿照本节单个正态总体的 U 检验中(2)的方法,对显著性水平 α,可得拒绝域为

$$f\geqslant F_\alpha(n_1-1,n_2-1)$$

(3) $H_0: \sigma_1^2 \geqslant \sigma_2^2 \leftrightarrow H_1: \sigma_1^2 < \sigma_2^2$

检验统计量仍取为

$$F = S_1^2 / S_2^2$$

仿照本节单个正态总体的 U 检验中(3)的方法,对显著性水平 α,可得拒绝域为

$$f \leqslant F_{1-\alpha}(n_1 - 1, n_2 - 1)$$

例 10.2.6 某一橡胶配方中,原用氧化锌 5 g 现减为 1 g,若分别用两种配方作一批试验,5 g 配方的测橡胶伸长率 10 个值,并算得其样本方差 $S_1^2 = 64.68$,1 g 配方的测橡胶伸长率 11 个值,并算得其样本方差 $S_2^2 = 241.3$. 设橡胶伸长率服从正态分布,问两种配方橡胶伸长率的方差是否相等($\alpha = 0.10$)?

解 设 5 g 配方的橡胶伸长率为 $X \sim N(\mu_1, \sigma_1^2)$,1 g 配方的橡胶伸长率为 $Y \sim N(\mu_2, \sigma_2^2)$,其中 $\mu_1, \mu_2, \sigma_1^2, \sigma_2^2$ 均未知,按题意,要检验的假设为

$$H_0: \sigma_1^2 = \sigma_2^2 \leftrightarrow H_1: \sigma_1^2 \neq \sigma_2^2$$

此属于两个正态总体方差的检验,需用 F 检验.经计算得检验统计量的值

$$f = S_1^2 / S_2^2 = \frac{64.68}{241.3} = 0.268$$

对显著性水平 $\alpha = 0.10$,查 F 分布表得临界值

$$F_{1-\alpha/2}(n_1 - 1, n_2 - 1) = \frac{1}{F_{\alpha/2}(n_2 - 1, n_1 - 1)} = \frac{1}{F_{0.05}(10, 9)} = \frac{1}{3.14} = 0.318$$

$$F_{\alpha/2}(n_1 - 1, n_2 - 1) = F_{0.05}(9, 10) = 3.02$$

可见， $f = 0.268 < 0.318 = F_{1-\alpha/2}(n_1 - 1, n_2 - 1)$

故应拒绝 H_0,即可认为两种配方橡胶伸长率的方差是不相等的.

习题 10.2

1. 某种元件要求其寿命的期望值不得低于 1 000 小时,现从一批此类元件中随机地抽取 25 件,测得其平均寿命为 950 小时. 已知元件寿命服从标准差为 $\sigma = 100$ 小时的正态分布,试问这批元件是否合格($\alpha = 0.05$)?

2. 某食品厂用自动装罐机包装罐头食品,规定每罐的标准重量为 500 g. 现抽得 10 罐,测其重量为(单位:g)

$$495 \quad 510 \quad 505 \quad 498 \quad 503 \quad 492 \quad 502 \quad 512 \quad 497 \quad 506$$

假定每罐重量服从正态分布,试在显著性水平为 0.1 下,检验这批罐头的平均重量是否为 500 g?

3. 某种导线要求其电阻的标准差 σ 不得超过 0.005 Ω.今在生产的一批导线中取样品 9 根,测得样本标准差 $s = 0.007$ Ω.设导线电阻服从正态分布,问在显著性水平 $\alpha = 0.05$ 下,能否认为这批导线电阻的标准差不符合要求?

4. 化工试验中要考虑温度对产品断裂力的影响,在 70 ℃及 80 ℃的条件下分别进行 8 次试验,测得产品断裂力(单位为:kg)的数据如下:

70 ℃时: 20.5 18.8 19.8 20.9 21.5 19.5 21.0 21.2

80 ℃时: 17.7 20.3 20.0 18.8 19.0 20.1 20.2 19.1

已知在两种温度下产品的断裂力服从等方差的正态分布,检验两种温度下产品断裂力的期望值是否相同($\alpha = 0.05$)?

5. 以两个正态总体 X 和 Y 中分别取容量为 9 和 11 的两个独立样本,由其观测值算得

$$\sum_{i=1}^{9} (x_i - \overline{x})^2 = 96, \qquad \sum_{i=1}^{11} (y_i - \overline{y})^2 = 45$$

试在水平 $\alpha = 0.02$ 下,检验两个总体的方差是否相等?

6. 某灯泡厂在使用一项新工艺前后各取 10 个灯泡做寿命试验,并算得采用新工艺前 10 个灯泡的平均寿命为 $\overline{x} = 2\,460$ 小时,标准差为 $s_1 = 56$ 小时,而采用新工艺后 10 个灯泡的平均寿命为 $\overline{y} = 2\,550$ 小时,标准差为 $s_2 = 48$ 小时.已知灯泡寿命均服从正态分布,能否认为采用新工艺后所生产灯泡的平均寿命比采用新工艺前所生产灯泡的平均寿命有所提高($\alpha = 0.01$)?

10.3* 总体分布的拟合优度检验

前面所讨论的假设检验都是在分布形式已知前提下,对分布中未知参数的假设检验.然而在实际问题中,总体的分布形式往往不能确定,这就需要对总体分布提出的种种假设进行检验.分布的拟合优度检验是常见的一类检验,它检验的是总体分布与假定的已知分布是否吻合.下面介绍一种常用的拟合优度检验法——χ^2 检验.

10.3.1 总体为离散型的情况

设总体 X 有 r 个可能取值 $a_1, a_2, \cdots, a_r$,其分布律为

$$P\{X = a_i\} = p_i, i = 1, 2, \cdots, r$$

它是未知的.又设 $p_{01}, p_{02}, \cdots, p_{0r}$ 为某个已知分布律.我们要检验的是总体分布与已知分布是否相拟合,即检验假设

$$H_0: p_i = p_{0i}, i = 1, 2, \cdots, r \leftrightarrow H_1:使得 i,至少存在一个 \ p_i \neq p_{0i}$$

下面建立其检验法.

设 $(X_1, X_2, \cdots, X_n)$ 为来自该总体的样本,n_i 表示 $X_1, X_2, \cdots, X_n$ 中取值为 a_i 的个数,n_i/n 便是样本中 a_i 出现的频率.由大数定律可知,在 H_0 成立条件下,当 n 充分大时,频率 n_i/n 应接近概率 p_{0i},即 $\left(\dfrac{n_i}{n} - p_{0i}\right)^2$ 应比较小,即统计量

$$\chi^2 = \sum_{i=1}^{r} \frac{n}{p_{0i}} \left(\frac{n_i}{n} - p_{0i}\right)^2 = \sum_{i=1}^{r} \frac{(n_i - np_{0i})^2}{np_{0i}}$$

应有比较小的取值倾向,否则将偏大.

这里系数 n/p_{0i} 起了调节平衡的作用,如果没有它,对于较小的 p_{0i} 而言,即使 n/p_{0i} 与 p_{0i} 有较大的相对偏差,相应的 $\left(\dfrac{n_i}{n}-p_{0i}\right)^2$ 也不会很大.

从上面分析可见,统计量 χ^2 对上面假设中 H_0 的成立与否有明显的不同取值倾向,只要能找到统计量 χ^2 在 H_0 成立时的分布或近似分布,便可建立上面假设的检验法.

定理 10.3.1(K. Pearson) 如果 $p_i,i=1,2,\cdots,r$ 为总体的分布律,则当 $n\to\infty$ 时,有

$$\chi^2 = \sum_{i=1}^{r} \frac{(n_i-np_i)^2}{np_i}$$

渐近服从自由度为 $r-1$ 的 χ^2 分布.

证略.

此定理表明:在 H_0 成立条件下,当 n 充分大时,统计量 $\chi^2 = \sum_{i=1}^{r} \dfrac{(n_i-np_{0i})^2}{np_{0i}}$ 近似服从 $\chi^2(r-1)$ 分布.

于是对给定的显著性水平 α,查 χ^2 分布表可得临界值 $\chi_\alpha^2(r-1)$ 使得

$$P\{\chi^2 \geqslant \chi_\alpha^2(r-1)\} \approx \alpha$$

可见,$\{\chi^2 \geqslant \chi_\alpha^2(r-1)\}$ 为一小概率事件.如果由一次观测所获得的数据 $x_1,x_2,\cdots,x_n$ 算得 χ^2 的值,使得

$$\chi^2 \geqslant \chi_\alpha^2(r-1)（拒绝域）$$

即意味着上述小概率事件发生了,则由实际推断原理,便应拒绝 H_0,否则便不能拒绝 H_0.

例 10.3.1 某工厂在近 5 年中发生了 60 次事故.按星期几统计如下:

星期 i	1	2	3	4	5	$\sum$
事故次数 n_i	13	12	9	12	14	60

问事故的发生是否与星期几有关?($\alpha=0.05$)

解 设总体 X 为事故发生的日期(星期几),X 的可能取值为 $1,2,3,4,5$.若事故的发生与星期几无关,则 X 的分布应是等可能的,因此要检验的假设为

$$H_0:p_i=\frac{1}{5},i=1,2,\cdots,5 \leftrightarrow H_1:至少存在一个 i,使得 p_{0i}\neq\frac{1}{5}$$

此属于分布的拟合优度检验,可用上述的 χ^2 检验法进行检验.

χ^2 的计算过程由表 10.2 给出,并得其值为 1.166.

表 10.2

序号 i	频数 n_i	p_{0i}	np_{0i}	$n_i - np_{0i}$	$(n_i - np_{0i})^2$	$(n_i - np_{0i})^2/np_{0i}$
1	13	0.2	12	1	1	0.083
2	12	0.2	12	0	0	0
3	9	0.2	12	-3	9	0.75
4	12	0.2	12	0	0	0
5	14	0.2	12	2	4	0.333
$\sum$	60	1	60	0	-14	1.166

对显著性水平 $\alpha=0.05$,可查得临界值 $\chi_\alpha^2(r-1)=\chi_{0.05}^2(4)=9.488$,可见

$$\chi^2 = 1.166 < 9.488 = \chi_\alpha^2(r-1)$$

故不能拒绝 H_0,即可认为事故的发生与星期几无关.

在使用 χ^2 检验法时,需注意以下几点:

(1) 样本容量 n 应足够大,一般要求 $n \geqslant 50$;

(2) 理论频数 np_{0i} 不应太小,一般要求 $np_{0i} \geqslant 5$,否则可通过并组以使其满足要求;

(3) 若已知分布 p_{0i} 中含有 k 个未知参数,首先应将这些未知参数用其最大似然估计代替,然后便可求出已知分布 p_{0i} 的估计值,进而可得检验统计量 χ^2 的值.但此时分布的自由度应修定为 $r-k-1$,即拒绝域应为

$$\chi^2 \geqslant \chi_\alpha^2(r-k-1)$$

例 10.3.2 考查某电话交换站一天中电话接错次数 X,统计 267 天的记录,各天电话接错次数的频数由表 10.3 给出.

表 10.3

一天中电话接错次数 i	0~2	3	4	5	6	7	8	9	10	11	12	13	14	15	$\geqslant 16$
天数 n_i	1	5	11	14	22	43	31	40	35	20	18	12	7	6	2

试检验 X 的分布是否为泊松分布($\alpha=0.05$)?

解 由于在泊松分布 $p_{0i} = \dfrac{\lambda^i}{i!} e^{-\lambda}, i=0,1,2,\cdots$ 中,参数 λ 是未知的,首先需由样本值求出 λ 的最大似然估计值,即

$$\hat{\lambda} = \bar{x} = \frac{1}{267} \times (2 \times 1 + 3 \times 5 + \cdots + 16 \times 2) = 8.74$$

于是可求出诸 p_{0i} 的估计值(仍记为 p_{0i}),即 $p_{0i} = \dfrac{(8.74)^i}{i!} e^{-8.74}, i=0,1,2,\cdots$.

按题意,要检验的假设为

$$H_0: P\{X=i\} = \frac{(8.74)^i}{i!} e^{-8.74}, i=0,1,2,\cdots \leftrightarrow$$

H_1:至少存在一个 i,使 $P\{X=i\} \neq \dfrac{(8.74)^i}{i!} e^{-8.74}$

由表 10.4 可求检验统计量 χ^2 的值为 7.798 5.需注意的是由于前后各两组的理论频数 np_{0i} 均少于 5,因此应将它们分别合并,合并后的组数为 $r=13$.

χ^2 的计算过程由表 10.4 给出,并得其值为 7.798 5.

·表 10.4

i	n_i	np_{0i}	$n_i - np_{0i}$	$(n_i - np_{0i})^2$	$(n_i - np_{0i})^2/np_{0i}$
0~2	1 }6	2.05 }6.81	−0.81	0.656 1	0.096 3
3	5	4.76	0.61	0.372 1	0.035 8
4	11	10.39	−4.16	17.305 6	0.953 0
5	14	18.16	−4.45	19.802 5	0.748 7
6	22	26.45	9.97	99.400 9	3.009 4
7	43	33.03	−5.09	25.908 1	0.717 9
8	31	36.09	4.96	24.601 6	0.702 1
9	40	35.04	4.37	19.096 9	0.623 5
10	35	30.63	−4.34	18.835 6	0.773 9
11	20	24.34	0.28	0.078 4	0.004 4
12	18	17.72	0.08	0.006 4	0.000 5
13	12	11.92	−0.44	0.193 6	0.026 0
14	7	7.44			
15	6 }8	4.33 }8.98	−0.98	0.960 4	0.107 0
≥16	2	4.65			
Σ	267	267	0	——	7.798 5

对显著性水平 $\alpha = 0.05$,可查得临界值

$$\chi_\alpha^2(r-k-1) = \chi_{0.05}^2(13-1-1) = \chi_{0.05}^2(11) = 19.675$$

可见 $\qquad\qquad \chi^2 = 7.798\,5 < 19.675 = \chi_\alpha^2(r-k-1)$

故应接受 H_0,即可认为 X 服从参数为 8.74 的泊松分布.

10.3.2　总体为连续型的情况

对连续型总体使用上述 χ^2 检验的办法是将其离散化.

设连续型总体 X 的分布函数为 $F(x)$,又设 $F_0(x)$ 为已知的一个分布函数. 又设 $(X_1, X_2, \cdots, X_n)$ 为来自该总体的样本. 要检验的假设为

$$H_0:F(x)=F_0(x)\leftrightarrow H_1:F(x)\neq F_0(x)$$

首先将数轴$(-\infty,+\infty)$划分为r个不相交的区间:$(-\infty,y_1]$,$(y_1,y_2]$,$\cdots$,$(y_{r-1},+\infty)$,其中$y_1,y_2,\cdots,y_{r-1}$的选取应使每个小区间内的理论频数$np_{0i}\geq5$,且当样本容量$n\geq50$时,一般应取$r\geq8$.这里

$$p_{01}=F_0(y_1)$$
$$p_{02}=F_0(y_2)-F_0(y_1)$$
$$\vdots$$
$$p_{0i}=F_0(y_i)-F_0(y_{i-1})$$
$$\vdots$$
$$p_{0r}=1-F_0(y_{r-1})$$

而总体X落在上述r个小区间内的概率为

$$p_1=P\{-\infty<X\leq y_1\}=F(y_1)$$
$$p_2=P\{y_1<X\leq y_2\}=F(y_2)-F(y_1)$$
$$\vdots$$
$$p_i=P\{y_{i-1}<X\leq y_i\}=F(y_i)-F(y_{i-1})$$
$$\vdots$$
$$p_r=P\{y_{r-1}<X\leq+\infty\}=1-F(y_{r-1})$$

于是对前面分布函数的假设检验便可转化为下面概率分布的假设检验:

$$H_0:p_i=p_{0i},i=1,2,\cdots,r\leftrightarrow H_1:至少存在一个\ i,使得\ p_i\neq p_{0i}$$

这样便可利用χ^2检验法对上述假设进行检验了.

例 10.3.3 某工厂生产一种白炽灯泡,其光通量(单位:流明)为X,问X是否服从正态分布$N(\mu,\sigma^2)(\alpha=0.05)$?

现从总体X中抽出120个样本值,其数据如表10.5所示.

表 10.5

216	203	197	208	206	209	206	208	202	203	206	213	218	207	208	202	194	203	213	211	193	213
208	208	204	206	204	206	208	209	213	203	206	207	196	201	208	207	213	208	210	208	211	211
214	220	211	203	216	224	211	209	218	214	219	211	208	221	221	218	190	219	211	208	199	214
214	207	207	206	217	214	201	211	213	211	212	216	206	210	216	204	221	228	209	214	214	202
199	204	211	201	216	211	209	208	209	211	207	202	205	206	216	203	213	206	200	198	200	202
200	211	203	208	216	206	222	213	209	219												

解 按题意,要检验的假设为

$$H_0:F(x)=F_0(x)\leftrightarrow H_1:F(x)\neq F_0(x)$$

其中$F(x)$为总体X的分布函数,$F_0(x)$为正态分布$N(\mu,\sigma^2)$的分布函数.由于

$$F_0(x)=\Phi\left(\frac{x-\mu}{\sigma}\right)$$

其中$\Phi(x)$为标准正态分布函数,于是上述假设又可表为

$$H_0:F(x)=\Phi\left(\frac{x-\mu}{\sigma}\right)\leftrightarrow H_1:F(x)\neq\Phi\left(\frac{x-\mu}{\sigma}\right)$$

这里 μ,σ^2 为未知参数.

(1) 求出 μ,σ^2 的最大似然估计

经计算,μ,σ^2 的最大似然估计值分别为

$$\hat{\mu}=\overline{x}=209,\quad \hat{\sigma}^2=s_n^2=6.5^2$$

(2) 数据分组

① 首先在 120 个数据中找出最小者 $x_1^*=190$,最大者 $x_n^*=228$.

② 确定分组区间 $[a,b]$,其中 a 应略小于 x_1^*,这里取 $a=189.5$;b 应略大于 x_n^*,这里取 $b=228.5$ 此时分组区间长 $b-a=39$.

③ 根据样本容量及分组区间长,可取组数 $r=13$,于是组距便为

$$\Delta=\frac{b-a}{r}=\frac{39}{13}=3$$

④ 将区间划分为 13 个不相交的小区间:

$$[189.5,192.5],(192.5,195.5],\cdots,(225.5,228.5]$$

注意:当理论频数 $np_{0i}<5$ 时,需进行区间合并. 这便是在本例的 χ^2 计算过程表中已将前 3 个和后 3 个小区间的合并的原因. 实际组数应为 $r=9$.

(3) 计算检验统计量 $\chi^2=\sum\limits_{i=1}^{r}\dfrac{(n_i-np_i)^2}{np_i}$ 的值

通过下面的 χ^2 计算过程表 10.6 可求得 χ^2 的值.

表 10.6

序号	组限	n_i	np_{0i}	n_i-np_{0i}	$(n_i-np_{0i})^2$	$\dfrac{(n_i-np_{0i})^2}{np_{0i}}$
1	$[189.5,198.5]$	6	6.1	-0.1	0.01	0.001 6
2	$(198.5,201.5]$	7	8.7	7	2.89	0.332 2
3	$(201.5,204.5]$	14	14.5	-0.5	0.25	0.017 2
4	$(204.5,207.5]$	20	19.7	0.3	0.09	0.004 6
5	$(207.5,210.5]$	23	21.8	1.2	1.44	0.066 1
6	$(210.5,213.5]$	22	19.7	2.3	5.29	0.268 5
7	$(213.5,216.5]$	14	14.5	-0.5	0.25	0.017 2
8	$(216.5,219.5]$	8	8.6	-0.6	0.36	0.041 9
9	$(219.5,228.5]$	6	6.1	-0.1	0.01	0.001 6
Σ		120	120	0		0.750 9

其中　　　$p_{01}=F_0(y_1)=F_0(198.5)=\Phi\left(\dfrac{198.5-209}{6.5}\right)=\Phi(-1.62)=0.052\,6$

$$p_{02}=F_0(y_2)-F_0(y_1)=F_0(201.5)-F_0(198.5)=\Phi\left(\frac{201.5-209}{6.5}\right)-0.0526$$

$$=\Phi(-1.15)-0.0526=0.1251-0.0526=0.0725$$

$$\vdots$$

$$p_{09}=1-F_0(y_8)=1-F_0(219.5)=1-\Phi\left(\frac{219.5-209}{6.5}\right)=1-\Phi(1.62)$$

$$=1-0.9474=0.0526$$

由 χ^2 计算过程表得 χ^2 值为 0.7509. 另外,对显著性水平 $\alpha=0.05$,可查得临界值

$$\chi_\alpha^2(r-k-1)=\chi_{0.05}^2(9-2-1)=\chi_{0.05}^2(6)=12.59$$

可见
$$\chi^2=0.7509<12.59=\chi_\alpha^2(r-k-1)$$

故应接受 H_0,即可认为白炽灯的光通量服从正态分布 $N(209,6.5^2)$.

 习题 **10.3**

1. 将一颗骰子掷了 100 次,得结果如表 10.7 所示.

表 10.7

点数	1	2	3	4	5	6	总和
出现频数	13	14	20	17	15	21	100

试在 $\alpha=0.05$ 下,检验这颗骰子是否匀称?

2. 设在 2 608 个相等时间间隔(每次为 1/8 分钟)内,观察放射性物质放射的粒子数,表 10.8 中 n_x 是 1/8 分钟时间间隔观察到 x 个粒子的时间间隔的个数.

表 10.8

x	0	1	2	3	4	5	6	7	8	9	10	$\geqslant 11$	总和
n_x	57	203	383	525	532	408	273	139	45	27	10	6	260 8

试在显著性水平为 0.05 下,检验放射出的粒子数是服从泊松分布?

3. 表 10.9 给出了某地区 50 年的 4 月份平均气温(单位:℃)观测值的频数.

表 10.9

温度	3.0	4.0	4.1	4.4	4.7	4.8	5.2	5.5	5.6	5.7	5.8	5.9	6.2	6.4	6.5
频数	1	1	1	1	1	2	3	1	3	1	2	1	2	4	1

温度	6.6	6.7	6.8	6.9	7.0	7.1	7.3	7.4	7.7	7.8	7.9	8.1
频数	1	1	4	2	1	1	2	1	1	1	2	1

温度	8.2	8.4	8.6	8.8	9.0	9.7
频数	1	1	2	1	1	1

试用 χ^2 检验法检验该地四月份平均气温是否服从正态分布($\alpha=0.05$).

本 章 小 结

1. 基本概念与思想方法

（1）假设检验的基本思想

假设检验的基本思想就是依据实际推断原理，即小概率事件在一次实验中实际上是不应该发生的，如果在一次实验中小概率事件竟然发生了，我们便可认为形成此小概率事件的假设不正确，从而拒绝此假设，否则便不能拒绝此假设.

（2）假设检验的一般步骤

① 根据实际问题，提出要检验的原假设 H_0 和备选假设 H_1；

② 构造一个适当的检验统计量，此统计量在 H_0 成立时和在 H_0 不成立时，其取值有明显的不同倾向；

③ 对给定的显著性水平 α 和与检验统计量相关的分布构造一个小概率事件，即使得 $P\{(X_1,X_2,\cdots X_n)\in W\,|\,H_0\ 成立\}=\alpha$，从而求出拒绝域 W；

④ 由样本值求出检验统计量的值，并判断样本值是否落入拒绝域内，进而相应作出是拒绝 H_0 还是接受 H_0 的推断.

（3）两类错误

当原假设 H_0 为真，而样本值却落入拒绝域内，从而依检验法就会作出拒绝 H_0 的错误推断，我们称此检验法犯了第一类错误，第一类错误又称为弃真错误. 犯第一类错误的概率就是显著性水平 α.

当原假设 H_0 不真，而样本值却落入接受域内，从而依检验法就会作出接受 H_0 的错误推断，我们称此检验法犯了第二类错误，第二类错误又称为取伪错误. 犯第二类错误的概率要依具体条件而定.

当样本容量一定时，一般情况下，犯第一类错误概率越小，犯第二类错误概率就越大；反之，犯第二类错误概率越小，犯第一类错误概率就越大. 增加样本容量通常可使犯两类错误的概率都减少.

2. 正态总体期望与方差的假设检验

表 10.10 给出了正态总体期望与方差的几个常用假设检验的结果.

表 10.10

单个正态总体 $N(\mu,\sigma^2)$	原假设 H_0	备选假设 H_1	检验统计量	分布	拒绝域（显著性水平为 α）
方差 σ^2 已知期望 μ 的检验 U 检验	$\mu=\mu_0$ $\mu\leqslant\mu_0$ $\mu\geqslant\mu_0$	$\mu\neq\mu_0$ $\mu>\mu_0$ $\mu<\mu_0$	$U=\dfrac{\overline{X}-\mu_0}{\sigma/\sqrt{n}}$	$N(0,1)$	$\|u\|\geqslant u_{\alpha/2}$ $u\geqslant u_\alpha$ $u\leqslant-u_\alpha$

单个正态总体 $N(\mu,\sigma^2)$	原假设 H_0	备选假设 H_1	检验统计量	分布	拒绝域（显著性水平为 α）
方差 σ^2 未知 期望 μ 的检验 T 检验	$\mu=\mu_0$ $\mu\leqslant\mu_0$ $\mu\geqslant\mu_0$	$\mu\neq\mu_0$ $\mu>\mu_0$ $\mu<\mu_0$	$T=\dfrac{\overline{X}-\mu_0}{S/\sqrt{n}}$	$t(n-1)$	$\|t\|\geqslant t_{\alpha/2}(n-1)$ $t\geqslant t_\alpha(n-1)$ $t\leqslant-t_\alpha(n-1)$
期望 μ 未知 方差 σ^2 的检验 χ^2 检验	$\sigma^2=\sigma_0^2$ $\sigma^2\leqslant\sigma_0^2$ $\sigma^2\geqslant\sigma_0^2$	$\sigma^2\neq\sigma_0^2$ $\sigma^2>\sigma_0^2$ $\sigma^2<\sigma_0^2$	$\chi^2=\dfrac{(n-1)S^2}{\sigma_0^2}$	$\chi^2(n-1)$	$\chi^2\leqslant\chi^2_{1-\alpha/2}(n-1)$ 或 $\chi^2\geqslant\chi^2_{\alpha/2}(n-1)$ $\chi^2\geqslant\chi^2_\alpha(n-1)$ $\chi^2\leqslant\chi^2_{1-\alpha}(n-1)$

两个正态总体 $N(\mu_1,\sigma_1^2)N(\mu_2,\sigma_2^2)$	原假设 H_0	备选假设 H_1	检验统计量	分布	拒绝域（显著性水平为 α）
方差 σ_1^2,σ_2^2 已知， 期望 μ_1,μ_2 的检验 U 检验	$\mu_1=\mu_2$ $\mu_1\leqslant\mu_2$ $\mu_1\geqslant\mu_2$	$\mu_1\neq\mu_2$ $\mu_1>\mu_2$ $\mu_1<\mu_2$	$U=\dfrac{\overline{X}-\overline{Y}}{\sqrt{\sigma_1^2/n_1+\sigma_2^2/n_2}}$	$N(0,1)$	$\|u\|\geqslant u_{\alpha/2}$ $u\geqslant u_\alpha$ $u\leqslant-u_\alpha$
方差 $\sigma_1^2=\sigma_2^2$ 未知， 期望 μ_1,μ_2 的检验 T 检验	$\mu_1=\mu_2$ $\mu_1\leqslant\mu_2$ $\mu_1\geqslant\mu_2$	$\mu_1\neq\mu_2$ $\mu_1>\mu_2$ $\mu_1<\mu_2$	$T=\dfrac{\overline{X}-\overline{Y}}{S_\omega\sqrt{1/n_1+1/n_2}}$ 其中 $S_\omega=\sqrt{\dfrac{(n_1-1)S_1^2+(n_2-1)S_2^2}{n_1+n_2-2}}$	$t(n_1+n_2-2)$	$\|t\|\geqslant t_{\alpha/2}(n_1+n_2-2)$ $t\geqslant t_\alpha(n_1+n_2-2)$ $t\leqslant-t_\alpha(n_1+n_2-2)$
期望 μ_1,μ_2 未知， 方差 σ_1^2,σ_2^2 的检验 F 检验	$\sigma_1^2=\sigma_2^2$ $\sigma_1^2\leqslant\sigma_2^2$ $\sigma_1^2\geqslant\sigma_2^2$	$\sigma_1^2\neq\sigma_2^2$ $\sigma_1^2>\sigma_2^2$ $\sigma_1^2<\sigma_2^2$	$F=S_1^2/S_2^2$	$F(n_1-1,n_2-1)$	$F\leqslant F_{1-\alpha/2}(n_1-1,n_2-1)$ 或 $F\geqslant F_{\alpha/2}(n_1-1,n_2-1)$ $F\geqslant F_\alpha(n_1-1,n_2-1)$ $F\leqslant F_{1-\alpha}(n_1-1,n_2-1)$

3. 总体分布的拟合优度检验

（1）离散型总体

设总体分布律为 $P\{X=a_i\}=p_i,i=1,2,\cdots,r$，而 $p_{0i},1,2,\cdots,r$ 为已知分布律（若含有未知参数，应将未知参数用其最大似然估计替代，而 p_{0i} 应为其相应的估计值），要检验的假设为

$H_0:p_i=p_{0i},i=1,2,\cdots,r\leftrightarrow H_1:$ 至少存在一个 i，使得 $p_i\neq p_{0i}$

检验统计量为

$$\chi^2 = \sum_{t=1}^{r} \frac{(n_i - np_{0i})^2}{np_{0i}}$$

其中，n_i 表示样本 $X_1, X_2, \cdots, X_n$ 中取值为 a_i 的个数. 在 H_0 成立时条件下，当样本容量 $n \to \infty$ 时，χ^2 渐近服从 $\chi^2(r-k-1)$ 分布.

对显著性水平 α，其拒绝域为 $\chi^2 \geqslant \chi^2_\alpha(r-k-1)$. 这里 k 为要估计的未知参数的个数.

（2）连续型总体

需先将总体分布离散化，再按上述办法进行检验.

 综合练习题 10

一、单项选择题

1. 从某车间随机抽取 10 个部件，记录其装配时间，假定装配时间服从正态分布 $N(\mu, \sigma^2)$，要检验部件装配时间的均值是否大于 10 分钟，则应取要检验的假设为（   ）.

(A) $H_0: \mu > 10 \leftrightarrow H_1: \mu \leqslant 10$ (B) $H_0: \mu \leqslant 10 \leftrightarrow H_1: \mu > 10$

(C) $H_0: \mu \geqslant 10 \leftrightarrow H_1: \mu < 10$ (D) $H_0: \mu < 10 \leftrightarrow H_1: \mu \geqslant 10$

2. 在上面第 1 题中，若要检验部件装配时间的均值是否不小于 10 分钟，则应取要检验的假设为（   ）.

(A) $H_0: \mu > 10 \leftrightarrow H_1: \mu \leqslant 10$ (B) $H_0: \mu \leqslant 10 \leftrightarrow H_1: \mu > 10$

(C) $H_0: \mu \geqslant 10 \leftrightarrow H_1: \mu < 10$ (D) $H_0: \mu < 10 \leftrightarrow H_1: \mu \geqslant 10$

3. 对上面第 1 题，当 μ, σ^2 均未知时，要使用的检验法为（   ）.

(A) U 检验   (B) T 检验   (C) F 检验   (D) χ^2 检验

4. 设总体 $X \sim N(\mu, \sigma^2)$，其中 μ 未知，σ^2 已知，$(X_1, X_2, \cdots, X_n)$ 为来自该总体的样本，要检验的假设为 $H_0: \mu = \mu_0 \leftrightarrow H_1: \mu \neq \mu_0$，当显著性水平越小时，则（   ）.

(A) 犯第一类错误的概率就越小   (B) 犯第一类错误的概率越大

(C) 犯第二类错误的概率就越小   (D) 犯第二类错误的概率不变

5. 在上面第 4 题中，当显著性水平越大时，则（   ）.

(A) 犯第一类错误的概率就越小   (B) 犯第一类错误的概率不变

(C) 犯第二类错误的概率就越小   (D) 犯第二类错误的概率越大

二、填空题

1. 设 $(x_1, x_2, \cdots, x_{16})$ 是来自正态总体 $N(\mu, 9)$ 的样本值，$\bar{x}$ 为其样本均值，要检验的原假设为 $H_0: \mu = \mu_0$，取拒绝域为 $\{(x_1, x_2, \cdots, x_{16}): |\bar{x} - \mu_0| \geqslant c\}$，若取显著性水平为 0.05，则 $c = \underline{\quad\quad}$.

2. 有甲、乙机器生产金属部件，分别在两台机器所生产的部件中各取一容量 $n_1 = 60$，$n_2 = 40$ 的样本，测得其部件重量（kg）的样本方差分别为 $s_1^2 = 15.46, s_2^2 = 9.66$. 设两样本相互独立. 两总体分别服从 $N(\mu_1, \sigma_1^2), N(\mu_2, \sigma_2^2)$ 分布. 在显著性水平 $\alpha = 0.05$ 下. 要检验甲机器所生产部件重量的方差是否比乙机器所生产部件重量的方差大，则应取假设为 $\underline{\quad\quad}$，检验统计量的值为 $\underline{\quad\quad}$，临界值为 $\underline{\quad\quad}$，检验的结果是 $\underline{\quad\quad}$.

3. 设总体 $X \sim N(\mu, \sigma^2)$，其中 μ, σ^2 均未知，$(X_1, X_2, \cdots, X_n)$ 为来自该总体的样本，且 $\overline{X}$ 为样本均值，$S_X^2 = \sum_{i=1}^{n} (X_i - \overline{X})^2$ 要检验的假设为

$$H_0 : \mu = 0 \leftrightarrow H_1 : \mu \neq 0$$

则使用的检验统计量为_____.

4. 在产品检验时，取原假设为 H_0：产品为次品.为了使次品混入正品的可能性很小，在样本容量固定的条件下，显著性水平应取得_____（填大些或小些）.

5. 表 10.11 各种颜色汽车的销售情况.

表 10.11

颜色	红	黄	蓝	绿	棕
销售车辆数	40	64	46	36	14

在显著性水平 $\alpha = 0.05$ 下，检验顾客对这些颜色是否有偏爱时，则应取假设为_____，检验统计量的值为_____，临界值为_____，检验的结果是_____.

三、计算题与证明题

1. 由中心极限定理可以得出如下结论：不论期望为 μ 的总体服从什么分布，只要方差存在，当样本容量 n 充分大时，$\dfrac{\overline{X} - \mu}{S/\sqrt{n}}$ 便近似服从 $N(0,1)$ 分布.根据这一结果试对下面问题作出推断：

一位中学校长在报纸上看到这样的报道："这一城市的初中学生平均每周看 8 小时的电视".她认为她所领导的学校学生看电视的时间明显小于该数字，为此她向她的学校的 100 个初中学生作了调查，得知被调查学生平均每周看电视的时间为 6.5 小时，样本标准差为 2 小时，问是否可以认为这位校长的看法是对的？取显著性水平为 0.05.

2. 在 20 世纪 70 年代后期人们发现，在酿造啤酒时，麦芽干燥过程中形成了致癌物质 NDMA（亚硝基二甲胺）.到了 20 世纪 80 年代初期开发了一种新的麦芽干燥过程.表 10.12 给出分别在 12 次试验中，新老两种过程中形成的 NDMA 含量（以 10 亿份中的份数计）.

表 10.12

老过程	6	4	5	5	6	5	5	6	4	6	7	4
新过程	2	1	2	2	1	0	3	2	1	0	1	3

设两个样本分别来自正态总体，且两个总体的方差相等，但参数均未知，两样本独立.试问新过程的 NDMA 含量比老过程的 NDMA 含量小于 2（$\alpha = 0.05$）？

3. 在上面第 2 题中，检验"两个总体方差相等"假定的合理性（取显著性水平 $\alpha = 0.2$）.

4. 10 个失眠者，服用甲、乙两种安眠药，延长睡眠时间如表 10.13 所示（单位：小时）.

表 10.13

甲	1.9	0.8	1.1	0.1	−0.1	4.4	5.5	1.6	4.6	3.4
乙	0.7	−1.6	−0.2	−1.2	−0.1	3.4	3.7	0.8	0	2.0

假定服用甲、乙两种安眠药,延长睡眠的时间相互独立且都服从正态分布.问两种药的疗效是否有明显差异($\alpha=0.05$)(提示:设 $Z_i=X_i-Y_i$,显然 $Z_i \sim N(\mu,\sigma^2)$,再用单个正态总体的 t 检验法进行检验)?

5. 设有两个正态总体 $X \sim N(\mu_1,\sigma_1^2)$ 和 $Y \sim N(\mu_2,\sigma_2^2)$,其中 μ_1,μ_2 未知,σ_1^2,σ_2^2 也未知,但已知 $\sigma_1^2=k\sigma_2^2,k>0$ 为已知常数.又设 $(X_1,X_2,\cdots,X_{n_1})$ 和 $(Y_1,Y_2,\cdots,Y_{n_2})$ 是分别来自 X 和 Y 的两个独立样本.试建立假设:$H_0:\mu_1=\mu_2 \leftrightarrow H_1:\mu_1 \neq \mu_2$ 的检验法,求出其拒绝域(提示:参见习题8.3第6题).

6. 设正态总体的方差 σ^2 已知,$\overline{X}$ 是总体的容量为 n 的样本均值.要检验的假设为
$$H_0:\mu=\mu_0 \leftrightarrow H_1:\mu=\mu_1 \ (\mu_1>\mu_0)$$
对显著性水平 α,取拒绝域为
$$\frac{\overline{x}-\mu_0}{\sigma/\sqrt{n}} \geqslant u_\alpha$$
证明:(1)犯第二类错误的概率 $\beta=\Phi\left(u_\alpha-\dfrac{\mu_1-\mu_0}{\sigma/\sqrt{n}}\right)$;

(2)$u_\alpha+u_\beta=\dfrac{\mu_1-\mu_0}{\sigma/\sqrt{n}}$,从而 $n=\left(\dfrac{u_\alpha+u_\beta}{\mu_1-\mu_0}\right)^2 \sigma^2$.

7. 需要对某一正态总体 $N(\mu,2.5)$ 的均值 μ 进行假设检验
$$H_0:\mu \geqslant 15 \leftrightarrow H_1:\mu<15$$
显著性水平 $\alpha=0.05$.若要求 H_1 中的 $\mu \leqslant 13$ 且犯第二类错误的概率 $\beta \leqslant 0.05$,求所需的样本容量.

8*. 某种闪光灯,每盏灯含 4 个电池,随机地取 150 盏灯,经检测得到的数据由表 10.14 给出.

表 10.14

一盏灯损坏的电池数	0	1	2	3	4
灯的盏数	26	51	47	16	10

试取 $\alpha=0.05$,检验一盏灯损坏的电池数 X 是否服从二项分布 $b(4,p)$,其中 p 未知.

附　录

附表 1　几种常用的概率分布

分　布	参　数	分布律或概率密度	数学期望	方　差
(0-1)分布	$0<p<1$	$P\{X=k\}=p^k(1-p)^{1-k}$,　$k=0,1$	p	$p(1-p)$
二项分布	$n\geq 1$ $0<p<1$	$P\{X=k\}=C_n^k p^k(1-p)^{n-k}$,　$k=0,1,\cdots,n$	np	$np(1-p)$
负二项分布	$r\geq 1$ $0<p<1$	$P\{X=k\}=C_{k-1}^{r-1}p^r(1-p)^{k-r}$,　$k=r,r+1,\cdots$	$\dfrac{r}{p}$	$\dfrac{r(1-p)}{p^2}$
几何分布	$0<p<1$	$P\{X=k\}=p(1-p)^{k-1}$,　$k=1,2,\cdots$	$\dfrac{1}{p}$	$\dfrac{1-p}{p^2}$
超几何分布	N,M,n $(n\leq M)$	$P\{X=k\}=\dfrac{C_M^k C_{N-M}^{n-m}}{C_N^n}$,　$k=0,1,\cdots,n$	$\dfrac{nM}{N}$	$\dfrac{nM}{N}\left(1-\dfrac{M}{N}\right)\left(\dfrac{N-n}{N-1}\right)$
泊松分布	$\lambda>0$	$P\{X=k\}=\dfrac{\lambda^k e^{-\lambda}}{k!}$,　$k=0,1,\cdots$	λ	λ
均匀分布	$a<b$	$f(x)=\begin{cases}\dfrac{1}{b-a}, & a<x<b\\ 0, & 其他\end{cases}$	$\dfrac{a+b}{2}$	$\dfrac{(b-a)^2}{12}$
正态分布	μ $\sigma>0$	$f(x)=\dfrac{1}{\sqrt{2\pi}\sigma}e^{-\frac{(x-\mu)^2}{2\sigma^2}}$	μ	σ^2

分 布	参 数	分布律或概率密度	数学期望	方 差
Γ分布	$\alpha>0$ $\beta>0$	$f(x)=\begin{cases}\dfrac{1}{\beta^\alpha\Gamma(\alpha)}x^{\alpha-1}\mathrm{e}^{-x/\beta}, & x>0\\ 0, & \text{其他}\end{cases}$	$\alpha\beta$	$\alpha\beta^2$
指数分布	$\theta>0$	$f(x)=\begin{cases}\dfrac{1}{\theta}\mathrm{e}^{-x/\theta}, & x>0\\ 0, & \text{其他}\end{cases}$	θ	θ^2
χ^2分布	$n\geqslant1$	$f(x)=\begin{cases}\dfrac{1}{2^{n/2}\Gamma(n/2)}x^{n/2-1}\mathrm{e}^{-x/2}, & x>0\\ 0, & \text{其他}\end{cases}$	n	$2n$
威布尔分布	$\eta>0$ $\beta>0$	$f(x)=\begin{cases}\dfrac{\beta}{\eta}\left(\dfrac{x}{\eta}\right)^{\beta-1}\mathrm{e}^{-\left(\frac{x}{\eta}\right)^\beta}, & x>0\\ 0, & \text{其他}\end{cases}$	$\eta\Gamma\left(\dfrac{1}{\beta}+1\right)$	$\eta^2\left\{\Gamma\left(\dfrac{2}{\beta}+1\right)-\left[\Gamma\left(\dfrac{1}{\beta}+1\right)\right]^2\right\}$
瑞利分布	$\sigma>0$	$f(x)=\begin{cases}\dfrac{x}{\sigma^2}\mathrm{e}^{-x^2/(2\sigma^2)}, & x>0\\ 0, & \text{其他}\end{cases}$	$\sqrt{\dfrac{\pi}{2}}\,\sigma$	$\dfrac{4-\pi}{2}\sigma^2$
β分布	$\alpha>0$ $\beta>0$	$f(x)=\begin{cases}\dfrac{\Gamma(\alpha+\beta)}{\Gamma(\alpha)\Gamma(\beta)}x^{\alpha-1}(1-x)^{\beta-1}, & 0<x<1\\ 0, & \text{其他}\end{cases}$	$\dfrac{\alpha}{\alpha+\beta}$	$\dfrac{\alpha\beta}{(\alpha+\beta)^2(\alpha+\beta+1)}$
对数正态分布	μ $\sigma>0$	$f(x)=\begin{cases}\dfrac{1}{\sqrt{2\pi}\,\sigma x}\mathrm{e}^{-\frac{(\ln x-\mu)^2}{2\sigma^2}}, & x>0\\ 0, & \text{其他}\end{cases}$	$\mathrm{e}^{\mu+\frac{\sigma^2}{2}}$	$\mathrm{e}^{2\mu+\sigma^2}(\mathrm{e}^{\sigma^2}-1)$
柯西分布	α $\lambda>0$	$f(x)=\dfrac{1}{\pi}\cdot\dfrac{1}{\lambda^2+(x-a)^2}$	不存在	不存在
t分布	$n\geqslant1$	$f(x)=\dfrac{\Gamma[(n+1)/2]}{\sqrt{n\pi}\,\Gamma(n/2)}\left(1+\dfrac{x^2}{n}\right)^{-(n+1)/2}$	0	$\dfrac{n}{n-2}, n>2$
F分布	n_1,n_2	$f(x)=\begin{cases}\dfrac{\Gamma[(n_1+n_2)/2]}{\Gamma(n_1/2)\Gamma(n_2/2)}\left(\dfrac{n_1}{n_2}\right)^{(n_1)/2}x^{(n_1)/2-1}\cdot\left(1+\dfrac{n_1}{n_2}x\right)^{-(n_1+n_2)/2}, & x>0\\ 0, & \text{其他}\end{cases}$	$\dfrac{n_2}{n_2-2}$ $n_2>2$	$\dfrac{2n_2^2(n_1+n_2-2)}{n_1(n_2-2)^2(n_2-4)}$ $n_2>4$

附表 2　标准正态分布表

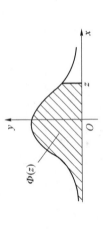

$$\Phi(z) = \int_{-\infty}^{z} \frac{1}{\sqrt{2\pi}} e^{-u^2/2}\,\mathrm{d}u = P\{Z \leq z\}$$

z	0	1	2	3	4	5	6	7	8	9
0.0	0.500 0	0.504 0	0.508 0	0.512 0	0.516 0	0.519 9	0.523 9	0.527 9	0.531 9	0.535 9
0.1	0.539 8	0.543 8	0.547 8	0.551 7	0.555 7	0.559 6	0.563 6	0.567 5	0.571 4	0.575 3
0.2	0.579 3	0.583 2	0.587 1	0.591 0	0.594 8	0.598 7	0.602 6	0.606 4	0.610 3	0.614 1
0.3	0.617 9	0.621 7	0.625 5	0.629 3	0.633 1	0.636 8	0.640 6	0.644 3	0.640 8	0.651 7
0.4	0.655 4	0.659 1	0.662 8	0.666 4	0.670 0	0.673 6	0.677 2	0.680 8	0.684 4	0.687 9
0.5	0.691 5	0.695 0	0.698 5	0.701 9	0.705 4	0.708 8	0.712 3	0.715 7	0.719 0	0.722 4
0.6	0.275 7	0.729 1	0.732 4	0.735 7	0.738 9	0.742 2	0.745 4	0.748 6	0.751 7	0.754 9
0.7	0.758 0	0.761 1	0.764 2	0.767 3	0.770 3	0.773 4	0.776 4	0.779 4	0.782 3	0.785 2
0.8	0.788 1	0.791 0	0.793 9	0.796 7	0.799 5	0.803 2	0.805 1	0.807 8	0.810 6	0.813 3
0.9	0.815 9	0.818 6	0.821 2	0.823 8	0.826 4	0.828 9	0.831 5	0.834 0	0.836 5	0.838 9
1.0	0.841 3	0.843 8	0.846 1	0.848 5	0.850 8	0.853 1	0.855 4	0.857 7	0.859 9	0.862 1
1.1	0.864 3	0.866 5	0.868 6	0.870 8	0.872 9	0.874 9	0.877 0	0.879 0	0.881 0	0.883 0
1.2	0.884 9	0.886 9	0.888 8	0.890 7	0.892 5	0.894 4	0.896 2	0.898 0	0.899 7	0.901 5
1.3	0.903 2	0.904 9	0.906 6	0.908 2	0.909 9	0.911 5	0.913 1	0.914 7	0.916 2	0.917 7
1.4	0.919 2	0.920 7	0.922 2	0.923 6	0.925 1	0.926 5	0.927 8	0.929 2	0.930 6	0.931 9
1.5	0.933 2	0.934 5	0.935 7	0.937 0	0.938 2	0.939 4	0.940 6	0.941 8	0.943 0	0.944 1
1.6	0.945 2	0.946 3	0.947 4	0.948 4	0.949 5	0.950 5	0.951 5	0.952 5	0.953 5	0.954 5
1.7	0.955 4	0.956 4	0.957 3	0.958 2	0.959 1	0.959 9	0.960 8	0.961 6	0.962 5	0.963 3
1.8	0.964 1	0.964 8	0.965 6	0.966 4	0.967 1	0.967 8	0.968 6	0.969 3	0.970 0	0.970 6
1.9	0.971 3	0.971 9	0.972 6	0.973 2	0.973 8	0.974 4	0.975 0	0.975 6	0.976 2	0.976 7

z	0	1	2	3	4	5	6	7	8	9
2.0	0.977 2	0.977 8	0.978 3	0.978 8	0.979 3	0.979 8	0.980 3	0.980 8	0.981 2	0.981 7
2.1	0.982 1	0.982 6	0.983 0	0.983 4	0.983 8	0.984 2	0.984 6	0.985 0	0.985 4	0.985 7
2.2	0.986 1	0.986 4	0.986 8	0.987 1	0.987 4	0.987 8	0.988 1	0.988 4	0.988 7	0.989 0
2.3	0.989 3	0.989 6	0.989 8	0.990 1	0.990 4	0.990 6	0.990 9	0.991 1	0.991 3	0.991 6
2.4	0.991 8	0.992 0	0.992 2	0.992 5	0.992 7	0.992 9	0.993 1	0.993 2	0.993 4	0.993 6
2.5	0.993 8	0.994 0	0.994 1	0.994 3	0.994 5	0.994 6	0.994 8	0.994 9	0.995 1	0.995 2
2.6	0.995 3	0.995 5	0.995 6	0.995 7	0.995 9	0.996 0	0.996 1	0.996 2	0.996 3	0.996 4
2.7	0.996 5	0.996 6	0.996 7	0.996 8	0.996 9	0.997 0	0.997 1	0.997 2	0.997 3	0.997 4
2.8	0.997 4	0.997 5	0.997 6	0.997 7	0.997 7	0.997 8	0.997 9	0.997 9	0.998 0	0.998 1
2.9	0.998 1	0.998 2	0.998 2	0.998 3	0.998 4	0.998 4	0.998 5	0.998 5	0.998 6	0.998 6
3.0	0.998 7	0.999 0	0.999 3	0.999 5	0.999 7	0.999 8	0.999 8	0.999 9	0.999 9	1.000 0

注:表中末行是函数值 $\Phi(3.0),\Phi(3.1),\cdots,\Phi(3.9)$.

$$1 - F(x-1) = \sum_{r=x}^{r=\infty} \frac{e^{-\lambda}\lambda^r}{r!}$$

x	$\lambda=0.2$	$\lambda=0.3$	$\lambda=0.4$	$\lambda=0.5$	$\lambda=0.6$
0	1.000 000 0	1.000 000 0	1.000 000 0	1.000 000 0	1.000 000 0
1	0.181 269 2	0.259 181 8	0.329 680 0	0.323 469	0.451 188
2	0.017 523 1	0.036 936 3	0.061 551 9	0.090 204	0.121 901
3	0.001 148 5	0.003 599 5	0.007 926 3	0.014 388	0.023 115
4	0.000 056 8	0.000 265 8	0.000 776 3	0.001 752	0.003 358
5	0.000 002 3	0.000 015 8	0.000 061 2	0.000 172	0.000 394
6	0.000 000 1	0.000 000 8	0.000 004 0	0.000 014	0.000 039
7			0.000 000 2	0.000 001	0.000 003

x	$\lambda=0.7$	$\lambda=0.8$	$\lambda=0.9$	$\lambda=1.0$	$\lambda=1.2$
0	1.000 000 0	1.000 000 0	1.000 000 0	1.000 000 0	1.000 000 0
1	0.503 415	0.550 671	0.593 430	0.632 121	0.698 806
2	0.155 805	0.191 208	0.227 518	0.264 241	0.337 373
3	0.034 142	0.047 423	0.062 857	0.080 301	0.120 513
4	0.005 753	0.009 080	0.013 459	0.018 988	0.033 769
5	0.000 786	0.001 411	0.002 344	0.003 660	0.007 746
6	0.000 090	0.000 184	0.000 343	0.000 594	0.001 500
7	0.000 009	0.000 021	0.000 043	0.000 083	0.000 251
8	0.000 001	0.000 002	0.000 005	0.000 010	0.000 037
9				0.000 001	0.000 005
10					0.000 001

x	$\lambda=1.4$	$\lambda=1.6$	$\lambda=1.8$		
0	1.000 000	1.000 000	1.000 000		
1	0.753 403	0.798 103	0.834 701		
2	0.408 167	0.475 069	0.537 163		
3	0.166 502	0.216 642	0.269 379		
4	0.053 725	0.078 813	0.108 708		
5	0.014 253	0.023 682	0.036 407		
6	0.003 201	0.006 040	0.010 378		
7	0.000 622	0.001 336	0.002 569		
8	0.000 107	0.000 260	0.000 562		
9	0.000 016	0.000 045	0.000 110		
10	0.000 002	0.000 007	0.000 019		
11		0.000 001	0.000 003		

x	$\lambda=2.5$	$\lambda=3.0$	$\lambda=3.5$	$\lambda=4.0$	$\lambda=4.5$	$\lambda=5.0$
0	1.000 000	1.000 000	1.000 000	1.000 000	1.000 000	1.000 000
1	0.917 915	0.950 213	0.969 803	0.981 684	0.988 891	0.993 262
2	0.712 703	0.800 852	0.864 112	0.908 422	0.938 901	0.959 572
3	0.456 187	0.576 810	0.679 153	0.761 897	0.826 422	0.875 348
4	0.242 424	0.352 768	0.463 367	0.566 530	0.657 704	0.734 974
5	0.108 822	0.184 737	0.274 555	0.371 163	0.467 896	0.559 507
6	0.042 021	0.083 918	0.142 386	0.214 870	0.297 070	0.384 039
7	0.014 187	0.033 509	0.065 288	0.110 674	0.168 949	0.237 817
8	0.004 247	0.011 905	0.026 739	0.051 134	0.086 586	0.133 372
9	0.001 140	0.003 803	0.009 874	0.021 363	0.040 257	0.068 094
10	0.000 277	0.001 102	0.003 315	0.008 132	0.017 093	0.031 828
11	0.000 062	0.000 292	0.001 019	0.002 840	0.006 669	0.013 695
12	0.000 013	0.000 071	0.000 289	0.000 915	0.002 404	0.005 453
13	0.000 002	0.000 016	0.000 076	0.000 274	0.000 805	0.002 019
14		0.000 003	0.000 019	0.000 076	0.000 252	0.000 698
15		0.000 001	0.000 004	0.000 020	0.000 074	0.000 226
16			0.000 001	0.000 005	0.000 020	0.000 069
17				0.000 001	0.000 005	0.000 020
18					0.000 001	0.000 005
19						0.000 001

附表4 t 分布表

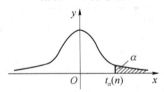

$$P\{t(n) > t_\alpha(n)\} = \alpha$$

n	$\alpha=0.25$	$\alpha=0.10$	$\alpha=0.05$	$\alpha=0.025$	$\alpha=0.01$	$\alpha=0.005$
1	1.000 0	3.077 7	6.313 8	12.706 2	31.820 7	63.657 4
2	0.816 5	1.885 6	2.920 0	4.302 7	6.964 6	9.924 8
3	0.764 9	1.637 7	2.353 4	3.182 4	4.540 7	5.840 9
4	0.740 7	1.533 2	2.131 8	2.776 4	3.746 9	4.604 1
5	0.726 7	1.475 9	2.015 0	2.570 6	3.364 9	4.032 2
6	0.717 6	1.439 8	1.943 2	2.446 9	3.142 7	3.707 4
7	0.711 1	1.414 9	1.894 6	2.364 6	2.998 0	3.499 5
8	0.706 4	1.396 8	1.859 5	2.306 0	2.896 5	3.355 4
9	0.702 7	1.383 0	1.833 1	2.262 2	2.821 4	3.249 8
10	0.699 8	1.372 2	1.812 5	2.228 1	2.763 8	3.169 3
11	0.697 4	1.363 4	1.795 9	2.201 0	2.718 1	3.105 8
12	0.695 5	1.356 2	1.782 3	2.178 8	2.681 0	3.054 5
13	0.693 8	1.350 2	1.770 9	2.160 4	2.650 3	3.012 3
14	0.692 4	1.345 0	1.761 3	2.144 8	2.624 5	2.976 8
15	0.691 2	1.340 6	1.753 1	2.131 5	2.602 5	2.946 7
16	0.690 1	1.336 8	1.745 9	2.119 9	2.583 5	2.920 8
17	0.689 2	1.333 4	1.739 6	2.109 8	2.566 9	2.898 2
18	0.688 4	1.330 4	1.734 1	2.100 9	2.552 4	2.878 4
19	0.687 6	1.327 7	1.729 1	2.093 0	2.539 5	2.860 9
20	0.687 0	1.325 3	1.724 7	2.086 0	2.528 0	2.845 3
21	0.686 4	1.323 2	1.720 7	2.079 6	2.517 7	2.831 4
22	0.685 8	1.321 2	1.717 1	2.073 9	2.508 3	2.818 8
23	0.685 3	1.319 5	1.713 9	2.068 7	2.499 9	2.807 3
24	0.684 8	1.317 8	1.710 9	2.063 9	2.492 2	2.796 9
25	0.684 4	1.316 3	1.708 1	2.059 5	2.485 1	2.787 4
26	0.684 0	1.315 0	1.705 8	2.055 5	2.478 6	2.778 7
27	0.683 7	1.313 7	1.703 3	2.051 8	2.472 7	2.770 7
28	0.683 4	1.312 5	1.701 1	2.048 4	2.467 1	2.763 3
29	0.683 0	1.311 4	1.699 1	2.045 2	2.462 0	2.756 4
30	0.682 8	1.310 4	1.697 3	2.042 3	2.457 3	2.750 0
31	0.682 5	1.309 5	1.695 5	2.039 5	2.452 8	2.744 0
32	0.682 2	1.308 6	1.693 9	2.036 9	2.448 7	2.738 5
33	0.682 0	1.307 7	1.692 4	2.034 5	2.444 8	2.733 3
34	0.681 8	1.307 0	1.690 9	2.032 2	2.441 1	2.728 4
35	0.681 6	1.306 2	1.689 6	2.030 1	2.437 7	2.723 8
36	0.681 4	1.305 5	1.688 3	2.028 1	2.434 5	2.719 5
37	0.681 2	1.304 9	1.687 1	2.026 2	2.431 4	2.715 4
38	0.681 0	1.304 2	1.686 0	2.024 4	2.428 6	2.711 6
39	0.680 8	1.303 6	1.684 9	2.022 7	2.425 8	2.707 9
40	0.680 7	1.303 1	1.683 9	2.021 1	2.423 3	2.704 5
41	0.680 5	1.302 5	1.682 9	2.019 5	2.420 8	2.701 2
42	0.680 4	1.302 0	1.682 0	2.018 1	2.418 5	2.698 1
43	0.680 2	1.301 6	1.681 1	2.016 7	2.416 3	2.695 1
44	0.680 1	1.301 1	1.680 2	2.015 4	2.414 1	2.692 3
45	0.680 0	1.300 6	1.679 4	2.014 1	2.412 1	2.680 6

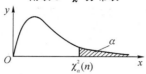

$$P\{\chi^2(n) > \chi_a^2(n)\} = \alpha$$

n	$\alpha=0.995$	$\alpha=0.99$	$\alpha=0.975$	$\alpha=0.95$	$\alpha=0.90$	$\alpha=0.75$
1	—	—	0.001	0.004	0.016	0.102
2	0.010	0.020	0.051	0.103	0.211	0.575
3	0.072	0.115	0.216	0.352	0.584	1.213
4	0.207	0.297	0.484	0.711	1.064	1.923
5	0.412	0.554	0.831	1.145	1.610	2.675
6	0.676	0.872	1.237	1.635	2.204	3.455
7	0.989	1.239	1.690	2.167	2.833	4.255
8	1.344	1.646	2.180	2.733	3.490	5.071
9	1.735	2.088	2.700	3.325	4.168	5.899
10	2.156	2.558	3.247	3.940	4.865	6.737
11	2.603	3.053	3.816	4.575	5.578	7.584
12	3.074	3.571	4.404	5.226	6.304	8.438
13	3.565	4.107	5.009	5.892	7.042	9.299
14	4.075	4.660	5.629	6.571	7.790	10.165
15	4.601	5.229	6.262	7.261	8.547	11.037
16	5.142	5.812	6.908	7.962	9.312	11.912
17	5.697	6.408	7.564	8.672	10.085	12.792
18	6.265	7.015	8.231	9.390	10.865	13.675
19	6.844	7.633	8.907	10.119	11.651	14.562
20	7.434	8.260	9.591	10.851	12.443	15.452
21	8.034	8.897	10.283	11.591	13.240	16.344
22	8.643	9.542	10.982	12.338	14.042	17.240
23	9.260	10.196	11.689	13.091	14.848	18.137
24	9.886	10.856	12.401	13.848	15.659	19.037
25	10.520	11.524	13.120	14.611	16.473	19.939
26	11.160	12.198	13.844	15.379	17.292	20.843
27	11.808	12.879	14.573	16.151	18.114	21.749
28	12.461	13.565	15.308	16.928	18.939	22.657
29	13.121	14.257	16.047	17.708	19.768	23.567
30	13.787	14.954	16.791	18.493	20.599	24.478
31	14.458	15.655	17.539	19.281	21.434	25.390
32	15.134	16.362	18.291	20.072	22.271	26.304
33	15.815	17.074	19.047	20.807	23.110	27.219
34	16.501	17.789	19.806	21.664	23.952	28.136
35	17.192	18.509	20.569	22.465	24.797	29.054
36	17.887	19.233	21.336	23.269	25.613	29.973
37	18.586	19.960	22.106	24.075	26.492	30.893
38	19.289	20.691	22.878	24.884	27.343	31.815
39	19.996	21.426	23.654	25.695	28.196	32.737
40	20.707	22.164	24.433	26.509	29.051	33.660
41	21.421	22.906	25.215	27.326	29.907	34.585
42	22.138	23.650	25.999	28.144	30.765	35.510
43	22.859	24.398	26.785	28.965	31.625	36.430
44	23.584	25.143	27.575	29.787	32.487	37.363
45	24.311	25.901	28.366	30.612	33.350	38.291

n	$\alpha=0.25$	$\alpha=0.10$	$\alpha=0.05$	$\alpha=0.025$	$\alpha=0.01$	$\alpha=0.005$
1	1.323	2.706	3.841	5.024	6.635	7.879
2	2.773	4.605	5.991	7.378	9.210	10.597
3	4.108	6.215	7.815	9.348	11.345	12.838
4	5.385	7.779	9.488	11.143	13.277	14.860
5	6.626	9.236	11.071	12.833	15.086	16.750
6	7.841	10.645	12.592	14.449	16.812	18.548
7	9.037	12.017	14.067	16.013	18.475	20.278
8	10.219	13.362	15.506	17.535	20.090	21.955
9	11.389	14.684	16.919	19.023	21.666	23.589
10	12.549	15.987	18.307	20.483	23.209	25.188
11	13.701	17.275	19.675	21.920	24.725	26.757
12	14.845	18.549	21.026	23.337	26.217	28.299
13	15.984	19.812	22.362	24.736	27.688	29.819
14	17.117	21.064	23.685	26.119	29.141	31.319
15	18.245	22.307	24.996	27.488	30.578	32.801
16	19.369	23.542	26.296	28.845	32.000	34.267
17	20.489	24.769	27.587	30.191	33.409	35.718
18	21.605	25.989	28.869	31.526	34.805	37.156
19	22.718	27.204	30.144	32.852	36.191	38.582
20	23.828	28.412	31.410	34.170	37.566	39.997
21	24.935	29.615	32.671	35.479	38.932	41.401
22	26.039	30.813	33.924	36.781	40.289	42.796
23	27.141	32.007	35.172	38.076	41.638	44.181
24	28.241	33.196	36.415	39.364	42.980	45.559
25	29.339	34.382	37.652	40.646	44.314	46.928
26	30.435	35.563	38.885	41.923	45.642	48.290
27	31.528	36.741	40.113	43.194	46.963	49.645
28	32.620	37.916	41.337	44.461	48.278	50.993
29	33.711	39.087	42.557	45.722	49.588	52.336
30	34.800	40.256	43.773	46.979	50.892	53.672
31	35.887	41.422	44.985	48.232	52.191	55.003
32	36.973	42.585	46.194	49.480	53.486	56.328
33	38.053	43.745	47.400	50.725	54.776	57.648
34	39.141	44.903	48.602	51.966	56.061	58.964
35	40.223	46.059	49.802	53.203	57.342	60.275
36	41.304	47.212	50.998	54.437	58.619	61.581
37	42.383	48.363	52.192	55.668	59.892	62.883
38	43.462	49.513	53.384	56.896	61.162	64.181
39	44.539	50.660	54.572	58.120	62.428	65.476
40	45.616	51.805	55.758	59.342	63.691	66.766
41	46.692	52.949	53.942	60.561	64.950	68.053
42	47.766	54.090	58.124	61.777	66.206	69.336
43	48.840	55.230	59.304	62.990	67.459	70.606
44	49.913	56.369	60.481	64.201	68.710	71.893
45	50.985	57.505	61.656	65.410	69.957	73.166

$$P\{F(n_1,n_2) > F_\alpha(n_1,n_2)\} = \alpha$$

$\alpha=0.10$

n_2 \ n_1	1	2	3	4	5	6	7	8	9	10	12	15	20	24	30	40	60	120	∞
1	39.86	49.50	53.59	55.83	57.24	58.20	58.91	59.44	59.86	60.19	60.71	61.22	61.74	62.00	62.26	62.53	62.79	63.06	63.33
2	8.53	9.00	9.16	9.24	9.29	9.33	9.35	9.37	9.38	9.39	9.41	9.42	9.44	9.45	9.46	9.47	9.47	9.48	9.49
3	5.54	5.46	5.39	5.34	5.31	5.28	5.27	5.25	5.24	5.23	5.22	5.20	5.18	5.18	5.17	5.16	5.15	5.14	5.13
4	4.54	4.32	4.19	4.11	4.05	4.01	3.98	3.95	3.94	3.92	3.90	3.87	3.84	3.83	3.82	3.80	3.79	3.78	4.76
5	4.06	3.78	3.62	3.52	3.45	3.40	3.73	3.34	3.32	3.30	3.27	3.24	3.21	3.19	3.17	3.16	3.14	3.12	3.10
6	3.78	3.46	3.29	3.18	3.11	3.05	3.01	2.98	2.96	2.94	2.90	2.87	2.84	2.82	2.80	2.78	2.76	2.74	2.72
7	3.59	3.26	3.07	2.96	2.88	2.83	2.78	2.75	2.72	2.70	2.67	2.63	2.59	2.58	2.56	2.54	2.51	2.49	2.47
8	3.46	3.11	2.92	2.81	2.73	2.67	2.62	2.59	2.56	2.54	2.50	2.46	2.42	2.40	2.38	2.36	2.34	2.32	2.29
9	3.36	3.01	2.81	2.69	2.61	2.55	2.51	2.47	2.44	2.42	2.38	2.34	2.30	2.28	2.25	2.23	2.21	2.18	2.16
10	3.29	2.92	2.73	2.61	2.52	2.46	2.41	2.38	2.35	2.32	2.28	2.24	2.20	2.18	2.16	2.13	2.11	2.08	2.06
11	3.23	2.86	2.66	2.54	2.45	2.39	2.34	2.30	2.27	2.25	2.21	2.17	2.12	2.10	2.08	2.05	2.03	2.00	1.97
12	3.18	2.81	2.61	2.48	2.39	2.33	2.28	2.24	2.21	2.19	2.15	2.10	2.06	2.04	2.01	1.99	1.96	1.93	1.90
13	3.14	2.76	2.56	2.43	2.35	2.28	2.23	2.20	2.16	2.14	2.10	2.05	2.01	1.98	1.96	1.93	1.90	1.88	1.85
14	3.10	2.73	2.52	2.39	2.31	2.24	2.19	2.15	2.12	2.10	2.05	2.01	1.96	1.94	1.91	1.89	1.86	1.83	1.80
15	3.07	2.70	2.49	2.36	2.27	2.21	2.16	2.12	2.09	2.06	2.02	1.97	1.92	1.90	1.87	1.85	1.82	1.79	1.76
16	3.05	2.67	2.46	2.33	2.24	2.18	2.13	2.09	2.06	2.03	1.99	1.94	1.89	1.87	1.84	1.81	1.78	1.75	1.72
17	3.03	2.64	2.44	2.31	2.22	2.15	2.10	2.06	2.03	2.00	1.96	1.91	1.86	1.84	1.81	1.78	1.75	1.72	1.69
18	3.01	2.62	2.42	2.29	2.20	2.13	2.08	2.04	2.00	1.98	1.93	1.89	1.84	1.81	1.78	1.75	1.72	1.69	1.66
19	2.99	2.61	2.40	2.27	2.18	2.11	2.06	2.02	1.98	1.96	1.91	1.86	1.81	1.79	1.76	1.73	1.70	1.67	1.63
20	2.97	2.59	2.38	2.25	2.16	2.09	2.04	2.00	1.96	1.94	1.89	1.84	1.79	1.77	1.74	1.71	1.68	1.64	1.61
21	2.96	2.57	2.36	2.23	2.14	2.08	2.02	1.98	1.95	1.92	1.87	1.83	1.78	1.75	1.72	1.69	1.66	1.62	1.59
22	2.95	2.56	2.35	2.22	2.13	2.06	2.01	1.97	1.93	1.90	1.86	1.81	1.76	1.73	1.70	1.67	1.64	1.60	1.57

$\alpha = 0.10$

n_2 \ n_1	1	2	3	4	5	6	7	8	9	10	12	15	20	24	30	40	60	120	∞
23	2.94	2.55	2.34	2.21	2.11	2.05	1.99	1.95	1.92	1.89	1.84	1.80	1.74	1.72	1.69	1.66	1.62	1.59	1.55
24	2.93	2.54	2.33	2.19	2.10	2.04	1.98	1.94	1.91	1.88	1.83	1.78	1.73	1.70	1.67	1.64	1.61	1.57	1.53
25	2.92	2.53	2.32	2.18	2.09	2.02	1.97	1.93	1.89	1.87	1.82	1.77	1.72	1.69	1.66	1.63	1.59	1.56	1.52
26	2.91	2.52	2.31	2.17	2.08	2.01	1.96	1.92	1.88	1.86	1.81	1.76	1.71	1.68	1.65	1.61	1.58	1.54	1.50
27	2.90	2.51	2.30	2.17	2.07	2.00	1.95	1.91	1.87	1.85	1.80	1.75	1.70	1.67	1.64	1.60	1.57	1.53	1.49
28	2.89	2.50	2.29	2.16	2.06	2.00	1.94	1.90	1.87	1.84	1.79	1.74	1.69	1.66	1.63	1.59	1.56	1.52	1.48
29	2.89	2.50	2.28	2.15	2.06	1.99	1.93	1.89	1.86	1.83	1.78	1.73	1.68	1.65	1.62	1.58	1.55	1.51	1.47
30	2.88	2.49	2.28	2.14	2.05	1.98	1.93	1.88	1.85	1.82	1.77	1.72	1.67	1.64	1.61	1.57	1.54	1.50	1.46
40	2.84	2.44	2.23	2.09	2.00	1.93	1.87	1.83	1.79	1.76	1.71	1.66	1.61	1.57	1.54	1.51	1.47	1.42	1.38
60	2.79	2.39	2.18	2.04	1.95	1.87	1.82	1.77	1.74	1.71	1.66	1.60	1.54	1.51	1.48	1.44	1.40	1.35	1.29
120	2.75	2.35	2.13	1.99	1.90	1.82	1.77	1.72	1.68	1.65	1.60	1.55	1.48	1.45	1.41	1.37	1.32	1.26	1.19
∞	2.71	2.30	2.08	1.94	1.85	1.77	1.72	1.67	1.63	1.60	1.55	1.49	1.42	1.38	1.34	1.30	1.24	1.17	1.10

$\alpha = 0.05$

n_2 \ n_1	1	2	3	4	5	6	7	8	9	10	12	15	20	24	30	40	60	120	∞
1	161.4	199.5	215.7	224.6	230.2	234.0	236.8	238.9	240.5	241.9	243.9	245.9	248.0	249.1	250.1	251.1	252.2	253.3	254.3
2	18.51	19.00	19.16	19.25	19.30	19.33	19.35	19.37	19.38	19.40	19.41	19.43	19.45	19.45	19.46	19.47	19.48	19.49	19.50
3	10.13	9.55	9.28	9.12	9.01	8.94	8.89	8.85	8.81	8.79	8.74	8.70	8.66	8.64	8.62	8.59	8.57	8.55	8.53
4	7.71	6.94	6.59	6.39	6.26	6.16	6.09	6.04	6.00	5.96	5.91	5.86	5.80	5.77	5.75	5.72	5.69	5.66	5.63
5	6.61	5.79	5.41	5.19	5.05	4.95	4.88	4.82	4.77	4.74	4.68	4.62	4.56	4.53	4.50	4.46	4.43	4.40	4.36
6	5.99	5.14	4.76	4.53	4.39	4.28	4.21	4.15	4.10	4.06	4.00	3.94	3.87	3.84	3.81	3.77	3.74	3.70	3.67
7	5.59	4.74	4.35	4.12	3.97	3.87	3.79	3.73	3.68	3.64	3.57	3.51	3.44	3.41	3.38	3.34	3.30	3.27	3.23
8	5.32	4.46	4.07	3.84	3.69	3.58	3.50	3.44	3.39	3.35	3.28	3.22	3.15	3.12	3.08	3.04	3.01	2.97	2.93
9	5.12	4.26	3.86	3.63	3.48	3.37	3.29	3.23	3.18	3.14	3.07	3.01	2.94	2.90	2.86	2.83	2.79	2.75	2.71
10	4.96	4.10	3.71	3.48	3.33	3.22	3.14	3.07	3.02	2.98	2.91	2.85	2.77	2.74	2.70	2.66	2.62	2.58	2.54

$\alpha = 0.05$

n_1 \ n_2	1	2	3	4	5	6	7	8	9	10	12	15	20	24	30	40	60	120	∞
11	4.84	3.98	3.59	3.36	3.20	3.09	3.01	2.95	2.90	2.85	2.79	2.72	2.65	2.61	2.57	2.53	2.49	2.45	2.40
12	4.75	3.89	3.49	3.26	3.11	3.00	2.91	2.85	2.80	2.75	2.69	2.62	2.54	2.51	2.47	2.43	2.38	2.34	2.30
13	4.67	3.81	3.41	3.18	3.03	2.92	2.83	2.77	2.71	2.67	2.60	2.53	2.46	2.42	2.38	2.34	2.30	2.25	2.21
14	4.60	3.74	3.34	3.11	2.96	2.85	2.76	2.70	2.65	2.60	2.53	2.46	2.39	2.35	2.31	2.27	2.22	2.18	2.13
15	4.54	3.68	3.29	3.06	2.90	2.79	2.71	2.64	2.59	2.54	2.48	2.40	2.33	2.29	2.25	2.20	2.16	2.11	2.07
16	4.49	3.63	3.24	3.01	2.85	2.74	2.66	2.59	2.54	2.49	2.42	2.35	2.28	2.24	2.19	2.15	2.11	2.06	2.01
17	4.45	3.59	3.20	2.96	2.81	2.70	2.61	2.55	2.49	2.45	2.38	2.31	2.23	2.19	2.15	2.10	2.06	2.01	1.96
18	4.41	3.55	3.16	2.93	2.77	2.66	2.58	2.51	2.46	2.41	2.34	2.27	2.19	2.15	2.11	2.06	2.02	1.97	1.92
19	4.38	3.52	3.13	2.90	2.74	2.63	2.54	2.48	2.42	2.38	2.31	2.23	2.16	2.11	2.07	2.03	1.98	1.93	1.88
20	4.35	3.49	3.10	2.87	2.71	2.60	2.51	2.45	2.39	2.35	2.28	2.20	2.12	2.08	2.04	1.99	1.95	1.90	1.84
21	4.32	3.47	3.07	2.84	2.68	2.57	2.49	2.42	2.37	2.32	2.25	2.18	2.10	2.05	2.01	1.96	1.92	1.87	1.81
22	4.30	3.44	3.05	2.82	2.66	2.55	2.46	2.40	2.34	2.30	2.23	2.15	2.07	2.03	1.98	1.94	1.89	1.84	1.78
23	4.28	3.42	3.03	2.80	2.64	2.53	2.44	2.37	2.32	2.27	2.20	2.13	2.05	2.01	1.96	1.91	1.86	1.81	1.76
24	4.26	3.40	3.01	2.78	2.62	2.51	2.42	2.36	2.30	2.25	2.18	2.11	2.03	1.98	1.94	1.89	1.84	1.79	1.73
25	4.24	3.39	2.99	2.76	2.60	2.49	2.40	2.34	2.28	2.24	2.16	2.09	2.01	1.96	1.92	1.87	1.82	1.77	1.71
26	4.23	3.37	2.98	2.74	2.59	2.47	2.39	2.32	2.27	2.22	2.15	2.07	1.99	1.95	1.90	1.85	1.80	1.75	1.69
27	4.21	3.35	2.96	2.73	2.57	2.46	2.37	2.31	2.25	2.20	2.13	2.06	1.97	1.93	1.88	1.84	1.79	1.73	1.67
28	4.20	3.34	2.95	2.71	2.56	2.45	2.36	2.29	2.24	2.19	2.12	2.04	1.96	1.91	1.87	1.82	1.77	1.71	1.65
29	4.18	3.33	2.93	2.70	2.55	2.43	2.35	2.28	2.22	2.18	2.10	2.03	1.94	1.90	1.85	1.81	1.75	1.70	1.64
30	4.17	3.32	2.92	2.69	2.53	2.42	2.33	2.27	2.21	2.16	2.09	2.01	1.93	1.89	1.84	1.79	1.74	1.68	1.62
40	4.08	3.23	2.84	2.61	2.45	2.34	2.25	2.18	2.12	2.08	2.00	1.92	1.84	1.79	1.74	1.69	1.64	1.58	1.51
60	4.00	3.15	2.76	2.53	2.37	2.25	2.17	2.10	2.04	1.99	1.92	1.84	1.75	1.70	1.65	1.59	1.53	1.47	1.39
120	3.92	3.07	2.68	2.45	2.29	2.17	2.09	2.02	1.96	1.91	1.83	1.75	1.66	1.61	1.55	1.50	1.43	1.35	1.25
∞	3.84	3.00	2.60	2.37	2.21	2.10	2.01	1.94	1.88	1.83	1.75	1.67	1.57	1.52	1.46	1.39	1.32	1.22	1.00

$\alpha=0.025$

n_2 \ n_1	1	2	3	4	5	6	7	8	9	10	12	15	20	24	30	40	60	120	∞
1	647.8	799.5	864.2	899.6	921.8	937.1	948.2	956.7	963.3	968.6	976.7	984.9	993.1	997.2	1 001	1 006	1 010	1 014	1 018
2	38.51	39.00	39.17	39.25	39.30	39.33	39.36	39.37	39.39	39.40	39.41	39.43	39.45	39.46	39.46	39.47	39.48	39.49	39.50
3	17.44	16.04	15.44	15.10	14.88	14.73	14.62	14.54	14.47	14.42	14.34	14.25	14.17	14.12	14.08	14.04	13.99	13.95	13.90
4	12.22	10.65	9.98	9.60	9.36	9.20	9.09	8.98	8.90	8.84	8.75	8.66	8.56	8.51	8.46	8.41	8.36	8.31	8.26
5	10.01	8.43	7.76	7.39	7.15	6.98	6.85	6.76	6.68	6.62	6.52	6.43	6.33	6.28	6.23	6.18	6.12	6.07	6.02
6	8.81	7.26	6.60	6.23	5.99	5.82	5.70	5.60	5.52	5.46	5.37	5.27	5.17	5.12	5.07	5.01	4.96	4.90	4.85
7	8.07	6.54	5.89	5.52	5.29	5.12	4.99	4.90	4.82	4.76	4.67	4.57	4.47	4.42	4.36	4.31	4.25	4.20	4.14
8	7.57	6.06	5.42	5.05	4.82	4.65	4.53	4.43	4.36	4.30	4.20	4.10	4.00	3.95	3.89	3.84	3.78	3.73	3.67
9	7.21	5.71	5.08	4.72	4.48	4.23	4.20	4.10	4.03	3.96	3.87	3.77	3.67	3.61	3.56	3.51	3.45	3.39	3.33
10	6.94	5.46	4.83	4.47	4.24	4.07	3.95	3.85	3.78	3.72	3.62	3.52	3.42	3.37	3.31	3.26	3.20	3.14	3.08
11	6.72	5.26	4.63	4.28	4.04	3.88	3.76	3.66	3.59	3.53	3.43	3.33	3.23	3.17	3.12	3.06	3.00	2.94	2.88
12	6.55	5.10	4.47	4.12	3.89	3.73	3.61	3.51	3.44	3.37	3.28	3.18	3.07	3.02	2.96	2.91	2.85	2.79	2.72
13	6.41	4.97	4.35	4.00	3.77	3.60	3.48	3.39	3.31	3.25	3.15	3.05	2.95	2.89	2.84	2.78	2.72	2.66	2.60
14	6.30	4.86	4.24	3.89	3.66	3.50	3.38	3.29	3.21	3.15	3.05	2.95	2.84	2.79	2.73	2.67	2.61	2.55	2.49
15	6.20	4.77	4.15	3.80	3.58	3.41	3.29	3.20	3.12	3.06	2.96	2.86	2.76	2.70	2.64	2.59	2.52	2.46	2.40
16	6.12	4.69	4.08	3.73	3.50	3.34	3.22	3.12	3.05	2.99	2.89	2.79	2.68	2.63	2.57	2.51	2.45	2.38	2.32
17	6.04	4.62	4.01	3.66	3.44	3.28	3.16	3.06	2.98	2.92	2.82	2.72	2.62	2.56	2.50	2.44	2.38	2.32	2.25
18	5.98	4.56	3.95	3.61	3.38	3.22	3.10	3.01	2.93	2.87	2.77	2.67	2.56	2.50	2.44	2.38	2.32	2.26	2.19
19	5.92	4.51	3.90	3.56	3.33	3.17	3.05	2.96	2.88	2.82	2.72	2.62	2.51	2.45	2.39	2.33	2.27	2.20	2.13
20	5.87	4.46	3.86	3.51	3.29	3.13	3.01	2.91	2.84	2.77	2.68	2.57	2.46	2.41	2.35	2.29	2.22	2.16	2.09
21	5.83	4.42	3.82	3.48	3.25	3.09	2.97	2.87	2.80	2.73	2.64	2.53	2.42	2.37	2.31	2.25	2.18	2.11	2.04
22	5.79	4.38	3.78	3.44	3.22	3.05	2.93	2.84	2.76	2.70	2.60	2.50	2.39	2.33	2.27	2.21	2.14	2.08	2.00
23	5.75	4.35	3.75	3.41	3.18	3.02	2.90	2.81	2.73	2.67	2.57	2.47	2.36	2.30	2.24	2.18	2.11	2.04	1.97
24	5.72	4.32	3.72	3.38	3.15	2.99	2.87	2.78	2.70	2.64	2.54	2.44	2.33	2.27	2.21	2.15	2.08	2.01	1.94
25	5.69	4.29	3.69	3.35	3.13	2.97	2.85	2.75	2.68	2.61	2.51	2.41	2.30	2.24	2.18	2.12	2.05	1.98	1.91
26	5.66	4.27	3.67	3.33	3.10	2.94	2.82	2.73	2.65	2.59	2.49	2.39	2.28	2.22	2.16	2.09	2.03	1.95	1.88
27	5.63	4.24	3.65	3.31	3.08	2.92	2.80	2.71	2.63	2.57	2.47	2.36	2.25	2.19	2.13	2.07	2.00	1.93	1.85

$\alpha = 0.025$

n_2＼n_1	1	2	3	4	5	6	7	8	9	10	12	15	20	24	30	40	60	120	∞
28	5.61	4.22	3.63	3.29	3.06	2.90	2.78	2.69	2.61	2.55	2.45	2.34	2.23	2.17	2.11	2.05	1.98	1.91	1.83
29	5.59	4.20	3.61	3.27	3.04	2.88	2.76	2.67	2.59	2.53	2.43	2.32	2.21	2.15	2.09	2.03	1.96	1.89	1.81
30	5.57	4.18	3.59	3.25	3.03	2.87	2.75	2.65	2.57	2.51	2.41	2.31	2.20	2.14	2.07	2.01	1.94	1.87	1.79
40	5.42	4.05	3.46	3.13	2.90	2.74	2.62	2.53	2.45	2.39	2.29	2.18	2.07	2.01	1.94	1.88	1.80	1.72	1.64
60	5.29	3.93	3.34	3.01	2.79	2.63	2.51	2.41	2.33	2.27	2.17	2.06	1.94	1.88	1.82	1.74	1.67	1.58	1.48
120	5.15	3.80	3.23	2.89	2.67	2.52	2.39	2.30	2.22	2.16	2.05	1.94	1.82	1.76	1.69	1.61	1.53	1.43	1.31
∞	5.02	3.69	3.12	2.79	2.57	2.41	2.29	2.19	2.11	2.05	1.94	1.83	1.71	1.64	1.57	1.48	1.39	1.27	1.00

$\alpha = 0.01$

n_2＼n_1	1	2	3	4	5	6	7	8	9	10	12	15	20	24	30	40	60	120	∞
1	4 052	4 999	5 403	5 625	5 764	5 859	5 928	5 982	6 022	6 056	6 106	6 157	6 209	6 235	6 261	6 287	6 313	6 339	6 366
2	98.50	99.00	99.17	99.25	99.30	99.33	99.36	99.37	99.39	99.40	99.42	99.43	99.45	99.46	99.47	99.47	99.48	99.49	99.50
3	34.12	30.82	29.46	28.71	28.24	27.91	27.67	27.49	27.35	27.23	27.05	26.87	26.69	26.60	26.50	26.41	26.32	26.22	26.13
4	21.20	18.00	16.69	15.98	15.52	15.21	14.98	14.80	14.66	14.55	14.37	14.20	14.02	13.93	13.84	13.75	13.65	13.56	13.46
5	16.26	13.27	12.06	11.39	10.97	10.67	10.46	10.29	10.16	10.05	9.89	9.72	9.55	9.47	9.38	9.29	9.20	9.11	9.02
6	13.75	10.92	9.78	9.15	8.75	8.47	8.26	8.10	7.98	7.87	7.72	7.56	7.40	7.31	7.23	7.14	7.06	6.97	6.88
7	12.25	9.55	8.45	7.85	7.46	7.19	6.99	6.84	6.72	6.62	6.47	6.31	6.16	6.07	5.99	5.91	5.82	5.74	5.65
8	11.26	8.65	7.59	7.01	6.63	6.37	6.18	6.03	5.91	5.81	5.67	5.52	5.36	5.28	5.20	5.12	5.03	4.95	4.86
9	10.56	8.02	6.99	6.42	6.06	5.80	5.61	5.47	5.35	5.26	5.11	4.96	4.81	4.73	4.65	4.57	4.48	4.40	4.31
10	10.04	7.56	6.55	5.99	5.64	5.39	5.20	5.06	4.94	4.85	4.71	4.56	4.41	4.33	4.25	4.17	4.08	4.00	3.91
11	9.65	7.21	6.22	5.67	5.32	5.07	4.89	4.74	4.63	4.54	4.40	4.25	4.10	4.02	3.94	3.86	3.78	3.69	3.60
12	9.33	6.93	5.95	5.41	5.06	4.82	4.64	4.50	4.39	4.30	4.16	4.01	3.86	3.78	3.70	3.62	3.54	3.45	3.36
13	9.07	6.70	5.74	5.21	4.86	4.62	4.44	4.30	4.19	4.10	3.96	3.82	3.66	3.59	3.51	3.43	3.34	3.25	3.17
14	8.86	6.51	5.56	5.04	4.69	4.46	4.28	4.14	4.03	3.94	3.80	3.66	3.51	3.43	3.35	3.27	3.18	3.09	3.00

$\alpha=0.01$

n_1 \ n_2	1	2	3	4	5	6	7	8	9	10	12	15	20	24	30	40	60	120	∞
15	8.68	6.36	5.42	4.89	4.56	4.32	4.14	4.00	3.89	3.80	3.67	3.52	3.37	3.29	3.21	3.13	3.05	2.96	2.87
16	8.53	6.23	5.29	4.77	4.44	4.20	4.03	3.89	3.78	3.69	3.55	3.41	3.26	3.18	3.10	3.02	2.93	2.84	2.75
17	8.40	6.11	5.18	4.67	4.34	4.10	3.93	3.79	3.68	3.59	3.46	3.31	3.16	3.08	3.00	2.92	2.83	2.75	2.65
18	8.29	6.01	5.09	4.58	4.25	4.01	3.84	3.71	3.60	3.51	3.37	3.23	3.08	3.00	2.92	2.84	2.75	2.66	2.57
19	8.18	5.93	5.01	4.50	4.17	3.94	3.77	3.63	3.52	3.43	3.30	3.15	3.00	2.92	2.84	2.76	2.67	2.58	2.49
20	8.10	5.85	4.94	4.43	4.10	3.87	3.70	3.56	3.46	3.37	3.23	3.09	2.94	2.86	2.78	2.69	2.61	2.52	2.42
21	8.02	5.78	4.87	4.37	4.04	3.81	3.64	3.51	3.40	3.31	3.17	3.03	2.88	2.80	2.72	2.64	2.55	2.46	2.36
22	7.95	5.72	4.82	4.31	3.99	3.76	3.59	3.45	3.35	3.26	3.12	2.98	2.83	2.75	2.67	2.58	2.50	2.40	2.31
23	7.88	5.66	4.76	4.26	3.94	3.71	3.54	3.41	3.30	3.21	3.07	2.93	2.78	2.70	2.62	2.54	2.45	2.35	2.26
24	7.82	5.61	4.72	4.22	3.90	3.67	3.50	3.36	3.26	3.17	3.03	2.89	2.74	2.66	2.58	2.49	2.40	2.31	2.21
25	7.77	5.57	4.68	4.18	3.85	3.63	3.46	3.32	3.22	3.13	2.99	2.85	2.70	2.62	2.54	2.45	2.36	2.27	2.17
26	7.72	5.53	4.64	4.14	3.82	3.59	3.42	3.29	3.18	3.09	2.96	2.81	2.66	2.58	2.50	2.42	2.33	2.23	2.13
27	7.68	5.49	4.60	4.11	3.78	3.56	3.39	3.26	3.15	3.06	2.93	2.78	2.63	2.55	2.47	2.38	2.29	2.20	2.10
28	7.64	5.45	4.57	4.07	3.75	3.53	3.36	3.23	3.12	3.03	2.90	2.75	2.60	2.52	2.44	2.35	2.26	2.17	2.06
29	7.60	5.42	4.54	4.04	3.73	3.50	3.33	3.20	3.09	3.00	2.87	2.73	2.57	2.49	2.41	2.33	2.23	2.14	2.03
30	7.56	5.39	4.51	4.02	3.70	3.47	3.30	3.17	3.07	2.98	2.84	2.70	2.55	2.47	2.39	2.30	2.21	2.11	2.01
40	7.31	5.18	4.31	3.83	3.51	3.29	3.12	2.99	2.89	2.80	2.66	2.52	2.37	2.29	2.20	2.11	2.02	1.92	1.80
60	7.08	4.98	4.13	3.65	3.34	3.12	2.95	2.82	2.72	2.63	2.50	2.35	2.20	2.12	2.03	1.94	1.84	1.73	1.60
120	6.85	4.79	3.95	3.48	3.17	2.96	2.79	2.66	2.56	2.47	2.34	2.19	2.03	1.95	1.86	1.76	1.66	1.53	1.38
∞	6.63	4.61	3.78	3.32	3.02	2.80	2.64	2.51	2.41	2.32	2.18	2.04	1.88	1.79	1.70	1.59	1.47	1.32	1.00

$\alpha = 0.005$

n_2 \ n_1	1	2	3	4	5	6	7	8	9	10	12	15	20	24	30	40	60	120	∞
1	16 211	20 000	21 615	22 500	23 056	23 437	23 715	23 925	24 091	24 224	24 426	24 630	24 836	24 940	25 044	25 148	25 253	25 359	25 465
2	198.5	199.0	199.2	199.2	199.3	199.3	199.4	199.4	199.4	199.4	199.4	199.4	199.4	199.5	199.5	199.5	199.5	199.5	199.5
3	55.55	49.80	47.47	46.19	45.39	44.84	44.43	44.13	43.88	43.69	43.39	43.08	42.78	42.62	42.47	42.31	42.15	41.99	41.83
4	31.33	26.28	24.26	23.15	22.46	21.97	21.62	21.35	21.14	20.97	20.70	20.44	20.17	20.03	19.89	19.75	19.61	19.47	19.32
5	22.78	18.31	16.53	15.56	14.94	14.51	14.20	13.96	13.77	13.62	13.38	13.15	12.90	12.78	12.66	12.53	12.40	12.27	12.14
6	18.63	14.54	12.92	12.03	11.46	11.07	10.79	10.57	10.39	10.25	10.03	9.81	9.59	9.47	9.36	9.24	9.12	9.00	8.88
7	16.24	12.40	10.88	10.05	9.52	9.16	8.89	8.68	8.51	8.38	8.18	7.97	7.75	7.65	7.53	7.42	7.31	7.19	7.08
8	14.69	11.04	9.60	8.81	8.30	7.95	7.69	7.50	7.34	7.21	7.01	6.81	6.61	6.50	6.40	6.29	6.18	6.06	5.95
9	13.61	10.11	8.72	7.96	7.47	7.13	6.88	6.69	6.54	6.42	6.23	6.03	5.83	5.73	5.62	5.52	5.41	5.30	5.19
10	12.83	9.43	8.08	7.34	6.87	6.54	6.30	6.12	5.97	5.85	5.66	5.47	5.27	5.17	5.07	4.97	4.86	4.75	4.64
11	12.23	8.91	7.60	6.88	6.42	6.10	5.86	5.68	5.54	5.42	5.24	5.05	4.86	4.76	4.65	4.55	4.44	4.34	4.23
12	11.75	8.51	7.23	6.52	6.07	5.76	5.52	5.35	5.20	5.09	4.91	4.72	4.53	4.43	4.33	4.23	4.12	4.01	3.90
13	11.37	8.19	6.93	6.23	5.79	5.48	5.25	5.08	4.94	4.82	4.64	4.46	4.27	4.17	4.07	3.97	3.87	3.76	3.65
14	11.06	7.92	6.68	6.00	5.56	5.26	5.03	4.86	4.72	4.60	4.43	4.25	4.06	3.96	3.86	3.76	3.66	3.55	3.44
15	10.80	7.70	6.48	5.80	5.37	5.07	4.85	4.67	4.54	4.42	4.25	4.07	3.88	3.79	3.69	3.58	3.48	3.37	3.26
16	10.58	7.51	6.30	5.64	5.21	4.91	4.69	4.52	4.38	4.27	4.10	3.92	3.73	3.64	3.54	3.44	3.33	3.22	3.11
17	10.38	7.35	6.16	5.50	5.07	4.78	4.56	4.39	4.29	4.14	3.97	3.79	3.61	3.51	3.41	3.31	3.21	3.10	2.98
18	10.22	7.21	6.03	5.37	4.96	4.66	4.44	4.28	4.14	4.03	3.86	3.68	3.50	3.40	3.30	3.20	3.10	2.99	2.87
19	10.07	7.09	5.92	5.27	4.85	4.56	4.34	4.18	4.04	3.93	3.76	3.59	3.40	3.31	3.21	3.11	3.00	2.89	2.78
20	9.94	6.99	5.82	5.17	4.76	4.47	4.26	4.09	3.96	3.85	3.68	3.50	3.32	3.22	3.12	3.02	2.92	2.81	2.69
21	9.83	6.89	5.73	5.09	4.68	4.39	4.18	4.01	3.88	3.77	3.60	3.43	3.24	3.15	3.05	2.95	2.84	2.73	2.61
22	9.73	6.81	5.65	5.02	4.61	4.32	4.11	3.94	3.81	3.70	3.54	3.36	3.18	3.08	2.98	2.88	2.77	2.66	2.55
23	9.63	6.73	5.58	4.95	4.54	4.26	4.05	3.88	3.75	3.64	3.47	3.30	3.12	3.02	2.92	2.82	2.71	2.60	2.48
24	9.55	6.66	5.52	4.89	4.49	4.20	3.99	3.83	3.69	3.59	3.42	3.25	3.06	2.97	2.87	2.77	2.66	2.55	2.43
25	9.48	6.60	5.46	4.84	4.43	4.15	3.94	3.78	3.64	3.54	3.37	3.20	3.01	2.92	2.82	2.72	2.61	2.50	2.38

$\alpha = 0.005$

n_1 \ n_2	1	2	3	4	5	6	7	8	9	10	12	15	20	24	30	40	60	120	∞
26	9.41	6.54	5.41	4.79	4.38	4.10	3.89	3.73	3.60	3.49	3.33	3.15	2.97	2.87	2.77	2.67	2.56	2.45	2.33
27	9.34	6.49	5.36	4.74	4.34	4.06	3.85	3.69	3.56	3.45	3.28	3.11	2.93	2.83	2.73	2.63	2.52	2.41	2.29
28	9.28	6.44	5.32	4.70	4.30	4.02	3.81	3.65	3.52	3.41	3.25	3.07	2.89	2.79	2.69	2.59	2.48	2.37	2.25
29	9.23	6.40	5.28	4.66	4.26	3.98	3.77	3.61	3.48	3.38	3.21	3.04	2.86	2.76	2.66	2.56	2.45	2.33	2.21
30	9.18	6.35	5.24	4.62	4.23	3.95	3.74	3.58	3.45	3.34	3.18	3.01	2.82	2.73	2.63	2.52	2.42	2.30	2.18
40	8.83	6.07	4.98	4.37	3.99	3.71	3.51	3.35	3.22	3.12	2.95	2.78	2.60	2.50	2.40	2.30	2.18	2.06	1.93
60	8.49	5.79	4.73	4.14	3.76	3.47	3.29	3.13	3.01	2.90	2.74	2.57	2.39	2.29	2.19	2.08	1.96	1.83	1.69
120	8.18	5.54	4.50	3.92	3.55	3.28	3.09	2.93	2.81	2.71	2.54	2.37	2.19	2.09	1.98	1.87	1.75	1.61	1.43
∞	7.88	5.30	4.28	3.72	3.35	3.09	2.90	2.74	2.62	2.52	2.36	2.19	2.00	1.90	1.79	1.67	1.53	1.36	1.00

习 题 答 案

第 1 章

习 题 1.1

1. (1) $S=\left\{\dfrac{i}{n}\,\middle|\,i=0,1,\cdots,100n,\text{其中}\,n\,\text{为小班人数}\right\}$；

   (2) $S=\{3,4,5,6,7,8,9,10,11,12,13,14,15,16,17,18\}$；

   (3) $S=\{3,4,5,6,7,8,9,10\}$；

   (4) $S=\{10,11,12,\cdots\}$；

   (5) 用 (i,j) 表示样本点，其中 i 表示正小组长，j 表示副小组长，

   $\begin{aligned}S=\{&(A,B),(B,A),(A,C),(C,A),(A,D),(D,A),(A,E),(E,A),\\&(B,C),(C,B),(B,D),(D,B),(B,E),(E,B),(C,D),(D,C),\\&(C,E),(E,C),(D,E),(E,D)\};\end{aligned}$

   (6) $S=\{\text{甲胜乙负},\text{乙胜甲负},\text{甲乙平局}\}$；

   (7) $S=\{\text{红},\text{白},\text{黄},\text{红白},\text{红黄},\text{白黄},\text{红白黄}\}$；

   (8) $S=\{(a,b,c),(a,c,b),(b,a,c),(b,c,a),(c,a,b),(c,b,a)\}$；

   (9) 用 x,y 分别表示第一、二段的长度，$S=\{(x,y)\,|\,0<x<l,0<y<l,x+y=l\}$；

   (10) 用 x,y,z 表示三点的坐标，$S=\{(x,y,z)\,|\,0<x<1,0<y<1,0<z<1\}$.

2. (1) $A\bar{B}\bar{C}$；

   (2) $AB\bar{C}$；

   (3) $(A\cup B)\bar{C}$；

   (4) $\bar{A}\bar{B}\cup\bar{A}\bar{C}\cup\bar{B}\bar{C}$；

   (5) $AB\cup AC\cup BC$；

   (6) $AB\bar{C}\cup A\bar{B}C\cup\bar{A}BC$；

   (7) $A\cup B\cup C$.

3. (1) 成立；　　(2) 不成立；　　(3) 不成立；　　(4) 成立.

4. (1) 成立；　　(2) 成立；　　(3) 成立；　　(4) 成立.

5. (1) $A_1A_2A_3A_4$；　　(2) $\bar{A}_1\cup\bar{A}_2\cup\bar{A}_3\cup\bar{A}_4$；

   (3) $\bar{A}_1A_2A_3A_4\cup A_1\bar{A}_2A_3A_4\cup A_1A_2\bar{A}_3A_4\cup A_1A_2A_3\bar{A}_4$；

   (4) $A_1A_2A_3\cup A_1A_2A_4\cup A_1A_3A_4\cup A_2A_3A_4$.

6. 略

1. $\dfrac{1}{12}$　2. $\dfrac{2}{5}$.　3. (1)$\dfrac{1}{5}$;(2)$\dfrac{2}{5}$　4. $\dfrac{a}{a+b}$.

5. $P(A)=\dfrac{1}{27}$;$P(B)=\dfrac{8}{27}$;$P(C)=\dfrac{1}{27}$;$P(D)=\dfrac{2}{9}$;$P(E)=\dfrac{8}{9}$.

6. (1)$\dfrac{132}{169}$;(2)$\dfrac{37}{169}$;(3)$\dfrac{168}{169}$.　7. $\dfrac{5}{6}$.　8. (1)$1-\left(\dfrac{364}{365}\right)^{500}$;(2)$1-\left(\dfrac{363}{365}\right)^{500}$;(3)1.

9. $\dfrac{9}{100}$.　10. $\dfrac{13^4}{C_{52}^4}$.

11. $P(A_1)=\dfrac{21}{40}$;$P(A_2)=\dfrac{7}{40}$;$P(A_3)=\dfrac{1}{120}$;　$P(A_4)=\dfrac{7}{24}$;$P(A_5)=\dfrac{17}{24}$.

12. $\dfrac{9}{19}$.　13. $P(A)=\dfrac{1}{12}$;$P(B)=\dfrac{1}{20}$.　14. 0.25.

15. $P(A\cup B)=p+q$,　$P(\bar{A}\cup B)=1-p$,　$P(A\cup\bar{B})=1-q$,　$P(\bar{A}B)=q$,
　　$P(A\bar{B})=p$,　$P(\bar{A}\bar{B})=1-p-q$,　$P(AB)=0$.

16. $P(AB)=p+q-r$;　$P(\bar{A}B)=r-p$;　$P(A\bar{B})=r-q$;　$P(\bar{A}\bar{B})=1-r$.

1. $P(B|A)=\dfrac{5}{7}$,　$P(A|B)=1$.　2. $\dfrac{13}{18}$.　3. $\dfrac{6}{7}$.　4. $\dfrac{3}{8}$.　5. $\dfrac{1}{2}$　6. (1)$\dfrac{2}{9}$;(2)$\dfrac{2}{9}$.

7. (1)$\dfrac{m-1}{2M-m-1}$;(2)$\dfrac{2m}{M+m-1}$.

8. (1)$\dfrac{8}{45}$;　(2)$\dfrac{8}{45}$;　(3)$\dfrac{16}{45}$.　9. (1)$\dfrac{1}{5}$;(2)$\dfrac{1}{10}$.

10. 0.769 6,0.771 7.

11. 0.72;0.23;0.05(在计算加工出来的零件为次品的概率时用到全概率公式).

12. $\dfrac{71}{81}$.　13. $\dfrac{9}{22}$.　14. 0.493.　15. $\dfrac{33}{50}$.　16. 0.9733.

17. $P(B)=\dfrac{n}{n+m}$,$P(A|B)=\dfrac{n-1}{n+m-1}$(这里 A 表示"第一次取出的是白球",B 表示
　　"第二次取出的是白球").

18. $P(B)=\dfrac{n(N+1)+mN}{(n+m)(N+M+1)}$;$P(A|\bar{B})=\dfrac{Mn}{Mn+Mm+m}$(这里 A 表示"从甲袋中
　　取出的球是白球",B 表示"从乙袋中取出的球是白球").

19. (1)$\dfrac{4}{9}$;(2)取出的是白球,此球来自 a 盒的概率为$\dfrac{3}{8}$,来自 b 盒的概率为$\dfrac{1}{4}$,来
　　自 c 盒的概率为$\dfrac{3}{8}$.

20. $\dfrac{5}{31}, \dfrac{6}{31}, \dfrac{20}{31}$.

习　题　1.4

1. $\dfrac{3}{5}$.　2. (1) $\dfrac{4}{25}$; (2) $\dfrac{6}{25}$; (3) $\dfrac{16}{25}$.　3. (1) 0.504; (2) 0.496; (3) 0.902.　4. 0.124.

5. $3p_1 p_2 - 3p_1^2 p_2^2 + p_1^3 p_2^3$.　6. 0.4.

7. "没有抽到次品"的概率为 $(0.9)^4 = 0.656\,1$;

　　"有一次抽到次品"的概率为 $4 \times 0.1 \times (0.9)^3 = 0.291\,6$;

　　"有二次抽到次品"的概率为 $6 \times (0.1)^2 \times (0.9)^2 = 0.048\,6$;

　　"有三次抽到次品"的概率为 $4 \times (0.1)^3 \times 0.9 = 0.003\,6$;

　　"四次都抽到次品"的概率为 $(0.1)^4 = 0.000\,1$.

8. (1) 0.204\,8; (2) 0.057\,92; (3) 0.993\,28; (4) 0.672\,32.

9. $C_n^r \left(\dfrac{1}{N}\right)^r \left(1 - \dfrac{1}{N}\right)^{n-r}$; 4.

10. 37.

综合练习题 1

一、单项选择题

1. B;　2. D;　3. D;　4. B;　5. B;　6. C;　7. A;　8. D;　9. A;　10. B;
11. A;　12. C;　13. C.

二、填空题

1. $S = \{(x, y, z) \mid x + y + z = 1, 0 < x < 1, 0 < y < 1, 0 < z < 1\}$.

2. $\overline{A}\,\overline{B} \cup \overline{B}\,\overline{C} \cup \overline{A}\,\overline{C}$.

3. $\dfrac{13}{21}$.　4. $\dfrac{2+\pi}{2\pi}$.　5. $\dfrac{3}{4}$.　6. $\dfrac{5}{8}$.　7. 0.3.　8. $\dfrac{7}{12}$.　9. $1-p$.　10. $\dfrac{1}{3}$.

11. 0.7.　12. $P(A)P(B)$.　13. 0.75.　14. $\dfrac{2}{5}$.　15. $\dfrac{1}{2}$.　16. $\dfrac{1}{3}$.　17. $\dfrac{1}{2}$.

18. $\dfrac{1}{4}$.　19. $\dfrac{2}{3}$.

三、计算题和证明题

1. 放回: $C_{a+b}^a \left(\dfrac{\alpha}{\alpha+\beta}\right)^a \left(\dfrac{\beta}{\alpha+\beta}\right)^b$;　不放回: $\dfrac{C_\alpha^a C_\beta^b}{C_{\alpha+\beta}^{a+b}}$.

2. $\dfrac{3}{8}; \dfrac{9}{16}; \dfrac{1}{16}$.

3. (1) $\left(1-\dfrac{1}{N}\right)\left(1-\dfrac{2}{N}\right)\cdots\left(1-\dfrac{k-1}{N}\right)$; (2) $\dfrac{(N-r)^k}{N^k}$; (3) $\dfrac{M^k-(M-1)^k}{N^k}$.

4. 0.146.

5. $\frac{6}{13}$.　6. 提示：用全概率公式.　7～11. 证明略.

第 2 章

习　题　2.1

1. (1) 设 X 表示"掷一颗骰子出现的点数"，"出现 4 点"$=\{X=4\}$；"出现的点数大于 4"$=\{X=5$ 或 $6\}$.

   (2) 设 X 表示"任取一只灯泡的寿命"，"任取一只灯泡的寿命不超过 1 000 小时"$=\{0\leqslant X\leqslant 1\,000\}$；"任取一只灯泡的寿命在 500 小时到 800 小时之间"$=\{500\leqslant X\leqslant 800\}$.

2.

X	-2	1	3
P	1/4	1/2	1/4

$$F(x)=\begin{cases}0, & x<-2\\[1mm]\dfrac{1}{4}, & -2\leqslant x<1\\[1mm]\dfrac{3}{4}, & 1\leqslant x<3\\[1mm]1 & x\geqslant 3\end{cases}\qquad P\left\{X\leqslant\frac{1}{2}\right\}=\frac{1}{4};\ P\left\{0<X\leqslant\frac{2}{3}\right\}=0;\ P\{X>0\}=\frac{3}{4}.$$

3.

X	0	1	2
P	$\dfrac{9}{25}$	$\dfrac{12}{25}$	$\dfrac{4}{25}$

$$F(x)=\begin{cases}0, & x<0\\[1mm]\dfrac{9}{25}, & 0\leqslant x\leqslant 1\\[1mm]\dfrac{21}{25}, & 1\leqslant x\leqslant 2\\[1mm]1, & x\geqslant 2\end{cases}$$

4.

0. 4, 0. 1, 0. 7. 0. 5;

X	-1	2	5	8
P	0.3	0.1	0.4	0.2

5. $F(x)=\begin{cases}0, & x<0\\ \dfrac{x}{a}, & 0\leqslant x<a\\ 1, & x\geqslant a\end{cases}$ 6. 不正确. 7. 否.

习　题　2.2

1. $F(x)=\begin{cases}0 & x<0\\ 0.25 & 0\leqslant x<\dfrac{1}{2}\\ 0.6 & \dfrac{1}{2}\leqslant x<1\\ 0.8 & 1\leqslant x<2\\ 1 & x\geqslant 2\end{cases}$　图略.

2.

X	0	1	2	3	4	5
P	$\dfrac{14\,763}{66\,640}$	$\dfrac{27\,417}{66\,640}$	$\dfrac{18\,278}{66\,640}$	$\dfrac{5\,434}{66\,640}$	$\dfrac{715}{66\,640}$	$\dfrac{33}{66\,640}$

3.

X	0	1	2	3
P	$\dfrac{1}{25}$	$\dfrac{10}{25}$	$\dfrac{12}{25}$	$\dfrac{2}{25}$

4.

X	0	1	2
P	0.72	0.26	0.02

$F(x)=\begin{cases}0, & x<0\\ 0.72, & 0\leqslant x\leqslant 1\\ 0.98, & 1\leqslant x<2\\ 1, & x\geqslant 2\end{cases}$

5.

X	0	1	2	3
P	$\dfrac{165}{220}$	$\dfrac{45}{220}$	$\dfrac{9}{220}$	$\dfrac{1}{220}$

6. $a=\dfrac{2}{3[1-(0.6)^{10}]}$; $P\{X\leqslant 3.1\}=\dfrac{1-(0.6)^3}{1-(0.6)^{10}}$; $P\{4.2<X<7\}=\dfrac{(0.6)^4-(0.6)^6}{1-(0.6)^{10}}$;

$P\{X>6\}=\dfrac{(0.6)^6-(0.6)^{10}}{1-(0.6)^{10}}$.

7. $\dfrac{C_5^k}{2^5}$, $k=0,1,2,3,4,5$.

8. $P\{X=k\}=C_7^k\left(\dfrac{1}{10}\right)^k\left(\dfrac{9}{10}\right)^{7-k}$, $k=0,1,2,\cdots,7$.

9. (1) 0.163 1;(2) 0.352 9. 10. 0.004 7.

11. (1) 0.156 293;(2) 0.785 13;(3) 0.021 363;

12. 8.　13. (1) 0.323 469;(2). 461.　14. $\dfrac{2^k e^{-2}}{k!}$,$k=0,1,2,\cdots$.

15. (1) 0.068 1;(2) 15.

习　题　2.3

1. (1) $A=1$;(2) 0.4;(3) $f(x)=\begin{cases}2x, & 0\leqslant x<1 \\ 0, & 其他\end{cases}$

2. (1) $A=\dfrac{1}{2}$,$B=\dfrac{1}{\pi}$;(2) $\dfrac{1}{2}$;(3) $f(x)=\dfrac{1}{\pi(1+x^2)}$,$-\infty<x<+\infty$.

3. (1) $A=\dfrac{3}{8}$;(2) $\dfrac{27}{64}$;(3) $F(x)=\begin{cases}0, & x<0 \\ \dfrac{1}{8}x^3, & 0\leqslant x<2 \\ 1, & x\geqslant 2\end{cases}$

4. (1) $A=\dfrac{1}{\pi}$;(2) $\dfrac{1}{3}$;(3) $F(x)=\begin{cases}0, & x<-1 \\ \dfrac{1}{\pi}\arcsin x+\dfrac{1}{2}, & -1\leqslant x<1 \\ 1, & x\geqslant 1\end{cases}$

5. (1) $A=\dfrac{1}{2}$;(2) $\dfrac{1}{2}(1-e^{-1})$;(3) $F(x)=\begin{cases}\dfrac{1}{2}e^x, & x<0 \\ 1-\dfrac{1}{2}e^{-x}, & x\geqslant 0\end{cases}$

6. (1) 12;(2) $F(x)=\begin{cases}0, & x<0 \\ 1-4x(1-x)^3-(1-x)^4 & 0\leqslant x<1; \\ 1, & x\geqslant 1\end{cases}$　(3) 0.027 2.

7. (1) $\dfrac{8}{27}$;(2) $\dfrac{4}{9}$;(3) $F(x)=\begin{cases}0, & x<100 \\ 1-\dfrac{100}{x}, & x\geqslant 100\end{cases}$

8. 0.995 2　9. $\dfrac{3}{5}$.　10. 0.7

11. (1) $P\{X<0\}=0.401\,3$,$P\{X>5.9\}=0.003\,5$,$P\{-0.5<X<1.5\}=0.383$;
(2) $b=-2$.

12. 10.204 1.　13. (1) 0.483;(2) 0.381 5.　14. (1) 0.927;(2) $d=3.29$.

15. (1) 0.022 8,(2) $\mu\geqslant 68.55$.

习　题　2.4

1. (1)

Y	-1	$-\dfrac{\sqrt{2}}{2}$	0	$\dfrac{\sqrt{2}}{2}$	1
P	$\dfrac{1}{2}$	$\dfrac{1}{4}$	$\dfrac{1}{8}$	$\dfrac{1}{16}$	$\dfrac{1}{16}$

(2)

Y	$\dfrac{1}{2}$	$\dfrac{3}{4}$	1	$\dfrac{5}{4}$	$\dfrac{3}{2}$
P	$\dfrac{1}{2}$	$\dfrac{1}{4}$	$\dfrac{1}{8}$	$\dfrac{1}{16}$	$\dfrac{1}{16}$

（3）

Y	0	$\dfrac{\sqrt{2}}{2}$	1
P	$\dfrac{9}{16}$	$\dfrac{5}{16}$	$\dfrac{1}{8}$

2. $f_Y(y)=\begin{cases}0, & y\leqslant 0\\[2mm]\dfrac{\lambda}{3y^{2/3}}\mathrm{e}^{-\lambda\sqrt[3]{y}}, & y>0\end{cases}$ 3. $f_Y(y)=\begin{cases}0, & y\leqslant 0\\[2mm]\dfrac{1}{\sqrt{2\pi}\,y}\mathrm{e}^{-\frac{\ln^2 y}{2}}, & y>0\end{cases}$

4. $f_Y(y)=\begin{cases}\mathrm{e}^y, & y<0\\ 0, & 其他\end{cases}$ 5. 证明略.

6. $f_V(v)=\begin{cases}\dfrac{1}{\pi\sqrt{A^2-v^2}}, & -A<v<A\\[3mm] 0, & 其他\end{cases}$

7. $f_y(y)=\begin{cases}\dfrac{4}{\sqrt{\pi}\,a^3 m}\sqrt{\dfrac{2y}{m}}\,\mathrm{e}^{-\frac{2y}{ma^2}}, & y>0\\[3mm] 0, & y\leqslant 0\end{cases}$ 8. $f_y(y)=\begin{cases}\dfrac{1}{3y^{\frac{2}{3}}(b-a)}, & a^3<y<b^3\\[3mm] 0, & 其他\end{cases}$

9. $f_Y(y)=\begin{cases}0, & y\leqslant 1\\[2mm]\dfrac{1}{\sqrt{4\pi(y-1)}}\mathrm{e}^{-\frac{y-1}{4}}, & y>1\end{cases}$

10. $f_Y(y)=\begin{cases}1, & 0<y<1\\ 0, & 其他\end{cases}$ 11. $f_Y(y)=\begin{cases}\dfrac{2}{\pi\sqrt{1-y^2}}, & 0<y<1\\[3mm] 0, & 其他\end{cases}$

综合练习题 2

一、单项选择题

1. C； 2. A； 3. B； 4. C； 5. A； 6. A； 7. B； 8. B； 9. A； 10. C；
11. D； 12. B； 13. B.

二、填空题

1. 0.8.   2. $F(x)=\begin{cases}\dfrac{1}{2}\mathrm{e}^x, & x<0\\[2mm] 1-\dfrac{1}{2}\mathrm{e}^{-x}, & x\geqslant 0\end{cases}$ 3. 0.2.   4. $f_Y(y)=\dfrac{1}{4\sqrt{y}}, 0<y<4.$

5. $f_Y(y)=\begin{cases}0, & y<1\\[2mm]\dfrac{1}{y^2}, & y\geqslant 1\end{cases}$ 6. $\mu=4.$ 7. $\dfrac{13}{48}.$ 8. $a=2;b=1.$ 9. $a=\dfrac{1}{6};b=\dfrac{5}{6}.$

10. $C_5^k\left(\dfrac{1}{2}\right)^5$.   11. $a=\dfrac{1}{\sqrt[3]{2}}$.   12. 0.841 3.

三、计算题与证明题

1.

X	1	2	3
P	$\dfrac{3}{10}$	$\dfrac{6}{10}$	$\dfrac{1}{10}$

$$F(x)=\begin{cases}0, & x<1\\[1mm]\dfrac{3}{10}, & 1\leqslant x<2\\[1mm]\dfrac{9}{10}, & 2\leqslant x<3\\[1mm]1, & x\geqslant3\end{cases}$$

2.

X	1	2	3
P	$\dfrac{1}{4}$	$\dfrac{1}{2}$	$\dfrac{1}{4}$

$$F(x)=\begin{cases}0, & x<1\\[1mm]\dfrac{1}{4}, & 1\leqslant x<2\\[1mm]\dfrac{3}{4}, & 2\leqslant x<3\\[1mm]1, & x\geqslant3\end{cases}$$

3. (1)

Y	1	3	5	7	9
P	$\dfrac{1}{6}$	$\dfrac{1}{3}$	$\dfrac{1}{6}$	$\dfrac{1}{6}$	$\dfrac{1}{6}$

(2)

Y	-4	-1	0
P	$\dfrac{1}{3}$	$\dfrac{1}{2}$	$\dfrac{1}{6}$

4.

Y	-1	0	1
P	$\dfrac{2}{15}$	$\dfrac{1}{3}$	$\dfrac{8}{15}$

5. (1) $A=1$;(2) $f(x)=\begin{cases}3x^2, & 0<x<1;\\0, & \text{其他};\end{cases}$ (3) $\dfrac{1}{8}$.

6. (1) $A=2$;(2) $F(x)=\begin{cases}0, & x<1;\\1-\dfrac{1}{x^2}, & x\geqslant1;\end{cases}$ (3) $\dfrac{15}{16}$.

7. $f_Y(y)=\dfrac{2}{\pi(4+y^2)}$.   8. 0.206 1.   9. $\dfrac{1}{16}$.   10. $\dfrac{24-2\ln 5}{25}$.

11. 当 $a>0$ 时,$f_Y(y)=\begin{cases}\dfrac{1}{a}, & b<y<a+b\\[1mm]0, & \text{其他}\end{cases}$

当 $a<0$ 时, $f_Y(y)=\begin{cases}\dfrac{1}{a}, & a+b<y<b \\ 0, & \text{其他}\end{cases}$

12. e^{-3}. 13. 0.480 1.

14.

Y	-1	0	1
P	$\dfrac{pq}{1-q^4}$	$\dfrac{p}{1-q^2}$	$\dfrac{pq^3}{1-q^4}$

15. $f_Y(y)=\begin{cases}\dfrac{2}{\pi\sqrt{1-y^2}}, & 0<y<1 \\ 0, & \text{其他}\end{cases}$ 16. $f_Y(y)=\begin{cases}\dfrac{\sec^2 y}{\sqrt{2\pi}}e^{-\frac{\tan^2 y}{2}}, & -\dfrac{\pi}{2}<y<\dfrac{\pi}{2} \\ 0, & \text{其他}\end{cases}$

17—20. 证明略.

第 3 章

习 题 3.1

1. 略. 2. 不正确. 3. 不可能是.

4.

X \ Y	0	1	$\dfrac{1}{3}$
0	$\dfrac{1}{6}$	0	0
-1	0	$\dfrac{1}{3}$	$\dfrac{1}{12}$
2	$\dfrac{5}{12}$	0	0

5.

X \ Y	1	2	3
1	0	$\dfrac{1}{6}$	$\dfrac{1}{12}$
2	$\dfrac{1}{6}$	$\dfrac{1}{6}$	$\dfrac{1}{6}$
3	$\dfrac{1}{12}$	$\dfrac{1}{6}$	0

6.

X \ Y	1	3
0	0	$\dfrac{1}{8}$
1	$\dfrac{3}{8}$	0
2	$\dfrac{3}{8}$	0
3	0	$\dfrac{1}{8}$

7.

X \ Y	0	1	2	3
0	$\dfrac{1}{27}$	$\dfrac{3}{27}$	$\dfrac{3}{27}$	$\dfrac{1}{27}$
1	$\dfrac{3}{27}$	$\dfrac{6}{27}$	$\dfrac{3}{27}$	0
2	$\dfrac{3}{27}$	$\dfrac{3}{27}$	0	0
3	$\dfrac{1}{27}$	0	0	0

8. (1) $A=20$;(2) $F(x,y)=\dfrac{1}{\pi^2}\left(\arctan\dfrac{x}{4}+\dfrac{\pi}{2}\right)\left(\arctan\dfrac{y}{5}+\dfrac{\pi}{2}\right).$

9. (1) $A=\dfrac{1}{2}$;(2) $(1-e^{-\alpha})(1-e^{-2\beta})$;(3) $f(x,y)=\begin{cases}\alpha\beta e^{-\alpha x-\beta y}, & x>0,y>0\\0, & \text{其他}\end{cases}$

10. (1) $A=\dfrac{1}{2}$;(2) $\dfrac{1}{2}$.　11. (1) $\dfrac{13}{256}$;(2) $\dfrac{21}{64}$;(3) 0;(4) $\dfrac{17}{24}$;(5) $\dfrac{17}{24}$.　12. 0.96.

习　题　3.2

1. $F_X(x)=\dfrac{2}{\pi}\arctan e^x$;$F_Y(y)=\dfrac{2}{\pi}\arctan e^y$;$X$ 与 Y 独立.

2. $F_X(x)=\begin{cases}1-e^{-x}, & x>0\\0, & x\leqslant0\end{cases}$　$F_Y(y)=\begin{cases}1-e^{-2y}, & y>0\\0, & y\leqslant0\end{cases}$　X 与 Y 独立.

3. $F(x,y)=\begin{cases}0, & x<0 \text{ 或 } y<0\\ [1-(1+x)e^{-x}]y^2, & x\geqslant0,0\leqslant y<1\\ 1-(1+x)e^{-x}, & x\geqslant0,y\geqslant1\end{cases}$

$P\left\{1<X\leqslant2,Y>\dfrac{1}{2}\right\}=\dfrac{3}{4}(2e^{-1}-3e^{-2}).$

4. (1) 放回采样

X＼Y	0	1
0	$\frac{25}{36}$	$\frac{5}{36}$
1	$\frac{5}{36}$	$\frac{1}{36}$

X	0	1
P	$\frac{5}{6}$	$\frac{1}{6}$

Y	0	1
P	$\frac{5}{6}$	$\frac{1}{6}$

X 与 Y 独立；

(2) 不放回采样

X＼Y	0	1
0	$\frac{15}{22}$	$\frac{5}{33}$
1	$\frac{5}{33}$	$\frac{1}{66}$

X	0	1
P	$\frac{5}{6}$	$\frac{1}{6}$

Y	0	1
P	$\frac{5}{6}$	$\frac{1}{6}$

X 与 Y 不独立.

5. $\alpha=\dfrac{2}{9}$;　$\beta=\dfrac{1}{9}$.

6. (1) $P\{X=i\}=C_3^i(0.6)^i(0.4^{3-i}),i=0,1,2,3$;

$P\{X=j\}=C_3^j(0.8)^j(0.2)^{3-j},j=0,1,2,3$;

(2) $P\{X=i,Y=j\}=C_3^i C_3^j(0.6)^i(0.8)^j(0.4)^{3-i}(0.2)^{3-j},i,j=0,1,2,3$;

(3) 0.025 92;0.304 64.

7. $f_X(x)=\begin{cases}2x, & 0<x<1\\0, & \text{其他}\end{cases}$　$f_Y(y)=\begin{cases}2y, & 0<y<1\\0, & \text{其他}\end{cases}$　X 与 Y 相互独立.

8. $f_X(x) = \begin{cases} \dfrac{2}{x^3}, & x > 1 \\ 0, & x \leqslant 1 \end{cases}$ $f_Y(y) = \begin{cases} 2(y-1)\mathrm{e}^{-(y-1)^2}, & y > 1 \\ 0, & y \leqslant 1 \end{cases}$ X 与 Y 相互独立.

8. $\dfrac{1}{\mathrm{e}}$.

9. $f_X(x) = \begin{cases} 3x^2, & 0 < x < 1 \\ 0, & \text{其他} \end{cases}$ $f_Y(y) = \begin{cases} \dfrac{3}{2}(1-y^2), & 0 < y < 1 \\ 0, & \text{其他} \end{cases}$ X 与 Y 不独立.

10. $f_X(x) = \begin{cases} \mathrm{e}^{-x}, & x > 0 \\ 0, & \text{其他} \end{cases}$ $f_Y(y) = \begin{cases} y\mathrm{e}^{-y}, & y > 0 \\ 0, & \text{其他} \end{cases}$ X 与 Y 不独立.

11. $f_x(x) = \begin{cases} \mathrm{e}^{-x}, & x > 0 \\ 0, & \text{其他} \end{cases}$ $f_y(y) = \begin{cases} y\mathrm{e}^{-y}, & y > 0 \\ 0, & \text{其他} \end{cases}$ X 与 Y 不独立.

12. (1) $f(x,y) = \begin{cases} x\mathrm{e}^{-(x+y)}, & x > 0, y > 0 \\ 0, & \text{其他} \end{cases}$ (2) $\dfrac{3}{4}$; $1 - \dfrac{5}{2}\mathrm{e}^{-1}$.

13. (1) $f_x(x) = \begin{cases} \dfrac{1}{24}, & 0 < x < 24 \\ 0, & \text{其他} \end{cases}$ $f_y(y) = \begin{cases} \dfrac{1}{24}, & 0 < y < 24 \\ 0, & \text{其他} \end{cases}$.

(2) $f(x,y) = \begin{cases} \dfrac{1}{24^2}, & 0 < x < 24, 0 < y < 24 \\ 0, & \text{其他} \end{cases}$ (3) 0.121.

习 题 3.3

1. (1)

X	0	1	2	3
$P\{X=i \mid Y=2\}$	$\dfrac{1}{8}$	$\dfrac{3}{8}$	$\dfrac{3}{8}$	$\dfrac{1}{8}$

$F_{X\mid Y}(x \mid Y=2) = \begin{cases} 0, & x < 0 \\ \dfrac{1}{8}, & 0 \leqslant x < 1 \\ \dfrac{1}{2}, & 1 \leqslant x < 2 \\ \dfrac{7}{8}, & 2 \leqslant x < 3 \\ 1, & x \geqslant 3 \end{cases}$

(2)

Y	1	2	3	4	5
$P\{Y=j \mid X=0\}$	$\dfrac{1}{16}$	$\dfrac{4}{16}$	$\dfrac{6}{16}$	$\dfrac{4}{16}$	$\dfrac{1}{16}$

$F_{Y\mid X}(y \mid X=0) = \begin{cases} 0, & y < 1 \\ \dfrac{1}{16}, & 1 \leqslant y < 2 \\ \dfrac{5}{6}, & 2 \leqslant y < 3 \\ \dfrac{11}{16}, & 3 \leqslant y < 4 \\ \dfrac{15}{16}, & 4 \leqslant y < 5 \\ 1, & y \geqslant 5 \end{cases}$

2.

X \ Y	1	2	3	4
-1	$\frac{1}{24}$	$\frac{1}{6}$	$\frac{1}{24}$	$\frac{1}{12}$
0	$\frac{1}{24}$	$\frac{1}{6}$	$\frac{1}{24}$	$\frac{1}{12}$
1	$\frac{1}{24}$	$\frac{1}{6}$	$\frac{1}{24}$	$\frac{1}{12}$

X	-1	0	1
$P\{X=i\|Y=j\}$ $j=1,2,3,4$	$\frac{1}{3}$	$\frac{1}{3}$	$\frac{1}{3}$

Y	1	2	3	4
$P\{Y=j\|X=i\}$ $i=-1,0,1$	$\frac{1}{8}$	$\frac{1}{2}$	$\frac{1}{8}$	$\frac{1}{4}$

3. 当 $0<y<1$ 时，$f_{X|Y}(x|y)=\begin{cases}\dfrac{1}{y}, & 0<x<y \\ 0, & \text{其他}\end{cases}$

当 $0<x<1$ 时，$f_{Y|X}(y|x)=\begin{cases}\dfrac{2y}{1-x^2}, & x<y<1 \\ 0, & \text{其他}\end{cases}$

$$F_{X|Y}\left(x\,\Big|\,\frac{1}{2}\right)=\begin{cases}0, & x<0 \\ 2x, & 0\leqslant x<\dfrac{1}{2} \\ 1, & x\geqslant\dfrac{1}{2}\end{cases}$$

4. 当 $0<y<1$ 时，$f_{X|Y}(x|y)=\begin{cases}\dfrac{1}{x^2 y}, & \dfrac{1}{y}<x<+\infty \\ 0, & \text{其他}\end{cases}$

当 $y\geqslant1$ 时，$f_{X|Y}(x|y)=\begin{cases}\dfrac{y}{x^2}, & y<x<+\infty \\ 0, & \text{其他}\end{cases}$

当 $x>1$ 时，$f_{Y|X}(y|x)=\begin{cases}\dfrac{1}{2y\ln x}, & \dfrac{1}{x}<y<x \\ 0, & \text{其他}\end{cases}$

$$F_{Y|X}(y|2)=\begin{cases}0, & y<\dfrac{1}{2} \\ \dfrac{\ln y}{2\ln 2}+\dfrac{1}{2}, & \dfrac{1}{2}\leqslant y<2 \\ 1, & y\geqslant2\end{cases}$$

5. $f(x,y)=\begin{cases}15x^2 y, & 0<x<y<1 \\ 0, & \text{其他}\end{cases}$ $\qquad P\left\{X>\dfrac{1}{2}\right\}=\dfrac{47}{64}.$

1. (1)

Z_1	-3	-2	-1	0	1	2	3
P	$\dfrac{2}{16}$	$\dfrac{2}{16}$	$\dfrac{5}{16}$	$\dfrac{3}{16}$	$\dfrac{2}{16}$	$\dfrac{1}{16}$	$\dfrac{1}{16}$

(2)

Z_2	-1	0	1	2
P	$\dfrac{2}{16}$	$\dfrac{7}{16}$	$\dfrac{3}{16}$	$\dfrac{4}{16}$

(3)

Z_3	-2	-1	0	1
P	$\dfrac{7}{16}$	$\dfrac{4}{16}$	$\dfrac{4}{16}$	$\dfrac{1}{16}$

(4)

Z_4	0	1	4	5	8
P	$\dfrac{2}{16}$	$\dfrac{4}{16}$	$\dfrac{3}{16}$	$\dfrac{6}{16}$	$\dfrac{1}{16}$

2. 证明略.　3. $f_{Z_1}(z)=\begin{cases}0, & z\leqslant 0 \\ \dfrac{2z}{(1+z)^3}, & z>0\end{cases}$　$f_{Z_2}(z)=\begin{cases}0, & z\leqslant 0 \\ \dfrac{2}{(1+z)^3}, & z>0\end{cases}$

4. $f_Z(z)=\begin{cases}0, & z\leqslant 0 \\ \dfrac{1}{2\sigma^2}\mathrm{e}^{-\frac{z}{2\sigma^2}}, & z>0\end{cases}$　　5. $f_Z(z)=\begin{cases}z, & 0\leqslant z<1 \\ 2-z, & 1\leqslant z<2 \\ 0, & 其他\end{cases}$

6. $f_Z(z)=\begin{cases}0, & z\leqslant 0 \\ \dfrac{z^3}{3!}\mathrm{e}^{-z}, & z>0\end{cases}$　　7. $f_Z(z)=\begin{cases}0, & z\leqslant 0 \\ \dfrac{z^2}{2}\mathrm{e}^{-z}, & z>0\end{cases}$

8. $f_Z(z)=\begin{cases}0, & z\leqslant 0 \\ \dfrac{1}{2}, & 0<z\leqslant 1 \\ \dfrac{1}{2z^2}, & z>1\end{cases}$

综合练习题 3

一、单项选择题

1. D；　2. B；　3. A；　4. A；　5. C；　6. A；　7. B；　8. B；　9. B；　10. C；
11. C.

二、填空题

1. (1) $F(b,c)-F(a,c)$；(2) $F(a,+\infty)-F(a,b)$；(3) $F(b,+\infty)-F(0,+\infty)$；

(4) $1-F(a,+\infty)-F(+\infty,b)+F(a,b)$.

2. $\dfrac{1}{2}$.

3.

X\Y	y_1	y_2	y_3	$P\{X=x_i\}$
x_1	$\dfrac{1}{24}$	$\dfrac{1}{8}$	$\dfrac{1}{12}$	$\dfrac{1}{4}$
x_2	$\dfrac{1}{8}$	$\dfrac{3}{8}$	$\dfrac{1}{4}$	$\dfrac{3}{4}$
$P\{y=y_i\}$	$\dfrac{1}{6}$	$\dfrac{1}{2}$	$\dfrac{1}{3}$	1

4. $\dfrac{1}{4}$.　5. $\dfrac{1}{9}$.

6.

Z	0	1
P	$\dfrac{1}{4}$	$\dfrac{3}{4}$

7. $\dfrac{1}{4}$.　　8. $N\left(\dfrac{1}{2}\mu_1+\dfrac{1}{2}\mu_2,\dfrac{1}{4}\sigma_1^2+\dfrac{1}{4}\sigma_2^2\right)$.

9. $f(x,y)=\begin{cases}x^2+\dfrac{xy}{3}, & 0\leqslant x\leqslant 1,0\leqslant y\leqslant 2\\ 0, & \text{其他}\end{cases}$

10. $f(x,y)=\begin{cases}\dfrac{1}{2x^2y}, & 1\leqslant x<+\infty,\dfrac{1}{x}<y<x\\ 0, & \text{其他}\end{cases}$

11. $N(5,9)$.

三、计算题和证明题

1. $f_X(x)=\begin{cases}2x, & 0<x<1\\ 0, & \text{其他}\end{cases}$　$f_y(y)=\begin{cases}1+y, & -1<y<0\\ 1-y, & 0<y<1\\ 0, & \text{其他}\end{cases}$

2. $F_z(z)=\begin{cases}0, & z\leqslant 1\\ 1-e^{-\frac{z-1}{2}}, & z>1\end{cases}$

3. $f_z(z)=\dfrac{1}{2\pi}\left[\Phi\left(\dfrac{z+\pi-\mu}{\sigma}\right)-\Phi\left(\dfrac{z-\pi-\mu}{\sigma}\right)\right]$,$\Phi(x)$ 为 $N(0,1)$ 的分布函数.

4. (1) $P\{Y=m\mid X=n\}=C_n^m p^m(1-p)^{n-m},0\leqslant m\leqslant n,n=0,1,2,\cdots$;

(2) $P\{X=n,Y=m\}=\dfrac{\lambda^n p^m (1-p)^{n-m}}{m!\;(n-m)!}\mathrm{e}^{-\lambda},0\leqslant m\leqslant n,n=0,1,2,\cdots.$

5. (1) $f_X(x)=\begin{cases}2x, & 0<x<1\\ 0, & \text{其他}\end{cases}$ $\qquad f_Y(y)=\begin{cases}1-\dfrac{y}{2}, & 0<y<2\\ 0, & \text{其他}\end{cases}$

    (2) $f_Z(z)=\begin{cases}1-\dfrac{z}{2}, & 0<z<2\\ 0, & \text{其他}\end{cases}$

6. (1) $f_Y(y)=\begin{cases}\dfrac{3}{8\sqrt{y}}, & 0\leqslant y<1\\[2mm] \dfrac{1}{8\sqrt{y}}, & 1\leqslant y\leqslant 4\\[2mm] 0, & \text{其他}\end{cases}$ $\quad$ (2) $F\left(-\dfrac{1}{2},4\right)=\dfrac{1}{4}.$

7. (1) $P\{X>2Y\}=\dfrac{7}{24}$;(2) $f_Z(z)=\begin{cases}2z-z^2, & 0<z\leqslant 1\\ (2-z)^2, & 1<z<2\\ 0, & \text{其他}\end{cases}$

8. X 与 Y 不独立.

9. (1) $\qquad\qquad\qquad\qquad\qquad\qquad$ (2)

Z	3	4	5
P	$\dfrac{1}{3}$	$\dfrac{1}{3}$	$\dfrac{1}{3}$

Z	2	3	4	6
P	$\dfrac{1}{3}$	$\dfrac{2}{9}$	$\dfrac{1}{9}$	$\dfrac{1}{3}$

(3) $\qquad\qquad\qquad\qquad\qquad\qquad\qquad\qquad$ (4)

Z	$\dfrac{1}{3}$	$\dfrac{1}{2}$	$\dfrac{2}{3}$	1	$\dfrac{3}{2}$	2	3
P	$\dfrac{1}{9}$	$\dfrac{2}{9}$	$\dfrac{2}{9}$	$\dfrac{1}{9}$	$\dfrac{1}{9}$	$\dfrac{1}{9}$	$\dfrac{1}{9}$

Z	2	3
P	$\dfrac{4}{9}$	$\dfrac{5}{9}$

10. (1) $c=1$; (2) $P\{X+Y<1\}=1-\mathrm{e}^{-\frac{1}{2}}-\mathrm{e}^{-1}$;

    (3) $f_X(x)=\begin{cases}x\mathrm{e}^{-x}, & x>0\\ 0, & x\leqslant 0\end{cases}$ $\quad f_Y(y)=\begin{cases}\dfrac{1}{2}y^2\mathrm{e}^{-y}, & y>0\\ 0, & y\leqslant 0\end{cases}$

    (4) 当 $y>0$ 时,$f_{X|Y}(x|y)=\begin{cases}\dfrac{2x}{y^2}, & 0<x<y<+\infty\\ 0, & \text{其他}\end{cases}$

    当 $x>0$ 时,$f_{Y|X}(y|x)=\begin{cases}\mathrm{e}^{x-y}, & 0<x<y<+\infty\\ 0, & \text{其他}\end{cases}$ $\quad X$ 与 Y 不独立.

11. $\mu_1=1$;$\mu_2=0$;$\sigma_1^2=1$;$\sigma_2^2=4$;$\rho=-\dfrac{1}{2}$. 12～14. 证明略.

第 4 章

习　题　4.1

1. （1）存在；（2）不存在. 2. $-0.2;2.8;13.4.$

3. $\dfrac{8}{9}$. 4. $\dfrac{3}{10}$.

5. $0;\dfrac{1}{6};-1;\dfrac{1}{6}$.

6. $\dfrac{1}{3};\dfrac{1}{6};-\dfrac{9}{10}$.

7. $\dfrac{3}{2};\dfrac{15}{2}$. 8. $\dfrac{1}{3};\dfrac{\sqrt{\pi}}{2}$.

9. $0;\dfrac{\pi^2}{4}-6$. 10. 1.

11. 4. 12. $1;1;\dfrac{5}{6};\dfrac{7}{6}$.

13. $\dfrac{7}{12};\dfrac{7}{12};\dfrac{1}{3};\dfrac{17}{72}$.

14. $\dfrac{40}{\pi}$cm. 15. 2(mm). 16. 9.606(元). 17. 11.67(分). 18. 5.20896(元).

习　题　4.2

1. $\dfrac{1}{2};\dfrac{11}{12}$.　　　　　2. $\dfrac{9}{2};\dfrac{9}{20}$.

3. $\dfrac{161}{36};\dfrac{2\,555}{1\,296}$.　　　　4. $\dfrac{1}{p};\dfrac{1-p}{p^2}$.

5. $1;\dfrac{1}{6}$.　　　　　6. $\dfrac{1}{2};\dfrac{1}{20}$.

7. $0;\dfrac{\pi^2-6}{12}$.　　　8. $0;\dfrac{1}{2\alpha+3}$.

9. $\mu;2$.　　　　　10. $\sqrt{\dfrac{\pi}{2}}\,\sigma;\dfrac{4-\pi}{2}\sigma^2$.

11. $\dfrac{3}{4};\dfrac{15}{16};\dfrac{2}{3};\dfrac{2}{9}$.

12. $\dfrac{3}{4};\dfrac{3}{80};\dfrac{3}{8};\dfrac{19}{320}$.

13. $\dfrac{2}{3}R;\dfrac{1}{18}R^2$.

14. $0.6;0.46$.

15. 1.056；0.777.

习 题 4.3

1. (1) $\rho_{XY}=0.155\,4$； (2) $\boldsymbol{C}=\begin{pmatrix}\dfrac{175}{256} & \dfrac{29}{256}\\[2mm]\dfrac{29}{256} & \dfrac{199}{256}\end{pmatrix}$.

2. (1) $\rho_{XY}=\dfrac{\sqrt{3}}{\sqrt{19}}$； (2) $\boldsymbol{C}=\begin{pmatrix}\dfrac{3}{80} & \dfrac{3}{160}\\[2mm]\dfrac{3}{160} & \dfrac{19}{320}\end{pmatrix}$.

3. (1) $\rho_{XY}=-\dfrac{1}{11}$； (2) $\boldsymbol{C}=\begin{pmatrix}\dfrac{11}{144} & -\dfrac{1}{144}\\[2mm]-\dfrac{1}{144} & \dfrac{11}{144}\end{pmatrix}$.

4. (1) $\rho_{XY}=0$； (2) $\boldsymbol{C}=\begin{pmatrix}\dfrac{1}{4} & 0\\[2mm]0 & \dfrac{1}{4}\end{pmatrix}$； X 与 Y 不独立； X 与 Y 不相关.

5. (1) $\rho_{XY}=0$； (2) $\boldsymbol{C}=\begin{pmatrix}1 & 0\\[2mm]0 & 1-\dfrac{2}{\pi}\end{pmatrix}$.

6. 1；3.   7. 证明略.

8. $\boldsymbol{C}=\begin{pmatrix}\dfrac{11}{144} & -\dfrac{11}{144} & 0\\[2mm]-\dfrac{11}{144} & \dfrac{11}{144} & 0\\[2mm]0 & 0 & 1\end{pmatrix}$.

9. $N\left(2,3,12,28,\dfrac{9}{2\sqrt{21}}\right)$.

10. $E(X^n)=\begin{cases}0, & n=2k-1,k=1,2,\cdots\\(2k-1)!!\,\sigma^{2k}, & n=2k,k=1,2,\cdots\end{cases}$

习 题 4.4

1. 0.111 2.   2. 0.022 8.   3. 0.181 4.   4. (1) 0.180 2； (2) 443.

5. (1) 0.422 2； (2) 0.997 7.   6. 0.952 5.   7. 141E.   8. 14.   9. 1 598 700.

综合练习题 4

一、单项选择题

1. D； 2. B； 3. B； 4. B； 5. B； 6. D； 7. A； 8. C； 9. C； 10. A.

二、填空题

1. 18.4； 2. 4； 3. $\dfrac{4}{3}$； 4. $\sqrt{\dfrac{2}{\pi}}$； 5. 44； 6. X 与 Y 的方差相同； 7. $\dfrac{1}{2}$；

8. -1； 9. e^{-1}； 10. -1。

三、计算题和证明题

1. 33.64； 2. $\rho_{XY}=0$； 3. $E(X)=2,\quad D(X)=2$；

4. $\begin{pmatrix} 250 & -26 & 48 \\ -26 & 305 & -76 \\ 48 & -76 & 26 \end{pmatrix}$；

5~10. 证明略.

第 5 章

习 题 5.1

1. $\mu_Y(t)=\mu_X(t)+\varphi(t)$；$C_Y(t_1,t_2)=C_X(t_1,t_2)$.

2. $R_Y(t_1,t_2)=R_X(t_1+a,t_2+a)-R_X(t_1,t_2+a)-R_X(t_1+a,t_2)+R_X(t_1,t_2)$.

3. $\mu_X(t)=\dfrac{t}{2}$；$R_X(t_1,t_2)=\dfrac{t_1t_2}{3}$；$C_X(t_1,t_2)=\dfrac{t_1t_2}{12}$；$\sigma_X^2(t)=\dfrac{t^2}{12}$.

4. $\mu_X(t)=0$；$R_X(t_1,t_2)=\sin\omega_0t_1\sin\omega_0t_2$；$C_X(t_1,t_2)=\sin\omega_0t_1\sin\omega_0t_2$；
$\sigma_X^2(t)=\sin^2\omega_0t$.

5. $C_Z(t_1,t_2)=\sigma_1^2+\rho(t_1+t_2)+\sigma_2^2t_1t_2$.

6. $\mu_Z(t)=0$；$R_Z(t_1,t_2)=1+t_1t_2+t_1^2t_2^2$.

7. $\mu_Z(t)=\dfrac{1-\cos t}{2t}$；$R_Z(t_1,t_2)=\dfrac{1}{6}\left[\dfrac{\sin(t_2-t_1)}{t_2-t_1}-\dfrac{\sin(t_2+t_1)}{t_2+t_1}\right]$.

8. $R_{XY}(t_1,t_2)=2\sin t_1\sin t_2$.

9. $R_{XY}(t_1,t_2)=2\cos(t_1-2t_2)$.

习 题 5.2

1. 证明略. 2. $C_n^k\left(\dfrac{\lambda_1}{\lambda_1+\lambda_2}\right)^k\left(\dfrac{\lambda_2}{\lambda_1+\lambda_2}\right)^{n-k}$. 3. 证明略.

4. $\mu_X(t)=\lambda L$；$R_X(s,t)=\begin{cases} \lambda(L-|s-t|)+\lambda^2L^2, & |s-t|\leqslant L, \\ \lambda^2L^2, & |s-t|>L, \end{cases}\ s,t\geqslant 0.$

5. 证明略.

6. (1) $R_{X_1}(s,t) = \sigma^2 \min(s,t)[1 - \max(s,t)]$;

(2) $R_{X_2}(s,t) = \sigma^2[e^{-a|s-t|} - e^{-a(s+t)}]$;

7. $R_Z(t_1,t_2) = (t_1 t_2 + 1)\sigma^2$。

综合练习题 5

一、单项选择题

1. B; 2. C; 3. A; 4. D; 5. B; 6. C; 7. A; 8. D; 9. A.

二、填空题

1. $4\varphi(t_1)\varphi(t_2)$. 2. $\dfrac{1}{\sqrt{2t+1}}$. 3. $e^{\frac{(t_1+t_2)^2}{2}}$. 4. $\dfrac{2\sin 2t - \sin t}{3t}$. 5. $\dfrac{2}{2+t_1+t_2}$.

6. $\dfrac{1-\cos(t_1+t_2)}{2(t_1+t_2)} + \dfrac{1-\cos(t_1-t_2)}{2(t_1-t_2)}$. 7. $3\sigma^2 \min(t_1,t_2)$. 8. $\lambda \min(t_1,t_2)$.

三、计算题和证明题

1. (1) $R_Y(t_1,t_2) = R_X(t_1,t_2) + R_X(t_1,t_2+1) + R_X(t_1+1,t_2) + R_X(t_1+1,t_2+1)$;

(2) $R_Z(t_1,t_2) = 5R_X(t_1,t_2)$.

2. $\mu_Y(t) = 0$; $R_Y(t_1,t_2) = \dfrac{1}{2}R_X(t_1,t_2)\cos[\omega(t_2-t_1)]$.

3. $\mu_X(t) = 0$; $R_X(t_1,t_2) = R_A(t_1,t_2)\cos\omega t_1\cos\omega t_2 + R_B(t_1,t_2)\sin\omega t_1\sin\omega t_2$;

如果 $R_A(t_1,t_2) = R_B(t_1,t_2)$，则 $R_X(t_1,t_2) = R_A(t_1,t_2)\cos\omega(t_2-t_1)$.

4. $\left(\dfrac{3}{2}, \dfrac{3}{2}(\cos 1+1)\right)$; $C = \begin{pmatrix} \dfrac{3}{4} & \dfrac{3}{4}\cos 1 \\ \dfrac{3}{4}\cos 1 & \dfrac{3}{4}(1+\cos^2 1) \end{pmatrix}$

5. $f(x;t) = \dfrac{1}{\sqrt{2\pi}\sigma}e^{-\frac{x^2}{2\sigma^2}}$;

$f(x_1,x_2;t_1,t_2) = \dfrac{1}{2\pi\sigma^2|\sin\omega(t_2-t_1)|} \cdot$

$$\exp\left\{-\dfrac{1}{2\sigma^2\sin^2[\omega(t_2-t_1)]}[x_1^2 - 2\cos\omega(t_2-t_1)x_1x_2 + x_2^2]\right\}.$$

6. $(0,0)$; $C = \begin{pmatrix} \sigma^2 & \sigma^2 \\ \sigma^2 & 2\sigma^2 \end{pmatrix}$

7. $(2\lambda, 3\lambda)$; $C = \begin{pmatrix} 2\lambda & 2\lambda \\ 2\lambda & 3\lambda \end{pmatrix}$

8. $R_{XY}(t_1,t_2) = \dfrac{1}{2}\lambda t_1 t_2$.

第 6 章

习 题 6.1

1. $P=\begin{pmatrix} 0 & p & 0 & 0 & 0 & \cdots & 0 & q \\ q & 0 & p & 0 & 0 & \cdots & 0 & 0 \\ 0 & q & 0 & p & 0 & \cdots & 0 & 0 \\ 0 & 0 & q & 0 & p & \cdots & 0 & 0 \\ 0 & 0 & 0 & q & 0 & \cdots & 0 & 0 \\ \vdots & \vdots & \vdots & \vdots & \vdots & & \vdots & \vdots \\ 0 & 0 & 0 & 0 & 0 & \cdots & 0 & p \\ p & 0 & 0 & 0 & 0 & \cdots & q & 0 \end{pmatrix}$

2. $P=\begin{pmatrix} 0 & 1 & 0 & 0 \\ \dfrac{1}{9} & \dfrac{4}{9} & \dfrac{4}{9} & 0 \\ 0 & \dfrac{4}{9} & \dfrac{4}{9} & \dfrac{1}{9} \\ 0 & 0 & 1 & 0 \end{pmatrix}$; $\quad P^{(2)}=\begin{pmatrix} \dfrac{1}{9} & \dfrac{4}{9} & \dfrac{4}{9} & 0 \\ \dfrac{4}{81} & \dfrac{41}{81} & \dfrac{32}{81} & \dfrac{4}{81} \\ \dfrac{4}{81} & \dfrac{32}{81} & \dfrac{41}{81} & \dfrac{4}{81} \\ 0 & \dfrac{4}{9} & \dfrac{4}{9} & \dfrac{1}{9} \end{pmatrix}$

3. $P=\begin{pmatrix} 0 & 1 & 0 & 0 & 0 & \cdots & 0 & 0 & 0 \\ \dfrac{1}{a} & 0 & \dfrac{a-1}{a} & 0 & 0 & \cdots & 0 & 0 & 0 \\ 0 & \dfrac{2}{a} & 0 & \dfrac{a-2}{a} & 0 & \cdots & 0 & 0 & 0 \\ 0 & 0 & \dfrac{3}{a} & 0 & \dfrac{a-3}{a} & \cdots & 0 & 0 & 0 \\ \vdots & \vdots & \vdots & \vdots & \vdots & & \vdots & \vdots & \vdots \\ 0 & 0 & 0 & 0 & 0 & \cdots & \dfrac{a-1}{a} & 0 & \dfrac{1}{a} \\ 0 & 0 & 0 & 0 & 0 & \cdots & 0 & 1 & 0 \end{pmatrix}$

4. $P=\begin{pmatrix} \frac{1}{6} & \frac{1}{6} & \frac{1}{6} & \frac{1}{6} & \frac{1}{6} & \frac{1}{6} \\ 0 & \frac{2}{6} & \frac{1}{6} & \frac{1}{6} & \frac{1}{6} & \frac{1}{6} \\ 0 & 0 & \frac{3}{6} & \frac{1}{6} & \frac{1}{6} & \frac{1}{6} \\ 0 & 0 & 0 & \frac{4}{6} & \frac{1}{6} & \frac{1}{6} \\ 0 & 0 & 0 & 0 & \frac{5}{6} & \frac{1}{6} \\ 0 & 0 & 0 & 0 & 0 & 1 \end{pmatrix}$

5. $I=\{0,1,2,\cdots,N\}$;

$$P=\begin{pmatrix} 1 & 0 & 0 & 0 & \cdots & 0 & 0 \\ 0 & 1-\alpha_1 & \alpha_1 & 0 & \cdots & 0 & 0 \\ 0 & 0 & 1-\alpha_2 & \alpha_2 & \cdots & 0 & 0 \\ \vdots & \vdots & \vdots & \vdots & & \vdots & \vdots \\ 0 & 0 & 0 & 0 & 0 & 1-\alpha_{N-1} & \alpha_{N-1} \\ 0 & 0 & 0 & 0 & 0 & 0 & 1 \end{pmatrix}, \ \alpha_i=\frac{2i(N-i)}{N(N-1)}\alpha, i=1,2,\cdots,N-1$$

习　题　6.2

1. $P=\begin{pmatrix} 0 & 1 & 0 & 0 \\ \frac{1}{9} & \frac{4}{9} & \frac{4}{9} & 0 \\ 0 & \frac{4}{9} & \frac{4}{9} & \frac{1}{9} \\ 0 & 0 & 1 & 0 \end{pmatrix}$; $q(0)=\left(\frac{1}{20},\frac{9}{20},\frac{9}{20},\frac{1}{20}\right)$; $q(2)=\left(\frac{1}{20},\frac{9}{20},\frac{9}{20},\frac{1}{20}\right)$.

2. $I=\{1,2,3,4,5,6,7,,8,9\}$;

$$P=\begin{pmatrix}
0 & 1 & 0 & 0 & 0 & 0 & 0 & 0 & 0 \\
\frac{1}{2} & 0 & \frac{1}{2} & 0 & 0 & 0 & 0 & 0 & 0 \\
0 & \frac{1}{2} & 0 & \frac{1}{2} & 0 & 0 & 0 & 0 & 0 \\
0 & 0 & \frac{1}{2} & 0 & 0 & 0 & 0 & 0 & \frac{1}{2} \\
0 & 0 & 0 & 0 & 0 & 0 & 0 & 1 & 0 \\
0 & 0 & 0 & 0 & 0 & 0 & 1 & 0 & 0 \\
0 & 0 & 0 & 0 & 0 & \frac{1}{2} & 0 & \frac{1}{2} & 0 \\
0 & 0 & 0 & 0 & \frac{1}{3} & 0 & \frac{1}{3} & 0 & \frac{1}{3} \\
0 & 0 & 0 & \frac{1}{2} & 0 & 0 & 0 & \frac{1}{2} & 0
\end{pmatrix}$$

$$P^{(2)}=\begin{pmatrix}
\frac{1}{2} & 0 & \frac{1}{2} & 0 & 0 & 0 & 0 & 0 & 0 \\
0 & \frac{3}{4} & 0 & \frac{1}{4} & 0 & 0 & 0 & 0 & 0 \\
\frac{1}{4} & 0 & \frac{1}{2} & 0 & 0 & 0 & 0 & 0 & \frac{1}{4} \\
0 & \frac{1}{4} & 0 & \frac{1}{2} & 0 & 0 & 0 & \frac{1}{4} & 0 \\
0 & 0 & 0 & 0 & \frac{1}{3} & 0 & \frac{1}{3} & 0 & \frac{1}{3} \\
0 & 0 & 0 & 0 & 0 & \frac{1}{2} & 0 & \frac{1}{2} & 0 \\
0 & 0 & 0 & 0 & \frac{1}{6} & 0 & \frac{2}{3} & 0 & \frac{1}{6} \\
0 & 0 & 0 & \frac{1}{6} & 0 & \frac{1}{6} & 0 & \frac{2}{3} & 0 \\
0 & 0 & \frac{1}{4} & 0 & \frac{1}{6} & 0 & \frac{1}{6} & 0 & \frac{5}{12}
\end{pmatrix}$$

$P\{X_3=4\}=\frac{1}{4}$.

3. (1) $q(3)=\left(\frac{37}{81},\frac{16}{81},\frac{28}{81}\right)$; (2) $\frac{4}{81}$; (3) $\frac{16}{243}$.

4. $\pi=\left(\frac{3}{13},\frac{6}{13},\frac{4}{13}\right)$.

5. $\pi=\left(\frac{q^2}{q+p^2},\frac{pq}{q+p^2},\frac{p^2}{q+p^2}\right)$.

6. 证明略.

综合练习题 6

一、单项选择题

1. B; 2. A; 3. C; 4. C; 5. B.

二、填空题

1. $\dfrac{3}{2500}$. 2. $(0.496, 0.182, 0.322)$. 3. $\left(\dfrac{13}{30}, \dfrac{8}{30}, \dfrac{9}{30}\right)$.

4. $\left(\dfrac{119}{288}, \dfrac{77}{288}, \dfrac{25}{144}, \dfrac{7}{48}\right)$. 5. $\begin{pmatrix} \dfrac{1}{4} & \dfrac{1}{4} & \dfrac{1}{4} & \dfrac{1}{4} \\[2mm] \dfrac{1}{4} & \dfrac{1}{4} & \dfrac{1}{4} & \dfrac{1}{4} \\[2mm] \dfrac{1}{4} & \dfrac{1}{4} & \dfrac{1}{4} & \dfrac{1}{4} \\[2mm] \dfrac{1}{4} & \dfrac{1}{4} & \dfrac{1}{4} & \dfrac{1}{4} \end{pmatrix}$

三、计算题和证明题

1. $I = \{0, 1, 2, 3, \cdots, \}$; $P = \begin{pmatrix} q & p & 0 & 0 & 0 & \cdots \\ 0 & q & p & 0 & 0 & \cdots \\ 0 & 0 & q & p & 0 & \cdots \\ \vdots & \vdots & \vdots & \vdots & \vdots \end{pmatrix}$

2. (1) $P = \begin{pmatrix} \dfrac{1}{2} & \dfrac{1}{2} \\[2mm] \dfrac{1}{3} & \dfrac{2}{3} \end{pmatrix}$; (2) $\dfrac{35}{216}$; (3) $\dfrac{4}{27}$

3. (1) $P = \begin{pmatrix} 0 & \dfrac{1}{3} & \dfrac{1}{3} & \dfrac{1}{3} \\[2mm] \dfrac{1}{3} & 0 & \dfrac{1}{3} & \dfrac{1}{3} \\[2mm] \dfrac{1}{3} & \dfrac{1}{3} & 0 & \dfrac{1}{3} \\[2mm] \dfrac{1}{3} & \dfrac{1}{3} & \dfrac{1}{3} & 0 \end{pmatrix}$

$(2)\ P^{(2)}=\begin{pmatrix} \dfrac{1}{3} & \dfrac{2}{9} & \dfrac{2}{9} & \dfrac{2}{9} \\[6pt] \dfrac{2}{9} & \dfrac{1}{3} & \dfrac{2}{9} & \dfrac{2}{9} \\[6pt] \dfrac{2}{9} & \dfrac{2}{9} & \dfrac{1}{3} & \dfrac{2}{9} \\[6pt] \dfrac{2}{9} & \dfrac{2}{9} & \dfrac{2}{9} & \dfrac{1}{3} \end{pmatrix}\qquad P^{(3)}=\begin{pmatrix} \dfrac{2}{9} & \dfrac{7}{27} & \dfrac{7}{27} & \dfrac{7}{27} \\[6pt] \dfrac{7}{27} & \dfrac{2}{9} & \dfrac{7}{27} & \dfrac{7}{27} \\[6pt] \dfrac{7}{27} & \dfrac{7}{27} & \dfrac{2}{9} & \dfrac{7}{27} \\[6pt] \dfrac{7}{27} & \dfrac{7}{27} & \dfrac{7}{27} & \dfrac{2}{9} \end{pmatrix}$

$(3)\ \dfrac{2}{9}.$

4. (1) $I=\{-2,-1,0,1,2,\}$, $\quad P=\begin{pmatrix} 1 & 0 & 0 & 0 & 0 \\ q & r & p & 0 & 0 \\ 0 & q & r & p & 0 \\ 0 & 0 & q & r & p \\ 0 & 0 & 0 & 0 & 1 \end{pmatrix}$;

(2) $P^{(2)}=\begin{pmatrix} 1 & 0 & 0 & 0 & 0 \\ q+rq & r^2+pq & 2rp & p^2 & 0 \\ q^2 & 2rq & r^2+2pq & 2rp & p^2 \\ 0 & q^2 & 2rq & r^2+pq & p+rp \\ 0 & 0 & 0 & 0 & 1 \end{pmatrix}$; (3) $p(1+r)$.

5. (1) $p_{ij}^{(2)}=\displaystyle\sum_{s=1}^{\infty}c_ic_s\mathrm{e}^{-a(|i-s|+|s-j|)}$, $i,j=1,2,\cdots$;

(2) $c_i=\dfrac{1-\mathrm{e}^{-a}}{1+\mathrm{e}^{-a}-\mathrm{e}^{-ai}}$, $i=1,2,\cdots$.

6. 证明略.

第 7 章

习 题 7.1

1. $\mu_X=0$; $R_X(\tau)=\sigma^2\cos\omega\tau$.

2. 不是平稳过程.

3. $\mu_Z=0$; $R_z(\tau)=2\cos\tau$.

4. $\mu_X=0$; $R_X(m)=\begin{cases} \dfrac{1}{2}, & m=0 \\[6pt] 0, & m\neq0 \end{cases}$

5. $\{X(t)\}$ 不是平稳过程；$\{Y(t)\}$ 是平稳过程.

6. $\{Z(t)\}$ 是平稳过程.

7. 证明略.

8. (1) $R_{XY}(t_1,t_2)=aR_X[(t_2-t_1)-\tau_1]+R_{XN}(t_2-t_1)$；

(2) $R_{XY}(t_1,t_2)=aR_X[(t_2-t_1)-\tau_1]$，$X(t)$ 与 $Y(t)$ 是联合平稳的.

习 题 7.2

1. 证明略.

2. 证明略.

3. $X(t)$ 关于均值具有各态历经性.

4. $X(t)$ 关于均值具有各态历经性.

5. 略.

习 题 7.3

1. $\dfrac{1}{2}(\sqrt{2}-1)$.

2. $S_X(\omega)=4\left[\dfrac{1}{1+(\omega-\pi)^2}+\dfrac{1}{1+(\omega+\pi)^2}\right]+\pi[\delta(\omega-3\pi)+\delta(\omega+3\pi)]$.

3. $R_X(\tau)=\dfrac{4}{\pi}\left(1+\dfrac{\sin^2 5\tau}{\tau^2}\right)$；

4. $S_X(\omega)=\dfrac{4}{\omega^2 T}\sin^2\dfrac{\omega T}{2}$.

5. $S_{XY}(\omega)=\dfrac{\pi ab}{2}i[\delta(\omega+\omega_0)-\delta(\omega-\omega_0)]=-S_{YX}(\omega)$.

6. $S_{XY}(\omega)=2\pi\mu_X\mu_Y\delta(\omega)$；$S_{XZ}(\omega)=S_X(\omega)+2\pi\mu_X\mu_Y\delta(\omega)$.

7. $S_Z(\omega)=\dfrac{8}{1+\omega^2}+2\dfrac{\sin^2\dfrac{\omega}{2}}{\left(\dfrac{\omega}{2}\right)^2}+\pi[\delta(\omega-3\pi)+\delta(\omega+3\pi)]$.

习 题 7.4

1. $S_Y(\omega)=\dfrac{\alpha^2 S_0}{\alpha^2+\omega^2}$；$R_Y(\tau)=\dfrac{\alpha S_0}{2}e^{-\alpha|\tau|}$；$S_{XY}(\omega)=\dfrac{\alpha S_0}{\alpha+i\omega}$；$S_{YX}(\omega)=\dfrac{\alpha S_0}{\alpha-i\omega}$；

$R_{XY}(\tau)=S_0\alpha e^{-\alpha\tau},\tau\geqslant 0$；$R_{YX}(\tau)=R_{XY}(-\tau)=S_0\alpha e^{\alpha\tau},\tau\leqslant 0$，这里 $\alpha=\dfrac{R}{L}$.

2. $S_Y(\omega)=\dfrac{\omega^2 S_0}{\alpha^2+\omega^2}$；$R_Y(\tau)=S_0\delta(\tau)-\dfrac{\alpha S_0}{2}e^{-\alpha|\tau|}$；$S_{XY}(\omega)=\dfrac{i\omega S_0}{\alpha+i\omega}$；

$S_{YX}(\omega)=\dfrac{-i\omega S_0}{\alpha-i\omega}$；$R_{XY}(\tau)=\begin{cases}S_0\delta(\tau)-S_0\alpha e^{-\alpha\tau}, & \tau\geqslant 0\\ S_0\delta(\tau), & \tau<0;\end{cases}$

$R_{YX}(\tau)=R_{XY}(-\tau)=\begin{cases}S_0\delta(\tau)-S_0\alpha e^{\alpha\tau}, & \tau\leqslant 0\\ S_0\delta(\tau), & \tau>0,\end{cases}$ 这里 $\alpha=\dfrac{1}{RC}$.

3. $R_Y(\tau)=\dfrac{2\pi^2\cos 2\pi\tau}{\alpha^2+4\pi^2}$.

4. $S_Y(\omega) = \begin{cases} S_0, & |\omega| \leqslant \omega_c, \\ 0, & |\omega| > \omega_c; \end{cases}$ $R_Y(\tau) = \dfrac{S_0 \sin(\omega_c \tau)}{\pi \tau}$; $\Psi_Y^2 = \dfrac{S_0 \omega_c}{\pi}$

综合练习题 7

一、单项选择题

1. C； 2. D； 3. A； 4. B； 5. A； 6. B.

二、填空题

1. $\mu_X + \mu_Y$；$R_X(\tau) + R_Y(\tau) + 2\mu_X \mu_Y$.

2. 0；$\sigma^2 e^{-a|\tau|}$.

3. $\lim\limits_{T \to +\infty} \dfrac{1}{2T} \int_{-T}^{T} X(t)X(t+\tau)dt = R_X(\tau)$.

4. $\dfrac{\cos \dfrac{\pi \tau}{2}}{\pi(1-\tau^2)}$.

5. $\dfrac{\alpha^2}{\alpha^2 + \omega^2} S_X(\omega)$.

三、计算题和证明题

1. $\{X_1(t)\}$ 是平稳过程；$\{X_2(t)\}$ 不是平稳过程.

2. 证明略.

3. $\mu_Y = 0$；$R_Y(\tau) = \dfrac{1}{2} R_X(\tau) \cos \omega_0 \tau$.

4. 证明略.

5. $\mu_X = \lambda L$；$R_X(\tau) = \begin{cases} \lambda^2 L^2 + \lambda(L - |\tau|), & |\tau| \leqslant L \\ \lambda^2 L^2, & |\tau| > L \end{cases}$

6. 证明略.

7. 证明略.

8. $\mu_X = 0$；$R_X(\tau) = \begin{cases} 1 - |\tau|, & |\tau| < 1 \\ 0, & |\tau| \geqslant 1 \end{cases}$

9. 均值为 $R_X(0)$；相关函数是 $R_X^2(0) + 2R_X^2(\tau)$.

10. $\mu_X = 0$；$R_X(\tau) = \begin{cases} \sigma^2(1 - |\tau|), & |\tau| \leqslant 1 \\ 0, & |\tau| > 1 \end{cases}$

11—14. 证明略.

15. (1) $S_Z(\omega) = 1$；(2) $S_{XY}(\omega) = 0$；$S_{XZ}(\omega) = \dfrac{16}{\omega^2 + 16}$.

16. 证明略.

17. $R_Y(\tau)=\dfrac{T^2}{2\pi}$；$S_Y(\omega)=T^2\delta(\omega)$；$S_{XY}(\omega)=T\delta(\omega)$；$S_{YX}(\omega)=S_{XY}(-\omega)=T\delta(\omega)$.

18. $S_Z(\omega)=\dfrac{1}{2}[S_X(\omega-\omega_0)+S_X(\omega+\omega_0)]+\dfrac{1}{2i}[S_{XY}(\omega-\omega_0)-S_{XY}(\omega+\omega_0)]$.

19. $S_Y(\omega)=\begin{cases}S_0, & |\omega\pm\omega_0|\leqslant\Delta\omega\\ 0, & \text{其他}\end{cases}$ $R_Y(\tau)=\dfrac{2\Delta\omega S_0}{\pi}\cdot\dfrac{\sin\Delta\omega\tau}{\Delta\omega\tau}\cdot\cos\omega_0\tau$

20. 证明略.

第 8 章

习 题 8.1

1. $\bar{x}=6,s^2=0.33$.

2. $\bar{u}=\dfrac{\bar{x}-a}{b}$；$s_u^2=\dfrac{1}{b^2}s_x^2$.

3. $\bar{x}=80.02$；$s_x^2=\dfrac{17}{30000}$.

4. 证明略.

5. $\bar{x}=26.85$；$s^2=4.8917$.

6. $f_n(x_1,x_2,\cdots,x_n)=\prod\limits_{i=1}^{n}f(x_i)=\begin{cases}\alpha^n e^{-a\sum\limits_{i=1}^{n}x_i}, & x_i\geqslant0,i=1,2,\cdots,n\\ 0, & \text{至少有一个}i,\text{使}x_i<0\end{cases}$

7. $p_n(x_1,x_2,\cdots,x_n)=\dfrac{\lambda^{\sum\limits_{i=1}^{n}x_i}}{x_1!x_2!\cdots x_n!}e^{-n\lambda}$.

8. 证明略.

习 题 8.2

1. (1) 1.285；-1.645，   (2) 49.802；10.851；150.364.
   (3) 1.3020；-2.1788；1.645 .(4) 15.52；0.1927；0.2004 .

2. $a=2.2281$.

3. $Y\sim\chi^2(n)$.

4. 0.025.

5. 证明略.

习 题 8.3

1. 0.1336；

2. $n=96$；

3. 0.05;

4.

	$c=2$	$c=2.5$	$c=3$	$c=3.5$	$c=4$
$P\left\{\left\|\dfrac{\overline{X}-\mu}{\sigma/\sqrt{n}}\right\|>c\right\}$	0.0456	0.0124	0.0026	0.0004	0

5－7. 证明略. 8. $\lambda=0.241$.

综合练习题 8

一、单项选择题

1. C; 2. C; 3. C; 4. D; 5. B.

二、填空题

1. 0.6744.

2. 16.

3. 服从 t 分布;参数为 9;

4. $a=\dfrac{1}{20}; b=\dfrac{1}{100}$;自由度为 2.

5. 服从 F 分布;参数为 $(10,5)$.

三、计算题与证明题

1. $k=-0.423$.

2. (1) 0.94; (2) 0.895.

3. $\dfrac{n+1}{n}\sigma^2$.

4. $2(n-1)\sigma^2$.

5. 证明略.

6. 0.10.

第 9 章

习 题 9.1

1. 矩估计为 $\hat{p}=\overline{X}$;最大似然估计为 $\hat{p}=\overline{X}$.

2. 矩估计 $\hat{\alpha}=\dfrac{2\overline{X}+1}{1-\overline{X}}$,最大似然估计 $\hat{\alpha}=1-\dfrac{n}{\sum\limits_{i=1}^{n}\ln X_i}$.

3. 矩估计 $\hat{\theta}=\dfrac{\overline{X}}{\overline{X}-c}$;最大似然估计 $\hat{\theta}=\dfrac{n}{\sum\limits_{i=1}^{n}\ln X_i-n\ln c}$;

4. $a = \overline{X} - \sqrt{3} \sqrt{\dfrac{1}{n} \sum\limits_{i=1}^{n} (X_i - \overline{X})^2}$; $\hat{b} = \overline{X} + \sqrt{3} \sqrt{\dfrac{1}{n} \sum\limits_{i=1}^{n} (X_i - \overline{X})^2}$.

5. 矩估计 $\hat{\mu} = \overline{X} - 1$; 最大似然估计 $\hat{\mu} = \min (X_1, X_2, \cdots, X_n)$.

6. 0.9846.

习 题 9.2

1. 证明略.

2. $\overline{X} - S_n^2$.

3. 证明略.

4. 证明略; $\hat{\mu}$ 最有效.

5. $k_1 = \dfrac{1}{3}$; $k_2 = \dfrac{2}{3}$.

6. 证明略.

习 题 9.3

1. (1) μ 的 0.95 置信区间为 $(11.3467, 12.6533)$;

   (2) μ 的 0.99 置信区间为 $(11.14, 12.86)$.

2. 置信度为 0.95 时, $n = 62$; 置信度为 0.99 时, $n = 107$.

3. μ 的 90% 置信区间为 $(0.607, 3.393)$, σ^2 的 90% 置信区间为 $(3.07, 15.64)$;

4. μ 的 95% 置信区间为 $(-0.01, 1.17)$; σ^2 的 95% 置信区间为 $(0.57, 2.67)$.

5. $\mu_1 - \mu_2$ 的 0.95 置信区间为 $(4.81, 15.19)$.

6. $\mu_1 - \mu_2$ 的 95% 置信区间为 $(-6.42, 17.42)$.

7. σ_1^2 / σ_2^2 的 95% 置信区间为 $(0.281, 2.841)$.

综合练习题 9

一、单项选择题

1. A; 2. C; 3. B; 4. D; 5. D.

二、填空题

1. $e^{-\overline{X}}$. 2. $a = \dfrac{n_1}{n_1 + n_2}$; $b = \dfrac{n_2}{n_1 + n_2}$. 3. $E(L^2) = \dfrac{4}{n} t_{\alpha/2}^2 (n-1) \sigma^2$. 4. $(4.412, 5.588)$.

5. $(0.0299, 0.0501)$.

三、计算题与证明题

1. (1) $\hat{\theta} = 2\overline{X}$; (2) $D(\hat{\theta}) = \dfrac{\theta^2}{5n}$.

2. 矩估计 $\hat{a} = \overline{X} - \sqrt{3} S_n$; $\hat{b} = \overline{X} + \sqrt{3} S_n$; 最大似然估计

$\hat{a} = \min\limits_{1 \leqslant i \leqslant n} \{X_i\}$, $\hat{b} = \max\limits_{1 \leqslant i \leqslant n} \{X_i\}$.

3. $\hat{\alpha} = \min\limits_{1 \leqslant i \leqslant n} \{X_i\}, \hat{\beta} = \overline{X} - \min\limits_{1 \leqslant i \leqslant n} \{X_i\}$.

4. 矩估计 $\hat{\theta} = 0.214\ 3$；最大似然估计 $\hat{\theta} = 0.203\ 4$.

5. (1) β 的矩估计量 $\hat{\beta} = \dfrac{\overline{X}}{\overline{X} - 1}$；

    (2) β 的最大似然估计量 $\hat{\beta} = \dfrac{n}{\sum\limits_{i=1}^{n} \ln X_i}$.

6. $\hat{p} = 1 - \dfrac{\sum\limits_{i=1}^{n} X_i}{\sum\limits_{i=1}^{n} X_i^2}$.

7. $\hat{\theta} = \dfrac{N}{n}$.

*8. (1) 证明略； (2) $\hat{\theta}_3$ 最有效.

9. $E(L) = \dfrac{(n-1)(b-a)\sigma^2}{ab}$； $D(L) = \dfrac{2(n-1)(b-a)^2\sigma^4}{a^2 b^2}$.

第 10 章

习　题　10.1

1. 不是.

2. (1) 拒绝 H_0；   (2) 0.7174.

3. (1) $p_2 = \Phi(u_a + \sqrt{n}\mu), \mu < 0$；   (2) 1083.

4. 证明略.

习　题　10.2

1. 不合格.

2. 可以认为这批罐头的平均重量是为 500 克.

3. 可以认为这批导线电阻的标准差不符合要求.

4. 不相同.

5. 相等.

6. 可以认为采用新工艺后所生产的灯泡的平均寿命比采用新工艺前所生产的灯泡的平均寿命有所提高.

习　题　10.3

1. 可以认为是匀称的.

2. 可以认为放出的粒子数服从泊松分布.

3. 可以认为四月份平均气温服从正态分布。

综合练习题 10

一、单项选择题

1. B； 2. C； 3. B； 4. A； 5. C.

二、填空题

1. $c = 1.47$.

2. 假设为 $H_0: \sigma_1^2 \leqslant \sigma_2^2 \leftrightarrow H_1: \sigma_1^2 > \sigma_2^2$；检验统计量的值为 1.6004；临界值为 1.64；检验结果是：接受 H_0，即甲的方差不比乙的方差大.

3. $T = \dfrac{\overline{X}}{S_X / \sqrt{n(n-1)}}$.

4. 小些.

5. 假设为：$H_0: p_i = \dfrac{1}{5}, i = 1, 2, \cdots, 5 \leftrightarrow H_1$：至少存在一个 i 使，$p_i \neq \dfrac{1}{5}$；检验统计量的值为 32.6；临界值为 9.488；检验结果是拒绝 H_0，即顾客对颜色有偏爱.

三、计算题与证明题

1. 可以认为这位校长的看法是对的.

2. 可以认为新过程的 NDMA 含量比老过程的 NDMA 含量小于 2.

3. 两总体的方差相等.

4. 两种药的疗效有明显差异.

5. 绝域为 $|t| \geqslant t_{\alpha/2}(n_1 + n_2 - 2)$.

6. 证明略.

7. 所需的样本容量至少为 7.

8. 可以认为一盏灯损坏的电池数 X 服从二项分布 $b(4, p)$.